数据仓库与数据挖掘实践

李春葆　李石君　李筱驰　编著

电子工业出版社
Publishing House of Electronics Industry
北京·BEIJING

内 容 简 介

本书系统地介绍了数据仓库和数据挖掘技术，第1章到第3章介绍数据仓库的基本概念和相关技术，第4章到第11章介绍数据挖掘的基本概念和各种算法。内容包括数据仓库构建、OLAP技术、分类方法、聚类方法、关联分析、序列模式挖掘方法、回归和时序分析、粗糙集理论、文本挖掘、Web挖掘和空间数据挖掘方法等。

本书既注重原理，又注重实践，配有大量图表、示例和练习题，内容丰富，概念讲解清楚，表达严谨，逻辑性强，语言精练，可读性好。

本书既便于教师课堂讲授，又便于自学者阅读。适合作为高等院校高年级学生和研究生"数据仓库和数据挖掘"或"数据挖掘算法"课程的教材。

图书在版编目（CIP）数据

数据仓库与数据挖掘实践/李春葆，李石君，李筱驰编著. —北京：电子工业出版社，2014.11
ISBN 978-7-121-24492-6

Ⅰ. ①数… Ⅱ. ①李… ②李… ③李… Ⅲ. ①数据库系统②数据采集 Ⅳ. ①TP311.13②TP274

中国版本图书馆 CIP 数据核字（2014）第 232379 号

策划编辑：袁　玺
责任编辑：底　波
印　　刷：北京虎彩文化传播有限公司
装　　订：北京虎彩文化传播有限公司
出版发行：电子工业出版社
　　　　　北京市海淀区万寿路 173 信箱　邮编 100036
开　　本：787×1 092　1/16　印张：23　字数：588.8 千字
版　　次：2014 年 11 月第 1 版
印　　次：2024 年 8 月第 13 次印刷
定　　价：48.00 元

凡所购买电子工业出版社图书有缺损问题，请向购买书店调换。若书店售缺，请与本社发行部联系，联系及邮购电话：（010）88254888，88258888。

质量投诉请发邮件至 zlts@phei.com.cn，盗版侵权举报请发邮件至 dbqq@phei.com.cn。

本书咨询联系方式：192910558（QQ 群），dcc@phei.com.cn。

信息时代极大地推动了数据管理和数据处理技术的发展，数据仓库和数据挖掘便是这一发展的产物。数据仓库是面向主题的、集成的、稳定的、随时间变化的数据的集合，用以支持企业高管系统地组织、理解和使用数据以便进行战略决策。数据挖掘是适应信息社会从海量数据库中提取信息的需要而产生的新学科，提取的信息包括隐藏的、以前不为人所知的、可信而有效的知识，数据挖掘是统计学、机器学习、数据库和人工智能等学科的交叉。

本书是课程组在多年教学经验基础上总结和编写的。本书由两部分组成，第 1 章到第 3 章介绍数据仓库的基本概念和相关技术；第 4 章到第 11 章介绍数据挖掘的基本概念和各种算法。各章内容如下。

第 1 章数据仓库概述。介绍数据仓库的概念、数据仓库体系结构及其开发工具。

第 2 章数据仓库设计。介绍数据仓库系统设计方法和详细的设计步骤，并讨论了采用 SQL Server 2008 设计 SDWS 数据仓库的过程。

第 3 章 OLAP 技术。介绍 OLAP 技术的概念、OLAP 的多维数据模型和 OLAP 的实现，并结合 SDWS 讨论各种 OLAP 的基本分析操作。

第 4 章数据挖掘概述。介绍数据挖掘的概念、数据挖掘系统、数据挖掘过程和数据挖掘的未来展望。

第 5 章关联分析。介绍关联分析的概念、Apriori 算法、频繁项集的紧凑表示、FP-growth 算法、多层关联规则挖掘和其他类型的关联规则，并结合示例讨论了 SQL Server 2008 中进行关联规则的过程。

第 6 章序列模式挖掘。介绍序列模式挖掘的概念，详细讨论了两类主流的序列模式挖掘算法，即 Apriori 类算法（包括 AprioriAll 算法、AprioriSome 算法、DynamicSome 算法、GSP 算法和 SPADE 算法）和模式增长框架的序列挖掘算法（包括 FreeSpan 算法和 PrefixSpan 算法）。

第 7 章分类方法。介绍分类过程和各种主流的分类算法，包括 k-最邻近分类算法、决策树算法、贝叶斯算法、神经网络和支持向量机的分类算法等，并结合示例讨论了 SQL Server 2008 中实现决策树和神经网络分类的过程。

第 8 章回归分析和时序挖掘。介绍线性和非线性回归分析、逻辑回归分析、时序分析模型和时序的相似性搜索等，并结合示例讨论了 SQL Server 2008 中实现一元线性回归分析、逻辑回归分析和建立随机时序模型的过程。

第 9 章粗糙集理论。介绍粗糙集理论的相关概念、信息系统属性约简、决策表属性约简和决策表值约简的算法，并结合示例讨论了 ROSE2（粗糙集数据分析工具）中实现数据挖掘的过程。

第 10 章聚类方法。介绍聚类的相关概念和各种主流的聚类算法，包括基于划分的 k-均值算法

和 k-中心点算法，基于层次的 DIANA、AGNES、BIRCH、CURE、ROCK 和 Chameleon 算法，基于密度的 DBSCAN 和 OPTICS 算法，基于网格的 STING、WaveCluster 和 CLIQUE 算法，基于模型的 EM 和 COBWEB 算法，另外讨论了基本的离群点分析方法，并结合示例讨论了 SQL Server 2008 中实现 k-均值算法和 EM 的聚类过程。

第 11 章其他挖掘方法。主要介绍文本挖掘、Web 挖掘和空间数据挖掘方法。

附录中给出常用的优化方法。每章都配备了适量的练习题和思考题，其中大部分来自近些年 IT 企业的面试题。

本书的特点是内容丰富、由浅入深，循序渐进，概念表达严谨，既强调数据仓库与数据挖掘学科的一般性原理，通过大量示例讲授数据仓库技术和各种数据挖掘算法，并对同类的算法进行对比分析，使读者更容易体会到算法策略和设计特点；同时又注重实践，全面介绍 SQL Server 2008 中设计数据仓库的详细步骤和其中提供的所有数据挖掘算法的应用示例。另外，对当前的数据挖掘的新发展进行了总结和展望。

本书的教学 PPT 可以从华信教育资源网站（www.hxedu.com.cn）免费下载。同时为更好地方便教师教学，我们将书内关键知识点录制了操作视频，读者可以扫描书内及封底的二维码，随时查看相关操作视频。

本书的编写工作得到电子工业出版社的全力支持，在编写过程中作者参阅了大量的文献，未能一一列出，在此一并表示衷心感谢。

本书是课程组全体教师多年教学经验的总结和体现，尽管作者不遗余力，但由于水平所限，仍存在错误和不足之处，敬请教师和同学们批评指正，欢迎读者通过 licb1964@126.com 邮箱与作者联系，在此表示感谢。

编　者

2014 年 6 月 20 日

CONTENTS 目录

数据仓库概述

人类进入信息社会后，以数据处理为基础的相关技术得到了巨大的发展，正逐步转向数据分析领域，数据仓库与数据挖掘正是为了构建这种分析处理环境而出现的一种数据存储、组织和处理技术。本章介绍数据仓库的相关概念。

1.1 数据仓库及其历史

数据仓库是从数据库基础上发展而来的，本节介绍数据库技术的发展和数据仓库的定义、特征及其历史。

1.1.1 数据库技术的发展

数据库技术是研究数据库结构、存储、设计和应用的学科，于 20 世纪 60 年代中期产生，经过了近 50 年，已从层次、网状数据库，发展到关系数据库，再到目前的数据仓库等几个阶段。

20 世纪 60 年代出现了数据库的概念，确立了数据库系统的许多概念、方法和技术。

20 世纪 70 年代由 E.F.Codd 提出了数据库的关系理论模型，开创了数据库关系方法和关系数据理论的研究，为关系数据库技术奠定了理论基础。

20 世纪 80 年代出现成熟的关系数据库管理系统（DBMS），以此构建的数据库系统的一般结构如图 1.1 所示，它构成了操作型数据库应用系统的基本结构。数据库技术在商业领域的应用取得了巨大的成功，刺激其他领域对数据库技术需求的迅速增长，并由此推进了面向对象数据库系统、演绎数据库系统和面向空间、工程和科学的数据库系统的研究和发展。

20 世纪 90 年代以后进入数据处理大发展时期，各种数据模型、数据库新技术不断涌现，如数据仓库和数据挖掘、商务智能、多媒体数据库和 Web 数据库等。

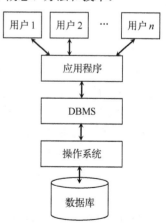

图 1.1 数据库系统的一般结构图

随着数据库技术和计算机网络的发展和成熟，许多企、事业单位信息化建设的日趋完善，整个人类社会也逐步进入了信息化时代。

1.1.2 什么是数据仓库

1. 数据仓库的定义

20 世纪 80 年代中期,"数据仓库"(DW)这个名词首次出现在号称"数据仓库之父"W.H.Inmon (荫蒙) 的 *Building Data Warehouse* 一书中。在该书中,W.H.Inmon 把数据仓库定义为:"一个面向主题的、集成的、稳定的、随时间变化的数据的集合,以用于支持管理决策过程。"

建立数据仓库的目的是为企业高层系统地组织、理解和使用数据以便进行战略决策。

2. 数据仓库的特征

1) 面向主题

主题是指用户使用数据仓库进行决策时所关心的重点领域,也就是在一个较高的管理层次上对信息系统的数据按照某一具体的管理对象进行综合、归类所形成的分析对象。例如,某保险公司有人寿保险和财产保险两类业务,构建人寿保险和财产保险两个管理信息系统,如果要对所有顾客进行分析,需要构建面向顾客主题的数据仓库,如果要对所有保单进行分析,需要构建面向保单主题的数据仓库,如果要对所有保费进行分析,需要构建面向保费主题的数据仓库,如图 1.2 所示。

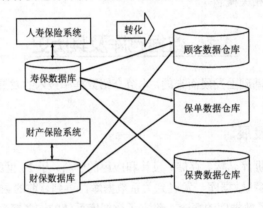

图 1.2 面向主题的示例

从数据组织的角度看,主题是一些数据集合,这些数据集合对分析对象做了比较完整的、一致的描述,这种描述不仅涉及数据自身,而且涉及数据之间的关系。面向主题的数据组织方式,就是在较高层次上对分析对象数据的一个完整、一致的描述,能完整、统一地刻画各个分析对象所涉及企业的各项数据,以及数据之间的联系。

操作型数据库(如人寿保险数据管理系统)中的数据针对事务处理任务(如处理某顾客的人寿保险),各个业务系统之间各自分离,而数据仓库中的数据是按照一定的主题进行组织的。

面向主题组织的数据具有以下特点。

● 各个主题有完整、一致的内容以便在此基础上进行分析处理。
● 主题之间有重叠的内容,反映主题间的联系。重叠是逻辑上的,不是物理上的。
● 各主题的综合方式存在不同。
● 主题域应该具有独立性(数据是否属于该主题有明确的界限)和完备性(对该主题进行分析所涉及的内容均要在主题域内)。

2) 集成

数据仓库中存储的数据一般从企业原来已建立的数据库系统中提取出来,但并不是原有数据的简单复制，而是经过了抽取、筛选、清理、转换、综合等工作。例如，某顾客数据仓库中的数据是从应用 A、B、C 中集成的，则需要将性别数据统一转换成 m、f，如图 1.3 所示。

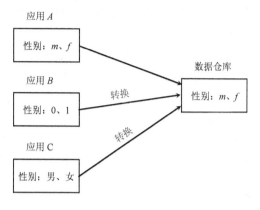

图 1.3　性别的集成

原有数据库系统记录的是每一项业务处理的流水账，这些数据不适合于分析处理。在进入数据仓库之前必须经过综合、计算，同时抛弃一些分析处理不需要的数据项，必要时还要增加一些可能涉及的外部数据。

数据仓库每一个主题所对应的源数据在源分散数据库中有许多重复或不一致之处，必须将这些数据转换成全局统一的定义，消除不一致和错误之处，以保证数据的质量；显然，对不准确，甚至不正确的数据分析得出的结果将不能用于指导企业做出科学的决策。

源数据加载到数据仓库后，还要根据决策分析的需要对这些数据进行概括、聚集处理。

3）稳定性即非易失的

数据仓库在某个时间段来看是保持不变的。

操作型数据库系统中一般只存储短期数据，因此其数据是不稳定的，它记录的是系统中数据变化的瞬态。但对于决策分析而言，历史数据是相当重要的，许多分析方法必须以大量的历史数据为依托。没有大量历史数据的支持是难以进行企业的决策分析的，因此数据仓库中的数据大多表示过去某一时刻的数据，主要用于查询、分析，不像业务系统中的数据库那样，要经常进行修改、添加，除非数据仓库中的数据是错误的。

例如，操作型应用数据库中的数据可以随时被插入、更新、删除和访问（查询），可以从中抽取 10 年的数据构建数据仓库，用于对这 10 年的数据进行分析，一旦数据仓库构建完成，它主要用于访问，一般不会被修改，具有相对的稳定性，如图 1.4 所示。

图 1.4　数据仓库稳定性的示例

4）随时间而变化即时变的

数据仓库大多关注的是历史数据，其中数据是批量载入的，即定期从操作型应用系统中接收新的数据内容,这使得数据仓库中的数据总是拥有时间维度的。从这个角度看,数据仓库实际是记录了系统的各个瞬态(快照),并通过将各个瞬态连接起来形成动画(即数据仓库的快照集合),从而在数据分析时再现系统运动的全过程。数据批量载入(提取)的周期实际上决定了动画间隔的时间,数据提取的周期短,则动画的速度快。

一般而言,为了提高运行速度,操作型应用数据库中的数据期限为 60~90 天,而数据仓库中数据的时间期限为 5~10 年,采用批量载入方式将应用数据库中的数据载入数据仓库,如每 2 个月载入一次,如图 1.5 所示。

图 1.5　数据仓库随时间而变化的示例

可以看到,数据仓库中的数据并不是一成不变的,会随时间变化不断增加新的数据内容,删除超过期限(如 5~10 年)的数据,因此数据仓库中的数据也具有时变性,只是时变周期远大于应用数据库。

数据仓库的稳定性和时变性并不矛盾,从大时间段来看,它是时变的,但从小时间段来看,它是稳定的。

除了上述四大特征外,数据仓库还需具有高效率、高数据质量、扩展性好和安全性好等特点。

3．数据仓库的历史

1988 年,为解决全企业集成问题,IBM 公司第一次提出了信息仓库(Information Warehouse)的概念,并称之为 VITAL 规范。VITAL 定义了 85 种信息仓库组件,包括 PC、图形化界面、面向对象的组件以及局域网等。至此,数据仓库的基本原理、技术架构以及分析系统的主要原则都已确定,数据仓库初具雏形。

1991 年,W.H.Inmon 出版了 *Building Data Warehouse* 一书,第一次给出了数据仓库的清晰定义和操作性极强的指导意见,真正拉开了数据仓库得以大规模应用的序幕。W.H.Inmon 主张建立数据仓库时采用自上而下(DWDM)方式,以第 3 范式进行数据仓库模型设计。

1993 年,毕业于斯坦福计算机系的博士 Ralph Kimball(拉尔夫·金博尔),出版了 *The DataWarehouse Toolkit* 一书,他在书里认同了比尔·恩门对于数据仓库的定义,但对具体的构建方法做了更进一步的研究。Ralph Kimball 主张自下而上(DMDW)的方式,力推数据集市建设,这种从部门到企业的数据仓库建立方式迎合人们从易到难的心理,得到了长足的发展。这两位商务智能领域中的革新者为此争论直至 W.H.Inmon 推出新的商务智能架构,把 Ralph Kimball 的数据集市包括进来才算平息。

1996 年,加拿大的 IDC 公司调查了 62 家实现数据仓库的欧美企业,结果表明:数据仓库为企业提供了巨大的收益、进行数据仓库项目开发的公司在平均 2.72 年内的投资回报率为 321%。使用数据仓库所产生的巨大效益同时又刺激了对数据仓库技术的需求,数据仓库市场正以迅猛势头向前发展:一方面,数据仓库市场需求量越来越大,每年约以 400% 的速度增长;另一方面,数据仓库产品越来越成熟,生产数据仓库工具的厂商也越来越多。

如今，数据仓库已成为商务智能由数据到知识，由知识转化为利润的基础和核心技术。

1.2　数据仓库系统结构

1.2.1　数据仓库系统的组成

数据仓库系统以数据仓库为核心，将各种应用系统集成在一起，为统一的历史数据分析提供坚实的平台，通过数据分析与报表模块的查询和分析工具 OLAP（联机分析处理）、决策分析、数据挖掘完成对信息的提取，以满足决策的需要。

数据仓库系统通常是指一个数据库环境，而不是指一件产品。数据仓库系统的体系结构如图 1.6 所示，整个数据仓库系统分为源数据层、数据存储与管理层、OLAP 服务器层和前端分析工具层。

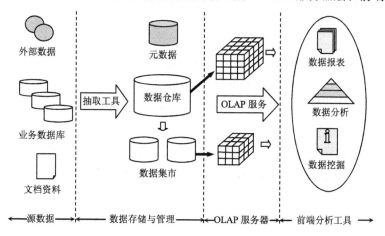

图 1.6　数据仓库系统的体系结构

数据仓库系统各组成部分如下。

1．数据仓库

数据仓库是整个数据仓库环境的核心，是数据存放的地方和提供对数据检索的支持。相对于操作型数据库来说，其突出的特点是对海量数据的支持和快速的检索技术。

2．抽取工具

抽取工具把数据从各种各样的存储环境中提取出来，进行必要的转化、整理，再存放到数据仓库内。对各种不同数据存储方式的访问能力是数据抽取工具的关键。其功能包括：删除对决策应用没有意义的数据，转换到统一的数据名称和定义，计算统计和衍生数据，填补缺失数据，统一不同的数据定义方式。

3．元数据

元数据是关于数据的数据，在数据仓库中元数据位于数据仓库的上层，是描述数据仓库内数据的结构、位置和建立方法的数据。通过元数据进行数据仓库的管理和通过元数据来使用数据仓库。

4．数据集市

数据集市是在构建数据仓库时经常用到的一个词汇。如果说数据仓库是企业范围的，收集的是关于整个组织的主题，如顾客、商品、销售、资产和人员等方面的信息，那么数据集市则是包含企业范围数据的一个子集，例如，只包含销售主题的信息，这样数据集市只对特定的用户是有用的，其范围限于选定的主题。

数据集市面向企业中的某个部门（或某个主题）是从数据仓库中划分出来的，这种划分可以是逻辑上的，也可以是物理上的。数据仓库中存放了企业的整体信息，而数据集市只存放了某个主题需要的信息，其目的是减少数据处理量，使信息的利用更加快捷和灵活。

5. OLAP 服务

OLAP 服务是指对存储在数据仓库中的数据提供分析的一种软件，它能快速提供复杂数据查询和聚集，并帮助用户分析多维数据中的各维情况。

6. 数据报表、数据分析和数据挖掘

数据报表、数据分析和数据挖掘为用户产生的各种数据分析和汇总报表，以及数据挖掘结果。

1.2.2　ETL

ETL 分别是 Extract、Transform、Load 三个单词的首字母缩写，也就是抽取、转换和装载。ETL 通常简称为数据抽取，它是商务智能/数据仓库的核心和灵魂，按照统一的规则集成并提高数据的价值，是负责完成数据从数据源向目标数据仓库转化的过程，是实施数据仓库的重要步骤。

1. 数据抽取

数据抽取是将数据从各种原始的业务系统中读取出来，这是所有工作的前提。数据抽取要做到既能满足决策的需要，又不影响业务系统的性能，所以进行数据提取时应制定相应的策略，包括抽取方式、抽取时机、抽取周期等内容。

2. 数据转换

数据转换是按照预先设计好的规则将抽取的数据进行转换，使本来异构的数据格式能统一起来。

由于业务系统的开发一般有一个较长的时间跨度，这就造成同一种数据在业务系统中可能会有多种完全不同的存储格式，甚至还有许多数据仓库分析中所要求的数据在业务系统中并不直接存在，而是需要根据某些公式对各部分数据进行计算才能得到的现象。这就需要对抽取的数据能灵活进行计算、合并、拆分等转换操作。

3. 数据装载

数据装载是将转换完的数据按计划增量或全部导入到数据仓库中。一般情况下，数据装载应该在系统完成了更新之后进行。若在数据仓库中的数据来自多个相互关联的企业系统，则应该保证在这些系统同步工作时移动数据。

数据装载包括基本装载、追加装载、破坏性合并和建设性合并等方式。

1.2.3　数据仓库和数据集市的关系

1. 数据集市的类型

数据集市可以分为两类：一类是从属型数据集市；另一类是独立型数据集市。

从属型数据集市的逻辑结构如图 1.7 所示，所谓从属是指它的数据直接来自中央数据仓库。这种结构能保持数据的一致性，通常会为那些访问数据仓库十分频繁的关键业务部门建立从属数据集市，这样可以很好地提高查询操作的反应速度。

独立型数据集市的逻辑结构如图 1.8 所示，其数据直接来自各个业务系统。许多企业在计划实施数据仓库时，往往出于投资方面的考虑，最终建成的是独立的数据集市，用来解决个别部门较为迫切的决策问题。从这个意义上讲，它和企业数据仓库除了在数据量和服务对象上存在差别外，其逻辑结构并无多大区别，也许这就是把数据集市称为部门级数据仓库的主要原因。

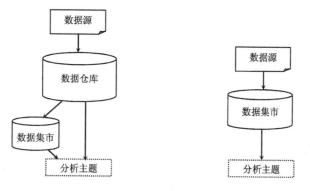

图 1.7 从属型数据集市　　　　图 1.8 独立型数据集市

总之，数据集市可以是数据仓库的一种继承，只不过在数据的组织方式上，数据集市处于相对较低的层次。

2. 数据集市与数据仓库的区别

数据集市与数据仓库之间的区别可以从以下 3 个方面进行理解。

（1）数据仓库向各个数据集市提供数据。前者是企业级的，规模较大，后者是部门级的，相对规模较小。

（2）若干个部门的数据集市组成一个数据仓库。数据集市开发周期短、速度快，数据仓库开发的周期长、速度慢。

（3）从其数据特征进行分析，数据仓库中的数据结构采用规范化模式（第 3 范式），数据集市中的数据结构采用星形模式。通常数据仓库中的数据粒度比数据集市的粒度要细。

1.2.4 元数据及其管理

1. 元数据的分类

按照用途对元数据进行分类是最常见的分类方法,可将其分为两类:管理元数据和用户元数据。

管理元数据主要为负责开发、维护数据仓库的人员使用。管理元数据是存储关于数据仓库系统技术细节的数据，是用于开发和管理数据仓库使用的数据，它主要包括以下信息：

● 数据仓库结构的描述，包括仓库模式、视图、维、层次结构和导出数据的定义，以及数据集市的位置和内容。

● 业务系统、数据仓库和数据集市的体系结构和模式。

● 汇总用的算法，包括度量和维定义算法，数据粒度、主题领域、聚集、汇总、预定义的查询与报告。

● 由操作环境到数据仓库环境的映射，包括源数据和它们的内容、数据分割、数据提取、清理、转换规则和数据刷新规则、安全（用户授权和存取控制）。

用户元数据从业务角度描述了数据仓库中的数据，它提供了介于使用者和实际系统之间的语义层，使得不懂计算机技术的业务人员也能够"读懂"数据仓库中的数据。用户元数据是从最终用户的角度来描述数据仓库的。通过用户元数据，用户可以了解以下内容。

- 应该如何连接数据仓库。
- 可以访问数据仓库的哪些部分。
- 所需要的数据来自哪一个源系统。

2. 元数据的作用

元数据的作用主要体现在以下几个方面。

- 元数据是进行数据集成所必需的。
- 元数据可以帮助最终用户理解数据仓库中的数据。
- 元数据是保证数据质量的关键。
- 元数据可以支持需求变化。

3. 元数据的管理

元数据可以作为数据仓库用户使用数据仓库的地图，但它更要为数据仓库开发人员和管理人员提供支持。元数据管理的具体内容介绍如下。

1）获取并存储元数据

数据仓库中数据的时间跨度较长（5~10 年），此间，源系统可能会发生变化，与之对应的数据抽取方法、数据转换算法以及数据仓库本身的结构和内容也有可能变化。因此，数据仓库环境中的元数据必须具有跟踪这些变动的能力。这也意味着元数据管理必须提供按照合适的版本来获取和存储元数据的方法使元数据可以随时间而变化。

2）元数据集成

不论是管理元数据和用户元数据，还是来自源系统数据模型的元数据和来自数据仓库数据模型的元数据，都必须以一种用户能够理解的统一方式集成。元数据集成是元数据管理中的难点。

3）元数据标准化

每一个工具都有自己专用的元数据，不同的工具（如抽取工具和转换工具）中存储的同一种元数据必须用同一种方式表示，不同工具之间也应该可以自由、容易地交换元数据。元数据标准化是对元数据管理提出的另一个巨大挑战。

4）保持元数据的同步

关于数据结构、数据元素、事件、规则的元数据必须在任何时间、在整个数据仓库中保持同步。同时，如果数据或规则变化导致元数据发生变化时，这个变化也要反映到数据仓库中。在数据仓库中保持统一的元数据版本控制的工作是十分繁重的。

目前，实施对元数据管理的方法主要有两种：对于相对简单的环境，按照通用的元数据管理标准建立一个集中式的元数据知识库；对于比较复杂的环境，分别建立各部分的元数据管理系统，形成分布式元数据知识库。然后，通过建立标准的元数据交换格式，实现元数据的集成管理。

1.3　数据仓库系统开发工具

为了支持数据仓库系统的开发，Oracle、IBM、Microsoft、SAS、NCR Teradata 和 Sybase 等有实力的公司相继通过收购或研发的途径推出了自己的数据仓库解决方案。

Oracle 公司的数据仓库解决方案包含了业界领先的数据库平台、开发工具和应用系统，能够提供一系列的数据仓库工具集和服务，具有多用户数据仓库管理能力，多种分区方式，较强的、与 OLAP 工具的交互能力，以及快速和便捷的数据移动机制等特性。

IBM 公司提供了一套基于可视数据仓库的商务智能（BI）解决方案，包括 Visual Warehouse（VW）、Essbase/DB2 OLAP Server 5.0、IBM DB2 UDB，以及来自第三方的前端数据展现工具（如 BO）和数据挖掘工具（如 SAS）。其中，VW 是一个功能很强的集成环境，既可用于数据仓库建模和元数据管理，又可用于数据抽取、转换、装载和调度。Essbase/DB2 OLAP Server 支持维的定义和数据装载。

Microsoft 公司的 SQL Server 提供了三大服务和一个工具来实现数据仓库系统的整合，为用户提供了可用于构建典型和创新的分析应用程序所需的各种特性、工具和功能，可以实现建模、ETL、建立查询分析或图表、定制 KPI（企业关键绩效指标）、建立报表和构造数据挖掘应用及发布等功能。

SAS 公司的数据仓库解决方案是一个由 30 多个专用模块构成的架构体系，适应于对企业级的数据进行重新整合，支持多维、快速查询，提供服务于 OLAP 操作和决策支持的数据采集、管理、处理和展现功能。

NCR Teradata 公司提出了可扩展数据仓库基本架构，包括数据装载、数据管理和信息访问几部分，是高端数据仓库市场最有力的竞争者，主要运行在基于 Unix 操作系统平台的 NCR 硬件设备上。

Sybase 公司提供了称为 Warehouse Studio 的一整套覆盖整个数据仓库建立周期的产品包，包括数据仓库的建模、数据集成和转换、数据存储和管理、元数据管理和数据可视化分析等产品；Businessts 是集查询、报表和 OLAP 技术为一身的智能决策支持系统，具有较好的查询和报表功能，提供多维分析技术，支持多种数据库，同时它还支持基于 Web 浏览器的查询、报表和分析决策。

CA 公司作为全球最大的数据仓库产品和服务提供商之一，为企业用户提供了完整的数据仓库解决方案。这些一体化的解决方案涵盖了数据仓库构造过程的每一个环节，不仅有完整的数据仓库所需的产品和技术，而且开放的接口可以集成其他的产品和技术。在 CA 可伸缩数据仓库架构基础上设计的数据仓库具有以下的优势和特点：能够从任何数据源获取数据、开放、分布式的数据存储、灵活多样的信息访问方式、完善的构造过程管理和方便的系统扩展。

BO（Business Objects）是集查询、报表和 OLAP 技术为一身的智能决策支持系统。它使用独特的"语义层"技术和"动态微立方"技术来表示数据库中的多维数据，具备较好的查询和报表功能，提供钻取等多维分析技术，支持多种数据库，同时它还支持基于 Web 浏览器的查询、报表和分析决策。虽然 BO 在不断增加新的功能，但从严格意义上说，BO 只能算是个前端工具。也许正因为如此，几乎任何的数据仓库解决方案都把 BO 作为可选的数据展现工具。

根据各个公司提供的数据仓库工具的功能，可以将其分为三大类：解决特定功能的产品（主要包括 BO 的数据仓库解决方案）、提供部分解决方案的产品（主要包括 Oracle、IBM、Sybase、NCR Teradata、Microsoft 及 SAS 等公司的数据仓库解决方案）和提供全面解决方案的产品（CA 是目前的主要厂商）。

1.4　数据仓库与操作型数据库的关系

1.4.1　从数据库到数据仓库

传统的数据库技术是以单一的数据资源，即数据库为中心，进行联机事务处理（OLTP）、批处理、决策分析等各种数据处理工作，主要划分为两大类：操作型处理和分析型处理（或信息型处理）。操作型处理也叫事务处理，是指对操作型数据库的日常操作，通常是对一个或一组记录的查询和修改，主要为企业的特定应用服务的，注重响应时间，数据的安全性和完整性。分析型处理则用于管理人员的决策分析，经常要访问大量的分析型历史数据。操作型数据和分析型数据的区别如表 1.1 所示。

表 1.1　操作型数据和分析型数据的区别

操作型数据	分析型数据
细节的	综合的
存取瞬间	历史数据
可更新	不可更新
事先可知操作需求	操作需求事先不可知
符合软件开发生命周期	完全不同的生命周期
对性能的要求较高	对性能的要求较为宽松
某一时刻操作一个单元	某一时刻操作一个集合
事务驱动	分析驱动
面向应用	面向分析
一次操作的数据量较小	一次操作的数据量较大
支持日常操作	支持管理需求

传统数据库系统侧重于企业的日常事务处理工作，但难于实现对数据分析处理要求，已经无法满足数据处理多样化的要求。操作型处理和分析型处理的分离成为必然。

近年来，随着数据库技术的应用和发展，人们尝试对数据库中的数据进行再加工，形成一个综合的、面向分析的环境，以更好支持决策分析，从而形成了数据仓库技术。

1.4.2　数据仓库为什么是分离的

操作型数据库存放了大量数据，为什么不直接在这种数据库上进行联机分析处理，而是另外花费时间和资源去构造一个与之分离的数据仓库？其主要原因是提高两个系统的性能。

操作数据库是为已知的任务和负载设计的，如使用主关键字索引，检索特定的记录和优化查询；支持多事务的并行处理，需要加锁和日志等并行控制和恢复机制，以确保数据的一致性和完整性。

数据仓库的查询通常是复杂的，涉及大量数据在汇总级的计算，可能需要特殊的数据组织、存取方法和基于多维视图的实现方法。对数据记录进行只读访问，以进行汇总和聚集。

如果 OLTP 和 OLAP 都在操作型数据库上运行，会大大降低数据库系统的吞吐量。

总之，数据仓库与操作型数据库分离是由于这两种系统中数据的结构、内容和用法都不相同。操作型数据库一般不维护历史数据，其数据很多，但对于决策是远远不够的。数据仓库系统用于决策支持需要历史数据，将不同来源的数据统一（如聚集和汇总），产生高质量、一致和集成的数据。

1.4.3　数据仓库与操作型数据库的对比

归纳起来，数据仓库与操作型数据库的对比如表 1.2 所示。显然数据仓库的出现并不是要取代数据库，目前大部分数据仓库还是使用关系数据库管理系统来管理的，可以说数据库、数据仓库相辅相成、各有千秋。

表 1.2 数据仓库与操作型数据库的对比

数 据 仓 库	操作型数据库
面向主题	面向应用
容量巨大	容量相对较小
数据是综合的或提炼的	数据是详细的
保存历史的数据	保存当前的数据
通常数据是不可更新的	数据是可更新的
操作需求是临时决定的	操作需求是事先可知的
一个操作存取一个数据集合	一个操作存取一个记录
数据常冗余	数据非冗余
操作相对不频繁	操作较频繁
所查询的是经过加工的数据	所查询的是原始数据
支持决策分析	支持事务处理
决策分析需要历史数据	事务处理需要当前数据
需做复杂的计算	鲜有复杂的计算
服务对象为企业高层决策人员	服务对象为企业业务处理方面的工作人员

1.4.4 ODS

操作型数据库系统出现了 ODS（Operational Data Store，操作数据存储）的概念，它是企业级的全局数据库，用于提供集成的、企业级一致的数据，包含如何从各子系统数据库中向 ODS 抽取数据以及从面向主题的角度从各子系统数据库中抽取数据。

ODS 具有面向主题的、集成化的、可变的、数据是当前的或接近当前的特点。例如，某企业有财务、人事、设备、生产和供应等管理子系统，当一个职工调动工作时，需要办理企业所规定的一系列调动手续，这涉及人事、财务等多个子系统，如果建有企业级的 ODS，它使得原先分散的各子系统紧密结合起来，从而大大减少了办理调用手续的时间和过程。

显然 ODS 不具有数据仓库的稳定性和时变性的特点，它主要用于支持企业级的 OLTP，但由于 ODS 具有数据仓库面向主题和集成的特点，所以使用 ODS 进行近期的 OLAP 将十分有效。需要指出的是，ODS 中提供的 OLAP 功能通常不像在数据仓库中所实现的那样全面。

1.5 商务智能与数据仓库的关系

商务智能简称为 BI（Business Intelligence），也称为商业智能，其定义多种多样，概括起来，商务智能是融合了先进信息技术与创新管理理念的结合体，对与企业有关的所有内部和外部的数据进行收集、汇总、过滤、分析、传递、综合利用，使得数据转换成为信息和知识的过程。商务智能可以整合历史数据，从多个角度和层面对数据展开深层次的分析、处理，为决策者提供相应的决策依据，提高决策效率和水平。

最早提出商务智能概念的是市场研发公司 Gartner 公司的分析师 Howard Dresner。1996 年，他提出的商务智能描述了一系列的概念和方法，应用基于数据的分析系统辅助商业决策的制定。商务智能技术为企业提供了迅速收集、分析数据的技术和方法，把这些数据转化为有用的信息，提高企业决策的质量。

商务智能的核心内容是从许多来自企业不同的业务处理系统的数据中，提取有用的数据，进行清理以保证数据的正确性，然后经过抽取（Extraction）、转换（Transformation）和装载（Load），即 ETL 过程，整合到一个企业级的中心数据仓库中，从而得到企业信息的一个全局视图，在此基础上利用合适的查询和分析工具、数据挖掘工具等对数据仓库中的数据进行分析和处理，形成信息，更进一步把规律性的信息提炼成知识，并且把对决策有帮助的信息和知识呈现给管理者，为管理者的决策提供支持。所以商务智能是数据仓库、联机分析处理和数据挖掘等相关技术走向商业应用后形成的一种应用技术。

数据仓库是商务智能的基础，商务智能的应用必须基于数据仓库技术，所以数据仓库的设计工作占据商务智能项目的核心位置。在很多项目命名时，往往把数据仓库和商务智能相提并论，将它们等同起来，这有时会给人一种混淆的感觉，觉得商务智能和数据仓库是相同的概念，造成了很多初学者在认识上的误区。一般来说，上面所描述的是一个广义上的商务智能概念，在这个概念层面上，数据仓库是其中非常重要的组成部分，数据仓库从概念上更多地侧重于对企业各类信息的整合和存储工作，包括数据的迁移，数据的组织和存储，数据的管理与维护，这些称之为后台基础性的数据准备工作。与之对应，狭义的商务智能概念则侧重于数据查询和报告、多维/联机数据分析、数据挖掘和数据可视化工具这些称之为前台的数据分析应用方面，其中数据挖掘是商务智能中比较高层次的一种应用。

练 习 题 1

1. 简述数据仓库有哪些主要的特征。
2. 简述数据仓库与传统数据库的主要区别。
3. 为什么需要分离的数据仓库？
4. 简述数据仓库的体系结构。
5. 简述商务智能和数据仓库的关系。
6. 下列关于数据仓库的叙述中，哪些是错误的。
（1）数据仓库通常采用三层体系结构。
（2）底层的数据仓库服务器一般是一个关系型数据库系统。
（3）数据仓库中间层 OLAP 服务器只能采用关系型 OLAP。
（4）数据仓库前端分析工具中包括报表工具。
7. 数据仓库是随时间变化的，以下叙述哪些是错误的。
（1）数据仓库随时间变化不断增加新的数据内容。
（2）捕捉到的新数据会覆盖原来的快照。
（3）数据仓库随时间变化不断删去旧的数据内容。
（4）数据仓库中包含大量综合数据，这些综合数据会随着时间变化不断地进行重新综合。
8. 某超市建立了一个交易系统，可以统计每天、每周的销售量和销售额，他说这就是一个数据仓库，你认为他的说法正确吗？为什么？

思 考 题 1

1．Inmon 在给 ODS 下了定义之后，进一步把 ODS 分成了四类。根据数据到达 ODS 的时间间隔，即数据从操作型系统生成开始到数据到达 ODS 为止的时间长短，ODS 分为 Class I、Class II、Class III 和 Class IV 四类。通过阅读相关资料，进一步了解 ODS 和数据仓库的区别。

2．在数据仓库领域，建立分析应用已经越来越热门。一般来说，分析应用是针对企业绩效分析的一套程序或者处理，它可以指导企业的决策，并且分析的结果是可以复现的。举例来说，一般的分析应用有销售绩效评估、客户盈利分析、产品销售途径分析。分析应用需要结合企业的需求、分析应用能让企业更了解企业的绩效情况，并对提高企业的绩效提供支持。请列举几个在数据仓库基础上建立分析应用的示例。

3．一家企业的一些雇员在过去的 5 年内一直在滥用数据仓库的名词，他们把"独立的数据集市"称为"数据仓库"，他们把"遗留的业务系统"称为"操作数据存储"。他们正计划将所有的操作型系统和分析型系统整合成一个共享数据库。数据仓库经理怎样做，才能让企业用户相信 OLAP 的查询和 OLTP 的查询放在一起是不适合的？

第 2 章

数据仓库设计

数据仓库设计过程是从传统的以数据库为中心的操作型体系结构转向以数据仓库为中心的体系结构的过程，这种变迁是分阶段实施的，每一个阶段只实现部分功能。由于数据仓库是基于整个企业的需求和数据模型建立的，它是面向企业范围内的主题，因此对于数据仓库设计应进行总体规划，有目的、有计划地进行开发。另外，数据仓库设计涉及源业务系统、数据仓库开发工具、数据分析和报表工具等，本章介绍数据仓库的设计过程及相关技术。

2.1 数据仓库设计概述

数据仓库设计是建立一个面向企业决策者的分析环境或系统，本节介绍数据仓库的设计原则、构建模式和基本设计步骤。

2.1.1 数据仓库设计原则

数据仓库的设计原则是以业务和需求为中心，以数据来驱动。前者是指围绕业务方向性需求、业务问题等，确定系统范围和总体框架；后者是指其所有数据均建立在已有数据源基础上，从已存在于操作型环境中的数据出发进行数据仓库设计。

2.1.2 数据仓库构建模式

数据仓库主要有先整体再局部和先局部再整体两种构建模式。

1. 先整体再局部的构建模式

先整体再局部的构建模式最早由 W.H.Inmon 提出，即先创建企业数据仓库，对分散于各个业务数据库中的数据特征进行分析，在此基础上实施数据仓库的总体规划和设计，构建一个完整的数据仓库，提供全局数据视图，再从数据仓库中分离部门业务的数据集市，逐步建立针对各主题的数据集市，以满足具体的决策需求。

这种构建模式通常在技术成熟、业务过程理解透彻的情况下使用，也称为自顶向下模式，如图 2.1 所示，其中数据由数据仓库流向数据集市。

其优点是数据规范化程度高，由于面向全企业构建了结构稳定和数据质量可靠的数据中心，可以相对快速、有效地分离面向部门的应用，从而最小化数据冗余与不一致性；当前数据、历史数据与详细数据整合，便于全局数据的分析和挖掘。

其缺点是建设周期长、见效慢；风险程度相对大。

2．先局部再整体的构建模式

先局部再整体的构建模式最早由 Ralph Kimball 提出，即先将企业内各部门的要求视为分解后的决策子目标，并针对这些子目标建立各自的数据集市，在此基础上对系统不断进行扩充，逐步形成完善的数据仓库，以实现对企业级决策的支持。

这种构建模式也称为自底向上模式，如图 2.2 所示，其中数据由数据集市流向数据仓库。

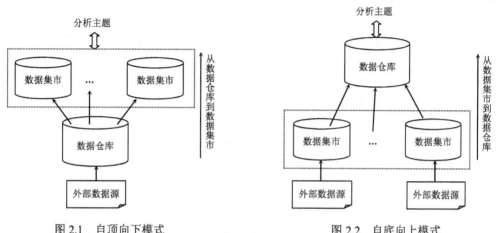

图 2.1　自顶向下模式　　　　　　　图 2.2　自底向上模式

其优点是投资少、见效快；在设计上相对灵活；由于部门级数据的结构简单，决策需求明确，因此易于实现。

其缺点是数据需逐步清洗，信息需进一步提炼，如数据在抽取时有一定的重复工作，还会有一定级别的冗余和不一致性。

2.1.3　数据仓库设计步骤

数据仓库系统开发是一个经过不断循环、反馈而使系统不断增长与完善的过程，因此，在数据仓库开发的整个过程中，自始至终要求决策人员和开发者的共同参与和密切协作，要求保持灵活的头脑，不做或尽量少做无效工作或重复工作。数据仓库的设计大体上可以分为以下几个步骤。

（1）数据仓库的规划和需求分析。

（2）数据仓库的建模。

（3）数据仓库的物理模型设计。

（4）数据仓库的部署。

（5）数据仓库的维护。

2.2　数据仓库的规划和需求分析

2.2.1　数据仓库的规划

数据仓库的规划主要产生建设数据仓库的策略规划，确定建立数据仓库的长期计划，并为每一个建设阶段设定目标、范围和验证标准。数据仓库的规划包括以下内容。

- 明确用户的战略远景、业务目标。
- 确定建设数据仓库的目的和目标。
- 定义清楚数据仓库的范围、优先顺序、主题和针对的业务。
- 定义衡量数据仓库成功的要素。
- 定义精简的体系结构、使用技术、配置、容量要求等。
- 定义操作数据和外部数据源。
- 确定建设所需要的工具。
- 概要性地定义数据获取和质量控制的策略。
- 数据仓库管理及安全。

其中非常重要的一条就是业务目标,建设数据仓库的目的就是通过集成不同的系统信息为企业提供统一的决策分析平台,帮助企业解决实际的业务问题,例如,如何提高客户满意度和忠诚度,降低成本、提高利润,合理分配资源,有效进行全面绩效管理等。因此,规划数据仓库要以应用驱动,充分考虑如何满足业务目标。

数据仓库体系结构的建设将是一个系统工程。它的规划、设计、开发、投产、改造将是一个循环往复、长时期的工作,数据仓库的建设过程中应该遵循:在大中心的模式下,实现信息集中管理、统筹规划、整体设计、分步实施的原则;同时,在系统实施过程中要体现"统一规划、统一标准、统一选型、统一开发"的"四统一原则"。建成的数据仓库体系结构应满足以下几点。

(1)全面的。必须满足企业各管理职能部门的业务需求,提供全套产品,提供服务与支持,以及拥有能提供补充产品的合作伙伴。这样才能确保数据仓库能满足现在及将来的特殊要求。一个全面的解决方案是在技术基础上延伸的,包括分析应用,从而使业务人员能真正从数据仓库系统中获益,提高企业运作效率,扩大市场以及平衡两者之间的关系。

(2)完整的。必须适合现存的环境,它必须提供一个符合工业标准的完整的技术框架,以保证系统的各个部分能协调一致地工作。

(3)不受限制的。必须适应变化,必须能迅速、简单地处理更多的数据及服务更多的用户,以满足不断增长的需求。

(4)最优的。必须在企业受益、技术及低风险方面经过验证,必须在市场上保持领先地位,具有明显的竞争优势和拥有大量的合作伙伴产品。

2.2.2 数据仓库的需求分析

数据仓库的特点是面向主题,按主题组织数据。所谓主题就是分析决策的目标和要求,因此主题是建立数据仓库的前提。数据仓库应用系统的需求分析,必须紧紧围绕着主题来进行,主要包括主题分析、数据分析和环境要求分析。

1. 主题分析

需求分析的中心工作是提出主题分析,主题是由用户提出的分析决策的目标和需求,它有宏观和微观等多种形式。在此阶段需要开发方与用户方进行大量的需求调研工作,把用户提出的需求进行梳理,归纳出主题并分解成若干需求层次,构成从宏观到微观、从综合到细化的主题层次结构。

对于在层次结构中的每个主题,需要进行详细的调研,确定要分析的指标,确定用户从哪些角度来分析数据(维度),还要确定用户分析数据的细化或综合程度即粒度。主题、指标、维度、粒度是建立数据仓库的基本要素。

2. 数据分析

数据仓库系统以数据为核心，因此数据的分析非常重要。在确定了分析主题后，就需要从业务系统的数据源入手，进行数据分析。数据分析包括以下内容。

（1）数据源分析。分析目前存在哪些数据源，这些数据源能否支撑主题的需要，了解清楚这些数据源的结构、数据之间的关系，并给出详细的描述。

（2）数据数量分析。数据仓库对数据数量有一定的最低要求，对数据密度、宽度都有一定的要求，因此需要分析数据源的数据能否达到这些要求。

（3）数据质量分析。需要对数据源的数据质量进行分析，确定数据的正确性、一致性、规范性和全面性能否达到要求。

3. 环境要求分析

需要对满足需求的系统平台与环境提出要求，包括设备、网络、数据、接口、软件等。

2.3 数据仓库的建模

数据仓库建模是指设计数据仓库的逻辑模型。逻辑建模是数据仓库实施中的重要一环，因为它能直接反映业务部门的需求，同时对系统的物理实施有着重要的指导作用。

2.3.1 多维数据模型及相关概念

传统的操作型数据库的概念模型设计普遍采用 E-R（实体-关系）模型来建模，所建模型对于事务型的处理非常有益，它可以保证数据的唯一性、一致性，使得操作简单而高效。但数据仓库是面向分析的应用，进行分析时关心的是一个个分析领域，包括各种观察角度和从相应角度观察到的事实数据，称这种分析领域为主题域。在设计数据仓库时采用 E-R 模型来建模是不合适的，而是需要简明的、面向主题的模式，以便于 OLAP。通常采用多维数据模型来建模。

多维数据模型将数据看作数据立方体形式，满足用户从多角度、多层次进行数据查询和分析的需要而建立起来的基于事实和维的数据库模型，其数据组织采用多维结构文件进行数据存储，并有索引及相应的元数据管理文件与数据相对应。多维数据模型中涉及的几个概念介绍如下。

1. 粒度（Granularity）

粒度是指数据仓库中数据单元的详细程度和级别，确定数据仓库的粒度是设计数据仓库的一个最重要方面。

数据越详细，粒度越小，级别就越低；数据综合度越高，粒度越大，级别就越高。例如，地址数据中"北京市"比"北京市海淀区"的粒度大。

在传统的操作型数据库系统中，对数据处理和操作都是在最低级的粒度上进行的。但是在数据仓库环境中应用的主要是分析型处理，一般需要将数据划分为详细数据、轻度总结、高度总结三级或更多级粒度。

2. 维度（Dimension）

维度（简称维）是指人们观察事物的特定角度，概念上类似于关系表的属性。例如，企业常常关心产品销售数据随着时间推移而变化的情况，这是从时间的角度来观察产品的销售，即时间维；企业也常常关心本企业的产品在不同地区的销售分布情况，这时是从地理分布的角度来观察产品的销售，即地区维。

3．维属性和维成员

一个维是通过一组属性来描述的，如时间维包含年份、季度、月份和日期等属性，这里的年份、季度等称为时间维的维属性。维的一个取值称为该维的一个维成员，如果一个维是多层次的，那么该维的维成员是在不同维层次的取值组合。例如，一个时间维具有年份、季度、月份、日期四个层次，分别在四个层次各取一个值，就得到时间维的一个维成员，即某年某季某月某日。

4．维层次

同一维度可以存在细节程度不同的各个值，可以将粒度大的值映射到粒度小的值上，这样构成维层次（或维层次结构）或概念分层，即将低层概念映射到更一般的高层概念，概念分层允许在各种抽象级审查和处理数据。概念分层可以由系统用户、领域专家、知识工程师人工地提供，也可以根据数据分布的统计分析自动地产生。

例如，对于地点维，有"杭州→浙江→中国"的维层次。又如，时间维，可以从年份、季度、月份、日期来描述，那么"年份→季度→月份→日期"就是维层次，如图 2.3 所示。

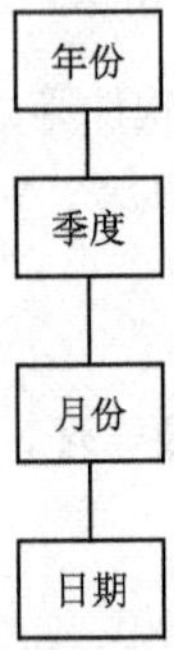

5．度量（Measure）或事实（Fact）

度量是数据仓库中的信息单元，即多维空间中的一个单元，用以存放数据，也称之为事实（Fact）。它通常是数值型数据并具有可加性。度量具有以下特点。

图 2.3　时间维的层次

- 度量是决策者所关心的具有实际意义的数值，例如，销售量、库存量、银行贷款金额等。
- 度量所在的表称为事实数据表，事实数据表中存放的事实数据通常包含大量的数据行。
- 事实数据表的主要特点是包含数值数据（事实），而这些数值数据可以统计汇总以提供有关单位运作历史的信息。
- 度量是所分析的多维数据集的核心，它是最终用户浏览多维数据集时重点查看的数值数据。

2.3.2　多维数据模型的实现

多维数据模型可以采用关系数据库（RDB）、多维数据库（MDDB）以及两者相结合的方式来实现。下面简要介绍前两种实现方式。

1．关系数据库

在关系数据库中，数据总是以关系表的方式来组织的。在基于关系数据库的数据仓库中有两类表：一类是维表，对每个维至少使用一个表存放维的层次、成员等维的描述信息；另一类是事实表，用来存放维关键字和度量等信息。维表和事实表通过主关键字（主键）和外关键字（外键）联系在一起，这样，多维数据立方体各个坐标轴上的刻度以及立方体各个交点的取值都被记录下来，因而数据立方体的全部信息就都被记录了下来。

例如，表 2.1 所示为一个关系表的数据组织形式，其中包含按产品和地区两项分类统计的销售量。

表 2.1　关系表中的数据组织

产　　品	地　　区	销　售　量
电视机	华北	10

续表

产　品	地　区	销　售　量
电视机	华东	20
电视机	华中	30
电视机	华南	40
电冰箱	华北	40
电冰箱	华东	30
电冰箱	华中	20
电冰箱	华南	10
手机	华北	50
手机	华东	60
手机	华中	70
手机	华南	80

2. 多维数据库

多维数据库也是一种数据库，可以将数据加载、存储到此数据库中，或从中查询数据。但其数据是存放在大量的多维数组中的，而不是关系表中的。例如，Excel 便是如此。

例如，采用多维数据库的数据组织形式如表 2.2 所示。

表 2.2　多维数据库中的数据组织

	华北	华东	华中	华南
电视机	10	20	30	40
电冰箱	40	30	20	10
手机	50	60	70	80

可以看到，在关系数据库中，"多对多"的关系总是转化成多个"一对多"的关系，有利于数据的一致性和规范化，这符合事务处理系统的需求。

但多维数据库的优势不仅在于多维概念表达清晰，占用存储少，更重要的是它具有高速的综合速度。在多维数据库中，数据可以直接按行或列累加，并且由于多维数据库中不像关系表那样出现大量的冗余信息，因此其统计速度远远超过关系数据库，数据库记录数越多，其效果越明显。

2.3.3　数据仓库建模的主要工作

数据仓库的建模主要是确定数据仓库中应该包含的数据类及其相互关系，其主要工作如下。

1. 在需求分析的基础上，确定系统所包含的主题域并加以描述

主题选取的原则是优先实施管理者目前最迫切需求、最关心的主题。主题内容的描述包括主题的公共键、主题之间的联系和各主题的属性。

例如，若以顾客为主题，则设计的相关主题内容的描述如下。

基本信息：顾客号、顾客姓名、性别、年龄、文化程度、住址、电话。

经济信息：顾客号、年收入、家庭总收入。

公共键：顾客号。

2．确定事实表的粒度

事实表的粒度能够表达数据的详细程度。从用途的不同来说，事实表可以分为以下三类。

（1）原子事实表。它是保存最细粒度数据的事实表，也是数据仓库中保存原子信息的场所。

（2）聚集事实表。它是原子事实表上的汇总数据，也称为汇总事实表。即新建立一个事实表，它的维度表比原维度表要少，或者某些维度表是原维度表的子集，如用月份维度表代替日期维度表；事实数据是相应事实的汇总，即求和或求平均值等。

（3）合并事实表。它是指将位于不同事实表中处于相同粒度的事实进行组合建模而成的一种事实表。即新建立一个事实表，它的维度是两个或多个事实表的相同维度的集合，事实是几个事实表中感兴趣的事实。合并事实表的粒度可以是原子粒度，也可以是聚集粒度。

聚集事实表和合并事实表的主要差别是合并事实表一般是从多个事实表合并而来的。但是它们的差别不是绝对的，一个事实表既是聚集事实表又是合并事实表是很有可能的。因为一般合并事实表需要按相同的维度合并，所以很可能在做合并的同时需要进行聚集，即粒度变粗。确定事实表粒度的主要作用如下所述。

（1）可以确定维度是否与该事实表相关。维度和事实表应在同一个粒度上。定义成原子的事实表粒度后，可以选择较多的维度来对该事实表进行描述。也就是说，事实表的粒度越细，能记载的信息就会越多。原子粒度的事实表对于维度建模来说是至关重要的。这些高粒度的聚集事实表总是具有较少的维度。通常在建立这些聚集事实表时，会去掉一些维度或者缩减某些维度的范围。也正因为如此，聚集事实表应该和其对应的原子事实表一起使用。当需要更详细信息时，可以访问其对应的原子事实表。

（2）在定义好事实表的粒度后，能更清楚地确定哪个事实与该事实表相关。简单地说，事实必须对于该粒度是正确的，不同粒度的事实是不能定义在该事实表中的。

数据仓库分析功能和存储空间是一对矛盾。如果粒度设计得很小，则事实表将不得不记录所有的细节，存储数据所需的空间将会急剧膨胀；若粒度设计得很粗，决策者则不能观察细节数据。因此，粒度设计的一个最重要的准则是保证满足用户决策分析的需要，在此基础上尽可能优化数据的存储空间。

3．确定数据分割策略

分割是指把逻辑上是统一整体的数据分割成较小的、可以独立管理的物理单元进行存储，以便能分别处理，从而提高数据处理的效率。

分割可以按时间、地区、业务类型等多种标准来进行，也可以按自定义标准，分割之后小单元的数据相对独立，处理起来更快、更容易。但在多数情况下，数据分割采用的标准不是单一的，而是多个标准的组合。

选择适当的数据分割标准，一般要考虑以下几方面的因素。

● 数据量大小。
● 数据分析处理的实际情况。
● 简单易行。
● 与粒度的划分策略相统一。
● 数据的稳定性。

4．构建数据仓库中各主题的多维数据模型及其联系

由于数据仓库目前大多是使用关系数据库来实现的，所以本章主要讨论基于关系数据库的数据

仓库建模方法。

2.3.4 几种常见的基于关系数据库的多维数据模型

常用的基于关系数据库的多维数据模型有星形模式、雪花模式和事实星座模式。

1. 星形模式

1）星形模式的基本结构

星形模式（Star Schema）是最常用的数据仓库设计结构的实现模式，它由一个事实表和一组维表组成，每个维表都有一个维主键，所有这些维组合成事实表的主键，换言之，事实表主键的每个元素都是维表的外键。该模式的核心是事实表，通过事实表将各种不同的维表连接起来，各个维表都连接到中央事实表。维表中的对象通过事实表与另一个维表中的对象相关联，这样就能建立各个维表对象之间的联系，如图 2.4 所示。星形模式形成类似于一颗星的形状，由此得名。

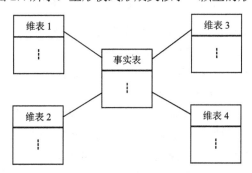

图 2.4　星形模式示意图

事实表的非主属性便是度量或事实，它们一般都是数值或其他可以进行计算的数据，而维表中大多是文字、时间等类型的数据。

归纳起来，星形模式的特点如下。

- 维表只与事实表关联，维表彼此之间没有任何联系。
- 每个维表中的主码都只能是单列的，同时该主码被放置在事实表中，作为事实表与维表连接的外码。
- 星形模式是以事实表为核心，其他的维表围绕这个核心表呈星形分布。

星形模式使用户能够很容易地从维表中的数据分析开始，获得维关键字，以便连接到中心的事实表，进行查询，这样就可以减少在事实表中扫描的数据量，以提高查询性能。

【例 2.1】 一个"销售"数据仓库的星形模式如图 2.5 所示。该模式包含一个中心事实表——销售事实表和 4 个维表：时间维表、商品维表、地点维表和顾客维表。在销售事实表中存储着 4 个维表的主键和两个度量"销售量"和"销售金额"。这样，通过这 4 个维表的主键，就将事实表与维表联系在一起，形成了"星形模式"，完全用二维关系表示了数据的多维概念。

2）维表设计

维表用于存放维信息，包括维的属性（列）和维的层次结构。一个维用一个维表表示。维表通常具有以下数据特征。

（1）维表通常使用解析过的时间、名字或地址元素，这样可以使查询更灵活。例如，时间可分为年份、季度、月份和日期等，地址可用地理区域来区分，如国家、省、市、县等。

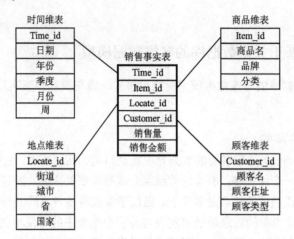

图 2.5 "销售"数据仓库的星形模式

（2）维表通常不使用业务数据库的关键字作为主键，而是对每个维表另外增加一个额外的字段作为主键来识别维表中的对象。在维表中新设定的键也称为代理键。

（3）维表中可以包含随时间变化的字段，当数据集市或数据仓库的数据随时间变化而有额外增加或改变时，维表的数据行应有标识此变化的字段。

维表中维的类型包括结构维、信息维、分区维、分类维、退化维、一致维和父子维多种类型。

（1）结构维。结构维表示在维层次结构组成中的信息度量，如年份、月份和日期可以组成一个结构维，商品销售地点可以组成另一个结构维，由此可以分析某个时期在某个地区销售的商品总量。

（2）信息维。信息维是由计算字段建立的。用户也许想通过销售利润了解所有产品的销售总额。也许希望通过增加销售来获得丰厚的利润。然而，如果某一款商品降价销售，可能会发现销售量虽然很大，而利润却很小或几乎没有。从另一方面看，用户可能希望通过提高某种产品的价格获得较大利润。这种产品可能具有较高的利润空间，但销量却可能很低。因此，就利润建立一个维，包括每种商品利润和全部利润的维，就销售总量建立一个度量，这样可以提供有用的信息，这个维就是一个信息维。

（3）分区维。分区维是以同一结构生成的两个或多个维。例如，用户可能要创建用于预测销售额和实际销售额的两个维，这两个维的结构相同，只是数值不同。又例如，对于时间维，每一年有相同的季度，相同的月和相同的天（除了闰年以外，而它不影响维）。在 OLAP 分析中，将频繁使用时间分区维来分割数据仓库中的数据，其中一个时间维中的数据是针对 1998 年的，而另一个时间维中的数据是针对 1999 年的，建立事实表时，可以把度量分割为 1998 年的数据和 1999 年的数据，这会提高分析性能。

（4）分类维。分类维是通过对一个维的属性值分组而创建的。如果顾客维表中有家庭收入属性，那么，可能希望查看顾客根据收入的购物方式。为此，可以生成一个含有家庭收入的分类维，例如，有以下家庭每年收入的数据分组：0～20 000 元、20 001～40 000 元、40 001～60 000 元、60 001～100 000 元和大于 100 001 元。

（5）退化维。当维表中的主键在事实表中没有与外键关联时，这样的维称为退化维，退化维的定义是由 Ralph Kimball 提出来的。一般来说，事实表中的外键都对应一个维表，维的信息主要存放在维表中。但是退化维仅仅是事实表中的一列，这个维的相关信息都在这一列中，没有维表与之相关联。退化维与事实表并无关系，但用于一般在企业事件中跨越维之间查询数据时，作为约束，也就是查询限制条件（如订单号码、出货单编号等），即常用退化维。以销售分析而言，通常是把出货日期作为事实的时间，而把订单日期或需求日期等作为查询条件，这里，订单日期或需求日期就是退化维。

（6）一致维。当有好几个数据集市要合并成一个企业级的数据仓库时，可以使用一致维来集成数据集市以便确定所有的数据集市可以使用每个数据集市的事实。所以一致维常用于属于企业级的综合性数据仓库，使得数据可以跨越不同的模式来查询。

（7）父子维。父子维度基于两个维度表列，这两列一起定义了维度成员中的沿袭关系。一列称为成员键，标识每个成员；另一列称为父键，标识每个成员的父代。该信息用于创建父子链接，该链接将在创建后组合到代表单个元数据级别的单个成员层次结构中。父子维度通俗来讲，这个表是自反的，即外键本身就是引用的主键。例如，公司组织架构中，分公司是总公司的一部分，部门是分公司的一部分，员工是部门的一部分，通常公司的组织架构并非处在等层次上，如总公司下面的部门看起来就和分公司是一样的层次。因此，父子维的层次通常不固定。

在数据仓库的逻辑模型设计中，有一些维表是经常使用的，它们的设计形成了一定的设计原则，如时间维、地理维、机构维和客户维等，所以在设计维表时应遵循这些设计原则。又例如，数据仓库存储的是系统的历史数据，业务分析最基本的维度就是时间维，所以每个主题通常都有一个时间维。

3）概念分层

维表中维一般包含着层次关系，也称为概念分层，如在时间维上，按照"年份－季度－月份"形成了一个层次，其中年份、季度、月份成为这个层次的三个级别。

概念分层的作用如下。

● 概念分层为不同级别上的数据汇总提供了一个良好的基础。
● 综合概念分层和多维数据模型的潜力，可以对数据获得更深入的洞察力。
● 通过在多维数据模型中，在不同的维上定义概念分层，使得用户在不同的维上从不同的层次对数据进行观察成为可能。
● 多维数据模型使得从不同的角度对数据进行观察成为可能，而概念分层则提供了从不同层次对数据进行观察的能力；结合这两者的特征，可以在多维数据模型上定义各种 OLAP 操作，为用户从不同角度、不同层次观察数据提供了灵活性。

通常维层次在数据仓库中采用合并维分层结构和雪花分层结构两种实现方式。

① 合并维分层结构。合并维分层结构是将不同分层结构的信息完全合并到同一个维中。如产品维表可能包含产品总类、产品类别、产品详细类别及产品名称等，合并维分层结构是星形模式的标准实现方法。其优点是查询简单，由于所有的分层结构都合并在同一个维表中，因此不需要额外的表连接。其缺点是通常不符合第 3 范式，存在数据冗余，占用空间较大。

② 雪花分层结构。所有类别用规范化的独立表来存储数据。例如，将产品详细类别、产品类别和产品总类这三个分层结构分别独立成一个表，再用主键和外键来维持表间的联系。雪花分层结构实际上是将星形模式进行规范化。其优点是因做过规范化，所以没有冗余数据，节省空间。其缺点是查询需做表连接，时间性能较低。

4）事实表设计

事实表是多维模型的核心，是用来记录业务事实并做相应指标统计的表，同维表相比，事实表现具有如下特征。

（1）记录数量很多，因此事实表应当尽量减小一条记录的长度，避免事实表过大而难于管理。

（2）事实表中除度量外，其他字段都是维表或中间表（对于雪花模式）的关键字（外键）。

（3）如果事实表相关的维很多，则事实表的字段个数也会比较多。

在查询事实表时，通常使用到聚集函数，一个聚集函数从多个事实表记录中计算出一个结果。如一个事实表中销售量是一个度量，如果要统计所有的销售量，便用求和聚集函数，即 SUM（销售量）。在设计事实表时需要为每个度量指定相应的聚集函数。度量可以根据其所用的聚集函数分为以下三类。

（1）分布的聚集函数。将这类函数用于 n 个聚集值得到的结果和将函数用于所有数据得到的结果一样，如 COUNT（求记录个数）、SUM（求和）、MIN（求最小值）、MAX（求最大值）等。

（2）代数的聚集函数。函数可以由一个带 m 个参数的代数函数计算（m 为有界整数），而每个参数值都可以由一个分布的聚集函数求得，如 AVG（求平均值）等。

（3）整体的聚集函数。描述函数的子聚集所需的存储没有一个常数界，即不存在一个具有 m 个参数的代数函数进行这一计算，如 MODE（求最常出现的项）。

在设计事实表时，可以利用减少字段个数、降低每个字段的大小和把数据归档到单独事实表中等方法来减小事实表的大小。

2. 雪花模式

1）雪花模式的基本结构

雪花模式（Snowflake Schema）是对星形模式的扩展，每一个维表都可以向外连接多个详细类别表。在这种模式中，维表除了具有星形模式中维表的功能外，还连接对事实表进行详细描述的详细类别表，详细类别表通过对事实表在有关维上的详细描述达到了缩小事实表和提高查询效率的目的，如图 2.6 所示，雪花模式形成类似于雪花的形状，由此得名。

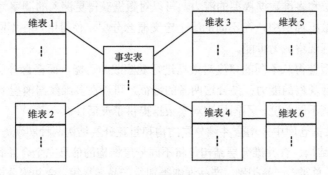

图 2.6　雪花模式示意图

星形模式虽然是一个关系模型，但它不是一个规范化的模型，在星形模式中，维表被故意地非规范化了，雪花模式对星形模式的维表进一步标准化，对星形模式中的维表进行了规范化处理。雪花模式的维表中存储了规范化的数据，这种结构通过把多个较小的规范化表（而不是星形模式中的大的非规范表）联合在一起来改善查询性能。由于采取了规范化及维的低粒度，雪花模式提高了数据仓库应用的灵活性。

归纳起来，雪花模式的特点如下：

● 某个维表不与事实表直接关联，而是与另一个维表关联。

● 可以进一步细化查看数据的粒度。

● 维表和与其相关联的其他维表也是靠外码关联的。

● 也以事实表为核心。

【例 2.2】 在图 2.5 所示的星形模式中，每维只用一个维表表示，而每个维表包含一组属性。例如，地点维表包含属性集{Location_id，街道，城市，省，国家}。这种模式可能造成某些冗余，例如，可能存在{101，"解放大道 100 号"，"武汉"，"湖北省"，"中国"}、{201，"解放大道 85 号"，"武汉"，"湖北省"，"中国"}、{255，"解放大道 205 号"，"武汉"，"湖北省"，"中国"}的 3 条记录，从中可以看到城市、省、国家字段存在数据冗余。对地点维表进一步规范化，如图 2.7 所示，这样就构成了"销售"数据仓库的雪花模式。

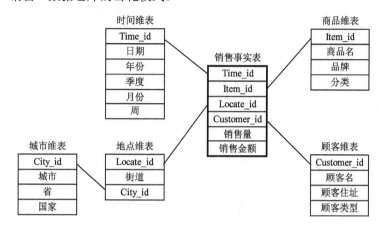

图 2.7 "销售"数据仓库的雪花模式

2）雪花模式和星形模式的比较

雪花形模式的维表可能是规范化形式，以便减少冗余。这种表易于维护并节省存储空间。然而，与巨大的事实表相比，这种空间的节省可以忽略。此外，由于执行查询需要更多的连接操作，雪花形结构可能降低浏览的性能。这样，系统的性能可能相对受到影响。因此，尽管雪花形模式减少了冗余，但是在数据仓库设计中，雪花形模式不如星形模式流行。雪花模式与星形模式结构的差异如表 2.3 所示。

表 2.3　雪花模式与星形模式结构的差异

比 较 项 目	星 形 模 式	雪 花 模 式
行数	多	少
可读性	容易	难
表数量	少	多
搜索维的时间	快	慢

3. 事实星座模式

1）事实星座模式的基本结构

通常一个星形模式或雪花模式对应一个问题的解决（一个主题），它们都有多个维表，但是只能存在一个事实表。在一个多主题的复杂数据仓库中可能存放多个事实表，此时就会出现多个事实表共享某一个或多个维表的情况，这就是事实星座模式（Fact Constellations Schema）。

【例 2.3】在图 2.5 所示的星形模式的基础上，增加一个供货分析主题，包括供货时间（Time_id）、供货商品（Item_id）、供货地点（Locate_id）、供应商（Supplier_id）、供货量和供货金额等属性，设计相应的供货事实表，对应的维表有时间维表、商品维表、地点维表和供应商维表，其中前 3

个维表和销售事实表共享，对应的事实星座模式如图 2.8 所示。

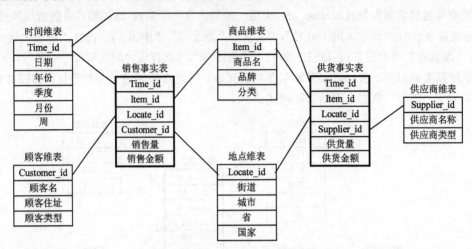

图 2.8 "销售"数据仓库的事实星座模式

2）三种模式的关系

星形模式、雪花模式和事实星座模式之间的关系如图 2.9 所示。

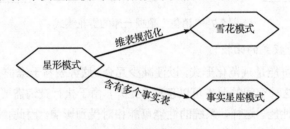

图 2.9 三种模式的关系

星形模式是最基本的模式，一个星形模式有多个维表，但是只能存在一个事实表。在星形模式基础上，为了避免数据冗余，用多个表来描述一个复杂维，即在星形模式的基础上，构造维表的多层结构（或称维表的规范化），就得到雪花模式。

如果打破星形模式只有一个事实表的限制，且这些事实表共享部分或全部已有维表信息，这种结构就是事实星座模式。

2.4 数据仓库的物理模型设计

数据仓库的物理模型是逻辑模型在数据仓库中的实现模式。构建数据仓库的物理模型与所选择的数据仓库开发工具密切相关。这个阶段所做的工作是确定数据的存储结构，确定索引策略和确定存储分配等。

设计数据仓库的物理模型时，要求设计人员必须做到以下几点。

● 要全面了解所选用的数据仓库开发工具，特别是存储结构和存取方法。

● 了解数据环境、数据的使用频度、使用方式、数据规模以及响应时间要求等，这些是对时间和空间效率进行平衡和优化的重要依据。

● 了解外部存储设备的特性，如分块原则、块大小的规定、设备的 I/O 特性等。

2.4.1 确定数据的存储结构

一个数据仓库开发工具往往都提供多种存储结构供设计人员选用,不同的存储结构有不同的实现方式,各有各的适用范围和优缺点。设计人员在选择合适的存储结构时应该权衡三个方面的主要因素:存取时间、存储空间利用率和维护代价。

同一个主题的数据并不要求存放在相同的介质上。在物理设计时,常常要按数据的重要程度、使用频率以及对响应时间的要求进行分类,并将不同类的数据分别存储在不同的存储设备中。重要程度高、经常存取并对响应时间要求高的数据就存放在高速存储设备上,如硬盘;存取频率低或对存取响应时间要求低的数据则可以放在低速存储设备上,如磁盘或磁带。此外,还可考虑如下策略。

1. 合并表组织

在常见的一些分析处理操作中,可能需要执行多表连接操作。为了节省 I/O 开销,可以把这些表中的记录混合放在一起,以减少表连接运算的代价,这称为合并表组织。这种组织方式在访问序列经常出现或者表之间具有很强的访问相关性时具有很好的效果。

2. 引入冗余

在面向某个主题的分析过程中,通常需要访问不同表中的多个属性,而每个属性又可能参与多个不同主题的分析过程。因此,可以通过修改关系模式把某些属性复制到多个不同的主题表中,从而减少一次分析过程需要访问表的数量。

3. 分割表组织

在逻辑设计中按时间、地区、业务类型等多种标准把一个大表分割成许多较小的、可以独立管理的小表,称为分割表。这些分割表可以采用分布式的存储方式,当需要访问大表中某类数据时,只需访问分割后的对应小表,从而提高访问效率。

4. 生成导出数据

在原始、细节数据的基础上进行一些统计和计算,生成导出数据,并保存在数据仓库中,既能避免在分析过程中执行过多的统计和计算操作,提高分析的性能,又能避免不同用户进行重复统计可能产生的偏差。

2.4.2 确定索引策略

数据仓库的数据量很大,因而需要对数据的存取路径仔细地进行设计和选择。由于数据仓库的数据都是不常更新的,因而可以设计多种多样的索引结构来提高数据存取效率。

在数据仓库中,设计人员可以考虑对各个数据存储建立专用的、复杂的索引,以获得最高的存取效率,因为在数据仓库中的数据是不常更新的,也就是说每个数据存储是稳定的,因而虽然建立专用的、复杂的索引有一定的代价,但一旦建立就几乎不需维护索引。

2.4.3 确定存储分配

许多数据仓库开发工具提供了一些存储分配的参数供设计者进行物理优化处理,例如,块的尺寸、缓冲区的大小和个数等,它们都要在物理设计时确定。这同创建数据库系统时考虑的是一样的。

2.5 数据仓库的部署和维护

2.5.1 数据仓库的部署

完成前面各项工作之后,可以进入数据仓库的部署阶段,主要包括用户认可、初始装载、桌面准备和初始培训。

1. 用户认可

用户的认可在部署阶段不只是一个形式而是必需的,在关键用户没有对数据仓库表示满意前不要强行进行部署。用户是否认可主要通过相关测试来进行,下面是测试的一些要点。

- 在每个主题域或部门,让用户选择几个典型的查询和报表,执行查询并产生报表,最后从操作型系统生成报表作为验证数据库产生的报表。
- 测试预定义查询和报表。
- 测试 OLAP 系统。让用户选择大约 5 个典型分析会话进行测试并与操作型系统的结果进行比较。
- 进行前端工具的可用性设计测试。
- 如果数据仓库支持 Web,则需要进行 Web 特性测试。
- 进行系统性能测试。

2. 初始装载

初始装载的主要任务是运行接口程序,将数据装入数据仓库中。初始装载的主要步骤介绍如下。

(1)删除数据仓库关系表中的索引。因为初始装载数据量很大,建立索引耗费大量的时间。

(2)可以限制关系完整性的检验。

(3)确保已经建立合适的检查点。为了避免在装载过程中失败,需要全部重新开始装载,所以必须建立检查点。

(4)装载维表。

(5)装载事实表。

(6)基于已经为聚集和统计表建立的计划,建立基于维表和事实表的聚集表。

(7)如果装载时停止了索引建立,那么现在建立索引。

(8)检查数据装载参考完整性约束。在装载过程中,所有的参考性错误记录在系统中,检查日志文件,找出所有装载异常。

3. 桌面准备

桌面准备的主要工作是安装好所有需要的桌面用户工具,包括桌面计算机需要的硬件、网络连接的全部需求,测试每个客户的计算机。

4. 初始培训

培训用户学习数据仓库相关的概念、相关的内容和数据访问工具,建立对初始用户的基本使用支持。

2.5.2 数据仓库的维护

维护数据仓库的工作主要是管理日常数据装入的工作,包括刷新数据仓库的当前详细数据,将过时的数据转化成历史数据，清除不再使用的数据，管理元数据等。

另外，如何利用接口定期从操作型环境向数据仓库追加数据，确定数据仓库的数据刷新频率等。

2.6 一个简单的数据仓库 SDWS 设计示例

本节介绍采用 SQL Server 2008 设计一个电商销售数据仓库系统 SDWS 的过程，为了便于验证，本系统中装载的数据量较小，功能较弱，仅用于体验数据仓库的概念和设计过程。

2.6.1 SDWS 的需求分析

某电商的业务销售涵盖全国范围，销售商品有家用电器和通信设备等。已建有网上销售业务管理系统，可以获取每日销售信息和顾客的基本信息等，现为该电商建立一个能够提高市场竞争能力的数据仓库 SDWS，其主题是电商销售情况分析，包括以下分析功能。

（1）分析全国各地区每年、每季度的销售金额。

（2）分析各类商品在每年、每月的销售量。

（3）分析各年龄层次的顾客购买商品的次数。

（4）分析 2013 年 1 季度各地区、各类商品的销售量。

（5）分析 2013 年各省份、各年龄层次的商品购买金额。

（6）分析各产品子类、各地区、各年龄层次的销售量。

（7）其他销售情况分析等。

2.6.2 SDWS 的建模

通过需求分析，确定 SDWS 采用星形模式。

1. 维表设计

设计如下 4 个维表。

1）日期维表

日期维表为 Dates，对应的表结构如图 2.10 所示，假设从操作型系统中提取的数据如表 2.4 所示，它的维属性构成一个概念分层（层次结构），在其中引入一个隐含的顶层层次属性 All，则对应的概念分层如图 2.11 所示。

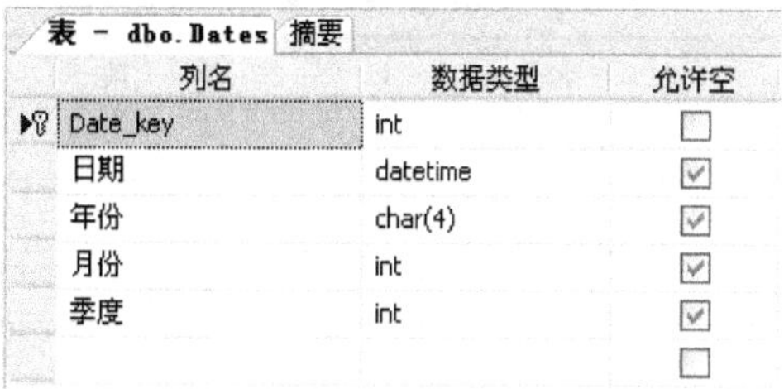

图 2.10 Dates 维表结构

表 2.4 Dates 维表的数据

Date_key	日 期	年 份	月 份	季 度
1	2013-02-01	2013	2	1

续表

Date_key	日　期	年　份	月　份	季　度
2	2013-04-11	2013	4	2
3	2013-08-20	2013	8	3
4	2013-12-05	2013	12	4
5	2014-02-19	2014	2	1

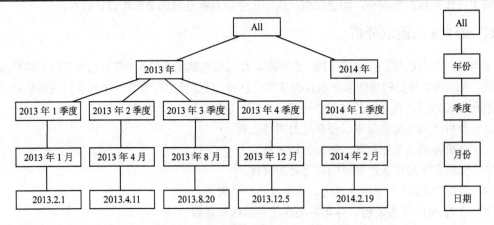

图 2.11　Dates 维表的概念分层

2）顾客维表

顾客维表为 Customers，对应的表结构如图 2.12 所示，假设从操作型系统中提取的数据如表 2.5 所示，它的维属性构成一个概念分层（层次结构），对应的概念分层如图 2.13 所示。

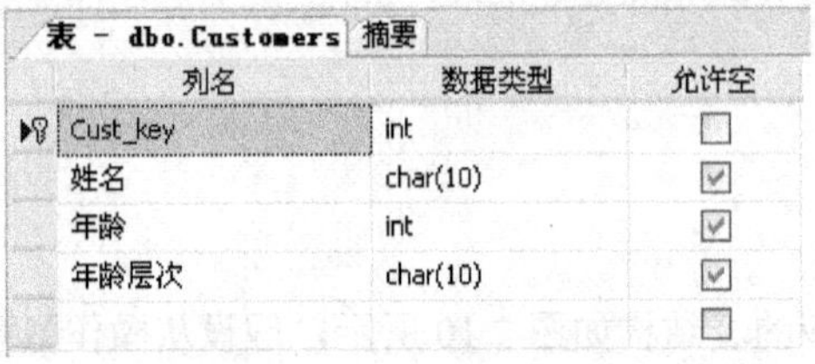

图 2.12　Customers 维表结构

表 2.5　Customers 维表的数据

Cust_key	姓　名	年　龄	年 龄 层 次
1	王华	36	中年
2	陈明	45	中年
3	张兵	22	青年
4	李丽	33	青年
5	刘庆	65	老年
6	曾强	35	青年

3）地点维表

地点维表为 Locates，对应的表结构如图 2.14 所示，假设从操作型系统中提取的数据如表 2.6 所示，它的维属性构成一个概念分层（层次结构），对应的概念分层如图 2.15 所示。

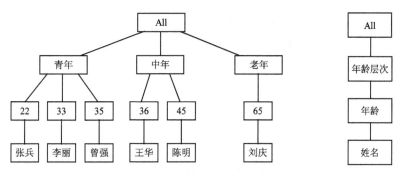

图 2.13 Customers 维表的概念分层

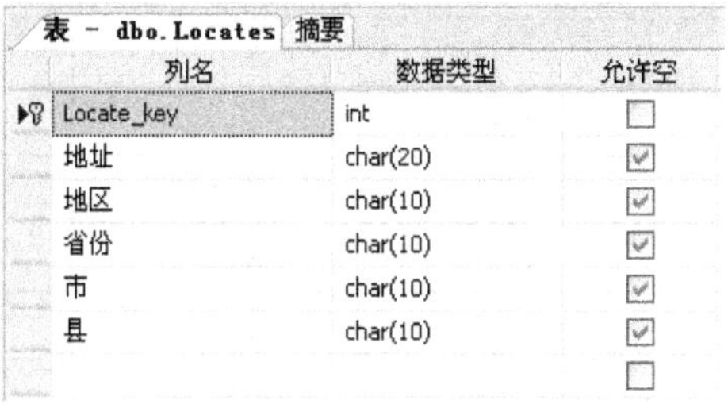

表 - dbo.Locates 摘要

列名	数据类型	允许空
Locate_key	int	☐
地址	char(20)	☑
地区	char(10)	☑
省份	char(10)	☑
市	char(10)	☑
县	char(10)	☑
		☐

图 2.14 Locates 维表结构

表 2.6 Locates 维表的数据

Locate_key	地 址	地 区	省 份	市	县
1	北京市海淀区 A 小区	华北	北京	北京	海淀区
2	湖北省武汉市洪山区 A	华中	湖北	武汉市	洪山区
3	江苏省扬州市宝应县 T	华东	江苏	扬州市	宝应县
4	广东省广州市越秀区 T	华南	广东	广州市	越秀区

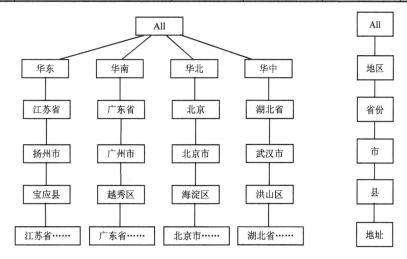

图 2.15 Locates 维表的概念分层

4）商品维表

商品维表为 Products，对应的表结构如图 2.16 所示，假设从操作型系统中提取的数据如表 2.7 所示，它的维属性构成一个概念分层（层次结构），对应的概念分层如图 2.17 所示。

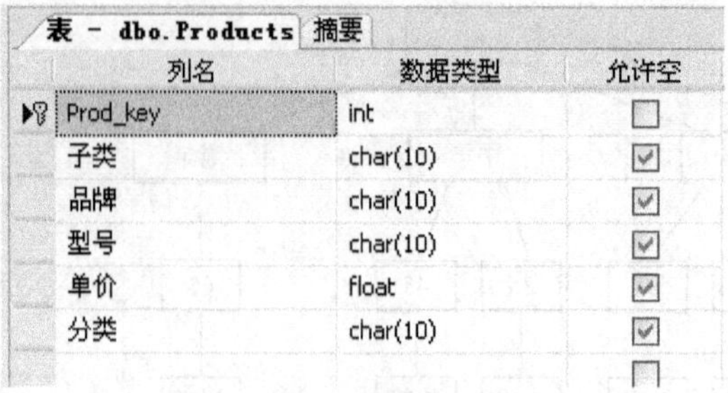

图 2.16　Products 维表结构

表 2.7　Products 维表的数据

Prod_key	子　类	品　牌	型　号	单　价	分　类
1	电视机	长虹	长虹 ZH	1500	家用电器
2	电视机	海信	海信 HX	2500	家用电器
3	电冰箱	海尔	海尔 HU	2800	家用电器
4	电冰箱	美菱	美菱 ML	2500	家用电器
5	手机	华为	华为 HW	1880	通信设备
6	电话	TCL	TCL89	150	通信设备

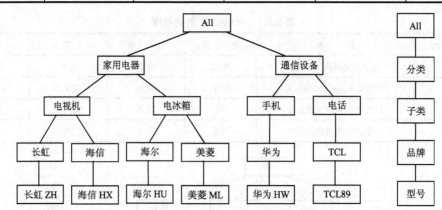

图 2.17　Products 维表的概念分层

2. 事实表设计

设计一个销售事实表 Sales，对应的表结构如图 2.18 所示，假设从操作型系统中提取的数据如表 2.8 示，该事实表与维表构的星形模式如图 2.19 所示。

图 2.18　Sales 事实表结构

表 2.8　Sales 事实表的数据

Date_key	Cust_key	Locate_key	Prod_key	数　　量	金额（元）
1	1	1	1	1	1500
1	2	2	2	2	5000
1	3	3	3	1	2800
1	4	4	4	3	7500
1	5	1	5	1	1880
1	6	2	6	3	450
2	1	1	1	1	1500
2	2	2	2	3	7500
2	3	3	3	1	2800
2	4	4	4	1	2500
2	5	1	5	2	3760
2	6	2	6	3	450
3	1	1	1	1	1500
3	2	2	2	5	12 500
3	3	3	3	1	2800
3	4	4	4	3	7500
3	5	1	5	2	3760
3	6	2	6	1	150
4	1	1	1	1	1500
4	2	2	2	2	5000
4	3	3	3	3	8400
4	4	4	4	3	7500
4	5	1	5	1	1880
4	6	2	6	1	150
5	1	1	1	1	1500
5	2	2	2	2	5000
5	3	3	3	1	2800
5	4	4	4	1	2500
5	5	1	5	1	1880
5	6	2	6	2	300

3．元数据设计

这里的元数据设计主要包含对数据仓库中各对象的描述。

（1）描述每个事实表和维表的主题和内容，例如，事实表的主题元数据和事实元数据分别如表 2.9 和 2.10 所示，对每个维表也采用类似的描述方式。

（2）对事实表和维表每个属性进行描述，例如，Cust_key 元数据的描述如表 2.11 所示，对每个重要的属性都采用类似的描述方式。

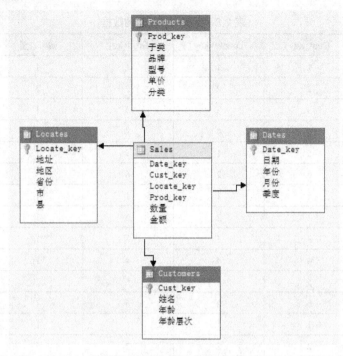

图 2.19　SDWS 的星形模式

表 2.9　销售主题元数据

名　　称	Sales_Item
描述	整个电商的商品销售状况
目的	用于进行电商销售状况和促销情况的分析
维	时间、商品、顾客、地点
事实	销售事实表
度量值	销售量、销售金额、销售笔数

表 2.10　销售事实元数据

名　　称	Sales_Fact
描述	记录每笔发生的销售数据
目的	作为销售主题的分析事实
使用状况	每天平均查询次数
	每天平均查询返回行数
	每天查询平均执行时间（分钟）
	每天最大查询次数
	每天查询返回最大行数
	每天查询最大执行时间（分钟）
存档规则	每个月将前 36 个月的数据存档
存档状况	最近存档处理日期
	已经存档数据日期

续表

名　　称	Sales_Fact
更新规则	每个月将前 60 个月的数据从数据仓库中删除
更新状况	最近更新处理日期
	已更新数据日期
数据准确性要求	必须百分百地反映销售状况
数据粒度	要求能够反映每一项商品的销售状况，不对数据进行汇总
表键	事实表的键是时间、商品、顾客、地点维中键的组合
数据来源	超市销售业务系统中的销售表
加载周期	每天一次

表 2.11　数据成员 Cust_key 元数据

名　　称	顾户关键字
定义	用以唯一标识客户和位置的值
更新规则	一旦分配，就不改变
数据类型	数值型
值域	1～999 999 999
产生规则	由系统自动产生，将当前最大值增1
来源	系统自动生成

2.6.3　基于 SQL Server 2008 设计 SDWS

1. 创建数据仓库分析项目

打开 Microsoft Server Business Intelligence Development Studio，选择"文件→新建→项目"命令，选中"Analysis Services 项目"，在"名称"文本框中输入"SDWS"，如图 2.20 所示，系统建立一个新的 SDWS 分析项目。

图 2.20　新建 Analysis Services 项目

2. 定义数据源

假设在 SQL Server 2008 中已创建了一个数据库 SDW，包含前面介绍过的维表和事实表及相关数据。注意，需要采用"使用 Windows 身份验证"创建 SDW 数据库。

在"解决方案资源管理器"中右击"数据源"并选择"新建数据源"命令，出现"连接管理器"对话框，可以基于新连接、现有连接或以前定义的数据源对象来定义数据源。在本书中，这里将基于新连接定义数据源。在"服务器名"文本框中输入"admin-pc"（本机服务器名为 admin-pc），选中"使用 Windows 身份验证"（尽量使用 Windows 身份验证，提供其他选项是为了实现向后兼容）选项，在"选择或输入一个数据库名"列表中选择 SDW 数据库，在单击"测试连接"按钮提示测试成功后单击"确定"按钮。

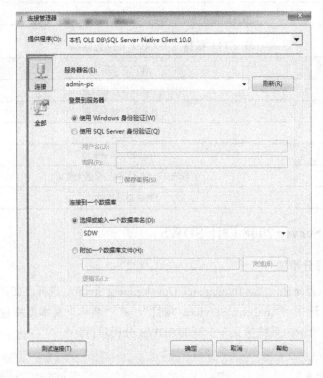

图 2.21 "连接管理器"对话框

出现"模拟信息"对话框，可以定义 Analysis Services 用于连接数据源的安全凭据。这里选中"使用服务账户"（选择"使用服务账户"或"使用特定 Windows 用户名和密码"选项）选项，如图 2.22 所示，单击"下一步"按钮，再单击"完成"按钮，这样就建好了数据源 SDW.ds。

3. 定义数据源视图

在"解决方案资源管理器"中右击"数据源视图"并选择"新建数据源视图"命令，在出现的对话框中选中关系数据源 SDW，单击"下一步"按钮，出现"名称匹配"对话框，默认选中"与主键同名"选项，如图 2.23 所示，单击"下一步"按钮。

出现"选择表和视图"对话框，从左边选中 Customers、Dates、Locates、Products 和 Sales 共 5 个表到右边列表中，如图 2.24 所示，单击"下一步"按钮，再单击"完成"按钮。这样就创建好了数据源 SDW.dsv。

图 2.22 "模拟信息"对话框

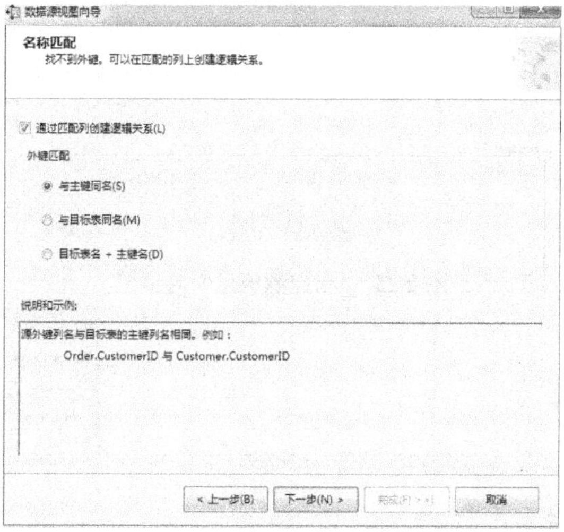

图 2.23 "名称匹配"对话框

图 2.24 "选择表和视图"对话框

4．定义维表

在"解决方案资源管理器"中右击"维度"并选择"新建维度"命令，在出现的对话框中选中"使用现有表"选项，单击"下一步"按钮，出现"指定源信息"对话框，选择 Dates 维表，如图 2.25 所示，单击"下一步"按钮，出现"选择维度属性"对话框，勾选所有属性，如图 2.26 所示，单击"下一步"按钮，再单击"完成"按钮。

然后选择 Dates 维度并右击，选择"属性"命令，在出现的"属性"对话框中选择 Type 属性并指定其值为 Time，表示它是一个时间维度，如图 2.27 所示。

图 2.25 "指定源信息"对话框

图 2.26 "选择维度属性"对话框

图 2.27 "属性"对话框

在 Dates 维度的层次结构框中设置各属性的层次结构，如图 2.28 所示，从 Dates 维表的数据看到，季度和年份之间的映射关系不准确，2013 年和 2014 年都有 1 季度，但系统内隐含有"Date_key

→年份"的属性关系,也就是说通过 Date_key 和季度就可以唯一确定年份了,对应数据的概念分层如图 2.29 所示。

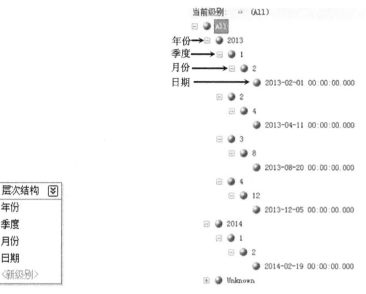

图 2.28 设置 Dates 维表的层次结构　　　　图 2.29 Dates 维表的概念分层

采用同样的步骤建立 Customers、Locates 和 Products 维度,这 3 个维度不需要修改其 Type 属性。

说明:上述维表中的数据已隐含概念分层的层次结构,系统会自动从维表数据中提取由主键确定的层次结构。如果一个维表中有多个层次结构,在设计时用户可以通过维度结构和属性关系对话框建立自己的层次结构。

5. 定义多维数据集

在"解决方案资源管理器"中右击"多维数据集"并选择"新建多维数据集"命令,在出现的对话框中选中"使用现有表"选项,单击"下一步"按钮,出现"选择度量值组表"对话框,勾选"Sales"为事实表,如图 2.30 所示,单击"下一步"按钮,出现"选择度量值"对话框,选择 Sales 表的"数量"、"金额"和"Sales 计数"作为度量,其中"Sales 计数"是系统自动添加的,如图 2.31 所示。

图 2.30 "选择度量值组表"对话框

每个度量都对应一个聚集函数，如"数量"度量默认的聚集函数为 Sum（求总和），用户可以右击某度量并选择"属性"命令，在出现的"属性"对话框中修改相应的聚集函数，如图 2.32 所示。

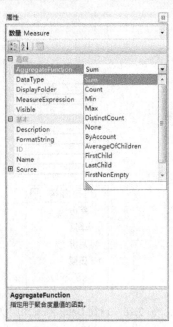

图 2.31 "选择度量值"对话框　　　　　　　　　　　　图 2.32 "属性"对话框

单击"下一步"按钮，出现 "选择现有维度"对话框，选择列出的所有维表，如图 2.33 所示，单击"下一步"按钮，再单击"完成"按钮。这样就建立了一个多维数据集 SDW.cube。

图 2.33 "选择现有维度"对话框

6．部署 SDWS

通过上述步骤建立的 SDWS 项目结构如图 2.34 所示，在"解决方案资源管理器"中右击"SDWS"并选择"部署"命令，系统开始进行部署操作，成功后提示"部署成功完成"信息。

图 2.34　SDWS 项目结构

7．浏览已部署的多维数据集

在"解决方案资源管理器"中右击多维数据集"SDW.cube"，并选择"浏览"命令，即可进行多维分析。

浏览多维数据集的操作方法是：向分析区中拖放相应的行、列字段和汇总字段，系统自动统计相应的报表。

例如，分析全国各地区每年、每季度销售金额的结果如图 2.35 所示；分析各类商品在每年、每月销售量的结果如图 2.36 所示；分析 2013 年 1 季度各地区各类商品销售量的结果如图 2.37 所示；分析各产品子类、各地区、各年龄层次销售量的结果如图 2.38 所示。

将筛选字段拖至此处

		地区				
		华北	华东	华南	华中	总计
年份	季度	金额	金额	金额	金额	金额
2013	1	3380	2800	7500	5450	19130
	2	5260	2800	2500	7950	18510
	3	5260	2800	7500	12650	28210
	4	3380	8400	7500	5150	24430
	汇总	17280	16800	25000	31200	90280
2014	1	3380	2800	2500	5300	13980
	汇总	3380	2800	2500	5300	13980
总计		20660	19600	27500	36500	104260

图 2.35　分析结果 1

将筛选字段拖至此处

		分类				品牌				总计
		家用电器					通信设备			
		长虹	海尔	海信	美菱	汇总	TCL	华为	汇总	
年份	月份	数量	数量	数量	数量	数量	数量	数量	数量	数量
2013	12	1	3	2	3	9	1	1	2	11
	2	1		3	3	7	3	1	4	11
	4	1	2	2	1	6	3	2	5	11
	8	1	1	5	3	10	1	2	3	13
	汇总	4	6	12	10	32	8	6	14	46
2014	2	1	1	2	1	5	2	1	3	8
	汇总	1	1	2	1	5	2	1	3	8
总计		5	7	14	11	37	10	7	17	54

图 2.36　分析结果 2

维度	层次结构	运算符	筛选表达式
Dates	年份	等于	{ 2013 }
〈选择维度〉			

季度
1

	地区				
	华北	华东	华南	华中	总计
分类	数量	数量	数量	数量	数量
家用电器	1	1	3	2	7
通信设备	1			3	4
总计	2	1	3	5	11

图 2.37　分析结果 3

分类	子类		华北 老年	华北 中年	华北 汇总	华东 青年	华东 汇总	华南 青年	华南 汇总	华中 青年	华中 中年	华中 汇总	总计
家用电器	电冰箱	数量				7	7	11	11				18
	电视机	数量		5	5						14	14	19
	汇总	数量		5	5	7	7	11	11		14	14	37
通信设备	电话	数量								10		10	10
	手机	数量	7		7								7
	汇总	数量	7		7					10		10	17
总计		数量	7	5	12	7	7	11	11	10	14	24	54

图 2.38　分析结果 4

在一个数据仓库项目中可以建立多个数据源视图和多个多维数据集，不同的多维数据集之间可以共享维表。

练习题2

1．简述数据仓库的设计步骤。

2．简述星形模式和雪花模式的区别。

3．数据仓库三种模式之间的关系。

4．在设计数据仓库时，为什么确定事实表的粒度非常重要？

5．以下关于数据粒度的叙述中哪些是错误。

（1）粒度是指数据仓库小数据单元的详细程度和级别。

（2）数据越详细，粒度就越小，抽象级别也就越高。

（3）数据综合度越高，粒度就越大，抽象级别也就越高。

（4）粒度的具体划分将直接影响数据仓库中的数据量以及查询质量。

6．以下关于数据仓库开发特点的叙述中哪些是错误的。

（1）数据仓库开发要从数据出发。

（2）数据仓库使用的需求在开发出来后才会明确。

（3）数据仓库开发是一个不断循环的过程。

（4）数据仓库中数据的分析和处理十分灵活，没有固定的开发模式。

7．以下关于数据仓库设计的说法中哪些是正确的。

（1）数据仓库项目的需求很难把握，所以不可能从用户的需求出发来进行数据仓库的设计，只能从数据出发进行设计。

（2）在进行数据仓库主题数据模型设计时，应该按面向部门业务应用的方式来设计数据模型。

（3）在进行数据仓库主题数据模型设计时要强调数据的集成性。

（4）在进行数据仓库概念模型设计时，需要设计实体关系图，给出数据表的划分，并给出每个属性的定义域。

8．维表中维有哪些类型？

9．在设计数据仓库时，为什么要考虑维的概念分层？

10．在数据仓库的物理模型设计中，合并表组织策略有哪些好处？

11．有一个学生成绩管理系统，其中含有学生的学号、姓名、性别、籍贯、课程和分数等信息，现在要构建一个数据仓库，其主题是学生成绩。根据你的设计，回答以下问题。

（1）给出该数据仓库中事实表的结构。

（2）给出该数据仓库中所有维表的结构。

（3）画出该数据仓库的模型，分析它属于哪种模式。

思 考 题 2

1．源系统和数据仓库系统同期建设。但是源系统在不断的变化中，而且源系统的开发团队没有将变化告知数据仓库团队，数据仓库团队在测试过程中出现故障才发现这些变化。这种没有告知有可能是故意的。数据仓库团队应该如何来应对这种情况？

2．数据仓库领域广泛流传着自底向上（bottom-up）和自顶向下（top-down）的构建数据仓库的争论。通常，称 Inmon 的先建立集中的 EDW（企业级数据仓库），然后在 EDW 上建立应用的构建方式为自顶向下的构建方式；称 Kimball 的先根据需求建立数据集市，然后由所有的数据集市组合的数据仓库的构建方式为自底向上的构建方式。比较这两种构建方式的优缺点。

3．维度建模中一个非常重要的步骤是定义事实表的粒度。定义了事实表的粒度，则事实表能表达数据的详细程度就确定了。定义粒度的例子有客户的零售单据上的每个条目、保险单上的每个交易。问定义好事实表的粒度有什么用处？

4．有时，事实表中的日期比一天要详细，会细化到时、分、秒，而且用户可能会对时、分、秒进行查询，如果将日期维度的粒度细到秒级，日期维度表中的记录就会变得太多。这时，如何解决这个问题。

5．事实表一般围绕着度量来建立，当度量产生时，事实记录就生成了。度量可以是销售数量、交易流水值、月末节余等数值。如果同时生成多个度量值，可以在一个事实表中建立多个事实。当事实表中的事实比较多时，有可能多个事实不同时发生，如果同时生成的概率很小，称之为稀疏事实表。对于稀疏事实表，通常会在事实中存在大量的 NULL 值，请思考如何高效地处理稀疏事实表以节省存储空间。

OLAP 技 术

建立数据仓库的目的是为了对数据仓库中的数据进行灵活多样的查询分析，它是管理决策分析的基础，但仅仅依靠数据仓库本身并不能完成这种复杂的数据查询分析。OLAP 技术是一种应用广泛的数据仓库使用技术，可以根据分析人员的要求，迅速对大量数据进行复杂的多角度和多视图的查询处理，方便地获得概述性或详细的信息。本章介绍 OLAP 的相关概念和实现方法。

3.1 OLAP 概 述

3.1.1 什么是 OLAP

OLAP（OnLine Analytical Processing，联机分析处理）这一概念是由关系型数据库之父 E.F.Codd 于 1993 年提出的。20 世纪 60 年代末，Codd 提出关系型数据模型以后，关系型数据库与 OLTP（OnLine Transaction Processing，联机事务处理）得到了快速的发展。随着关系型数据库的快速发展，全球的数据量急剧膨胀，越来越多的数据被生产出来，同时人们对信息的需求也在快速提升；而信息来源的最主要途径便是已掌握的海量数据，于是管理人员对数据的查询需求变得越来越复杂，希望能够快速、尽可能多地从 GB、TB 甚至 PB 级数据中直观地了解到隐藏在这些数据背后的信息。传统的 OLTP 技术越来越显得力不从心。于是数据仓库体系结构与 OLAP 技术应运而生。

OLAP 是针对某个特定的主题进行联机数据访问、处理和分析，通过直观的方式从多个维度、多种数据综合程度将系统的运营情况展现给使用者。

OLAP 委员会给予 OLAP 的定义为，OLAP 是使分析人员、管理人员或执行人员能够从多角度对信息进行快速、一致、交互的存取，从而获得对数据更深入了解的一类软件技术。

3.1.2 OLAP 技术的特性

OLAP 的概念最早是由关系数据库之父 E.F.Codd 于 1993 年提出的。当时，Codd 认为 OLTP 已不能满足终端用户对数据库查询分析的需要，SQL 对大数据库进行简单的查询也不能满足用户分析的需求。用户的决策分析需要对关系数据库进行大量计算才能得到结果，而查询的结果并不能满足决策者提出的需求。因此，Codd 提出了多维数据库和多维分析的概念，即 OLAP。Codd 提出 OLAP 的 12 条准则来描述 OLAP 系统。

准则 1：OLAP 模型必须提供多维概念视图。

准则 2：透明性准则。

准则 3：存取能力推测。

准则 4：稳定的报表能力。

准则 5：客户/服务器体系结构。

准则 6：维的等同性准则。

准则 7：动态的稀疏矩阵处理准则。

准则 8：多用户支持能力准则。

准则 9：非受限的跨维操作。

准则 10：直观的数据操纵。

准则 11：灵活的报表生成。

准则 12：不受限的维与聚集层次。

总之，OLAP 的目标是满足决策支持或者满足在多维环境下特定的查询和报表需求，它不同于 OLTP 技术，概括起来主要有如下特性。

- 多维性。OLAP 技术是面向主题的多维数据分析技术。主题涉及业务流程的方方面面，是分析人员、管理人员进行决策分析所关心的角度。分析人员、管理人员使用 OLAP 技术，正是为了从多个角度观察数据，从不同的主题分析数据，最终直观地得到有效的信息。

- 可理解性。为 OLAP 分析设计的数据仓库或数据集市可以处理与应用程序和开发人员相关的任何业务逻辑和统计分析，同时使它对于目标用户而言足够简单。

- 交互性。OLAP 帮助用户通过对比性的个性化查看方式，以及对各种数据模型中的历史数据和预计算数据进行分析，将业务信息综合。用户可以在分析中定义新的专用计算，并可以以任何希望的方式报告数据。

- 快速性。它是指 OLAP 系统应当通过使用各种技术，尽量提高对用户的反应速度；而且无论数据库的规模和复杂性有多大，都能够对查询提供一致的快速响应。合并的业务数据可以沿着所有维度中的层次结构预先进行聚集，从而减少构建 OLAP 报告所需的运行时间。

3.1.3 OLAP 和 OLTP 的区别

OLAP 和 OLTP 的主要区别如下所述。

OLAP 面向的是市场，主要供企业的决策人员和中高层管理人员使用，用于数据分析。而 OLTP 是面向顾客的，主要供操作人员和低层管理人员使用，用于事务和查询处理。

OLAP 系统管理大量历史数据，提供汇总和聚集机制，并在不同的粒度级别上存储和管理信息。这些特点使得数据更容易用于决策分析。OLTP 系统则仅管理当前数据，通常，这种数据太琐碎，难以用于决策。

OLAP 系统处理的是来自不同组织的信息，由多个数据存储集成的信息。由于数据量巨大，OLAP 数据存放在多个存储介质上，不过，对 OLAP 系统的访问大部分是只读操作，尽管许多可能是复杂的查询。相比之下，OLTP 系统则主要关注企业或部门内部的当前数据，而不涉及历史数据或不同组织的数据。

概括起来，OLAP 和 OLTP 的区别如表 3.1 所示。

表 3.1　OLAP 和 OLTP 的区别

比　较　项	OLAP	OLTP
特性	信息处理	操作处理
用户	面向决策人员	面向操作人员
功能	支持管理需要	支持日常操作
面向	面向数据分析	面向应用
驱动	分析驱动	事务驱动
数据量	一次处理的数据量大	一次处理的数据量小
访问	不可更新，但周期性刷新	可更新
数据	历史数据	当前值数据
汇总	综合性和提炼性数据	细节性数据
视图	导出数据	原始数据

3.1.4　数据仓库与 OLAP 的关系

建立数据仓库的目的是为了支持管理中的决策制定过程，OLAP 服务作为一种多维查询和分析工具，是数据仓库功能的自然扩展，也是数据仓库中的大容量数据得以有效利用的重要保障。

在数据仓库中，OLAP 和数据仓库是密不可分的，但是两者具有不同的概念。数据仓库是一个包含企业历史数据的大规模数据库，这些历史数据主要用于对企业的经营决策提供分析和支持。而 OLAP 技术则利用数据仓库中的数据进行联机分析，OLAP 利用多维数据集和数据聚集技术对数据仓库中的数据进行组织和汇总，用联机分析和可视化工具对这些数据进行评价，将复杂的分析查找结果快速地返回用户。

随着数据仓库的发展，OLAP 也得到了迅猛的发展。数据仓库侧重于存储和管理面向决策主题的数据，而 OLAP 的一个主要特点是多维数据分析，这与数据仓库的多维数据组织正好形成相互结合、相互补充的关系。因此，OLAP 技术与数据仓库的结合可以较好地解决传统决策支持系统既需要处理大量数据，又需要进行大量数据计算的问题，进而满足决策支持或多维环境特定的查询和报表需求。

3.1.5　OLAP 分类

1．OLAP 技术中数据存储方式

基本的 OLAP 体系结构如图 3.1 所示，其中 OLAP 数据的组织方式对分析的效率与灵活性至关重要，而效率与灵活性正是 OLAP 技术要提高的两个最主要指标。

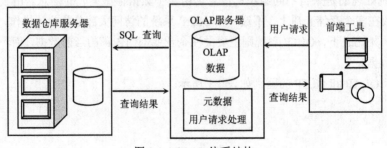

图 3.1　OLAP 体系结构

主流的 OLAP 数据组织方式有 3 种：基于关系型数据库、基于多维数据库和基于关系型数据库与多维数据库的混合方式。针对不同的数据组织方式，这些 OLAP 技术相应地称为 ROLAP（基于关系型数据库的 OLAP）、MOLAP（基于多维数据库的 OLAP）、HOLAP（基于关系型数据库与多维数据库的 OLAP）。

2. ROLAP

ROLAP（Relational OLAP）表示基于的数据存储在传统的关系型数据库中。每个 ROLAP 分析模型基于关系型数据库中一些相关的表,这些相关的表中有反映观察角度的维度表和含有度量的事实表,这些表在关系型数据库中通过外健相互关联,典型的组织模型有星形模式、雪花模式和事实星座模式,这些模式在第 2 章有详细的介绍。

3. MOLAP

MOLAP（Multidimensional OLAP）表示基于的数据存储在多维数据库中。多维数据库有时也称数据立方体。多维数据库可以用多维数组表示。例如，一个包含时间维、地区维、品牌维和销售量的数据集通过多维数组可表示为时间维、地区维、品牌维、销售量。通过这种方式表示数据可以极大地提高查询的性能。

4. ROLAP 与 MOLAP 比较

ROLAP 与 MOLAP 各有优缺点，其比较如表 3.2 所示。总体来讲，MOLAP 是近年来应多维分析而产生的，它以多维数据库为核心。

表 3.2 ROLAP 与 MOLAP 的比较

比较项	ROLAP	MOLAP
优点	没有存储大小限制 现有的关系数据库技术可以沿用 对维度的动态变更有很好的适应性 灵活性较好，数据变化的适应性高 对软硬件平台的适应性好	性能好、响应速度快 专为 OLAP 所设计 支持高性能的决策支持计算 支持复杂的跨维计算 支持行级的计算
缺点	一般比 MOLAP 响应速度慢 系统不提供预综合处理功能 关系 SQL 无法完成部分计算 无法完成多行的计算 无法完成维之间的计算	增加系统培训与维护费用 受操作系统平台中文件大小的限制 系统所进行的预计算，可能导致数据爆炸 无法支持数据及维度的动态变化 缺乏数据模型和数据访问的标准

多维数据库在数据存储及数据聚集上都有着关系数据库不可比拟的一些优点，实际上，在第 2 章介绍的星形模式就是关系数据库和数据立方体的桥梁，如图 3.2 所示。从中看到，建立数据仓库的星形模式后，即可在关系数据库中模拟数据的多维分析。所以本章后面主要讨论基于多维数据库的多维数据模型及其实现。

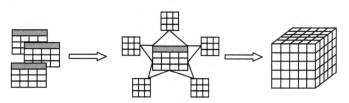

图 3.2 星形模式成为关系数据库和数据立方体的桥梁

5. HOLAP

HOLAP（Hybrid OLAP）表示基于的数据存储是混合模式的。ROLAP 和 MOLAP 两种方式各有利弊，为了同时兼顾它们的优点，提出一种 HOLAP 将数据存储混合，通常将粒度较大的高层数据存储在多维数据库中，粒度较小的细节层数据存储在关系型数据库中。这种 HOLAP 具有更好的灵活性。

3.2　OLAP 的多维数据模型

3.2.1　多维数据模型的定义

OLAP 基于多维数据模型，对应的数据集称为多维数据集，有时也称为数据立方体（Data Cube），它由维和事实定义。

多维数据集可以用一个多维数组来表示，它是维和变量的组合表示。一个多维数组可以表示为：（维 1，维 2，…，维 n，变量列表）。例如，表 3.3 是某商店销售情况，它按年份、地区和商品组织起来的三维立方体，加上变量"销售量"，就组成了一个多维数组（年份，地区，商品，销售量），如图 3.3 所示。

表 3.3　某商店销售情况表

地区	2013 年			2014 年		
	电视机	电冰箱	洗衣机	电视机	电冰箱	洗衣机
北京	12	34	43	23	21	67
上海	15	32	32	54	6	70
广州	11	43	32	37	16	90

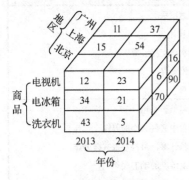

图 3.3　按多维数组组织起来的三维立方体

在多维数组中，数据单元（单元格）是多维数组的取值。当多维数组的各个维都选中一个维成员，这些维成员的组合就唯一确定了一个变量的值，例如，图 3.3 中某商店 2013 年北京的电视机销售量是 12。

尽管经常将数据立方体看作三维几何结构，但在数据仓库中，数据立方体是 n 维的。假定在前例中再增加一个维，如顾客维，以 4 维形式观察这组销售数据。观察 4 维事物有些困难，然而，可以把 4 维立方体看成 3 维立方体的序列，如图 3.4 所示。如果按这种方法继续下去，可以把任意 n 维数据看成（n-1）维"立方体"序列。数据立方体是对多维数据存储的一种可视化展示，这种数据的实际物理存储可以不同于它的逻辑表示。

图 3.4　按 4 维数组组织起来的三维立方体

3.2.2　OLAP 的基本分析操作

OLAP 的基本分析操作主要包括对多维数据进行切片、切块、旋转、上卷和下钻等，这些分析操作使得用户可以从多角度、多侧面观察数据。

下面以第 2 章的 SDWS 数据仓库系统中的样本数据为例，详细说明 OLAP 的各种分析操作。

1. 切片

关于切片有以下两种定义。

1）切片定义 1

在多维数据集的某一维上选定一个维成员的操作称为切片。例如，在多维数组（维 1，维 2，…，维 i，…，维 n，度量列表）中选定一维，即维 i，并取其中一维成员（维成员 v_i），所得的多维数组的子集（维 1，…，维 $i-1$，维成员 v_i，维 $i+1$，…，维 n，度量列表）称为维 i 上的一个切片。切片操作示意图如图 3.5 所示。

图 3.5　切片操作示意图

例如，如图 3.6 所示是将（季度，地区，分类，数量）多维数据集通过对 2 季度切片得到一个切片（2，地区，分类，数量）子集。本例采用 SQL 模拟，对应的 SQL 语句如下：

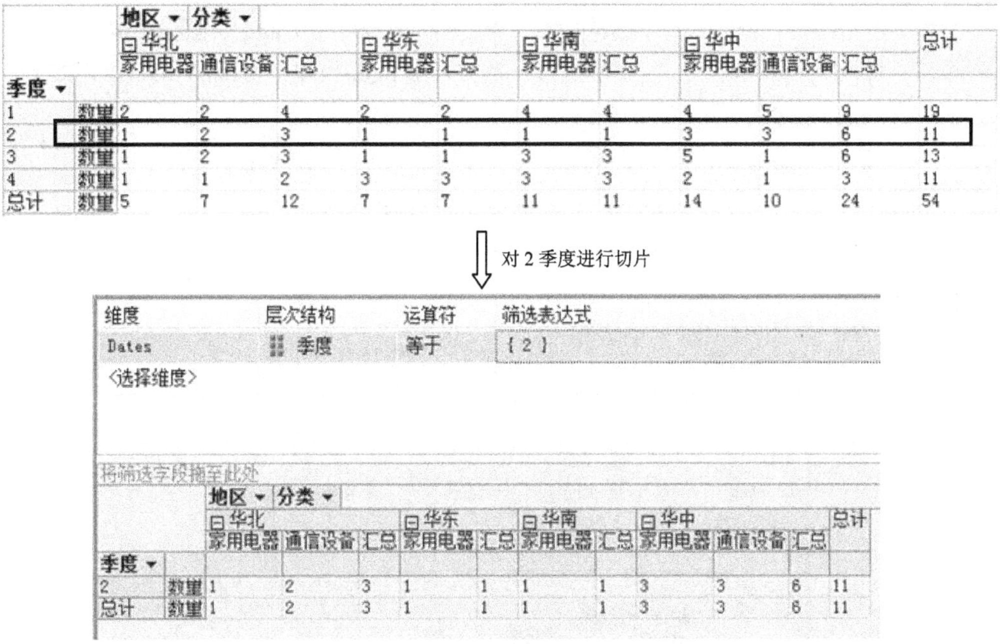

季度 ▼		地区 ▼	分类 ▼									总计
		⊟华北			⊟华东		⊟华南		⊟华中			
		家用电器	通信设备	汇总	家用电器	汇总	家用电器	汇总	家用电器	通信设备	汇总	
1	数量	2	2	4	4	4	4	4	4	5	9	19
2	数量	1	2	3	1	1	1	1	3	3	6	11
3	数量	1	2	3	1	1	3	3	5	1	6	13
4	数量	1	1	2	3	3	3	3	2	1	3	11
总计	数量	5	7	12	7	7	11	11	14	10	24	54

对 2 季度进行切片

维度	层次结构	运算符	筛选表达式
Dates	季度	等于	{ 2 }
〈选择维度〉			

将筛选字段拖至此处

季度 ▼		地区 ▼	分类 ▼									总计
		⊟华北			⊟华东		⊟华南		⊟华中			
		家用电器	通信设备	汇总	家用电器	汇总	家用电器	汇总	家用电器	通信设备	汇总	
2	数量	1	2	3	1	1	1	1	3	3	6	11
总计	数量	1	2	3	1	1	1	1	3	3	6	11

图 3.6　切片操作

```
SELECT Locates.地区,Products.分类,SUM(数量)
FROM Sales,Dates,Products,Locates
WHERE Dates.季度=2      指定切片条件
      AND Sales.Date_key=Dates.Date_key
      AND Sales.Locate_key=Locates.Locate_key    事实表和维表连接
      AND Sales.Prod_key=Products.Prod_key
GROUP BY Locates.地区,Products.分类  WITH ROLLUP
```

2）切片定义 2

选定多维数据集的一个两维子集的方法称为切片。例如，在多维数组（维 1，维 2，…，维 i，…，维 n，度量列表）中选定两个维：维 i 和维 j，在这两个维上取某一区间或任意维成员，而将其余的维都选取一个维成员，则得到的就是多维数据集在维 i 和维 j 上的一个二维子集，称这个二维子集为多维数据集在维 i 和维 j 上的一个切片，表示为（维 i，维 j，度量列表）。

对于 n 维的多维数据集，切片定义 1 的结果是 $n-1$ 维，而切片定义 2 的结果是二维的。按切片定义 2 进行 $n-2$ 次切片会得到切片定义 1 的结果。

无论哪个定义，切片的作用或结果就是合并一些观察角度，使人们能在较少维（如两个维）上集中观察数据。

2．切块

关于切块也有两种定义。

1）切块定义 1

在多维数据集（维 1，维 2，…，维 n，度量列表）中通过对两个或多个维执行选择得到子集的操作称为切块。切块操作示意图如图 3.7 所示。

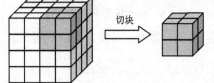

如图 3.8 所示是将（季度，地区，分类，数量）多维数据集通过对 2、3 季度和华东、华南地区切块得到一个切块（2 或 3，"华东"或"华南"，分类，数量）子集，切块的选择条件为：（季度=2 or 季度=3）and（地区="华东" or 地区="华南"）。本例采用 SQL 模拟，对应的 SQL 语句如下：

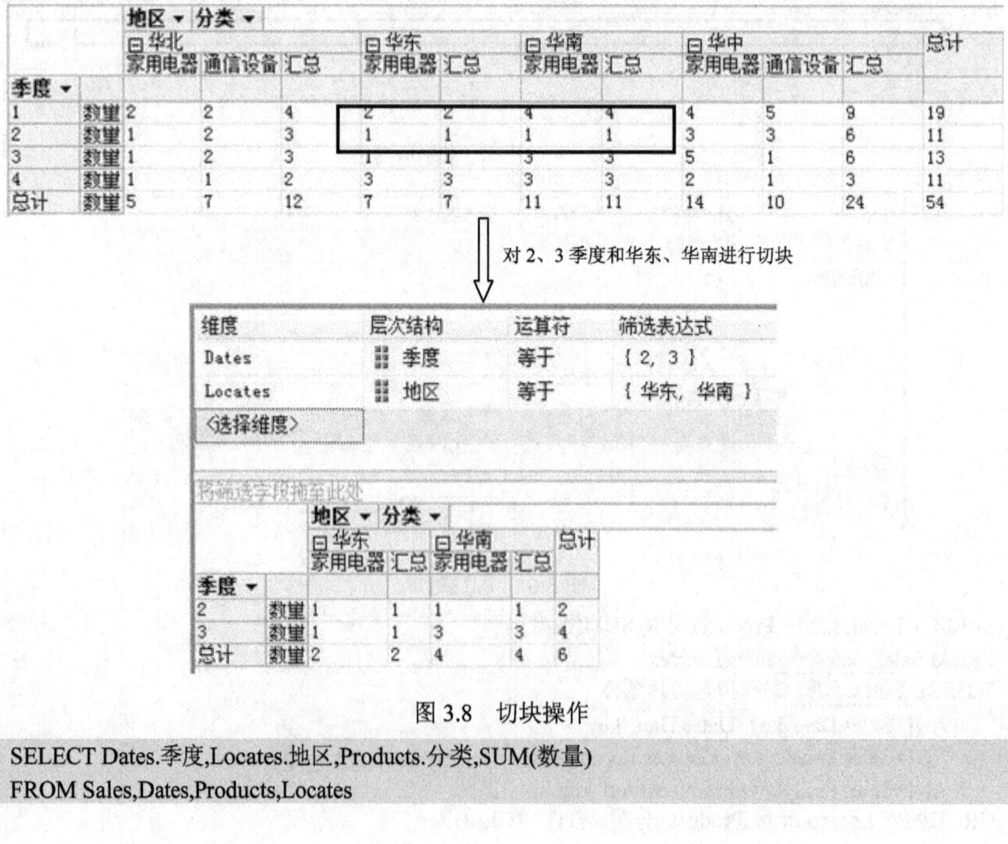

图 3.7　切块操作示意图

		地区 ▼	分类 ▼									
		⊟华北			⊟华东		⊟华南		⊟华中			总计
		家用电器	通信设备	汇总	家用电器	汇总	家用电器	汇总	家用电器	通信设备	汇总	
季度 ▼												
1	数量	2	2	4	2	2	4	4	4	5	9	19
2	数量	1	2	3	1	1	1	1	3	3	6	11
3	数量	1	2	3	3	3	3	3	1	6		13
4	数量	1	1	3	3	3	3	3	2	1	3	11
总计	数量	5	7	12	7	7	11	11	14	10	24	54

对 2、3 季度和华东、华南进行切块

维度	层次结构	运算符	筛选表达式
Dates	季度	等于	{2, 3}
Locates	地区	等于	{华东, 华南}
〈选择维度〉			

将筛选字段拖至此处

		地区 ▼	分类 ▼			
		⊟华东		⊟华南		总计
		家用电器	汇总	家用电器	汇总	
季度 ▼						
2	数量	1	1	1	1	2
3	数量	1	1	3	3	4
总计	数量	2	2	4	4	6

图 3.8　切块操作

SELECT Dates.季度,Locates.地区,Products.分类,SUM(数量)
FROM Sales,Dates,Products,Locates

```
WHERE (Dates.季度=2 OR Dates.季度=3) AND (Locates.地区='华东' OR Locates.地区='华南')
指定切块条件
    AND Sales.Date_key=Dates.Date_key
    AND Sales.Locate_key=Locates.Locate_key      } 事实表和维表连接
    AND Sales.Prod_key=Products.Prod_key
GROUP BY Dates.季度,Locates.地区,Products.分类  WITH ROLLUP
```

2）切块定义 2

选定多维数据集的一个三维子集的方法称为切块。例如，选定（维 1，维 2，…，维 n，度量列表）中的三个维：维 i、维 j 和维 k，在这三个维上取某一区间或任意的维成员，而将其余的维都取定一个维成员，则得到的是多维数据集在维 i、维 j 和维 k 上的一个三维子集，称之为切块，表示为（维 i，维 j，维 k，度量列表）。

切块和切片操作的作用是相似的。实际上，切块操作也可以看成进行多次切片，即切块操作结果可以看成进行多次切片叠合而成。

3．旋转

旋转（Pivot）又称转轴，是一种视图操作，即改变一个报告或页面显示的维方向，可以得到不同视角的数据，即转动数据的视角以提供数据的替代表示。旋转操作示意图如图 3.9 所示。

例如，旋转可能包含交换行和列，即维的位置互换，就像是二维表的行列转换，或是把某一个行维移到列维中去，或把页面显示中的一个维和页面外的维进行交换。

图 3.9　旋转操作示意图

如图 3.10 所示是一个多维数据集通过"年龄层次"和"分类"交换的旋转操作结果，将原来各省的各年龄层次顾客购买各类商品的数量，改为各省的各类商品被各年龄层次顾客购买的数量，这样观察的视角发生了改变。

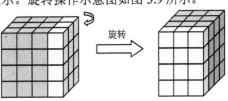

	年龄层次 ▾	分类 ▾						
	⊟老年		⊟青年			⊟中年		总计 *
	通信设备	汇总 *	家用电器	通信设备	汇总 *	家用电器	汇总 *	
省份 ▾	数量	数量	数量	数量	数量	数量	数量	数量
北京	7	7				5	5	12
广东			11		11			11
湖北				10	10	14	14	24
江苏			7		7			7
总计 *	7	7	18	10	28	19	19	54

⇩ 对年龄层次和分类旋转

	分类 ▾	年龄层次 ▾					
	⊟家用电器			⊟通信设备			总计 *
	青年	中年	汇总 *	老年	青年	汇总 *	
省份 ▾	数量	数量	数量	数量	数量	数量	数量
北京		5	5	7		7	12
广东	11		11				11
湖北		14	14		10	10	24
江苏	7		7				7
总计 *	18	19	37	7	10	17	54

图 3.10　旋转操作

本例采用 SQL 模拟，就是将以下 SQL 语句：

```
SELECT Locates.省份,Customers.年龄层次,Products.分类,SUM(数量)
FROM Sales,Locates,Customers,Products
```

```
WHERE Sales.Locate_key=Locates.Locate_key
    AND Sales.Cust_key=Customers.Cust_key
    AND Sales.Prod_key=Products.Prod_key
GROUP BY Locates.省份,Customers.年龄层次,Products.分类 WITH ROLLUP
```

改为：

```
SELECT Locates.省份,Products.分类,Customers.年龄层次,SUM(数量) //改变 SELECT 列表次序
FROM Sales,Locates,Customers,Products
WHERE Sales.Locate_key=Locates.Locate_key
    AND Sales.Cust_key=Customers.Cust_key
    AND Sales.Prod_key=Products.Prod_key
GROUP BY Locates.省份,Products.分类,Customers.年龄层次 WITH ROLLUP
```

从而使 Products.分类和 Customers.年龄层次的显示次序发生改变。

4. 上卷

上卷操作通过维的概念分层向上攀升或者通过维归约（即将 4 个季度的值加到一起为一年的结果）在数据立方体上进行聚集。如在产品维度上，由产品向小类上卷，可得到小类的聚集数据，再由小类向大类上卷，可得到大类层次的聚集数据。

如图 3.11 所示是将多维数据集从产品维的"子类"上卷到"分类"一个操作结果。在进行上卷操作时，各度量需要执行相应的聚集函数。在该例中，只有一个度量即"数量"，它对应的聚集函数是 SUM（求和），在从子类上卷到分类时，通过执行 SUM 得到子集的各单元的值。例如家用电器总计数量 37 是通过执行 18+19 得到的。

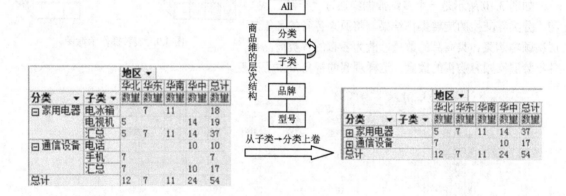

图 3.11　上卷操作

本例采用 SQL 模拟，根据商品维表的层次结构，只需对上卷属性"分类"进行汇总，对应的 SQL 语句如下：

```
SELECT Products.分类,Locates.地区,SUM(数量)
FROM Sales,Locates,Products
WHERE Sales.Locate_key=Locates.Locate_key
    AND Sales.Prod_key=Products.Prod_key
GROUP BY Products.分类,Locates.地区 WITH ROLLUP
```

5. 下钻

下钻是上卷的逆操作，它由不太详细的数据到更详细的数据。使用户在多层数据中能通过导航信息而获得更多的细节数据。下钻可以沿维的概念分层向下或引入新的维或维的层次来实现。

如图 3.12 所示是将多维数据集从日期维的"年份"下钻到"季度"的一个操作结果，用户可

以看到更细的销售情况。

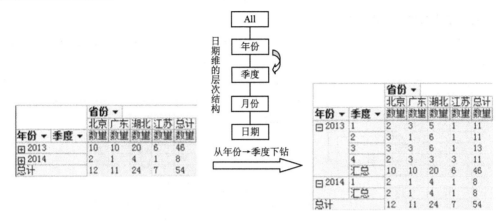

图 3.12　下钻操作

本例采用 SQL 模拟，根据日期维表的层次结构，只需对下钻属性"季度"进行汇总，对应的 SQL 语句如下：

```
SELECT Dates.年份,Dates.季度,Locates.省份,SUM(数量)
FROM Sales,Dates,Locates
WHERE Sales.Date_key=Dates.Date_key
    AND Sales.Locate_key=Locates.Locate_key
GROUP BY Dates.年份,Dates.季度,Locates.省份 WITH ROLLUP
ORDER BY Dates.年份,Dates.季度,Locates.省份
```

6. 其他 OLAP 操作

除了上述的 OLAP 基本操作外，有些 OLAP 系统还提供其他钻取操作。例如，钻过（drill_across）执行涉及多个多维数组（事实表）的查询；钻透（drill_through）操作使用关系 SQL 机制，钻透数据立方体的底层，到后端关系表。

其他 OLAP 操作可能包括列出表中最高或最低的 *N* 项，以及计算移动平均值、增长率、利润、内部返回率、贬值、流通转换和统计功能。

一个复杂的查询统计是一系列 OLAP 基本操作叠加的结果。以第 2 章的 SDWS 数据仓库系统中的样本数据为基础，内容介绍如下。

（1）统计 2014 年的总销售量。其过程是：在 Dates 维上卷到"年份"属性，再按"年份=2014"进行切片操作。

（2）统计"华中"地区"通信设备"的总销售量。其过程是：在 Locates 维上卷到"地区"属性，在 Products 维上卷到"分类"属性，再对"地区=华中 AND 分类=通信设备"进行切块操作。

（3）统计 2013 年"北京市"各年龄层次的顾客购买商品的金额。其过程是：在 Dates 维上卷到"年份"属性，在 Locates 维上卷到"省份"属性，按"年份=2013 AND 省份=北京"进行切块操作，再在 Customers 维上卷到"年龄层次"属性。

实际上，实现同一功能的 OLAP 操作序列可能不同，这涉及 OLAP 查询的有效处理问题，将在 3.3 节讨论。

3.2.3　一个简单的多维数据模型

多维数据模型是 OLAP 的核心，迄今为止，人们提出了各种各样的多维数据模型，本小节介

绍一个简单的多维数据模型及其基本 OLAP 操作实现过程。

1. 简单多维数据模型的定义

一个多维数据模型由数据立方体、度量、维组成，而维又由维属性和维层次结构组成，如图 3.13 所示。

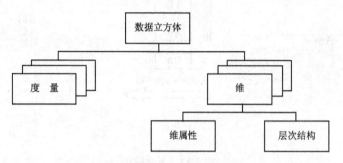

图 3.13　多维数据模型的组成

为了简单，假设每个维仅包含一个维层次结构，每个度量仅对应一个聚集函数。这样的简单多维数据集定义为一个五元组 MD=(D,H,M,A,f)，其中各项说明如下。

（1）$D=\{d_1,d_2,\cdots,d_n\}$ 表示维属性的集合，共有 n 个维，d_i 表示第 i 个维度。d_i 的值域用 $\text{dom}(d_i)$ 表示，并记 $\text{dom}(D)=\text{dom}(d_1)\times\text{dom}(d_2)\times\cdots\times\text{dom}(d_n)$，表示所有维属性的值域。

（2）$H=\{(d_1,L_1),(d_2,L_2),\cdots,(d_n,L_n)\}$ 表示维层次集合，这里假设每个维只有一个层次结构，L_i 表示维 d_i 中的层次结构，用偏序关系 ≤ 表示，并引入一个隐含的顶层层次属性 All，即 L_i 表示为 $l_{i,1}\leq l_{i,2}\leq\cdots\leq l_{i,h}\leq\text{All}$。

（3）$M=\{m_1,m_2,\cdots,m_k\}$ 表示度量属性的集合，共有 k 个度量，m_i 表示第 i 个度量，m_i 的值域用 $\text{dom}(m_i)$ 表示，并记 $\text{dom}(M)=\text{dom}(m_1)\times\text{dom}(m_2)\times\cdots\times\text{dom}(m_k)$，表示所有度量属性的值域。

（4）$A=\{\text{aggr}_1,\text{aggr}_2,\cdots,\text{aggr}_k\}$ 表示度量上聚集函数的集合，这里假设每个度量只对应一个聚集函数，aggr_i 表示度量 m_i 对应的聚集函数。

（5）f：$\text{dom}(D)\to\text{dom}(M)$ 是 $\text{dom}(D)$ 到 $\text{dom}(M)$ 上的部分映射，是数据立方体的基，其中所有事实数据都是相同粒度的。

例如，第 2 章的 SDWS 数据仓库系统中样本数据对应的多维数据集对应的多维数据模型为

$$\text{SDWS}=(D,H,M,A,f)$$

式中　$D=\{\text{Date\_key,Cust\_key,Locate\_key,Prod\_key}\}$；

$H=\{$ (Date_key,\{日期 ≤ 月份 ≤ 季度 ≤ 年份 ≤ All\}),(Cust_key,\{姓名 ≤ 年龄 ≤ 年龄层次 ≤ All\}),

(Locate_key,\{地址 ≤ 县 ≤ 市 ≤ 省份 ≤ 地区 ≤ All\}),(Prod_key,\{型号 ≤ 品牌 ≤ 子类 ≤ 分类 ≤ All\}) \}；

$M=\{$数量，金额，Sales 计数\}；

$A=\{\text{SUM}$(求和函数)$,\text{SUM,COUNT}$(计数函数)\}；

f——Sales 事实表的数据（见表 2.8），它是一个粒度最细的事实表，如第 1 行为 $f(1,1,1,1)=\{1,1500,1\}$，其中"Sales 计数"度量对应的默认值为 1。

2. 简单多维数据模型的基本操作

1）选择操作

设 MD=(D,H,M,A,f)，MD 上的选择操作表示为 SELECT(MD,P)，其中 P 是定义在 MD 的维层

次属性和度量属性上的选择条件。SELECT(MD,P)是一个如下定义的多维数据集 MD_1：

（1）$MD_1=(D_1,H_1,M_1,A_1,f_1)$，其中 $D_1=D$，$H_1=H$，$M_1=M$，$A_1=A$，即 MD_1 的结构与 MD 的相同。

（2）$f_1(MD_1)$中仅包含 $f(MD)$中满足条件 P 的记录。

用 SQL 模拟时，类似于以下 SQL 语句：

```
SELECT *
FROM 相关表
WHERE P
```

2）切片操作

设 $MD=(D,H,M,A,f)$，MD 上切片用来输出在某一维度的某些层次上满足一定条件的数据集，这里采用切片定义 1。给定任意一维 d_i（$1 \leqslant i \leqslant n$）及其相应的维层次链为 $l_{i,1} \leqslant l_{i,2} \leqslant \cdots \leqslant l_{i,h} \leqslant All$（$h$ 表示维 d_i 的分层数），以及某层 $l_{i,j}$ 的成员值 v_j。对应的切片操作 $Slice(MD,d_i,l_{i,j},v_j)=SELECT(MD,d_i.l_{i,j}=v_j)$。

用 SQL 模拟时，类似于以下 SQL 语句：

```
SELECT d_1,···,d_{i-1},d_{i+1}, ···,d_n
FROM 相关表
WHERE d_i.l_j=v_j
```

3）切块操作

设 $MD=(D,H,M,A,f)$，MD 上切块用来输出在多个维度的多个层次上满足一定条件的数据集，这里采用切块定义 2。给定三个维 d_i,d_j,d_k 及相应维层次 l_i,l_j,l_k 上维成员取值范围$[a_i,b_i]$、$[a_j,b_j]$、$[a_k,b_k]$。对应的切片操作 $Dicing(MD,d_i,l_i,a_i,b_i,d_j,l_j,a_j,b_j,d_k,l_k,a_k,b_k)=SELECT(MD,(d_i.l_i \geqslant a_i \wedge d_i.l_i \leqslant b_i) \wedge (d_j.l_j \geqslant a_j \wedge d_j.l_j \leqslant b_j) \wedge (d_k.l_k \geqslant a_k \wedge d_k.l_k \leqslant b_k))$。

用 SQL 模拟时，类似于以下 SQL 语句：

```
SELECT d_i,d_j,d_k
FROM 相关表
WHERE (d_i.l_i≥a_i∧d_i.l_i≤b_i)∧(d_j.l_j≥a_j∧d_j.l_j≤b_j)∧(d_k.l_k≥a_k∧d_k.l_k≤b_k)
```

4）旋转

设 $MD=(D,H,M,A,f)$，MD 上旋转操作用来改变输出显示方式。交换维 d_i 和 d_j 显示位置的旋转操作为 $Pivoting(MD,d_i,d_j)$。

用 SQL 模拟时，类似于以下 SQL 语句：

```
SELECT ···,d_j,···,d_i,···
FROM 相关表
```

5）上卷操作

设 $MD=(D,H,M,A,f)$是最细粒度的多维数据集，这里假定上卷操作是在维 d_i 的层次链 $l_{i,1} \leqslant l_{i,2} \leqslant \cdots \leqslant l_{i,h} \leqslant All$（$h$ 表示维 d_i 的分层数）中从 $l_{i,j}$ 层次上卷一层到 $l_{i,j-1}$ 层次，对应的上卷操作为 $Rollup(MD,d_i,l_{i,j})$，其过程是从 $l_{i,j}$ 层次映射到 $l_{i,j-1}$ 层次，并对所有度量重新执行相应的聚集函数。

用 SQL 模拟时，类似于以下 SQL 语句：

```
SELECT d_i.l_{i,j-1},···,aggr_1(m_1),···, aggr_k(m_k)
FROM 相关表
GROUP BY d_i.l_{i,j-1}
```

6）下钻操作

设 $MD=(D,H,M,A,f)$是最细粒度的多维数据集，这里假定下钻操作是在维 d_i 的层次链 $l_{i,1} \leqslant l_{i,2} \leqslant \cdots$

$\leqslant l_{i,h} \leqslant All$（$h$ 表示维 d_i 的分层数）中从 $l_{i,j}$ 层次下钻一层到 $l_{i,j+1}$ 层次，对应的下钻操作为 Drilldown(MD, $d_i, l_{i,j}$)，其过程是从 $l_{i,j}$ 层次反射到 $l_{i,j+1}$ 层次，并对所有度量重新执行相应的聚集函数。

用 SQL 模拟时，类似于以下 SQL 语句：

```
SELECT d_i.l_{i,j+1},···,aggr₁(m₁),···, aggr_k(m_k)
FROM 相关表
GROUP BY d_i.l_{i,j+1}
```

本小节之所以称为一个简单多维数据模型，是其数据表示和基本 OLAP 运算过程都进行了相应的简化假设，仅能实现最基本的 OLAP 功能，这主要是为了介绍多维数据模型的设计思路。

3.3 OLAP 实现

OLAP 系统包含海量数据，为了提高 OLAP 服务的速度，必须进行高效的数据立方体计算，包括计算方法、存取方法和查询处理方法。

3.3.1 数据立方体的有效计算

1. 预计算与维灾难

多维数据分析的核心是有效地计算多个维集合上的聚集。按照 SQL 术语，这些聚集称为 GROUP BY（分组），每个分组可以用一个数据立方体表示。对不同抽象层通过聚集创建的子数据立方体称为方体（Cuboid）。因此，原数据立方体可以看作方体的格，每个较高抽象层将进一步减少结果的规模。当回答一个查询时，应当使用与给定任务相关的最小可用方体。

给定一个维的集合，例如，对于销售数据立方体（商品，地点，日期，销售量），其维集合为{商品，地点，日期}，由它可以构造一个方体格，如图 3.14 所示，其中 0 维方体存放最高层的汇总，称作顶点方体，是总销售量在所有的三个维汇总，也就是该立方体中所有数据的总销售量，顶点方体通常用 All 标记，它仅包含一个值。存放最底层汇总的方体称为基本方体，图中 3 维方体是给定维时间、地点和商品的基本方体。除基本方体外的其他方体称为非基本方体，基本方体中数据单元称为基本单元，非基本方体中数据单元称为聚集单元。

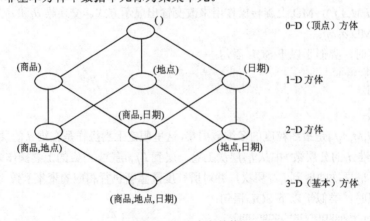

图 3.14 一个方体格

为了对数据立方体下钻，需要从顶点方体沿方体格向下移动；为了上卷，需要从基本方体向上移动。

每个方体在不同的汇总级显示数据，汇总级越高，其维数就越小，对应的数据量（元组个数）

也越少，也就是说，一个 $k+1$ 维方体的数据量大于其中在任意维上聚集得到的 k 维方体的数据量。

一个 OLAP 查询问题可以转化成方体的计算。求某个 k 维方体有以下两种方法。

（1）通过基本方体进行聚集产生 k 维方体。由于基本方体维数最多，其数据量最大，所以该方法是十分耗时的。

（2）从 $k+1$ 维方体计算出 k 维方体。如给定（商品，地点）这个 2 维方体，在各维上聚集可以产生（商品）和（地点）两个 1 维方体，显然比从（商品，地点，日期）基本方体产生（商品）和（地点）方体要省时，但需要预先计算出（商品，地点）方体。

从方法（2）看出，对于不同的查询分析，OLAP 可能需要访问不同的方体。因此，提前计算数据立方体中所有的或者一部分方体，称之为预计算。预计算带来快速的响应时间，并避免一些冗余计算。

然而，预计算的主要挑战是，如果数据立方体中所有的方体都预先计算，所需的存储空间可能会爆炸，特别是当立方体包含许多维，这许多维都具有多层的概念分层时，存储需求甚至更多，那么这个数据量究竟有多少呢？

给定 n 维 $(d_1, d_2, \cdots, d_n)$ 的数据集，对于任何一个维 d_i，假设在聚集时仅从自身或 All 两个值中选取，所以可以生成 $\prod_{i=1}^{n} 2 = 2^n$ 个聚集方体。

如果在聚集时，假设每个维 d_i 只有一层，聚集数据单元从维 d_i（$1 \le i \le n$）的可能取值为该维的不同属性取值个数加上 All，即 $|d_i|+1$（$|d_i|$ 表示维 d_i 的不同取值个数），所以由 n 个维聚集的方体中聚集的数据单元个数为这 n 个维中各个维属性的可能取值个数的乘积，即 $\prod_{i=1}^{n}(|d_i|+1)$。

如果在聚集时，假设每个维 d_i 有 h_i 层，聚集数据单元从维 d_i（$1 \le i \le n$）的可能取值为该维各层的属性取值，则可以产生 $\prod_{i=1}^{n}(h_i+1)$ 个聚集方体，总的聚集数据单元个数为 $\prod_{i=1}^{n}\prod_{j=1}^{h_i}(|l_{i,j}|+1)$，其中 $|l_{i,j}|$ 表示维 d_i 的第 j 层上不同取值的个数。

例如，对于表 3.4 所示的商品销售基表，其中共有 3 个维，即商品维、地点维和日期维，不考察维层次，由其可以产生 $2^3=8$ 个聚集方体，即{（商品，地点，日期），（商品，地点），（商品，日期），（地点，日期），（商品），（地点），（日期），All}，如图 3.14 所示。

表 3.4　商品销售基表

编号	商品维			地点维			日期维			销售量
	大类名	类名	商品名	国名	省名	市名	年	月	日	
1	办公用品	计算机类	PC 机	中国	江苏	南京	2013	1	1	40
2	办公用品	计算机类	PC 机	中国	江苏	南京	2013	1	2	60
3	办公用品	计算机类	PC 机	中国	江苏	苏州	2013	1	2	40
4	办公用品	计算机类	PC 机	中国	江苏	苏州	2013	1	3	20

如果不考虑维层次结构，商品维有 1 个不同的属性值(1)，地点维有 2 个不同的属性值(1,2)，日期维有 3 个不同的属性值(1,2,3)，由其产生的所有聚集方体中共有(1+1)×(2+1)×(3+1)=24 个聚集数据单元。

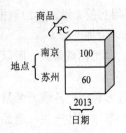

图 3.15 (商品名，市名，年)方体

如果考虑维层次结构，商品维层次为：商品名≤类名≤大类名≤All；地点维层次为：市名≤省名≤国名≤All；日期维层次为：日≤月≤年≤All；它们共产生 $\prod_{i=1}^{n}(h_i+1)=(3+1)\times(3+1)\times(3+1)=64$ 个聚集方体，分别为{(商品名,市名,日), (商品名,市名,月), (商品名,市名,年), (商品名,市名,All), (商品名,省名,日), …, (All,All,All)}。

其中(商品名,市名,年)方体如图 3.15 所示，用 SQL 模拟时，类似于以下 SQL 语句：

```
SELECT  商品名,市名,年,SUM(销售量)
FROM  商品销售基表
```

上述例子是一个十分简单的问题，如果一个多维数据集有 10 维，每维 5 层（含 All 层），则可能产生的方体总数是 $5^{10}\approx9\,800\,000$，而总的聚集数据单元个数更是大得惊人。

这种当数据立方体的维数较多和各维的层次较多时，可能的聚集计算量剧增，导致存储空间出现爆炸的现象称为维灾难。

2．聚集的物化

所谓物化就是预计算并存储数据立方体的方体。物化方法有不物化、全物化和部分物化。

1）不物化方法

不预计算任何"非基本"方体。这可能导致回答查询时，因进行昂贵的多维聚集计算，速度非常慢。

2）全物化方法

全物化是指对维集合的所有可能组合都进行聚集。最为简单的全物化方法是通过计算 n 维事实表中的数据，依次得到 2^n 个聚集方体，这可能产生维灾难。

为降低聚集计算量，减少存储空间的使用，可以采用多种改进方法，根据参与聚集计算的数据范围分为单个方体的聚集计算和基于依赖关系的聚集计算两类。

典型的单个方体聚集计算方法是基于数组方式的聚集计算方法，会进行多次重复的 I/O 操作，因此计算效率很低。

下面简要介绍基于依赖关系的聚集计算。

前面介绍过，可以从 $k+1$ 维方体通过单个维聚集产生 k 维方体，称这两个方体之间有依赖关系，由依赖关系构成依赖图。依赖图的思路是：为了计算所有方体，将所有方体作为图的结点，如果两个方体的维数相差 1，则较小的方体可以通过维聚集用较大的方体计算出来。有这种关系的结点间，就从较大的方体到较小的方体之间画一条有向边。

例如，对于 3 维立方体 (A,B,C)，对应的依赖图如图 3.16 所示。依赖图中每个结点代表了一种方体，从根结点（ABC 对应的结点）到该结点的路径指出计算该方体的过程。实际上，依赖图是一个方体格。

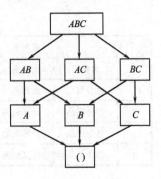

图 3.16 依赖图

在全物化时，需要计算出依赖图中所有结点对应的方体，这一过程是十分耗时的。改进的方法是构造出依赖树，构造依赖树的过程如下。

（1）对于 n 维立方体 cube$[d_1,d_2,\ldots,d_n]$，$|d_i|$表示维 d_i 的大小，即不同维成员的个数，对 cube 接各维排序，使得$|d_1|\leqslant|d_2|\leqslant\cdots\leqslant|d_n|$。

（2）对同一层的所有结点排序，使得各维按词典序排列。

（3）从高维到低维，从小到大处理每个结点 p：对 p 的每一个减 1 维子方体 q，若 q 没有父结点，从 p 引一条有向边到 q。

例如，对于 3 维立方体 cube$[A,B,C]$，如果有$|A|\leqslant|B|\leqslant|C|$，根据上述过程构造的依赖树如图 3.17 所示，从中看出：

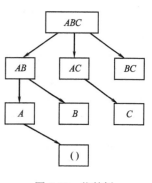

图 3.17　依赖树

（1）依赖树是依赖图的一个子图。有了依赖树，就可以从根结点出发按照其依赖关系计算所有的方体，而依赖图中包含方体重复计算，所以利用依赖树的计算工作量优于利用依赖图计算所有方体的工作量。

（2）由 AB 和 AC 方体都可以计算出 A 方体，由于$|B|\leqslant|C|$，显然 AB 方体占用的空间比 AC 方体少，所以由 AB 方体计算出 A 方体空间更优。

3）部分物化方法

部分物化是指在部分维及其相关层次上进行聚集，即从数据立方体的所有方体中选择一个子集进行物化。在一般情况下，通常 20%的聚集就能够满足 80%的查询需要。如何确定该 20%的聚集是提高聚集效率的关键。部分物化是存储空间和响应时间二者之间的很好折中。

方体或子立方体的部分物化应考虑以下三个因素。

（1）确定要物化的方体子集或子立方体。

（2）在查询处理时利用物化的方体或子立方体。

（3）在装入和刷新时，有效地更新物化的方体或子立方体。

物化方体的子集或子立方体的选择需要考虑访问频率、访问开销、增量更新的开销和整个存储需求量等。选择还必须考虑物理数据库或数据仓库的设计，如索引方法等。

有些 OLAP 产品采用启发式方法选择方体和子立方体。一种较流行的方法是物化这样的方体集，其他经常引用的方体是基于它们的。还有一种方法是计算冰山立方体（Icebery Cube）。冰山立方体是一个数据立方体，只存放其聚集值（如 count）大于某个最小支持度阈值 minsup 的立方体单元，若仅考虑记录个数大于 ninsup 的维方体，采用 SQL 模拟，对应的语句如下：

```
SELECT  日期，地点，商品，COUNT(*)
FROM  销售表
GROUP BY  日期，地点，商品
HAVING COUNT(*)≥minsup
```

计算冰山立方体最简单的做法是先计算出完全立方体，然后剪去不满足冰山条件的单元，总之引入冰山立方体将减轻计算数据立方体中不重要的聚集单元的负担。

另一种常用的策略是仅预计算涉及少数维（如 3~5 维）的方体。这些方体形成对应数据立方体的外壳，称之为外壳立方体（Shell Cube）。对维的其他组合的查询必须临时计算。

一旦选定的方体已经物化，重要的是在查询处理时利用它们。另外，在装入和刷新期间，应当有效地更新物化的方体。

3．数据立方体的压缩存储

通常数据立方体中包含海量数据，为了节省存储空间，人们提出了各种数据压缩方法。这里介绍一种相对简单的压缩方法。

对于给定的数据立方体，由于度量的不同值个数可能很大，难以压缩存储，所以主要对维进行压缩存储。

对于数据立方体的一个维度 d_i，求出其中不同的维成员个数为 $|d_i|$，采用二进制编码，对应的二进制位数为 m_i，它为满足条件 $2^{m_i} \geq |d_i|$ 的最小 m_i，对于图 3.18（a）所示的数据立方体，$m_1=3$，$m_2=2$，$m_3=1$，$m_4=1$，编码后的数据立方体如图 3.18（b）所示。

维 1	维 2	维 3	维 4
DMP1	40	CMOS	Yes
DMP2	20	CMOS	Yes
DMP3	20	TTL	Yes
DMP4	20	TTL	Yes
DMP5	28	CMOS	No
DMP6	40	CMOS	No
DMP7	28	CMOS	No

（a）原数据立方体

压缩存储 →

维 1	维 2	维 3	维 4
000	00	0	0
001	01	0	0
010	01	1	0
011	01	1	0
100	10	0	1
101	00	0	1
110	10	0	1

（b）压缩方式

图 3.18　一种数据压缩存储方法

为了方便存取，设计对应的压缩存储结构如图 3.19 所示，词典表中包含各维成员的编码表。例如，在维 2 的编码表中，40 对应的编码为 00，其物理地址也为 00，这种设计便于高效查找。向量表中包含各维对应的事实数据，以编码方式存放，通过相同的地址关联，如维 1 向量的第 2 行、维 2 向量的第 2 行、维 3 向量的第 2 行、维 4 向量的第 2 行构成第 2 个事实元组。

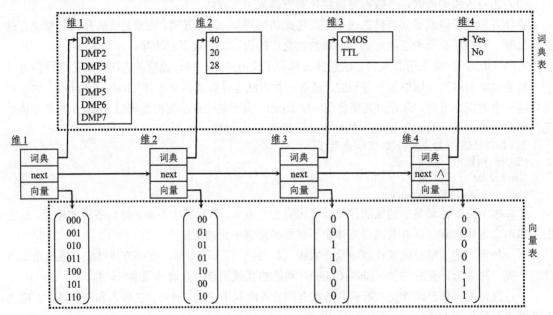

图 3.19　数据立方体的压缩存储结构

每个维对应一个结点，每个结点包含指向对应词典和向量的指针，所有维结点连起来构成一个单链表，用以表示一个数据立方体。

在此基础上，设计 OLAP 的相关运算，便可以实现 OLAP 的分析功能了。

3.3.2 索引 OLAP 数据

为了提供有效的数据访问，大部分 OLAP 系统都支持索引结构。本小节介绍使用位图索引和连接索引技术对 OLAP 数据进行索引。

1. 位图索引

位图索引方法在 OLAP 产品中很流行，因为它允许在数据立方体中快速搜索。位图索引方法描述如下：在给定属性的位图索引中，属性域中的每个值 v 有一个不同的位向量 B_v，位向量的长度等于基本表的记录个数。如果给定的属性域包含 n 个值，则位图索引中以 n 位向量表示每个不同的值。如果数据表给定行上该属性值为 v，则在位图索引的对应行，表示该值的位为 1，该行的其他位均设为 0。

例如，有(A,B,C)三维数据立方体，维 A 在顶层有 3 个值，每个值用维 A 的位图索引表的一个位向量表示，如图 3.20 所示。假定立方体存放在一个具有 a 行的关系表中，维 i 的域有 m 个值，对应的位图索引需要 m 个位向量，每个位向量有 a 个二进制位。

基本表

编号	A	B	C
1	H	X	Y
2	S	X	Y
3	H	Y	N
4	C	X	N

维 A 位图索引表

编号	H	S	C
1	1	0	0
2	0	1	0
3	1	0	0
4	0	0	1

共有 4 行

每行对应 3 个二进制位

维 B 位图索引表

编号	X	Y
1	1	0
2	1	0
3	0	1
4	1	0

维 C 位图索引表

编号	Y	N
1	1	0
2	1	0
3	0	1
4	0	1

图 3.20　使用位图索引的 OLAP 数据

由于维上的每个值是一个位向量，位操作很快，所以其性能会得到大幅提高。

图索引对于基数较小的域特别有用，因为比较、连接和聚集操作都变成了位算术运算，大大减少了处理时间。由于字符串可以用单个二进位表示，位图索引显著降低了空间和 I/O 开销。对于基数较高的域，使用压缩技术，这种方法可以接受。

2. 连接索引

连接索引方法的流行源于它在关系数据库查询处理应用中的成功。传统的索引将给定属性（列）上的值映射到具有该值记录（行）的列表上。与之相反，连接索引则是记录（登记）两个关系的可连接行。例如，如果两个关系 R（RID,A）和 S（B,SID）在属性 A 和 B 上连接，则连接索引记录包含（RID,SID）对，其中 RID 和 SID 分别是关系 R 和 S 的记录标识符，这就是说，连接索引记录了可连接的元组对。

数据仓库的星形模式模型使得连接索引特别有用，因为事实表和它对应的维表的联系通过事实表的外码和维表的主码的连接来实现。连接索引可以跨越多维，形成复合连接索引。可以使用连接索引识别感兴趣的子立方体。

例如，如图 3.21 所示是一个数据仓库的星形模式，维 A 表的值"江苏"与事实表的 3 个元组连接，维 B 表的"电视机"与事实表的 2 个元组连接。对应的连接索引表如图 3.22 所示。

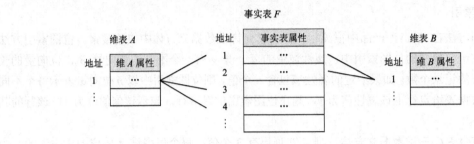

图 3.21　事实表和维表之间的连接

维 A/事实表 连接索引表			维 B/事实表 连接索引表			维 A/维 B/事实表 连接两个维的连接事实表		
维表 A	事实表 F		维表 B	事实表 F		维表 A	维表 B	事实表 F
1	1		1	1		1	1	1
1	3		1	2		⋮		
1	4		⋮					
⋮								

图 3.22　事实表与两个维表之间连接的连接索引表

假定在销售数据立方体中有 360 个时间值，100 种商品，30 个销售地，500 个顾客，1000 万个销售元组。如果销售事实表中只记录了 30 种商品的销售，其余的 70 种商品显然不参与连接。如果不使用连接索引，将执行许多额外的 I/O 操作。

为进一步加快查询速度，可将连接索引与位图索引集成，形成位图连接索引。

3.3.3　OLAP 查询的有效处理

物化方体和索引 OLAP 数据的目的是加快数据立方体查询处理的速度。通常，OLAP 查询处理的步骤如下所述。

（1）确定哪些操作应当在可利用的方体上执行：这涉及将查询中的选择、投影、上卷（分组）和下钻操作转换成对应的 SQL 或 OLAP 操作。例如，数据立方体的切片和切块可能对应于物化方体上的选择或投影操作。

（2）确定相关操作应当使用哪些物化的方体：这涉及找出可能用于回答查询的所有物化方体，使用方体之间的依赖关系，剪去上集合，评估使用剩余物化方体的代价，并选择代价最低的方体。

例如，对于第 2 章的 SDWS 数据仓库，定义一个形式为"Sale_cube[Dates, Products, Locates]：SUM(销售量)"的数据立方体。所用的维层次，对于 Dates 维是"日期≤月份≤季度≤年份≤All"，对于 Products 维是"型号≤品牌≤子类≤分类≤All"，而对于 Locates 维是"地址≤县≤市≤省份≤地区≤All"。

假定对{品牌, 省份}处理查询，选择常量为"year=2013"。还假定有如下 4 个物化的方体可用。

方体 1：{年份，型号，市}
方体 2：{年份，品牌，地区}

方体 3：{年份，品牌，省份}
方体 4：{2013，型号，省份}

以上 4 个方体，应当选择哪一个处理查询呢？

该查询对应的方体为{2013，品牌，省份}。由于较细粒度的数据不能由较粗粒度的数据产生，因此不能使用方体 2，因为地区是比省份更一般的概念。可以用方体 1、方体 3 和方体 4 处理查询，原因如下。

（1）它们与查询具有相同的维集合。

（2）查询中的选择子句蕴涵对方体的选择。

（3）与品牌和省份相比，这些方体中的维 Products 和 Locates 的抽象层在更细的层次。

由各方体产生查询方体的操作如下。

● 对于方体 1：将 Products 维从"型号"上卷到"品牌"，将 Locates 维从"市"上卷到"省份"，然后对 Dates 维按条件"年份=2013"切片即可得到查询方体。

● 对于方体 3：对 Dates 维按条件"年份=2013"切片即可得到查询方体。

● 对于方体 4：将 Products 维从"型号"上卷到"品牌"即可得到查询方体。

各操作的比较如下。

● 使用方体 1 代价最高，需要进行两次上卷和一次切片操作。

● 如果立方体中没有许多"年份"值与 Products 相关联，而对于每个"品牌"有多个"型号"，则方体 3 将比方体 4 小一些，因此，应当选择方体 3 来处理查询。

● 然而，如果方体 4 有有效的索引可用，方体 4 可能是较好的选择。

因此，需要通过基于代价的估计，来确定应当选择哪个方体集处理查询。

除此之外，OLAP 的有效查询还需考虑 OLAP 类型，是 MOLAP 还是 ROLAP，数据是否压缩以及压缩方式等。迄今为止，人们提出各种方法提高 OLAP 的综合性能，例如，有一种共享分段立方体技术，是将高维层次聚集立方体划分成若干个低维立方体，利用并行处理技术来创建这些分割的共享立方体，实现高维层次聚集立方体的并行创建和增量维护，在海量数据情况下取得了高性能的 OLAP 查询。

练 习 题 3

1．什么是 OLAP？OLAP 技术有哪些特性？

2．简述 OLAP 和 OLTP 的区别。

3．以下关于 OLAP 的描述中哪些是错误的。

（1）一个多维数组可以表示为（维 1，维 2，…，维 n）。

（2）维的一个取值称为该维的一个维成员。

（3）OLAP 是联机分析处理。

（4）OLAP 是数据仓库进行分析决策的基础。

4．以下关于 OLAP 和 OLTP 区别的描述中错误的是？

（1）OLAP 主要是关于如何理解聚集的大量不同的数据，它与 OLAP 应用程序不同。

（2）与 OLAP 应用程序不同，OLTP 应用程序包含大量相对简单的事务。

（3）OLAP 的特点在于事务量大，但事务内容比较简单且重复率高。

（4）OLAP 是以数据仓库为基础的，两者面对的用户是相同的。

5．简述 OLAP 和数据仓库的关系。

6．简述有哪些 OLAP 基本操作。

7．对于如图 3.23 所示的两个表，从表 1 到表 2 的分析过程应采用什么 OLAP 操作？

表1

部门	2004 年				2005 年			
	一季度	二季度	三季度	四季度	一季度	二季度	三季度	四季度
部门 1	20	20	35	15	12	20	25	14
部门 2	25	5	15	15	20	18	23	12
部门 3	20	15	18	27	18	20	17	55

表2

部门	一季度		二季度		三季度		四季度	
	2004 年	2005 年	2004 年	2005 年	2004 年	2005 年	2004 年	2005 年
部门 1	20	12	20	20	35	25	15	14
部门 2	25	20	5	18	15	23	15	12
部门 3	20	18	15	20	18	17	27	55

图 3.23　两个表

8．假设数据仓库包含 3 个维：time（时间）、doctor（医生）和 patient（病人），两个度量为 count（诊治次数）和 charge（一次诊治的收费金额）。由基本方体(day,doctor,patient)开始，列出 2013 年每位医生的收费总额，应当执行哪些 OLAP 基本操作？如果用 SQL 模拟，写出对应的 SQL 语句。

9．假设 University 数据仓库包含 student（学生）、course（课程）和 teacher（教程）3 个维，度量为 avg_grade。在最低的概念层（如对于给定的学生、课程和教师的组合），度量 avg_grade 存放学生的实际成绩，在较高概念层，avg_grade 存放学生的给定组合的平均成绩。回答以下问题。

（1）假设 University 数据仓库中，student 维的概念分层为：学生<年级<专业<学院<All；course 维的概念分层为：课程<课程类别<专业<学院<All；teacher 维的概念分层为：教师<职称<学院<All。给出该数据仓库的星形模式图，根据要求设计数据仓库的事实表和维表的结构。

（2）在 University 数据仓库中，数据立方体包含多少个方体（包括基本方体和顶点方体）？

10．数据立方体 C 具有 n 维，每维在基本方体恰有 p 个不同值。假设没有与这些维关联的概念分层，回答以下问题。

（1）基本方体数据单元的最大个数可能是多少？

（2）基本方体数据单元的最小个数可能是多少？

（3）数据立方体 C 的数据单元（包括基本单元和聚集单元）的最大个数是多少？

（4）数据立方体 C 的数据单元的最小个数是多少？

思 考 题 3

1．目前主流的数据库管理系统都提供了 OLAP 功能，通过实验对比分析 SQL Server 和 ORACLE 在 OLAP 功能上的异同。

2．设计一个支持企业决策的 OLAP 系统软件，请给出设计思路。

数据挖掘概述

为了能够得到隐藏在海量数据背后具有决策价值的知识，传统的数据分析手段已不能适应要求，这种数据的丰富性和知识的贫乏性之间的矛盾，导致了数据挖掘技术的出现。本章介绍数据挖掘的相关概念。

4.1 什么是数据挖掘

4.1.1 数据挖掘的定义

从技术角度看，数据挖掘（Data Mining，DM）是从大量的、不完全的、有噪声的、模糊的、随机的实际数据中，提取隐含在其中的、人们所不知道的、但又是潜在有用的信息和知识的过程。

从商业应用角度看，数据挖掘是一种崭新的商业信息处理技术，其主要特点是对商业数据库中的大量业务数据进行抽取、转化、分析和模式化处理，从中提取辅助商业决策的关键知识。

数据挖掘通常具有如下特点。

● 处理的数据规模十分庞大，达到 GB、TB 数量级，甚至更大。

● 其目标是寻找决策者可能感兴趣的规则或模式。

● 发现的知识要可接受、可理解、可运用。

● 在数据挖掘中，规则的发现是基于统计规律的。所发现的规则不必适用于所有数据，而是当达到某一阈值时，即认为有效。因此，利用数据挖掘技术可能会发现大量的规则。

● 数据挖掘所发现的规则是动态的，它只反映了当前状态的数据库具有的规则，随着不断地向数据库中加入新数据，需要随时对其进行更新。

数据挖掘与传统的数据分析（如查询、报表、联机分析处理）的本质区别是，数据挖掘是在没有明确假设的前提下去挖掘信息、发现知识，数据挖掘所得到的信息应具有预先未知、有效和实用三个特征。

传统的数据分析方法一般都是先给出一个假设然后通过数据验证，在一定意义上是假设驱动的；与之相反，数据挖掘在一定意义上是发现驱动的，其结果都是通过大量的搜索工作从数据中自动提取出来的。即数据挖掘是要发现那些不能靠直觉发现的信息或知识，甚至是违背直觉的信息或知识，挖掘出的信息越是出乎意料，就可能越有价值。

4.1.2　数据挖掘的知识表示

数据挖掘各种方法获得知识的表示形式主要有如下几种。

1．规则

规则知识由前提条件和结论两部分组成，前提条件由字段（或属性）的取值的合取（与，AND，$\wedge$）、析取（或，OR，$\vee$）组合而成，结论为决策字段（或属性）的取值或者类别组成。如：if $A=a$ $\wedge$ $B=b$ then $C=c$，或者 $A(a)$ AND $B(b)$ → $C(c)$。

2．决策树

决策树采用树的形式表示知识，叶子结点表示结论属性的类别，非叶子结点表示条件属性，每个非叶子结点引出若干条分支线，表示该条件属性的各种取值，一棵决策树可以转换成若干条规则。如图 4.1 所示的一棵决策树对应的规则如下：

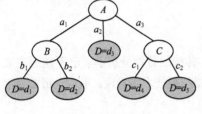

图 4.1　一棵决策树

if $A=a_1$ $\wedge$ $B=b_1$ then $D=d_1$
if $A=a_1$ $\wedge$ $B=b_2$ then $D=d_2$
if $A=a_2$ then $D=d_3$
if $A=a_3$ $\wedge$ $C=c_1$ then $D=d_4$
if $A=a_3$ $\wedge$ $C=c_2$ then $D=d_5$

3．知识基

通过数据挖掘原表中的冗余属性和冗余记录，得到对应的浓缩数据，称之为知识基。它是原表的精华，很容易转换成规则知识。例如，表 4.1 作为知识基与图 4.1 所示的决策树对应的规则是相同的。

表 4.1　知识基

A	B	C	D
a_1	b_1	—	d_1
a_1	b_2	—	d_2
a_2	—	—	d_3
a_3	—	c_1	d_4
a_3	—	c_2	d_5

4．网络权值

神经网络方法得到的知识是一个网络结构和各边的权值，这组网络权值表示对应的知识。

4.1.3　数据挖掘的主要任务

在缺乏强有力的数据分析工具的情况下，历史数据变成了"数据坟墓"，也就是说，极有价值的信息被"淹没"在海量数据堆中，领导者决策时只能凭自己的经验和直觉。因此，改进原有的数据分析方法，使之能够智能地处理海量数据，即演化为数据挖掘。

数据挖掘的两个高层目标是预测和描述。前者是指用一些变量或数据库的若干已知字段预测其他感兴趣的变量或字段的未知或未来的值；后者是指找到描述数据的可理解模式，这些模式展示了一些有价值的信息，可用于报表中以指导商业策略，或更重要的是进行预测。

根据发现知识的不同，可以将数据挖掘的任务归纳为以下几类。

- 关联分析。关联是某种事物发生时其他事物会发生的这样一种联系。例如，每天购买啤酒的人也有可能购买香烟，比重有多大，可以通过关联的支持度和置信度来描述。关联分析的目的是挖掘隐藏在数据间的满足一定条件的关联关系，如 buy(computer)→buy(software) 关联规则表示顾客购买计算机和软件之间的关联关系。
- 时序分析。与关联分析不同，时序分析产生的时序序列是一种与时间相关的纵向联系。例如，今天银行调整利率，明天股市的变化。
- 分类。按照分析对象的属性、特征，建立不同的组类来描述事物。例如，银行部门根据以前的数据将客户分成了不同的类别，现在就可以根据这些类别来区分新申请贷款的客户，以采取相应的贷款方案。
- 聚类。识别出分析对内在的规则，按照这些规则把对象分成若干类。例如，将申请人分为高度风险申请者、中度风险申请者、低度风险申请者。
- 预测。把握分析对象发展的规律，对未来的趋势做出预见。例如，对未来经济发展的判断。

需要注意的是，数据挖掘的各项任务不是独立存在的，在数据挖掘中互相联系，发挥作用。

4.1.4　数据挖掘的发展

数据挖掘一词是在 1989 年 8 月于美国底特律市召开的第十一届国际联合人工智能学术会议上正式形成的。从 1995 年开始，每年主办一次 KDD（Knowledge Discovery in Database）和 DM 的国际学术会议，将 KDD 和 DM 方面的研究推向了高潮，从此，"数据挖掘"一词开始流行。在中文文献中，DM 有时还被翻译为数据采掘、数据开采、知识提取、数据考古等。

数据挖掘常常与 KDD 混用，关于两者的关系，有许多不同的看法。归纳起来有这样几种观点：将 KDD 看成数据挖掘的一个特例；将数据挖掘作为 KDD 过程的一个步骤；认为 KDD 与数据挖掘含义相同。无论哪种观点都认为数据挖掘是 KDD 的核心。本书也不明确区分 KDD 和 DM。

4.1.5　数据挖掘的对象

从原则上讲，数据挖掘可以在任何类型的数据上进行，可以是商业数据，可以是社会科学、自然科学处理产生的数据或者卫星观测得到的数据。数据形式和结构也各不相同，可以是层次的、网状的、关系的数据库，可以是面向对象和对象－关系的高级数据库系统，可以是面向特殊应用的数据库，如空间数据库、时间序列数据库、文本数据库和多媒体数据库，还可以是 Web 信息。当然数据挖掘的难度和采用的技术也因数据存储系统而异。

1．关系数据库

关系数据库中的数据是最丰富、最详细的。因此，数据挖掘可以从关系数据库中找到大量的数据。基于关系数据库中数据的特点，在进行数据挖掘之前要对数据进行清洗和转换。数据的真实性和一致性是进行数据挖掘的前提和保证。

2．数据仓库

数据仓库中的数据已经被清洗和转换，数据中不会存在错误或不一致的情况，因此数据挖掘从数据仓库中获取数据后无须再进行数据处理工作了。

3．事务数据库

数据仓库的工程是浩大的，对于有些企业来说并非是必需的，如果只是进行数据挖掘，没有必要专门建立数据仓库。数据挖掘可以从事务数据库中抽取数据。事务数据库中的每条记录代表一个事务，如一个顾客一次购买的商品构成一个事务记录，在进行数据挖掘时，可以只将一个或几个事务数据库集中到数据挖掘中进行挖掘。

4．高级数据库

随着数据库技术的不断发展，出现了各种面向特殊应用的各种高级数据库系统，包括面向对象数据库、空间数据库、时间和时间序列数据库，以及多媒体数据库等。这些结构更复杂的数据库为数据挖掘提供更加全面、多元化的数据，也为数据挖掘技术提出了更大的挑战。

4.1.6　数据挖掘的分类

根据所开采的数据库类型、发现的知识类型、采用的技术类型，数据挖掘有不同的分类方法。

1．按数据库类型分类

按数据库类型分类主要有从关系数据库中发现知识、从面向对象数据库中发现知识、从多媒体数据库、空间数据库、历史数据库、Web 数据库中发现知识等类型。

2．按挖掘的知识类型分类

按挖掘的知识类型分类主要有关联规则、特征规则、分类规则、偏差规则、聚集规则、判别式规则及时序规则等类型。

按知识的抽象层次可分为归纳知识、原始级知识、多层次知识。一个灵活的规则挖掘系统能够在多个层次上发现知识。

3．按利用的技术类型分类

按数据挖掘方式分类主要有自发知识挖掘、数据驱动挖掘、查询驱动挖掘和交互式数据挖掘。

按数据挖掘途径可分为基于归纳的挖掘、基于模式的挖掘、基于统计和数学理论的挖掘及集成挖掘等。

4．按挖掘的深度分类

在较浅的层次上，利用现有数据库管理系统的查询及报表功能，与多维分析、统计分析方法相结合，进行 OLAP，从而得出可供决策参考的统计分析数据。

在深层次上，从数据库中发现前所未知的、隐含的知识。

4.1.7　数据挖掘与数据仓库及 OLAP 的关系

1．数据挖掘与数据仓库的关系

数据仓库与数据挖掘是一种融合和互补的关系，一方面，数据仓库中的数据可以作为数据挖掘的数据源。因为数据仓库已经按照主题将数据进行了集成、清理和转换，因此能够满足数据挖掘技术对数据环境的要求，可以直接作为数据挖掘的数据源。如果将数据仓库和数据挖掘紧密联系在一起，将获得更好的结果，同时能大大提高数据挖掘的工作效率。另一方面，数据挖掘的数据源不一定必须是数据仓库。作为数据挖掘的数据源不一定必须是数据仓库，它可以是任何数据文件或格式。但必须事先进行数据预处理，处理成适合数据挖掘的数据。数据预处理是数据挖掘的关键步骤，并占有数据挖掘全过程工作量的很大比重。

虽然数据仓库和数据挖掘是两项不同的技术，但它们又有共同之处，两者都是从数据库的基础上发展起来的，它们都是决策支持新技术。数据仓库利用综合数据得到宏观信息，利用历史数据进行预测，而数据挖掘是从数据库中挖掘知识，也可用决策分析。虽然数据仓库和数据挖掘支持决策分析的方式不同，但它们可以结合起来，提高决策分析的能力。

2．数据挖掘与 OLAP 的关系

数据挖掘与 OLAP 都是数据分析工具，但两者之间有着明显的区别。前者是挖掘型的，后者是验证型的。数据挖掘建立在各种数据源的基础上，重在发现隐藏在数据深层次的对人们有用的模式并做出有效的预测性分析，一般并不过多考虑执行效率和响应速度；OLAP 建立在多维数据的基础之上，强调执行效率和对用户命令的及时响应，而且其直接数据源一般是数据仓库。

与数据挖掘相比，OLAP 更多地依靠用户输入问题和假设，但用户先入为主的局限性可能会限制问题和假设的范围，从而影响最终的结论。因此，作为验证型分析工具，OLAP 更需要对用户需求有全面而深入的了解。数据挖掘在本质上是一个归纳推理的过程，与 OLAP 不同的地方是，数据挖掘不是用于验证某个假定的模式（模型）的正确性，而是在数据库中自己寻找模式。

数据挖掘和 OLAP 具有一定的互补性。在利用数据挖掘出来的结论采取行动之前，OLAP 工具能起辅助决策的作用，而且在知识发现的早期阶段，OLAP 工具用来探索数据，找到哪些是对一个问题比较重要的变量，发现异常数据和互相影响的变量。也就是说，OLAP 的分析结果可以给数据挖掘提供挖掘的依据，有助于更好地理解数据，数据挖掘可以拓展 OLAP 分析的深度，发现 OLAP 所不能发现的更为复杂、细致的信息。

4.1.8 数据挖掘的应用

在当今的信息化时代，数据挖掘的应用范围十分广泛，下面列举几个典型的数据挖掘应用领域。

1．科学研究中的数据挖掘

从科学研究方法学的角度看科学研究可分为三类，即理论科学、实验科学和计算科学。计算科学是现代科学的一个重要标志。计算科学工作者主要和数据打交道，每天要分析各种大量的实验或观测数据。随着先进的科学数据收集工具的使用，如观测卫星、遥感器、DNA 分子技术等数据量非常大，传统的数据分析工具无能为力，因此必须有强大的智能型自动数据分析工具才行。

例如，在生物信息领域，基因的组合千变万化，得某种病的人的基因和正常人的基因到底差别多大？能否找出其中不同的地方，进而对其不同之处加以改变，使之成为正常基因？这都需要数据挖掘技术的支持。

2．市场营销的数据挖掘

由于管理信息系统和 POS 系统在商业尤其是零售业内的普遍使用，特别是条形码技术的使用，可以收集到大量关于用户购买情况的数据，并且数据量在不断增加。对于市场营销来说，通过关联分析了解客户购物行为的一些特征，包括客户的兴趣、收入水平、消费习惯以及随时间变化的购买模式等，通过聚类分析了解什么样的客户买什么产品、哪些产品被哪些类型的客户购买，使用预测发现什么因素影响新客户等。对提高竞争力及促进销售是大有帮助的。

3．金融数据分析的数据挖掘

大部分银行和金融机构提供了丰富多样的银行服务、信用服务和投资服务，这些金融数据相对完整并可靠，构成了优质的数据挖掘数据源。典型的金融数据挖掘应用有货款偿还预测、信用政策分析、投资评估和股票交易市场预测、顾客分类和聚类、顾客信贷风险评估、金融欺诈和犯罪的侦破、业务发展趋势的预测。

4．电信业的数据挖掘

电信业是典型的数据密集型行业，电信系统与业务有关的数据主要包括客户数据、计费数据、营业数据、账务数据和信用数据。典型的电信业的数据挖掘功能有客户分析、收益分析、客户行为分析、客户信用分析、计费方案设计、话费和欠费分析以及电话欺骗检测等。

5．产品制造中的数据挖掘

随着现代技术越来越多地应用于产品制造业，制造业已不是人们想象中的手工劳动，而是集成了多种先进科技的流水作业。在产品的生产制造过程中常常伴随大量的数据，如产品的各种加工条件或控制参数（如时间、温度等），这些数据反映了每个生产环节的状态，不仅为生产的顺利进行提供了保证，而且通过对这些数据的分析，得到产品质量与这些参数之间的关系。这样，通过数据挖掘对这些数据的分析，可以对改进产品质量提出针对性很强的建议，而且有可能提出新的更高效、节约的控制模式，从而为制造厂家带来极大的回报。

6．Internet 应用中的数据挖掘

Internet 的迅猛发展，尤其是 Web 的全球普及，使得 Web 上信息量无比丰富，Web 上的数据信息不同于数据库，其信息主要是文档，文档结构性差，或者半结构化，或者像纯自然语言文本毫无结构。因此，Web 上的数据挖掘需要用到不同于常规数据挖掘的很多技术，如文本挖掘等。典型的 Internet 应用中的数据挖掘有在线访问客户的数据挖掘，Web 访问日志挖掘、Web 结构挖掘、入侵检测的数据挖掘等。

4.2　数据挖掘系统

4.2.1　数据挖掘系统的结构

随应用领域和环境的不同，相应数据挖掘系统的结构可能多种多样。一种典型的数据挖掘系统的结构如图 4.2 所示。

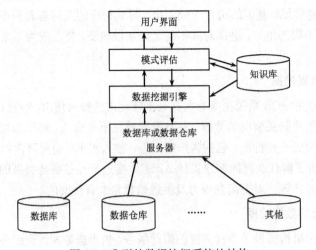

图 4.2　典型的数据挖掘系统的结构

其中各部分的组成如下。

● 数据库、数据仓库、…、其他：指数据挖掘的信息源。

- 数据库或数据仓库服务器：提供数据挖掘所需的目标数据集。
- 数据挖掘引擎：是整个数据挖掘系统的核心，提供数据挖掘模块，用于执行数据挖掘功能。
- 模式评估：通常使用兴趣度度量去除无用的或冗余的模式，得到用户感兴致的模式。
- 用户界面：实现用户与系统交互，以便用户指定数据挖掘任务、模式评估参数等，并向用户提供数据挖掘结果。
- 知识库：提供领域知识，指导数据挖掘过程及结果模式的兴趣度。

4.2.2 数据挖掘系统的设计

从数据挖掘系统的结构可以看出，在数据挖掘系统的设计过程中，需要考虑如下问题。

1. 数据挖掘系统与数据源的系统的集成

数据挖掘系统与数据源的集成有四种方案：不耦合、松散耦合、半紧密耦合和紧密耦合。

- 不耦合：指数据挖掘系统不利用数据源系统的任何功能。
- 松散耦合：指利用数据源系统的某些功能。
- 半紧密耦合：指将数据挖掘系统连接到数据源系统，在数据源系统中实现并存储一些基本数据挖掘计算和中间结果。
- 紧密耦合：指数据挖掘系统平滑地集成到数据源系统，数据挖掘系统作为数据源系统的一个功能组件，数据挖掘任务根据数据源系统的功能进行优化与实现。

不耦合是一种很糟糕的设计，松散耦合比不耦合好，因为它可以使用数据源系统的查询处理、索引和其他功能，提高了数据挖掘系统的灵活性和有效性。半紧密耦合方案由于可以预计算或者有效计算中间挖掘结果，会有效提高数据挖掘系统的性能。紧密耦合方案将数据挖掘和数据源系统高度集成，成为一个具有多种功能的信息系统，提供了一个一致的信息处理环境，但其实现难度较大。半紧密耦合是一种折中方案，也是常见的两种系统的集成方案。

2. 数据挖掘系统指定目标数据集

指定目标数据集就是说明与数据挖掘任务相关的数据、用户感兴趣的数据或者要进行挖掘的数据。通常，与数据挖掘任务相关的数据只是整个数据源的一个子集。通过指定与数据挖掘任务相关的数据可以提高数据挖掘的效率，减少无用模式的数量。

在关系数据库中，指定目标数据集可以通过关系表的选择、投影和连接等查询实现；在数据仓库中，指定目标数据集可以通过数据立方体的切片、切块等操作实现。

3. 数据挖掘系统指定数据挖掘任务

指定数据挖掘任务就是说明用户感兴趣的知识类型或者要挖掘得到的知识类型。目前，知识类型包括特征规则、比较规则、分类规则、关联规则、聚类规则和预测规则等。例如，用户可以指定型如 $age(X)$ AND $income(Y) \rightarrow class(Z)$ 的规则。因此，数据挖掘系统应该提供用户灵活方便指定数据挖掘任务的功能。

4. 数据挖掘系统的解释与评价模式

一个数据挖掘系统可以挖掘数以千计的模式，并非所有的模式都是用户感兴趣的。因此，数据挖掘系统应该提供帮助用户评估模式的功能，目前常用的手段是通过用户设置兴趣度阈值来选择感兴趣的模式，没有兴趣度度量，挖掘出来的有用模式很可能会淹没在用户不感兴趣的模式中。

下面介绍四种兴趣度的客观度量方法，所谓客观是指根据模式的结构和统计，用一个阈值来判断某个模式是不是用户感兴趣的。

- 简洁性：用于度量模式是否容易被人所理解，可以定义为模式结构的函数，用模式的长度、属性的个数、操作符个数来定义。

- 确定性：用于度量一个模式在多少概率下是有效的。对于形如"$A \rightarrow B$"的关联规则，其确定性度量是置信度，置信度$(A \rightarrow B)$=(包含 A 和 B 的元组值)/(包含 A 的元组值)。如 buys(computer)$\rightarrow$buys(software)，其置信度为85%表示购买计算机的顾客85%也购买软件。

- 实用性：一个模式的潜在的有用性是定义其兴趣度的一个重要因素。对于形如"$A \rightarrow B$"的关联规则，其实用性度量是支持度，支持度$(A \rightarrow B)$=(包含 A 和 B 的元组数)/(元组总数)，例如，buys(computer)$\rightarrow$buys(software)，其支持度为30%表示有30%的顾客同时购买了计算机和软件。

- 新颖性：新颖模式是那些提供新信息或提高给定模式集性能的模式。如一个数据异常不同于根据统计模型和用户的信念所期望的模式，可认为它是新颖的。在概念分层挖掘中，通过删除冗余模式来检测新颖性（一个模式已经为另外一个模式所蕴含），如 Locates(华东)$\rightarrow$buys(电视机)[支持度为 8%,置信度为 70%]，Locates(上海)$\rightarrow$buys(电视机) [2%, 70%]，前者蕴含后者，可以认为前者是新颖的。

通过兴趣度度量设置，数据挖掘系统将模式搜索限制相关的模式上，从而提高挖掘效率。因此，数据挖掘系统应该提供用户设置这些度量阈值的功能。

5. 数据挖掘系统利用领域知识

在数据挖掘中，领域知识可以指导数据挖掘过程及模式的评估。最多的领域知识是概念分层，利用它可以进行数据概化和数据归约，提高挖掘效率。领域知识一般由系统用户、领域专家提供。因此，数据挖掘系统应该允许利用领域知识，并且提供自动提取某些领域知识的功能。

6. 数据挖掘怎样呈现知识

数据挖掘的结果需要呈现给用户，因此数据挖掘系统应该提供多种直观、易于理解的知识表示功能，通常采用图、表等可视化方式将结果提交给用户，有时还需要提供交互功能，便于用户指导进一步挖掘。

由于数据挖掘功能的复杂性和灵活性，数据挖掘系统通常采用提供一种数据挖掘查询语言来满足上述要求。例如，DBMiner 系统就提供了一套较完整的类似于 SQL 的数据挖掘查询语言 DMQL，使用这个语言，用户既可以定义数据挖掘任务和相关数据，又可以与数据挖掘系统交互进行交互式挖掘。例如，挖掘顾客在华北地区经常购买的商品之间的关联规则，涉及顾客的年龄层次，采用 DMQL 语句如下：

```
use database SDW
in relevance to P.型号,P.单价,C.年龄层次,
from Locates L,Products P,Sales S, Customers C
where S.prod_key=L.prod_key and S.locate_key=L.locate_key
    and L.cust_key=C.cust_key and L.地区="华北"
```

在地点维 Locates 上设置概念分层的 DMQL 语句如下：

```
define hierarchy Locates_hierarchy on Locates as
{县,市,省份,地区}
```

目前还没有标准的数据挖掘查询语句，除了 DBMiner 系统提供的数据挖掘查询语言外，还有微软的 DMX 和 PMML 等。

4.2.3 常用的数据挖掘系统及其发展

1. 常见的数据挖掘系统（产品）

目前市场上有多种较为成熟的数据挖掘系统（产品）供人们用于数据挖掘任务设计，归纳起来，分为以下三类。

1）一般分析目的数据挖掘系统

这类数据挖掘系统主要有 SQL Server、SAS Enterprise Miner、IBM Intelligent Miner、Unica PRW、SPSS Clementine、SGI MineSet、ORACLE Darwin、Angoss KnowledgesSeeker。

2）针对特定功能或产业的数据挖掘系统

这类数据挖掘系统主要有 KDI（针对零售业）、Options & Choices（针对保险业）、HNC（针对信用卡欺诈或坏账侦测）、Unica Model（针对营销业）。

3）整合决策支持/OLAP/数据挖掘的大型分析系统

这类数据挖掘系统主要有 Cognos Scenario 和 Business Objects。

2. 数据挖掘系统的发展

数据挖掘系统的发展大致分为三个阶段或四代，数据挖掘系统发展的三个阶段为独立的数据挖掘软件、横向的数据挖掘工具集和纵向的数据挖掘解决方案。数据挖掘系统发展的四代按主要特征如表 4.2 所示。

表 4.2　数据挖掘系统的结构

代	特征	数据挖掘算法	集成功能	分布计算模型	数据模型
第 1 代	作为一个独立的应用	支持一个或多个算法	独立的系统	单台机器	向量数据
第 2 代	和数据库及数据仓库集成	多个算法	数据管理系统，包括数据库和数据仓库	同质、局部区域的计算机集群	有些系统支持对象、文本和连续的多媒体数据
第 3 代	和预测模型系统集成	多个算法	数据管理系统和预言模型系统	Intranet/Extranet 网络计算	支持半结构化数据和 Web 数据
第 4 代	同移动数据、各种计算数据联合	多个算法分布在多个结点	数据管理系统、预言模型系统和移动系统	移动设备和各种计算设备	普遍存在的计算模型

第一代数据挖掘系统中，数据挖掘通常作为一个独立的应用，系统仅支持一个或少数几个数据挖掘算法，这些算法被用来挖掘向量数据，这些数据一般一次性调进内存进行处理。其缺陷是，如果数据足够大，并且频繁的变化，这就需要利用数据库或者数据仓库技术进行管理，第一代系统显然不能满足需求。

第二代数据挖掘系统与数据库管理系统（DBMS）集成，支持数据库和数据仓库，它们具有高性能的接口，具有高的可扩展性，能够挖掘大数据集以及更复杂的数据集，通过支持数据挖掘模式和数据挖掘查询语言增加系统的灵活性，典型的系统如 DBMiner，能通过 DMQL 挖掘语言进行挖掘操作。其缺陷是只注重模型的生成，如何和预言模型系统集成导致了第三代数据挖掘系统的开发。

第三代数据挖掘系统能够挖掘网络环境下（Internet/Extranet）的分布式和高度异质的数据，并且能够有效地和操作型系统集成，和预言模型系统之间能够无缝集成，使得由数据挖掘软件产生的模型的变化能够及时反映到预言模型系统中，从而与操作型系统中的预言模型相联合提供决策支持的功能。其缺陷是不能支持移动环境。

第四代数据挖掘系统将数据挖掘和移动计算相结合，能够挖掘嵌入式系统、移动系统和普遍存在计算设备产生的各种类型的数据。

4.3 数据挖掘过程

4.3.1 数据挖掘步骤

基本的数据挖掘步骤如图 4.3 所示，其中各步骤的说明如下。

图 4.3 数据挖掘的步骤

1．数据预处理

在数据挖掘中数据的质量是关键，低质量的数据无论采用什么数据挖掘方法都不可能得到高质量的知识。直接来源于数据源的数据可能是不完整的、含有噪声的，并且是不一致的，这就需要进行数据预处理。数据预处理主要包括数据清理、数据集成、数据变换和数据归约等，通过数据预处理，使数据转换为可以直接应用数据挖掘工具进行挖掘的高质量数据。

2．数据挖掘算法

根据数据挖掘任务和数据性质选择合适的数据挖掘算法挖掘模式。数据挖掘算法不仅与目标数据集有关，也与数据挖掘的任务相关。

3．评估与表示

去除无用的或冗余的模式，将有趣的模式以用户能理解的方式表示，并储存或提交给用户。

4.3.2 数据清理

数据清理的作用就是清除数据噪声和与挖掘主题明显无关及不一致的数据，包括填补空缺的值，平滑噪声数据，识别、删除孤立点，解决不一致性。

1．处理空缺值

处理空缺值的基本方法如下。

- 忽略元组，当类标号缺少时通常这么做（假定挖掘任务涉及分类或描述），当每个属性缺少值的百分比变化很大时，它的效果非常差。
- 人工填写空缺值，这种方法工作量大，可行性低。
- 使用一个全局变量填充空缺值，如使用 unknown 或 $-\infty$。
- 使用属性的平均值填充空缺值。
- 使用与给定元组属同一类的所有样本的平均值。
- 使用最可能的值填充空缺值，使用像 Bayesian 公式或判定树这样的基于推断的方法。

2．消除噪声数据

噪声是指一个测量变量中的随机错误或偏差。引起噪声数据的原因可能有数据收集工具的问题、数据输入错误、数据传输错误、技术限制或命名规则不一致。通常采用分箱、聚类等数据平滑方法来消除噪声数据。

1）分箱

其基本过程是，首先排序数据，并将它们分到等深的箱中，然后可以按箱的平均值平滑、按箱中值平滑、按箱的边界平滑等。

例如，某商品价格的排序后数据是 4，8，15，21，21，24，25，28，34。采用深度为 3 的等深方法划分为如下 3 个箱。

箱 1：4，8，15

箱 2：21，21，24

箱 3：25，28，34

采用箱平均值平滑的结果如下。

箱 1：该箱平均值为 9，均用 9 平滑，4，8，15→9，9，9

箱 2：该箱平均值为 22，均用 22 平滑，21，21，24→22，22，22

箱 3：该箱平均值为 29，均用 29 平滑，25，28，34→29，29，29

采用箱边界平滑的结果如下。

箱 1：该箱左边界 4，中间值 8 用 4 平滑，4，8，15→4，4，15

箱 2：该箱左边界 21，中间值 21 用 21 平滑，21，21，24→21，21，24

箱 3：该箱左边界 25，中间值 28 用 25 平滑，25，28，34→25，25，34

2）聚类

通过聚类分析查找孤立点，去除孤立点以消除噪声。聚类算法可以得到若干数据类（簇），在所有类外的数据可视为孤立点。

3）计算机和人工检查相结合

通过计算机检测可疑数据，然后对它们进行人工判断。

4）回归

通过回归分析得到回归函数，让数据适应回归函数来平滑数据。

3．消除不一致

通过描述数据的元数据来消除数据命名的不一致，通过专门的例程来消除编码的不一致等。

4.3.3　数据集成

数据集成是将多个数据源中的数据整合到一个一致的数据存储（如数据仓库）中，由于数据源的多样性，这就需要解决可能出现的各种集成问题。

1．数据模式集成

通过整合不同数据源中的元数据来实施数据模式的集成。特别需要解决各数据源中属性等命名不一致的问题。

2．检测并解决数据值的冲突

对现实世界中的同一实体，来自不同数据源的属性值可能是不同的。其原因有不同的数据表示、不同的度量等。例如，学生成绩，有的用 100 分制，有的用 5 分制等，这都需要纠正并统一。

3．处理数据集成中的冗余数据

集成多个数据源时，经常会出现冗余数据，常见的有属性冗余，如果一个属性可以由另外一个表导出，则它是冗余属性，如"年薪"可以由月薪计算出来。

有些冗余可以采用相关分析检测到。例如，给定 A、B 两个属性，根据对应的数据可以分析出一个属性能够多大程度上蕴含另一个属性，属性 A、B 之间的相关性可用下式度量：

$$r_{A,B} = \frac{\sum (A - \overline{A})(B - \overline{B})}{(n-1)\sigma_A \sigma_B}$$

其中，n 是元组个数，$\overline{A}$、$\overline{B}$ 分别是 A 和 B 的平均值，σ_A、σ_B 分别 A、B 的标准差，即：

$$\sigma_A = \sqrt{\frac{\sum (A - \overline{A})^2}{n-1}}$$

如果 $r_{A,B} > 0$，则 A 与 B 正相关，这意味着 A 的值随着 B 的值增加而增加，该值越大，一个属性蕴含另一个属性的可能性越大。当该 $r_{A,B}$ 足够大时，可以将其中一个属性作为冗余属性去掉。

如果 $r_{A,B} < 0$，则 A 与 B 负相关，这意味着 A 的值随着 B 的值增加而减少，即其中一个属性阻止另一个属性出现。

如果 $r_{A,B} = 0$，则 A 与 B 独立的，它们不相关。

4.3.4 数据变换

数据变换的作用就是将数据转换为易于进行数据挖掘的数据存储形式。最常见的数据变换方法是规格化，即将属性数据按比例缩放，使之落入一个小的特定区间。

1．最小－最大规范化

对给定的数值属性 A，$[min_A, max_A]$ 为 A 规格化前的取值区间，$[new\_min_A, new\_max_A]$ 为 A 规格化后的取值区间，最小－最大规格化根据下式将 A 的值 v 规格化为值 v'：

$$v' = \frac{v - min_A}{max_A - min_A}(new\_max_A - new\_min_A) + new\_min_A$$

例如，某属性规格化前的取值区间为 [-100,100]，规格化后的取值区间为 [0,1]，采用最小－最大规格化属性值 66，变换方式为：

$$v' = \frac{66 - (-100)}{100 - (-100)}(1 - 0) + 0 = 0.83$$

2．零—均值规格化

对给定的数值属性 A，$\overline{A}$、σ_A 分别为 A 的平均值、标准差，零—均值规格化根据下式将 A 的值 v 规格化为值 v'：

$$v' = \frac{v - \overline{A}}{\sigma_A}$$

例如，某属性的平均值、标准差分别为 80、25，采用零—均值规格化 66：

$$v' = \frac{66-80}{25} = -0.56$$

3．小数定标规格化

对给定的数值属性 A，$\max|A|$ 为 A 的最大绝对值，j 为满足 $\dfrac{\max|A|}{10^j} < 1$ 的最小整数，小数定标规格化根据下式将 A 的值 v 规格化为值 v'：

$$v' = \frac{v}{10^j}$$

例如，属性 A 规格化前的取值区间为 [-120，110]，采用小数定标规格化 66，A 的最大绝对值为 120，j 为 3，66 规格化后为：

$$v' = \frac{66}{10^3} = 0.066$$

4.3.5　数据归约

数据归约又称数据约简或数据简化。对于大数据集，通过数据归约可以得到其归约表示，它小得多，但仍接近于保持原数据的完整性，这样在归约后的数据集上挖掘将更有效，并产生相同（或几乎相同）的分析结果。

数据归约主要有属性归约和记录归约两类。如图 4.4 所示，假设原数据集有 100 个属性和 1000 个记录，数据归约后的结果为 50 个属性和 100 个记录，这样数据量变为原来的 5%。由 100 个属性归约为 50 属性称为属性归约（横向减少数据量），由 1000 个记录归约为 100 个记录称为记录归约（纵向减少数据量）。

编号	A_1	A_2	...	A_{100}
1	$a_{1,1}$	$a_{1,2}$		$a_{1,100}$
2				
...				
1000	$a_{1000,1}$	$a_{1000,2}$		$a_{1000,1000}$

归约

编号	B_1	B_2	...	B_{50}
1	$b_{1,1}$	$b_{1,2}$		$b_{1,50}$
2				
...				
100	$b_{100,1}$	$b_{100,2}$		$b_{100,50}$

图 4.4　数据归约示意图

1．属性归约

属性归约又称维归约、属性子集选择、特征子集选择，它通过删除不相关的或冗余的属性减小数据集。目标是找出最小属性集，使得数据在其上的概率分布尽可能地接近在原属性集上的概率分布。属性归约可以采用粗糙集方法和决策树分类。

1）粗糙集方法

粗糙集方法将属性看作数据集上的等价关系，属性集就是数据集上的一组等价关系，由等价关系可以产生一个等价类划分，如果一个属性子集 C'和整个属性集 C 产生的等价类划分相同，则 C'看成是 C 的一个属性约简，即 C'是 C 的一个属性归约。

2）决策树分类方法

决策树分类方法也可用于属性归约。在建立好原数据集的决策树后，没有出现在决策树中的属性可以视为与数据挖掘任务无关的属性，而所有出现在决策树中的属性形成归约后的属性子集。

2．记录归约

记录归约是指通过用少量记录代表或替换原有记录来减小数据集。记录归约的基本方法有抽样和数据概化。

1）抽样

抽样就是用数据的较小随机样本表示大的数据。对于含有 N 个记录的数据集 D 的样本，抽样选择的主要有如下方法。

- 简单随机选择 n（$n<N$）个样本，不回放：由 D 的 N 个元组中抽取 n 个样本。
- 简单随机选择 n 个样本，回放：过程同上，只是元组被抽取后，将被回放，可能再次被抽取。
- 聚类选样：D 中元组被分入 m（$m<M$）个互不相交的聚类中，可在其中的 m 个聚类上进行简单随机选择。
- 分层选样：D 被划分为互不相交的"层"，可通过对每一层的简单随机选样得到 D 的分层选样。

2）数据概化

数据概化也称数据泛化，就是将数据源中跟任务相关的数据集从较低概念层抽象到较高概念层的过程。数据概化的一个基本方法是面向属性的归纳，根据属性的概念分层，通过阈值控制，将属性的低层属性值用相应高层概念替换，合并后得到原数据集的记录归约结果。类似于数据立方体在记录个数聚集函数上的上卷操作。这种方法的核心是在概念分层树中高层的概念个数一般少于低层的概念个数，从而通过替换和合并减少了原数据集中记录个数。

如图 4.5 所示是面向属性归纳的一个示例，通过归约将原数据集中的 6 个记录变为 4 个记录。

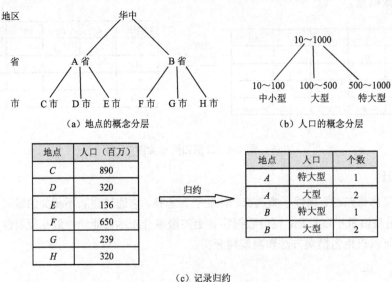

图 4.5　面向属性归纳的示例

面向属性归纳的几个基本策略如下。

策略 1（删除不可概化的属性）：若一个属性尽管有很多个不同的值，但没有更一般意义上的高层概念来归纳它（即没有对应的概念分层树），也就是说该属性上不存在概化操作符，则认为该属性在概化过程中是没有意义的，可将其删除。例如，在学生数据中，姓名通常是不可概化的属性，需将其删除。

策略 2（概念分层树提升）：对于某一元组的属性值，若概念分层树中存在一个更高层次的概念，就用该概念替换原属性值，从而把这个元组概化。概化时每次提升一层，以控制概化速度，避免过度概化。

策略 3（累计覆盖度）：当一个元组被概化时，应将该元组的覆盖度值（如元组个数）带到它的概化元组中。当合并相同元组或去掉冗余元组时，应把覆盖度累计起来。通过概念提升，逐步将原数据集浓缩，使每条元组覆盖原始数据集中的多个元组，称为宏元组。由宏元组构成的数据表称为知识基表，或简称为知识基。

策略 4（指定概化阈值、控制概念提升）：用户指定的概化阈值，其实就是把知识基进一步浓缩，最后得到宏元组的最大数量。对于知识基中的某个属性，如果它的不同值个数大于用户指定的概化阈值，就要把这个属性进一步概化。

策略 5（指定概化阈值、控制已得到的概化关系）：如果已概化关系的元组个数仍大于用户指定的概化阈值，则应对该关系继续概化。

假设数据源为关系表，基本的数据概化算法如下。

输入：关系表 DB，属性列表，属性的概念分层树，属性的概化阈值。

输出：主概化关系 P。

方法：方法描述如下。

从 DB 中获取并预处理得到数据挖掘的目标数据集 W;

扫描 W，收集每个属性 A_i 的不同值。

```
for (每个属性 A_i)
{    根据概化阈值确定是否删除;
     if (如果不删除)
     {    计算其在概念分层树中的层次 L_i，并确定映射对(v,v')
              //其中 v 是 W 中 A_i 的不同值，v' 是在层 L_i 对应的概化值。
          通过使用 v'代替 W 中每个 v，累计计数并计算所有聚集值，导出 P。
     }
}
```

4.3.6 离散化和概念分层生成

1. 离散化技术

对于数值属性来说，由于数据可能取值范围的多样性，导致可能包含的值太多使数据挖掘难以得到用户满意的知识。而知识本身也是基于较高层次的概念来获取的。

连续属性的离散化就是在特定的连续属性的值域内设定若干个离散化的划分点，将属性的值域范围划分为一些离散化区间，最后用不同的符号或整数值（这些离散化区间的标记）表示落在每个子区间中的属性值。数据离散化技术可以用来减少给定连续属性值的个数。用少数区间标记替换连续属性的数值，从而减少和简化了原来的数据，使挖掘结果更加简洁且易于使用。从本质上看，连续属性的离散化就是利用选取的断点对连续属性构成的空间进行划分的过程。

离散化技术可以根据如何进行离散化加以分类，如根据是否使用类别信息或根据进行方向（即自顶向下或自底向上）分类。如果离散化过程使用类别信息，则称它为监督离散化；否则是非监督的。

数据离散化主要方法如下。

1）分箱

分箱是一种基于箱的指定个数自顶向下的分裂技术，也可以用于记录归约和概念分层产生的离散化方法。例如，通过使用等宽或等频分箱，然后用箱均值或中位数替换箱中的每个值，可以将属性值离散化，就像分别用箱的均值或箱的中位数平滑一样。它是一种非监督的离散化技术，对用户指定的箱个数很敏感。

2）直方图分析

像分箱一样，直方图分析也是一种非监督离散化技术。直方图将一个属性的值划分为不相交的区间，称作桶。例如，在等宽直方图中，将值分成相等的划分或区间，在等深直方图中，值被划分为其中每一部分包含相同个数的样本。每个桶有一个标记，用它替代落在该桶中的属性值，从而达到属性值离散化的目的。

3）聚类分析

聚类分析是一种流行的数据离散化方法。通过聚类算法将属性的值划分为簇或组，每个簇或组有一个标记，用它替代该簇或组中的属性值。

此外还有基于熵的离散化和通过直观划分离散化等。

2．分类数据的概念分层方法

1）离散属性概念分层的自动生成算法

对于离散属性，如果概念分层的任何层次上的结点（或属性值）个数少于它低的每一层上的结点数，可以利用以下算法自动生成隐含在该属性上的概念分层。

输入：离散属性集 $S=\{A_1, A_2, \cdots, A_m\}$ 和对应的数据集 R。

输出：概念分层 $B_1, B_2, \cdots, B_m$。

方法：方法描述如下。

```
k=1, T=S;
从 T 中找一个属性 Bₖ，它在 R 中不同值的个数是 T 的所有属性中最少的;
while (k<m)
{    T=T-{Bₖ}
     minnum=∞;
     for (T 中每个属性 Aᵢ)
     {   计算 R 中属性序列 B₁、B₂、…，Bₖ 在属性 Aᵢ 上不同元组个数 mynum;
         if (mynum<minnum)
         {   minnum=mynum;
             Bₖ₊₁=Aᵢ;
         }
     }
     k=k+1
}
```

例如，采用对于表 4.3 所示的地点表，采用上述算法，输入 $S=\{$省，地区，国家$\}$ 属性集，产生的概念分层为省<地区<国家。

表 4.3　地点表

省	地区	国家	其他	省	地区	国家	其他
黑龙江	东北	中国		天津	华北	中国	

续表

省	地区	国家	其他	省	地区	国家	其他
吉林	东北	中国		山东	华北	中国	
辽宁	东北	中国		江苏	华东	中国	
北京	华北	中国		江西	华东	中国	
内蒙古	华北	中国		浙江	华东	中国	
河北	华北	中国		上海	华东	中国	

在概念分层的基础上，根据各属性的从属关系，可以进一步确定各层的概念及从属关系，最终得到完整的概念分层树，上例完整的概念分层树如图 4.6 所示。

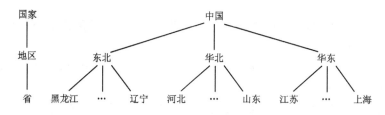

图 4.6　地点概念分层树

2）连续属性概念分层的生成

连续属性在数据离散化过程会自动构造相应的概念分层，采用方法与前面介绍的离散化技术相似，这里不再介绍。

4.3.7　数据挖掘的算法

1. 数据挖掘算法的基本特征

数据挖掘需要采用相关数据挖掘算法对集中的数据进行分析，大部分数据挖掘的算法使用了一个或几个目标函数、使用若干搜索方法（如启发式算法、梯度下降方法、最大最小值法、网络推演法等），找出在数据集中或建立了距离关系的数据空间中的一个点或小区域。

数据挖掘算法着重强调两个基本特征：有效性和可伸缩性。一个有效的数据挖掘算法是指满足挖掘任务的要求，获得用户满意的知识。一个数据挖掘算法具有良好的可伸缩性是指对小数据集和大规模数据有同样的效果，也就是说，如果给定内存和磁盘空间等可利用的系统资源，其运行时间应当随数据的规模近似线性地增加。

2. 数据挖掘算法的分类

1）基于学习方式的分类

基于学习方式可将数据挖掘算法分为以下几类。

● 有导师学习（监督学习）：输入数据中有导师信号，以概率函数、代数函数或人工神经网络为基函数模型，采用迭代计算方法，学习结果为函数。

● 无导师学习（非监督学习）：输入数据中无导师信号，采用聚类方法，学习结果为类别。典型的无导师学习有发现学习、聚类、竞争学习等。

● 强化学习（增强学习）：以环境反馈（奖/惩信号）作为输入，以统计和动态规划技术为指导的一种学习方法。

2）基于数据形式的分类

基于数据形式可将数据挖掘算法分为以下几类。

- 结构化学习：以结构化数据为输入，以数值计算或符号推演为方法。典型的结构化学习有神经网络学习、统计学习、决策树学习、规则学习。
- 非结构化学习：以非结构化数据为输入，典型的非结构化学习有类比学习、案例学习、解释学习、文本挖掘、图像挖掘、Web 挖掘等。

3）基于学习目标的分类

基于学习目标可将数据挖掘算法分为以下几类。

- 概念学习：即学习的目标和结果为概念，或者说是为了获得概念的一种学习。典型的概念学习有示例学习。
- 规则学习：即学习的目标和结果为规则，或者说是为了获得规则的一种学习。典型的规则学习有决策树学习。
- 函数学习：即学习的目标和结果为规则，或者说是为了获得函数的一种学习。典型的函数学习有神经网络学习。
- 类别学习：即学习的目标和结果为对象类，或者说是为了获得类别的一种学习。典型的类别学习有聚类分析。
- 贝叶斯网络学习：即学习的目标和结果是贝叶斯网络，或者说是为了获得贝叶斯网络的一种学习。其又可分为结构学习和参数学习。

3．算法应用

为特定的任务选择正确的算法是十分重要的。以 SQL Server 为例，它提供了以下各类数据挖掘算法。

- 分类算法：基于数据集中的其他属性预测一个或多个离散变量。
- 回归算法：基于数据集中的其他属性预测一个或多个连续变量，如利润或亏损。
- 分割算法：将数据划分为组或分类，这些组或分类的项具有相似属性。
- 关联算法：查找数据集中的不同属性之间的相关性。这类算法最常见的应用是创建可用于市场篮分析的关联规则。
- 顺序分析算法：汇总数据中的常见顺序或事件，如 Web 路径流。

如表 4.4 所示列出了数据挖掘任务和使用的相应算法。通常情况下可以使用不同的算法来执行同样的任务，每个算法会生成不同的结果，而某些算法还会生成多种类型的结果。例如，不仅可以将决策树算法用于预测，而且还可以将它用作属性归约的方法。

算法不必独立使用，在一个数据挖掘解决方案中可以使用一些算法来探析数据，而使用其他算法基于该数据预测特定结果。例如，可以使用聚类分析算法来识别模式，将数据细分为多少有点相似的组，然后使用分组结果来创建更好的决策树。可以在一个解决方案中使用多个算法来执行不同的任务，例如，使用回归分析算法来获取财务预测信息，使用基于规则的算法来执行市场篮分析。

表 4.4　特定任务和使用的算法

数据挖掘任务	可使用的 Microsoft 算法
预测离散属性。例如，预测目标邮件活动的收件人是否会购买某个产品	Microsoft 决策树算法 Microsoft Naive Bayes 算法 Microsoft 聚类分析算法 Microsoft 神经网络算法

续表

数据挖掘任务	可使用的 Microsoft 算法
预测连续属性。例如，预测下一年的销量	Microsoft 决策树算法 Microsoft 时序算法
预测顺序。例如，执行公司网站的点击流分析	Microsoft 顺序分析和聚类分析算法
查找交易中的常见项的组。例如，使用市场篮分析来建议客户购买其他产品	Microsoft 关联算法 Microsoft 决策树算法
查找相似项的组。例如，将人口统计数据分割为组以便更好地理解属性之间的关系	Microsoft 聚类分析算法 Microsoft 顺序分析和聚类分析算法

4.4　数据挖掘的未来展望

当前数据挖掘已经成为计算机科学界的一大热点，但研究与开发的总体水平相当于数据库技术在 20 世纪 70 年代所处的地位。数据挖掘领域的主要研究包括以下几个方面。

（1）各种新的数据挖掘算法的研究，特别是与相关领域相结合的数据挖掘算法，如序列模式挖掘、生物信息挖掘等可能成为热点。

（2）数据挖掘语言的形式化描述。即研究专门用于知识发现的数据挖掘语言，也许会像 SQL 语言一样走向形式化和标准化。

（3）寻求数据挖掘过程中的可视化方法，使知识发现的过程能够被用户理解，也便于在知识发现的过程中进行人机交互。

（4）研究在网络环境下的数据挖掘技术，特别是在因特网上的 Web 挖掘。

（5）加强对各种非结构化数据的挖掘，如对文本数据、图形数据、视频图像数据、声音数据乃至综合多媒体数据的挖掘。

（6）大数据挖掘。大数据又称海量数据，是指所涉及的数据规模巨大，具有 4V 特点（Volume、Velocity、Variety、Veracity），以至于目前已有的软件工具无法在合理时间内处理、管理、挖掘这些数据。如何将大数据组织架构和并行性、分布式算法结合实施大数据挖掘是一个主流的研究方向。

练 习 题 4

1．简述数据挖掘的功能和任务。

2．简述数据挖掘的基本过程。

3．简述数据挖掘与数据仓库及 OLAP 的关系。

4．简述数据挖掘系统的基本组成。

5．简述数据挖掘系统和数据仓库系统的关系。

6．在数据挖掘中为什么要对数据进行预处理？

7．有哪些数据清理方法，并举例说明。

8．有哪些数据变换方法，并举例说明。

9．有哪些数据归约方法，并举例说明。

10．如何计算属性之间的相关度，属性之间的相关度计算有何用途？

思 考 题 4

1. 结合自己感兴趣的领域，讨论数据挖掘在该领域中的应用前景。
2. 假设已有一个学生管理系统，其中包含学生的全面信息，从中可以挖掘哪些感兴趣的模式。
3. 目前大数据是一个研究热点，讨论从大数据中可以挖掘哪些感兴趣的模式。

关联分析

关联分析是指关联规则挖掘，它是数据挖掘中一个重要、高度活跃的分支，其目标是发现事务数据库中不同项（如顾客购买的商品项）之间的联系，这些联系构成的规则可以帮助用户找出某些行为特征（如顾客购买行为模式），以便进行企业决策。例如，如果某食品商店通过购物篮分析得知"大部分顾客会在一次购物中同时购买面包和牛奶"，那么该食品商店就可以通过降价促销面包的同时提高面包和牛奶的销量。关联规则挖掘近些年来在实际应用中取得了很好的效果，它是数据挖掘的其他研究分支的基础。本章介绍关联规则挖掘的相关概念和算法。

5.1　关联分析的概念

关联规则挖掘（Association Rule Mining）最早是由 Agrawal 等人提出的（1993 年）。最初提出的动机是针对购物篮分析问题，其目的是为了发现顾客的购买行为，即事务数据库中顾客购买的不同商品之间的联系规则。

5.1.1　事务数据库

关联规则挖掘的对象是事务数据库，事务数据库的定义如下。

定义 5.1　设 $I=\{i_1,i_2,\cdots,i_m\}$ 是一个全局项的集合，其中 i_j（$1\leqslant j\leqslant m$）是项（Item）的唯一标识，j 表示项的序号。事务数据库（Transactional Databases）$D=\{t_1,t_2,\cdots,t_n\}$ 是一个事务（Transaction）的集合，每个事务 t_i（$1\leqslant i\leqslant n$）都对应 I 上的一个子集，其中 t_i 是事务的唯一标识，i 表示事务的序号。

定义 5.2　由 I 中部分或全部项构成的一个集合称为项集（Itemset），任何非空项集中均不含有重复项，如 $I_1=\{i_1,\ i_3,\ i_4\}$ 就是一个项集。为了算法设计简单，本章中除特别声明外，假设所有项集中列出的各个项均按项序号或字典顺序有序排列。

购物篮问题：设 I 是全部商品集合，D 是所有顾客的购物清单，每个元组即事务是一次购买商品的集合。如表 5.1 所示是一个购物事务数据库的示例，其中，$I=\{i_1,i_2,i_3,i_4,i_5\}$，$D=\{t_1,t_2,t_3,t_4,t_5,t_6,t_7,t_8,t_9\}$，$t_1=\{i_1,i_2,i_5\}$，$\cdots$，$t_9=\{i_1,i_2,i_3\}$。

购物篮问题是关联分析的一个典型例子，每种商品有一个布尔变量，顾客购买某商品，对应的布尔变量为 true，否则为 false，可以将一个事务看成是一个购物篮，购物篮可用一个为这些变量指定值的布尔向量表示。例如，$t_1=\{i_1,i_2,i_5\}$，表示对应 i_1、i_2、i_5 的变量取值为 true，其余为 false。可以分析这些布尔向量，得出反映商品频繁关联或同时购买的购买模式。这些模式可以用关联规则的形式表示。

当然，并非所有关联规则都是用户感兴趣的，这就需要设置相关的度量和阈值，这些阈值可以由用户或领域专家设定，也可以进行其他分析，揭示关联项之间有趣的统计相关性。

表 5.1　一个购物事务数据库

TID	购买商品的列表
t_1	i_1，i_2，i_5
t_2	i_2，i_4
t_3	i_2，i_3
t_4	i_1，i_2，i_4
t_5	i_1，i_3
t_6	i_2，i_3
t_7	i_1，i_3
t_8	i_1，i_2，i_3，i_5
t_9	i_1，i_2，i_3

5.1.2　关联规则及其度量

1．关联规则

关联规则表示项之间的关系，它是形如 $X \to Y$ 的蕴涵表达式，其中 X 和 Y 是不相交的项集，即 $X \cap Y = \varnothing$，X 称为规则的前件，Y 称为规则的后件。

例如，{cereal,milk} → {fruit}关联规则表示的含义是购买谷类食品和牛奶的人也会购买水果，它的前件为{cereal,milk}，后件为{fruit}，有时也表示为{cereal,milk} → {fruit}或 cereal and milk → fruit 等形式。

通常关联规则的强度可以用它的支持度（Support）和置信度（Confidence）来度量。

2．支持度

定义 5.3　给定一个全局项集 I 和事务数据库 D，一个项集 $I_1 \subseteq I$ 在 D 上的支持度是包含 I_1 的事务在 D 中所占的百分比，即：

$$support(I_1) = \frac{|\{t_i \mid I_1 \subseteq t_i, t_i \in D\}|}{|D|}$$

其中，|·|表示·集合的计数，即其中元素个数。对于形如 $X \to Y$ 的关联规则，其支持度定义为：

$$support(X \to Y) = \frac{D \text{ 中包含有 } X \cup Y \text{ 的元组数}}{D \text{ 中的元组总数}}$$

采用概率的形式等价地表示为：

$$support(X \to Y) = P(X \cup Y)$$

其中，$P(X \cup Y)$ 表示 $X \cup Y$ 项集的概率。

显然，$support(X \to Y)$ 与 $support(Y \to X)$ 是相等的。例如，在表 5.1 的事务数据库 D 中，总的元组数为 9，同时包含 i_1 和 i_2 的元组数为 4，则 $support(i_1 \to i_2) = support(i_2 \to i_1) = 4/9 = 0.44$，这里相当于 $X = \{i_1\}$，$Y = \{i_2\}$。

支持度是一种重要性度量，因为低支持度的规则可能只是偶然出现。从实际情况看，低支持度的规则多半是没有意义的。例如，顾客很少同时购买 a、b 商品，想通过对 a 或 b 商品促销（降价）来提高另一种商品的销售量是不可能的。

3. 置信度

定义 5.4 给定一个全局项集 I 和事务数据库 D，一个定义在 I 和 D 上的关联规则形如 $X \rightarrow Y$，其中，X、$Y \in I$，且 $X \cap Y = \varnothing$，它的置信度（或可信度、信任度）是指包含 X 和 Y 的事务数与包含 X 的事务数之比，即：

$$\text{confidence}(X \rightarrow Y) = \frac{D \text{ 中包含有 } X \cup Y \text{ 的元组数}}{D \text{ 中仅包含 } X \text{ 的元组数}}$$

采用概率的形式等价地表示为：

$$\text{confidence}(X \rightarrow Y) = P(Y|X)$$

其中，$P(Y|X)$ 表示 Y 在给定 X 下的条件概率。

置信度确定通过规则进行推理具有的可靠性。对于规则 $X \rightarrow Y$，置信度越高，Y 在包含 X 的事务中出现的可能性越大。

显然 $\text{confidence}(X \rightarrow Y)$ 与 $\text{confidence}(Y \rightarrow X)$ 不一定相等。例如，在表 5.1 的事务数据库 D 中，同时包含 i_1 和 i_2 的元组数为 4，仅包含 i_1 的元组数为 6，仅包含 i_2 的元组数为 7，则 $\text{confidence}(i_1 \rightarrow t_2) = 4/6 = 0.67$，$\text{support}(i_2 \rightarrow t_1) = 4/7 = 0.57$。

对于形如 $X \rightarrow Y$ 关联规则，$\text{support}(X \rightarrow Y) \leqslant \text{confidence}(X \rightarrow Y)$ 总是成立的。

定义 5.5 给定 D 上的最小支持度（记为 min_sup）和最小置信度（记为 min_conf），分别称为最小支持度阈值和最小置信度阈值，同时满足最小支持度阈值和最小置信度阈值的关联规则称为强关联规则，也就是说，某关联规则的最小支持度≥min_sup、最小置信度≥min_conf，则它为强关联规则。

通常，只有强关联规则才是用户感兴趣的，本章讨论的关联规则挖掘主要是挖潜强关联规则。

说明： 由关联规则做出的推论并不必然蕴涵因果关系，它只表示规则前件和后件中的项明显地同时出现。

5.1.3 频繁项集

定义 5.6 给定全局项集 I 和事务数据库 D，对于 I 的非空子集 I_1，若其支持度大于或等于 min_sup，则称 I_1 为频繁项集（Frequent Itemsets）。

若 I 包含 m 个项，那么可以产生 2^m 个非空项集。例如，$I = \{i_1, i_2, i_3\}$，可以产生的非空项集为 $\{i_1\}$，$\{i_2\}$，$\{i_3\}$，$\{i_1, i_2\}$，$\{i_1, i_3\}$，$\{i_2, i_3\}$，$\{i_1, i_3\}$，$\{i_1, i_2, i_3\}$，共 8 个。

定义 5.7 对于 I 的非空子集 I_1，若某项集 I_1 中包含有 I 中的 k 个项，则称 I_1 为 k-项集。若 k-项集 I_1 是频繁项集，则称之为频繁 k-项集。显然，一个项集是否频繁，需要通过事务数据库 D 来判断。

5.1.4 挖掘关联规则的基本过程

挖掘关联规则就是找出事务数据库 D 中的强关联规则，通常采用以下两个判断标准。

（1）最小支持度（包含）：表示规则中的所有项在事务数据库 D 中同时出现的频度应满足的最小频度。

（2）最小置信度（排除）：表示规则中前件项的出现暗示后件项出现的概率应满足的最小概率。

挖掘强关联规则两个基本步骤如下。

（1）找频繁项集：通过用户给定最小支持度阈值 min_sup，寻找所有频繁项集，即仅保留大于或等于最小支持度阈值的项集。

（2）生成强关联规则：通过用户给定最小置信度阈值 min_conf，在频繁项集中寻找关联规则，即删除不满足最小置信度阈值的规则。

其中步骤（1）是目前研究的重点。找频繁项集最简单的算法如下。

输入：全局项集 I 和事务数据库 D，最小支持度阈值 min_sup。

输出：所有的频繁项集集合 L。

方法：其过程描述如下。

```
n=|D|;
for (I 的每个子集 c)
{     i=0;
      for (对于 D 中的每个事务 t)
      {    if (c 是 t 的子集)
            i++;
      }
      if (i/n≥min_sup)
            L=L∪{c};            //将 c 添加到频繁项集集合 L 中
}
```

若 I 的项数为 m，则子项集数为 2^m，为每一个子集扫描 D 中 n 个事务，所以算法的时间复杂度为 $O(2^m n)$，它随着项的个数呈指数级的增长。

5.2 Apriori 算法

Apriori 算法是由 Agrawal 等人于 1993 年提出的，它采用逐层搜索策略（层次搜索策略）产生所有的频繁项集，本节介绍该算法的设计思想和相关内容。

5.2.1 Apriori 性质

Apriori 性质：若 A 是一个频繁项集，则 A 的每一个子集都是一个频繁项集。

其证明如下：设 n 为事务总数，sup_count(•)表示•项集在 D 中所有事务中出现的次数，依题意有 support(A) ≥min_sup。

对于 A 的任何非空子集 B（$B \subseteq A$），一定有 sup_count(B) ≥sup_count(A)，则 support(B)=sup_count(B)/n≥sup_count(A)/n=support(A) ≥min_sup。

例如，若{beer,diaper,nuts}项集是频繁的，则{beer,diaper}也一定是频繁的，但{apple,beer,diaper,nuts}不一定是频繁的。

定义 5.8 一个项集 A 的超集 C，是指 C 满足 $A \subset C$，且$|A|<|C|$。也就是说，由 A 项集添加任意多个其他项构成的项集都是 A 的超集。由项集 A 仅添加一个项构成的项集 C 称为 A 的直接超集。注意这里在 A 中添加的项默认都是不重复的项。

Apriori 性质具有反单调性：如果一个项集不是频繁的，则它的所有超集也一定不是频繁的。

其证明如下：设 n 为事务总数，A 不是频繁的，即 support(A)<min_sup。对于 A 的任一超集，由于 $A \subset C$，所以 sup_count(C) ≤sup_count(A)，则 support(C)=sup_count(C)/n≤sup_count(A)/n=support(A)<min_sup。

例如，若{ac}不是频繁的，则{abc}、{acd}也一定不是频繁的，这里的{ac}是{a,c}的一种简写，在不影响二义性的条件下，后面均采用这种简写方式。

5.2.2 Apriori 算法

Apriori 算法是一种经典的生成关联规则的频繁项集挖掘算法，算法名字缘于算法使用了上述频繁项集的性质这一先验知识。

1. 基本的 Apriori 算法

Apriori 算法的基本思路是采用层次搜索的迭代方法，由候选$(k-1)$-项集来寻找候选 k-项集，并逐一判断产生的候选 k-项集是否频繁。

设 C_k 是长度为 k 的候选项集的集合，L_k 是长度为 k 的频繁项集的集合，为了简单，设最小支持度阈值 min_sup 为最小元组数，即采用最小支持度计数。

首先，找出频繁 1-项集，用 L_1 表示。由 L_1 寻找 C_2，由 C_2 产生 L_2，即产生频繁 2-项集的集合。由 L_2 寻找 C_3，由 C_3 产生 L_3，以此类推，直至没有新的频繁 k-项集被发现。求每个 L_k 时都要对事务数据库 D 进行一次完全扫描。

基本的 Apriori 算法如下。

输入：事务数据库 D，最小支持度阈值 min_sup。

输出：所有的频繁项集集合 L。

方法：其过程描述如下。

```
通过扫描 D 得到 1-频繁项集 L1；
for (k=2;L_{k-1}!=∅;k++)
{    C_k=由 L_{k-1} 通过连接运算产生的候选 k-项集；
     for (事务数据库 D 中的事务 t)
     {    求 C_k 中包含在 t 中的所有候选 k-项集的计数；
          L_k={c | c∈C_k and c.sup_count≥min_sup};    //求 C_k 中满足 min_sup 的候选 k-项集
     }
}
return L=∪_k L_k；
```

【例 5.1】 对于表 5.1 所示的事务数据库，设 min_sup=2，产生所有频繁项集的过程如图 5.1 所示，最后 $L_4=\varnothing$，算法结束，产生的所有频繁项集为 $L_1 \cup L_2 \cup L_3$。

上述算法需要解决以下问题。

如何由 L_{k-1} 构建 C_k。

如何由 C_k 产生 L_k。

而后一个问题又涉及 C_k 剪枝和项集的支持度计算。后面逐个讨论解决方法。

2. 自连接：由 L_{k-1} 构建 C_k

在基本的 Apriori 算法中，由 L_{k-1} 构建 C_k 可以通过连接运算来实现。连接运算是表的基本运算之一，如图 5.2 所示是两个表 R、S 按 R 第 3 列等于 S 第 2 列的条件进行条件连接的结果。

现在讨论如何通过 L_{k-1} 的自连接来构建 C_k。假设所有项集集合中各项集按项序号有序排列，如 $L_2=\{\{i_1,i_2\},\{i_2,i_3\},\{i_1,i_3\}\}$，其中每个项集的项都是有序排列的。设 $L_k.l_j$、$C_k.l_j$ 分别表示 L_k、C_k 项集集合中所有项集中第 j 个项的集合（可理解为项集集合中第 j 层的项集）。例如，对于前面的 L_2，$L_2.l_2=\{i_2,i_3\}$，由于每个项集中的项是有序排列的，则 $L_k.l_j$ 或 $C_k.l_j$ 中的每个项的序号一定大于或等于 j。例如，对于前面的 L_2，由此构建的 C_3 中所有项集的第 3 个项的序号一定大于或等于 3。

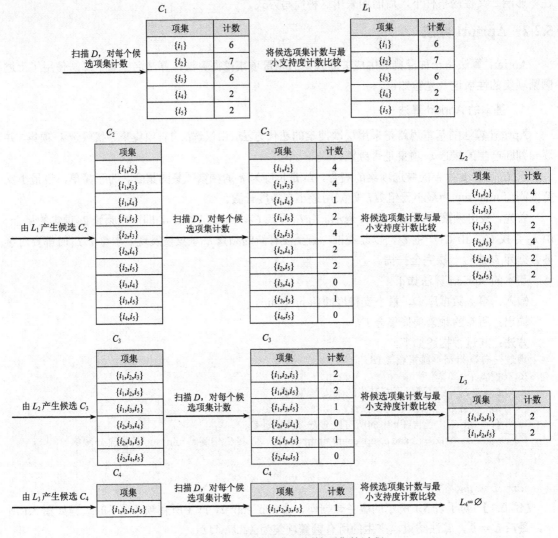

图 5.1　产生候选项集和频繁项集的过程

图 5.2　连接运算

另外，在由 L_{k-1} 构建 C_k 时，$C_k.l_k$ 中的项一定来源于 $L_{k-1}.l_{k-1}$。这可以采用反证法证明，假设 $C_k.l_k$ 中的某个项 i_j（前面已说明一定有 $j \geq k$）不是来源于 $L_{k-1}.l_{k-1}$，对于前面的 L_2，这样的项有 i_4（因为 i_4 不属于 $L_2.l_2$）。那么这个项 i_j 加入到 L_{k-1} 的任何项集中构成的 k-项集一定不是频繁项集，因为这样的 k-项集中存在不属于 L_{k-1} 的频繁子项集，如在 L_2 的任何项集中加入 i_4 得到的 $\{i_1,i_2,i_4\}$、$\{i_2,i_3,i_4\}$、$\{i_1,i_3,i_4\}$ 都不是 3-频繁项集，因为它们分别存在不属于 L_2 的子项集 $\{i_1,i_4\}$、$\{i_2,i_4\}$、$\{i_3,i_4\}$。这样就证明了 $C_k.l_k$ 中的项一定来源于 $L_{k-1}.l_{k-1}$。

所以由 L_{k-1} 构建 C_k 的方法是，取 $L_{k-1}.l_{k-1}$ 中的每个序号大于或等于 k 项 x，将其加入到 L_{k-1} 的某

个$(k-1)$-项集中，若能够得到一个 k-项集（x 与这个$(k-1)$-项集中的项不重复），则将这个 k-项集加入到 C_k 中，显然 C_k 中所有 k-项集是不重复出现的。例如，对于前面的 $L_2=\{\{i_1,i_2\},\{i_2,i_3\},\{i_1,i_3\}\}$，有 $L_2.l_2=\{i_2,i_3\}$，C_3 中所有项集的第 3 个项只能为 i_3，这样得到 $C_3=\{\{i_1,i_2,i_3\}\}$。

因此，采用自连接的方式由 L_{k-1} 产生 C_k 时，连接关系是在 L_{k-1}（用 p 表示）和 L_{k-1}（用 q 表示）中，前 $k-2$ 项相同，且 p 的第 $k-1$ 项小于 q 的第 $k-1$ 项值，即：

$$p.\text{item}_1=q.\text{item}_1 \text{ and } p.\text{item}_2=q.\text{item}_2 \text{ and } \cdots \text{ and } p.\text{item}_{k-2}=q.\text{item}_{k-2} \text{ and } p.\text{item}_{k-1}<q.\text{item}_{k-1}$$

其中，$p.\text{item}_{k-1}<q.\text{item}_{k-1}$ 是为了保证 C_k 中不含重复的项集。如图 5.3 所示是由 L_3 产生 C_4 的过程。

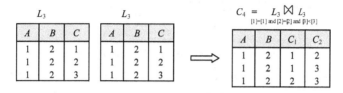

图 5.3　自连接运算

3. 对 C_k 进行剪枝操作

对于由 L_{k-1} 生成的 C_k，从 C_k 中删除明显不是频繁项集的项集，称之为剪枝操作。这里 L_{k-1} 包含所有的$(k-1)$-频繁项集，也就是说，若某个$(k-1)$-项集不在 L_{k-1} 中，则它一定不是频繁的。

利用 Apriori 性质的反单调性，对于 C_k 中的某个 k-项集 x，若它的任何$(k-1)$-子集是非频繁项集，则 x 也是非频繁项集，可以从 C_k 中删除 x。而判断一个$(k-1)$-子项集是非频繁项集的条件就是它不在 L_{k-1} 中。

【例 5.2】　设 $L_3=\{\{i_1,i_2,i_3\},\{i_1,i_2,i_4\},\{i_1,i_3,i_4\},\{i_1,i_3,i_5\},\{i_2,i_3,i_4\}\}$，通过自连接并剪枝构建 C_4 的过程如图 5.4 所示。

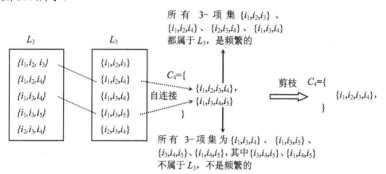

图 5.4　对 C_4 进行剪枝的过程

又例如，某事务数据库 D 包含 $\{a,b,c,d\}$ 共 4 个项，采用层次方法求所有的频繁项集，如图 5.5 所示，图中每个带阴影框对应一个频繁项集。如果求出 1-频繁项集集合 $L_1=\{\{b\},\{c\},\{d\}\}$，得出候选 2-项集集合 $C_2=\{\{bc\},\{bd\},\{cd\}\}$，由于 1-项集 $\{a\}$ 不是频繁的，所以不需考虑所有包含 a 的项集，见图 5.5 中剪枝 1。如果求出 2-项集集合 $L_2=\{\{bc\},\{bd\}\}$，由于 $\{cd\}$ 不是频繁项集，所以不需考虑所有包含 cd 的项集，即不可能有频繁 3-项集和频繁 3-项集，见图 5.5 中剪枝 2。这样求出所有频繁项集集合为 $\{\{b\},\{c\},\{d\},\{bc\},\{bd\}\}$。

4. 项集的支持度计算

在基本的 Apriori 算法中，求出剪枝后的 C_k，由 C_k 产生 L_k 时，需要求出 C_k 中每个 k-项集的支持度计数，也就是说，若 C_k 中有 n 个项集，需要 n 次扫描事务数据库 D，这是十分耗时的。

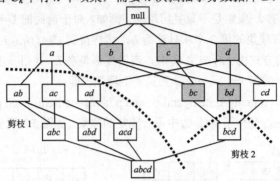

图 5.5　采用剪枝方法求所有的频繁项集

改进的方法是，扫描 D 中一个事务 t 时，如果 t 中包含的项数少于 k，则直接跳过它转向下一个事务，否则分解出所有的 k-项集 s，若 $s \in C_k$，则表示 C_k 中有一个等于 s 的项集，将 s 的支持度计数增 1。这样只需扫描事务数据库 D 一遍，便求出了 C_k 中所有项集的支持度计数。

【例 5.3】　对于表 5.1 所示的事务数据库，设 min_sup=2，利用前面介绍的各种改进方法产生所有频繁项集的过程如图 5.6 所示。

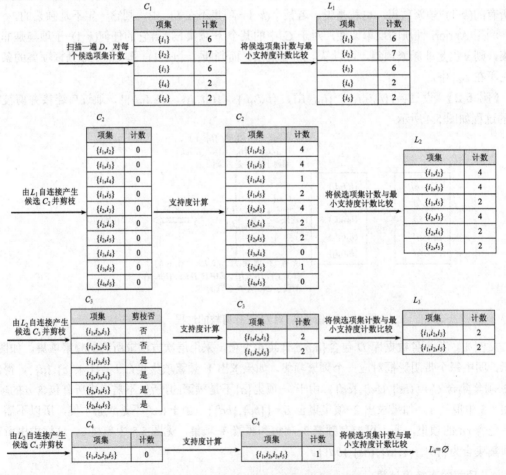

图 5.6　用改进方法求所有频繁项集的过程

5．改进的 Apriori 算法

采用自连接和剪枝操作得到改进的 Apriori 算法如下。

输入： 事务数据库 D，最小支持度阈值 min_sup。

输出： 所有的频繁项集集合 L。

方法： 其过程描述如下。

```
通过扫描 D 得到 1-频繁项集 L₁;
for (k=2;L_{k-1}!=∅;k++)
{       C_k=apriori_gen(L_{k-1},min_sup);
        for (事务数据库 D 中的事务 t)
        {       for (t 中每个 k-项集 s);
                        if (s∈C_k) s.sup_count++;
        }
        for (C_k 中的每个项集 c)
                if (c.sup_count≥min_sup)
                        L_k=L_k∪{c};
}
return L=∪_kL_k;
procedure apriori_gen(L_{k-1},min_sup)          //由 L_{k-1} 自连接并剪枝构建 C_k
{       for (L_{k-1} 中的每个项集 l₁∈L_{k-1})
                for (L_{k-1} 中 l₁ 之后的每个项集 l₂∈L_{k-1})
                        if (l₁[1]=l₂[1] and ··· and l₁[k-2]=l₂[k-2] and l₁[k-1]<l₂[k-1])
                        {       c=l₁ 与 l₂ 连接;
                                if (has_infrequent_subset(c,L_{k-1}))
                                        delete c;
                                else
                                        将 c 加入 C_k;
                        }
        return C_k;
}
procedure has_infrequent_subset(c,L_{k-1})          //剪枝：判断 c 是否为非频繁项集
{       for (c 的每个(k-1)-子项集 s)
                if (s 不属于 L_{k-1})          //若 c 中存在不属于 L_{k-1} 的(k-1)-子项集，则 c 是非频繁的
                        return true;
        return false;
}
```

假设全局项集 I 中的项数为 m，事务数据库 D 中有 n 个事务，所有事务中平均项数为 w。在上述算法中，产生 L_1 的时间为 $O(nw)$；产生 C_k 时，最坏情况下，自连接需要比较 $O(|L_{k-1}|^2)$ 对频繁 $(k-1)$-项集，每一对需要比较 $k-2$ 次，时间约为 $O((k-2)|L_{k-1}|^2)$；对 C_k 剪枝操作时，时间为 $O(k|C_k|)$。产生频繁项集 L_k 时，最坏情况下，支持度计数需要扫描一次事务数据库 D，每个事务有 C_w^k 个 k-项集，时间约为 $O(knC_w^k)$。

5.2.3　由频繁项集产生关联规则

1．产生关联规则的基本过程

因为由频繁项集的项组成的关联规则的支持度大于或等于最小支持度阈值，所以规则产生过程就是在由频繁项集的项组成的所有关联规则中，找出所有置信度大于或等于最小置信度阈值的强关联规则。

对于形如 $X \rightarrow Y$ 的规则，其置信度为：

$$\text{confidence}(X \rightarrow Y) = \frac{D \text{ 中包含有 } X \cup Y \text{ 的元组数}}{D \text{ 中仅包含 } X \text{ 的元组数}}$$

所以对于形如 $l_u \rightarrow (l-l_u)$ 的规则，其置信度为：

$$\text{confidence}(l_u \rightarrow (l-l_u)) = \frac{D \text{ 中包含有 } l \text{ 的元组数}}{D \text{ 中仅包含 } l_u \text{ 的元组数}}$$

因此，对于每个频繁项集 l，求强关联规则的基本步骤如下。

（1）产生 l 的所有非空真子集。

（2）对于 l 的每个非空真子集 l_u，如果 l 的支持度计数除以 l_u 的支持度计数大于或等于最小置信度阈值 min_conf，则输出强关联规则 $l_u \rightarrow (l-l_u)$。其中，因为 l 是频繁项集，根据 Apriori 性质，l_u 与 $(l-l_u)$ 都是频繁项集，所以，其支持计数在频繁项集产生阶段已经计算，在此不必重复计算。

【例 5.4】 对于表 5.1 的事务数据库，有一个频繁项集 $l=\{i_1,i_2,i_5\}$，由 l 产生关联规则如下：

l 的所有非空真子集为 $\{i_1\}$，$\{i_2\}$，$\{i_5\}$，$\{i_1,i_2\}$，$\{i_1,i_5\}$，$\{i_2,i_5\}$

对于 $\{i_1\}$，产生的规则为 $i_1 \rightarrow i_2 \text{ and } i_5$，由图 5.1 所示的计算过程可知，$i_1$ 的支持度计数为 6，$l=\{i_1,i_2,i_5\}$ 的支持度计数为 2，所以置信度为 2/6=33%。

类似地，计算其他关联规则的置信度如下：

$i_1 \text{ and } i_2 \rightarrow i_5$，置信度 2/4=50%

$i_1 \text{ and } i_5 \rightarrow i_2$，置信度 2/2=100%

$i_2 \text{ and } i_5 \rightarrow i_1$，置信度 2/2=100%

$i_2 \rightarrow i_1 \text{ and } i_5$，置信度 2/7=29%

$i_5 \rightarrow i_1 \text{ and } i_2$，置信度 2/2=100%

如果设置最小置信度阈值 min_conf=70%，则产生的强关联规则如下：

$i_1 \text{ and } i_5 \rightarrow i_2$

$i_2 \text{ and } i_5 \rightarrow i_1$

$i_5 \rightarrow i_1 \text{ and } i_2$

2. 通过剪枝提高效率

对于频繁项集 l 及其两个非空真子集 l_u 和 l_v，如果 $l_v \subseteq l_u$，并且规则 $l_u \rightarrow (l-l_u)$ 不是强关联规则，则规则 $l_v \rightarrow (l-l_v)$ 也不是强关联规则。

其证明过程是：因为 $l_v \subseteq l_u$，所以 $l_v.\text{sup\_count} \geqslant l_u.\text{sup\_count}$。

由于 $l_u \rightarrow (l-l_u)$ 不是强关联规则，则：$l.\text{sup\_count}/l_u.\text{sup\_count} < \text{min\_conf}$。

有：$l.\text{sup\_count}/l_v.\text{sup\_count} < l.\text{sup\_count}/l_u.\text{sup\_count} < \text{min\_conf}$，所以 $l_v \rightarrow (l-l_v)$ 不是强关联规则。

剪枝原则：由于 l_u 和 l_v 是 l 的两个非空真子集，所以 $l_v \subseteq l_u$ 等价于 $(l-l_v) \supseteq (l-l_u)$，也就是说，若 $(l-l_v) \supseteq (l-l_u)$ 成立，并且规则 $l_u \rightarrow (l-l_u)$ 不是强关联规则，则规则 $l_v \rightarrow (l-l_v)$ 也不是强关联规则。更简单地说，对于频繁项集 l，在产生它的所有强关联规则时，若 l 的某个真子集 l_a，有 $(l-l_a) \rightarrow l_a$ 不是强关联规则，则对于后件为 l_a 的超集的任何规则均不是强关联规则。

对于 Apriori 算法产生的每个频繁项集，采用逐层搜索策略产生其强关联规则，同时根据上述剪枝原则压缩搜索空间。

对于每个频繁项集，第 1 层产生后件只有一个项的强关联规则，并生成它们的 1-后件集合 R_1；第 2 层产生后件有两个项的强关联规则，但是根据剪枝原则，可以通过 R_1 中的只有一个项的后件进行连接运算产生有两个项的后件，再通过置信度计算，产生后件有两个项的所有强关联规则，并生成它们的 2-后件集合 R_2，依次类推，可以产生所有强关联规则，其中后件连接运算与频繁项集连接运算一样。

对于前面的例子，频繁项集 $l=\{i_1,i_2,i_5\}$，产生所有强关联规则的过程如图 5.7 所示，图中每个带阴影的框对应一个强关联规则。层 1 产生 3 个关联规则，通过计算置信度来判断，其中只有 $\{i_2,i_5\}$ → $\{i_1\}$ 和 $\{i_1,i_5\}$ → $\{i_2\}$ 两个强关联规则，而 $\{i_1,i_2\}$ → $\{i_5\}$ 不是强关联规则，所以 $R_1=\{\{i_1\},\{i_2\}\}$，通过 R_1 中的两个项集 $\{i_1\}$、$\{i_2\}$ 连接运算得到 $R_2=\{\{i_1,i_2\}\}$，那么层 2 中只有 $\{i_5\}$ → $\{i_1,i_2\}$ 可能是强关联规则，通过计算置信度求出它是强关联规则，而 $\{i_2\}$ → $\{i_1,i_5\}$ 和 $\{i_1\}$ → $\{i_2,i_5\}$ 一定不是强关联规则，不必再考虑，从而实现了剪枝。最后产生的强关联规则后件项集 $R=R_1 \cup R_2=\{\{i_1\},\{i_2\},\{i_1,i_2\}\}$，表示有以下强关联规则：

i_2 and i_5 → i_1

i_1 and i_5 → i_2

i_5 → i_1 and i_2

从结果看到，它和不剪枝产生的强关联规则是相同的，但效率得到提高。

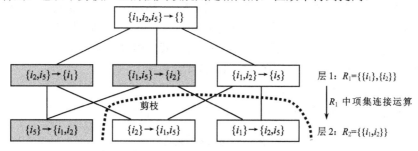

图 5.7　找强关联规则的搜索空间

3．产生关联规则的算法

当由 Apriori 算法所有频繁项集 L 后，采用剪枝原理求强关联规则的算法如下。

输入：Apriori 算法的各项集的支持度计数，频繁项集集合 L，最小置信度阈值 min_conf。

输出：所有强关联规则的后件项集 R。

方法：其过程描述如下。

```
for (L 中的每个频繁项集 l)
{      for (l 中的每个 1-项集 l₁)
            if (l.sup_count/(l-l₁).sup_count≥min_conf)          //l₁满足置信度要求
                R₁=R₁∪l₁;
        for (j=2;R_{j-1}!=∅ ;j++)
            for (R_{j-1} 中每个后件 l_a)
                for (R_{j-1} 中后件 l_a 之后的每个后件 l_b)
                    if (l_a[1]=l_b[1] and l_a[2]=l_b[2] and ··· and l_a[j-2]=l_b[j-2] and l_a[j-1]<l_b[j-1])
                    {      l_j=l_a 与 l_b 连接;
                        if (l.sup_count/(l-l_j).sup_count≥min_conf)   //l_j满足置信度要求
                            R_j=R_j∪l_j;
                    }
}
return R=∪_j R_j;
```

假设全局项集 I 中的项数为 m，事务数据库 D 中有 n 个事务，所有事务中平均项数为 w。频繁项集个数共有 $\sum_{k=1}^{w}|L_k|$，在上述算法中，每个频繁 k-项集有 k 个 1-后件，连接产生所有 j-后件时需

要 $\sum\limits_{j=2}^{k-1}(j-2)\,|\,R_{j-1}\,|^2$ 次比较，所以总的时间为 $O(\sum\limits_{k=1}^{w}|\,L_k\,|\,(k+\sum\limits_{j=2}^{k-1}(j-2)\,|\,R_{j-1}\,|^2))$，它远少于产生所有频繁项集所花的时间。

由改进的 Apriori 算法和产生关联规则的算法合起来构成了完整的 Apriori 算法。

5.2.4 提高 Apriori 算法的有效性

在 Apriori 算法中，需要多遍扫描事务数据库，产生数量巨大的候选项集，支持度计数工作量十分繁重，这些都会影响算法的效率。下面介绍几种改进方法。

1. 基于 Hash 的技术

1）采用 Hash 表压缩候选项集集合 C_k

其主要思路是由 C_{k-1} 中的候选$(k-1)$-项集产生频繁$(k-1)$-项集 L_{k-1} 时，可以对每个事务产生所有的 k-项集 C_k。

【例 5.5】 对于表 5.1 所示的事务数据库，$C_1=\{\{i_1\},\{i_2\},\{i_3\},\{i_4\},\{i_5\}\}$，假设最小支持度阈值为 2。在产生 2-项集时，设计 2 个项的 Hash 函数：$H(i_a,i_b)=(a\times10+b)\bmod 7$，通过扫描 D 求 L_1。

对于 t_1：它有 3 个项，两两组合计算 Hash 值，并将相应哈希地址的计数增 1，$H(i_1,i_2)=5$，桶 5 计数增 1；$H(i_1,i_5)=1$，桶 1 计数增 1；$H(i_2,i_5)=4$，桶 4 计数增 1。

对于 t_2：它只有 2 个项，$H(i_2,i_4)=3$，桶 3 计数增 1。

依次扫描完所有的事务，得到表 5.2 所示的哈希表，即得到所有的 2-项集。

表 5.2 求 C_2 的哈希表

桶 地 址	0	1	2	3	4	5	6
计 数	2	2	4	2	2	4	4
内 容	$\{i_1,i_4\}$ (i_3,i_5)	$\{i_1,i_5\}$ (i_1,i_5)	$\{i_2,i_3\}$ (i_2,i_3) $\{i_2,i_3\}$ (i_2,i_3)	$\{i_2,i_4\}$ (i_2,i_4)	$\{i_2,i_5\}$ (i_2,i_5)	$\{i_1,i_2\}$ (i_1,i_2) $\{i_1,i_2\}$ (i_1,i_2)	$\{i_1,i_3\}$ (i_1,i_3) $\{i_1,i_3\}$ (i_1,i_3)

这里 min_sup=2，需要进一步扫描各桶中相同项的支持度计数，显然桶 0 中有两个不同的项集，且该桶的计数为 2，所以该桶中的所有项集不可能是频繁的，其余桶中所有的项集相同且计数均大于或等于 2，因此得到 $C_2=\{\{i_1,i_5\}:2,\ \{i_2,i_3\}:4,\ \{i_2,i_4\}:2,\ \{i_2,i_5\}:2,\ \{i_1,i_2\}:4,\ \{i_1,i_3\}:4\}$。

上述方法的缺点是，当 k 较大时，哈希函数和桶大小不易确定，而且空间消耗较大。

2）采用 Hash 树求候选项集 C_k 的支持度计数

当求出候选 k-项集集合 C_k 后，需要扫描事务数据库求 C_k 中各项集的支持度计数，枚举每个事务的所有 k-项集。为了避免项集的重复，在每个项集中的项有序排列时，先选取最小项，再选取次小项的迭代方法枚举 k-项集。

【例 5.6】 某事务为 $t=\{1,2,3,5,6\}$（为了简便，这里直接用项序号表示一个项），现要枚举它的所有 3-项集。枚举过程如下：先选取 3-项集第一项，可能是 1、2 或 3，不可能是 5、6。在第一项选定的基础上，在剩下的项中以同样的方法选取项集的第 2 项。以此类推，直到找出 3-项集，整个枚举求所有 3-项集的过程如图 5.8 所示。

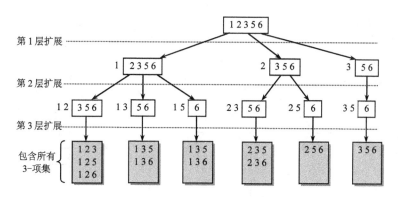

图 5.8　枚举事务 t 包含的所有 3-项集

下一步就是利用事务 t 包含的所有 k-项集与 C_k 中的候选项集进行比较，当匹配时将对应项集的支持度计数增 1，如果 C_k 很大，这个过程十分耗时。可以采用 C_k 构造一棵 Hash 树，以提高匹配效率。

例如，C_3={{1,4,5},{1,2,4},{4,5,7},{1,2,5},{4,5,8},{1,5,9},{1,3,6},{2,3,4},{5,6,7},{3,4,5},{3,5,6},{3,5,7},{6,8,9},{3,6,7},{3,6,8}}。设计 Hash 函数 $H(p)=p \bmod 3$ 来构造候选项集集合 C_3 的 Hash 函数。

其构造过程是：先构造一个根结点，扫描 C_3 中各项集，将所有第 1 项 Hash 值为 1 的项集组成一个结点（a 结点）并作为根结点的 1 分支结点，所有第 1 项 Hash 值为 2 的项集组成一个结点（b 结点）并作为根结点的 2 分支结点，所有第 1 项 Hash 值为 0 的项集组成一个结点（c 结点）并作为根结点的 0 分支结点，这样构造了 Hash 树的第 2 层结点，如图 5.9 所示。

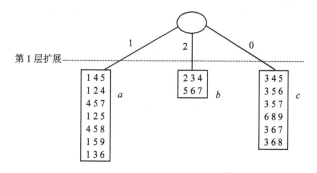

图 5.9　由项集的第 1 项产生的 Hash 树部分

然后对 a、b、c 结点采用相似方法继续构造子树即扩展结点，只是改为对第 2 项计算 Hash 值来构造第 3 层的结点；类似，通过对项集中第 3 项计算 Hash 值来构造第 4 层的叶子结点。在构造 Hash 树的过程中，如果某结点中所有项集的 Hash 函数值全部相同或者其中总项集个数小于或等于 3，则该结点中止扩展，变为叶子结点。

最后由 C_3 构造的 Hash 树如图 5.10 所示，所有候选项集都落在某个叶子结点中。

当 Hash 树构造好后，用事务 t 枚举的每个 k-项集匹配叶子结点中的候选 k-项集，如果匹配到某个候选 k-项集，则候选 k-项集的支持度计数增 1。

例如，对于 t 的 3-项集{3,5,6}，求第 1 项的 Hash 值，$H(3)=3 \bmod 3=0$，沿根结点的 0 分支找下去；未找到叶子结点，求第 2 项的 Hash 值，$H(5)=5 \bmod 3=2$，沿其 2 分支找下去，找到叶子结点，在其中找到{3,5,6}项集，将该项集的支持度计数增 1。

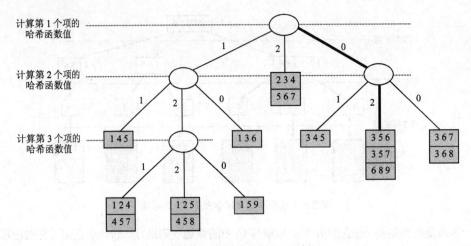

图 5.10 由 C_3 构造的 Hash 树

实际上，当 Hash 树构造好后，在处理事务 t 时，枚举和匹配的步骤可以合并同时进行。例如，对于 $t=\{1,2,3,5,6\}$，先枚举 3-项集中的第 1 项，分别为 1、2、3，根据第 1 项的 Hash 函数分别映射到 Hash 树第 2 层的各结点上。在剩下的项中继续选取 2-项集中第 2 项，映射到 Hash 树的第 3 层结点。以此类推，直到映射的结点为叶子结点，查看叶子结点中是否有与枚举 3-项集匹配的候选 3-项集，若有，则该候选 3-项集的计数增 1。如图 5.11 所示，其结果是将 $\{1,2,5\}$、$\{1,3,6\}$ 和 $\{3,5,6\}$ 项集的计数分别增 1。

可以看到，采用 Hash 树组织 C_k 后，使得扫描事务数据库 D 求各 C_k 中各项集的支持度计数的效率得到提高，从而提高了 Apriori 算法的效率。

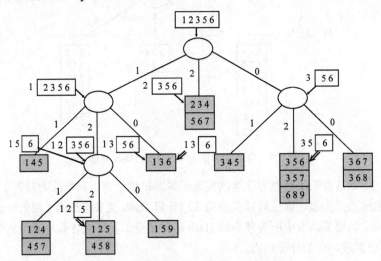

图 5.11 枚举和匹配的步骤合并同时进行

2. 事务压缩

在事务数据库 D 中，不包含任何 k-项集的事务不可能包含任何 $(k+1)$-项集。这样，这种事务在其后的考虑时，可以加上标记或删除。因为为产生 j-项集（$j>k$），扫描数据库时不再需要它们，从而达到事务压缩的目的，以提高 Apriori 算法效率。

3．划分方法

先将整个事务数据库 D 划分成 n 个非重叠部分 D_i（$1 \le i \le n$），设其最小支持度阈值 min_sup，其过程如下。

扫描一次数据库：计算每部分 D_i 的最小支持度阈值 min_sup$_i$，找出局部于 D_i 的频繁项集，结合局部频繁项集形成全局候选项集。

再扫描一次数据库：在全局候选项集中找出全局频繁项集。

其基本原理是，一个项集在 D 中是频繁的，它必须至少在 D 的一个划分中是频繁的。这实际上是一种剪枝思路。

这样只扫描数据库两次，从而提高了 Apriori 算法的效率。

4．选样计算频繁模式

选取给定事务数据库 D 的随机样本 S，通常 S 中的元组数远小于 D 中的元组数。然后在 S 而不是 D 中找频繁项集。这种方法牺牲一些精度换取了有效性。

5.2.5 非二元属性的关联规则挖掘

前面讨论的关联规则挖掘算法针对的是购物篮一类的数据，其特点是数据的属性都是二元属性，也就是说，对于事务 t_i，若包含 i_j 项，则为 true，否则为 false。现实数据集中的属性通常可以取离散化的多个值，甚至是连续值，无法直接利用上述算法挖掘关联规则。为此可以利用数据预处理方法，将它们转换为二元属性，再应用针对购物篮数据的关联规则挖掘算法。

例如，有一个笔记本计算机销售事务数据库如表 5.3 所示，其中"年龄"为连续属性，"文化程度"为离散化属性，"购买笔记本"为二元属性。

表 5.3　笔记本计算机销售事务数据库

TID	年　　龄	文化程度	购买笔记本
t_1	49	研究生	否
t_2	29	研究生	是
t_3	35	研究生	是
t_4	26	本科生	否
t_5	31	研究生	是

在数据预处理中，将"年龄"属性离散化，假设离散化后值域为{年龄 16～40，年龄 40 以上}；"文化程度"属性的值域为{研究生，本科生}，"购买笔记本"属性的值域为{是，否}。这样，所以值域中的取值作为一个属性，对应的属性值为"是"或"否"，从而都变为二元属性。如表 5.4 所示是采用这种方式转换后的笔记本计算机销售事务数据库。

表 5.4　转换后的笔记本计算机销售事务数据库

TID	年龄 16～40	年龄 40 以上	文化程度-研究生	文化程度-本科生	购买笔记本
t_1	否	是	是	否	否
t_2	是	否	是	否	是
t_3	是	否	是	否	是
t_4	是	否	否	是	否
t_5	是	否	是	否	是

显然这种转换方法与属性的离散化有关，当属性值域中取值过多，甚至构成概念分层时，会造成较大的麻烦。

5.3 频繁项集的紧凑表示

由于事务数据库产生的频繁项集个数可能非常多，因此从中识别可以推导出其他所有频繁项集的、较小的、具有代表性的项集是十分有用的。本节介绍两种具有代表性的项集，即最大频繁项集和闭频繁项集。

5.3.1 最大频繁项集

1．最大频繁项集的定义

前面介绍过超集和直接超集的概念，对于一个项集 l，在其中加入若干个不重复项构成的项集称为 l 的超集，如果只加入一个不重复项构成的项集称为 l 的直接超集。为了简单，假设所有项集中的项都是按序号或字典顺序排序的。

定义 5.9 如果一个频繁项集的所有直接超集都不是频繁项集，则该频繁项集称为最大频繁项集。

【例 5.7】 如图 5.12 所示，假设最大频繁项集集合为 $\{\{ad\},\{bcd\}\}$，由最大频繁项集 $\{ad\}$ 可以推导频繁项集 $\{a\}$、$\{d\}$ 和 $\{ad\}$，由 $\{bcd\}$ 可以推导 $\{b\}$、$\{c\}$、$\{d\}$、$\{bc\}$、$\{bd\}$、$\{cd\}$ 和 $\{bcd\}$。图中的虚线恰好表示频繁项集的边界，位于边界上方的每个项集都是频繁的，而位于边界下方的项集都是非频繁的。也就是说，由最大频繁项集集合为 $\{\{ad\},\{bcd\}\}$ 可以表示图中所有的频繁项集。

正是由于可以通过最大频繁项集集合推导所有频繁项集，所以最大频繁项集集合是频繁项集集合的紧凑表示。

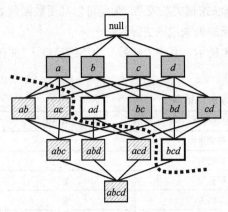

图 5.12 最大频繁项集

2．寻找最大频繁项集

从以上介绍可知，寻找最大频繁项集是非常有意义的。寻找最大频繁项集的基本搜索策略有广度优先搜索与深度优先搜索。

1）广度优先搜索

实际上 Apriori 算法就是采用宽度优先搜索频繁项集的，即先搜索第 1 层的频繁 1-项集，再搜索第 2 层的频繁 2-项集，直到没有频繁项集产生为止。这里改为根据最大频繁项集的定义搜索所有的最大频繁项集。

【例 5.8】 对于图 5.12，采用广度优先搜索最大频繁项集的过程如下。

先求出 $L_1=\{\{a\},\{b\},\{c\},\{d\}\}$。

搜索第 2 层，假设通过支持度计算求出 $\{ab\}$、$\{ac\}$ 不是频繁项集，而 $\{bc\}$、$\{bd\}$、$\{cd\}$ 是频繁项集。

搜索第 3 层，利用 Apriori 性质可知 $\{abc\}$、$\{abd\}$ 和 $\{acd\}$ 都不是频繁项集，则 $\{ad\}$ 的直接超集

都不是频繁项集,所以{ad}是一个最大频繁项集。通过支持度计算求出{bcd}是一个频繁项集。

搜索第 4 层,利用 Apriori 性质可知{abcd}不是频繁项集,则{bcd}的直接超集都不是频繁项集,所以{bcd}也是一个最大频繁项集。

上述广度优先搜索最大频繁项集的过程如图 5.13 所示。

2)深度优先搜索

深度优先搜索的过程是,如果搜索到第 i 层的一个频繁项集,则扩展该频繁项集,得到第 $i+1$ 层的候选项集,如果又搜索到第 $i+1$ 层的一个频繁项集,再扩展该频繁项集,得到第 $i+2$ 层的候选项集,依次类推,当没有频繁项集产生时就回溯,直到没有频繁项集产生也没有回溯为止。在搜索过程中同样根据最大频繁项集的定义来判断一个频繁项集是否为最大频繁项集。

【例 5.9】 对于图 5.12,采用深度优先搜索最大频繁项集的过程如下。

先求出 L_1={{a},{b},{c},{d}}。

假设通过支持度计算依次求出{a}是频繁项集和{ab}不是频繁项集,则{ab}结点不需要扩展,可以断言{abc}、{abd}、{abcd}都不是频繁的。

回溯到{ac},假设通过支持度计算求出{ac}不是频繁项集,则{ac}结点不需要扩展,可以断言{acd}不是频繁的。

回溯到{ad},假设通过支持度计算求出{ad}是频繁项集,则由于它的所有直接超集都不是频繁的,所以它是一个最大频繁项集。

回溯到{b},通过支持度计算依次求出{b}、{bc}、{bcd}都是频繁项集。由于{bcd}的所有直接超集都不是频繁的,所以它是一个最大频繁项集。由于{bc}频繁项集,其子集{c}也是频繁项集,由于{bcd}都是频繁项集,其子集{bd}也是频繁项集,同理推出{d}也是频繁项集。整个过程结束。

上述深度优先搜索最大频繁项集的过程如图 5.14 所示。

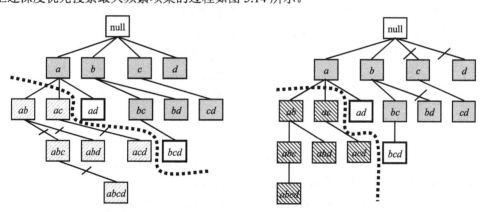

图 5.13 广度优先搜索过程　　　　图 5.14 深度优先搜索过程

从两个搜索策略可以看出,深度优先搜索策略可以更快地检测到频繁项集边界,可以更好地用于寻找最大频繁项集。

5.3.2 频繁闭项集

虽然最大频繁项集集合是频繁项集集合的紧凑表示,由最大频繁项集可以推导出所有频繁项集,但最大频繁项集却不包含它们子集的支持度信息,也就是说不能由最大频繁项集推导出其子集的支持度计数。因此需要再扫描一遍事务数据库,来确定那些非最大的频繁项集的支持度计数。这就导出了频繁闭项集的概念。

定义 5.10　如果一个项集的所有直接超集的支持计数都不等于该项集的支持计数，则该项集称为闭项集。注意，一个闭项集不一定是频繁的。

定义 5.11　如果一个项集是频繁项集并且是闭项集，则该项集称为频繁闭项集。

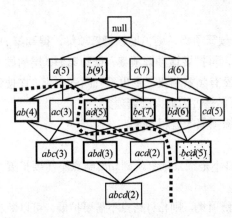

如图 5.15 所示，图中每个项集后的数字表示它的支持度计数，假设最小支持度阈值为 5，则{*a*}、{*b*}、{*c*}、{*d*}、{*ad*}、{*bc*}、{*bd*}、{*cd*}和{*bcd*}都是频繁项集。{*b*}是闭项集，因为它的所有直接超集{*ab*}、{*bc*}、{*bd*}的支持计数分别是 4、7、6，都不等于它的支持计数 9。同理推出{*ad*}、{*bc*}、{*bd*}和{*bcd*}也是频繁闭项集。

对于频繁项集 *l* 及其所有直接超集 $li=l \cup \{i\}$（$i \in I$），如果 *l* 是最大频繁项集，则 *l* 是频繁闭项集。

只需证明 *l* 是闭项集，其证明过程：*l* 是频繁项集，则 $l.\text{sup\_count} \geqslant \min\_\text{sup}$；*l* 是最大频繁项集，其任何直接超集 *li* 都不是频繁项集，则 $li.\text{sup\_count} < \min\_\text{sup}$，两式结合有 $l.\text{sup\_count} \neq li.\text{sup\_count}$。也就是说 *l* 的所有直接超集的支持度计数都不等于 *l* 的支持度计数，所以 *l* 是闭项集。

图 5.15　闭项集和频繁闭项集

因此，最大频繁项集是频繁闭项集的子集，所以由频繁闭项集同样可以推导所有频繁项集。实际上，频繁项集、频繁闭项集与最大频繁项集之间的关系是：

最大频繁项集 ⊂ 频繁闭项集 ⊂ 频繁项集

对于频繁非闭项集 *l*，其支持度计数等于所有直接超集支持度计数的最大值。

其证明过程如下。对于频繁项集 *l* 及其所有直接超集 $li=l \cup \{i\}$（$i \in I$）。显然有：

对于任意项 *i*，　　　　　　　　$l.\text{sup\_count} \geqslant li.\text{sup\_count}$

由于 *l* 不是闭项集，也就是说，至少存在一个它的直接超集 *lj*，有：

$$l.\text{sup\_count} \leqslant lj.\text{sup\_count}$$

结合两式，$l.\text{sup\_count}=lj.\text{sup\_count}$，这个 *lj* 一定是 *l* 的所有直接超集中支持度计数最大的项集之一，所以：

$$l.\text{sup\_count}=\underset{i \in I}{\text{MAX}}\{li.\text{sup\_count}\}$$

这样，可以通过频繁闭项集的支持计数确定其他频繁非闭项集的支持计数。在图 5.15 中，{*c*}是频繁非闭项集，它的支持度计数=MAX{3(*ac*),7(*bc*),5(*cd*)}=7。

下面给出通过频繁闭项集的支持度计数计算其他频繁非闭项集的支持度计数的算法。

输入：频繁闭项集集合 *CL*（含各项集的计数）。

输出：频繁项集集合 *L*（含各项集的计数）。

方法：其过程描述如下。

$k_{max}=\underset{l \in CL}{\text{MAX}}\{|l|\};$	//求频繁闭项集的最大长度
$CL_{k_{\max}}=\{l \mid l \in CL,\ |l|=k_{max}\}$	//求出最长频繁闭项集
$L=L_{k_{\max}}=CL_{k_{\max}};$	//最长频繁闭项集也是最长频繁项集
for $(k=k_{max}-1;k \geqslant 1;k--)$	//找出所有频繁项集
$\{\quad TL_k=\{\ l \mid f \in CL_{k+1},\ l \subset f,\ |l|=k\}$	//找出由频繁闭($k+1$)-项集推导出的频繁 k-项集
$CL_k=\{\ l \mid l \in CL,\ |l|=k\}$	//找出频繁闭 k-项集

$$
\begin{aligned}
&\text{for } (TL_k \text{中每个项集 } l) \qquad\qquad\qquad //\text{计算频繁非闭 } k\text{-项集的支持度计数}\\
&\{\quad l.\text{sup\_count}= \underset{li \in L_{k+1}}{\text{MAX}}\{li.\text{sup\_}count\}\\
&\qquad L_k=L_k \cup l;\\
&\}\\
&\quad L_k=L_k \cup CL_k;\\
&\}\\
&\text{return } L=\cup_k L_k;
\end{aligned}
$$

从上述算法可知，给定频繁闭项集集合（含各项集的计数），便可以求所有的频繁项集（含各项集的计数）。

【例 5.10】 如图 5.16 所示的频繁闭项集和频繁项集，如果最小支持计数阈值是 5，已知 $CL=\{\{b\}{:}9,\{ad\}{:}5,\{bc\}{:}7,\{bd\}{:}6,\{bcd\}{:}5\}$ 是频繁闭项集。求所有其他频繁项集的支持计数。

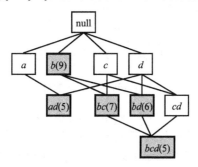

图 5.16　频繁闭项集和频繁项集

其求解过程如下。

① $L_3 = CL_3 = \{\{bcd\}\}$
② $TL_2 = \{\{bc\},\ \{bd\},\ \{cd\}\}$ //由 L_3 的 $\{bcd\}$ 项集产生的频繁 2-项集
 $CL_2 = \{\{ad\},\ \{bc\},\ \{bd\}\}$ //由已知 CL 中的频繁 2-项集构成
 $\{cd\}.\text{sup\_count} = \{bcd\}.\text{sup\_count}=5$ //取所有直接超集支持度计数的最大值
 $L_2 = CL_2 \cup \{cd\}=\{\{ad\},\ \{bc\},\ \{bd\},\ \{cd\}\}$
③ $TL_1 = \{\{a\},\ \{b\},\ \{c\},\ \{d\}\}$ //由 L_2 的所有项集产生的频繁 1-项集
 $CL_1 = \{\{b\}\}$ //由已知 CL 中的频繁 1-项集构成
 $\{a\}.\text{sup\_count} = \{ad\}.\text{sup\_count} = 5$ //取所有直接超集支持度计数的最大值
 $\{c\}.\text{sup\_count} = \{bc\}.\text{sup\_count} = 7$ //取所有直接超集支持度计数的最大值
 $\{d\}.\text{sup\_count} = \{bd\}.\text{sup\_count} = 6$ //取所有直接超集支持度计数的最大值
 $L_1 = \{\{a\},\ \{b\},\ \{c\},\ \{d\}\}$

所有频繁项集 $L=L_1 \cup L_2 \cup L_3$（含各项集的计数）。

5.4　FP-growth 算法

2000 年，Jiawei Han 等提出了一个称为 FP-growth 的算法。这个算法只进行 2 次数据库扫描。它不使用候选集，直接压缩数据库成为一个频繁模式树，最后通过这棵树生成关联规则。本节介绍该算法的设计思路。

5.4.1　FP-growth 算法框架

FP-growth 算法采用一种称为 FP 树（Frequent Pattern Tree）的结构表示事务数据库中项集的关联，并在 FP 树上递归地找出所有频繁项集。FP-growth 算法的基本思路如下。

（1）扫描一次事务数据库，找出频繁 1-项集合，记为 L，并把它们按支持度计数的降序进行排列。

（2）基于 L，再扫描一次事务数据库，构造表示事务数据库中项集关联的 FP 树。

（3）在 FP 树上递归地找出所有频繁项集。

（4）最后在所有频繁项集中产生强关联规则。

FP-growth 算法的框架如下。

输入：事务数据库 D，最小支持度阈值 min_sup，最小置信度阈值 min_conf

输出：强关联规则集合 RS

方法：其过程描述如下。

```
扫描 D 找出频繁 1-项集合 L;
L 中的项按支持度计数递减排序;
创建 FP 树的根结点 null;                    //创建 FP 树
for (D 中的每个事务 t)
{    找出 t 中的频繁 1-项集合 tt（即删除 t 中非频繁项得到 tt）;
     将 tt 中的项按 L 中的顺序排序;
     Insert-FP(tt, null);                   //创建事务 tt 的分支
}
LS=Search-FP(FP, null)                       //找出所有频繁项集
采用前面介绍的产生关联规则算法由 LS 产生强关联规则集合 RS;
```

该算法的最大特点是不需要产生候选项集，大大提高了挖掘效率。

5.4.2 FP 树构造

FP 树是事务集合中项集关联的压缩表示，其构造方法如下。

（1）扫描一次事务数据库，找出频繁 1-项集合 L，并按支持度计数降序排序 L 中的频繁项。

（2）创建 FP 树的根结点，用"null"标记。

（3）再扫描一次事务集合，对每个事务找出其中的频繁项并按 L 中的顺序排序，为每个事务创建一个分支，事务分支路径上的结点就是该事务中的已排序频繁项。对于各个事务分支，如果可以共享路径则必须共享，并且在各个结点上记录共享事务数目；若不能共享路径则需要建立相应的子结点。

为了方便遍历 FP 树，为 FP 树创建一个项头表，项头表中每一行表示一个 1-频繁项，并有一个指针指向它在 FP 树中的结点，FP 树中所有相同频繁项的结点通过指针连成一个链表。从 FP 树可以看出，包含某个 1-频繁项的所有可能的频繁项集可以通过这个链表搜索到。

【例 5.11】 一个如表 5.5 所示的事务数据库，假设最小支持度阈值为 2。构建 FP 树的过程如下。

先求出其频繁 1-项集合 L 并按支持度计数递减排列，如图 5.17 所示。

在建立 FP 树时，要扫描事务数据库中的每个事务，并要求其中的所有项按 L 中项的顺序排列，并删除其中非频繁的项，对于表 5.5 所示的事务数据库，这样处理后的结果如表 5.6 所示。其中 i_6 是非频繁项，将其从事务 3 中删除。

表 5.5 一个事务数据库

TID	项　　集
1	i_1, i_2, i_5
2	i_2, i_4
3	i_2, i_3, i_6

TID	项　　集
4	i_1, i_2, i_4
5	i_1, i_3
6	i_2, i_3
7	i_1, i_3
8	i_1, i_2, i_3, i_5
9	i_1, i_2, i_3

项集	计数
$\{i_1\}$	6
$\{i_2\}$	7
$\{i_3\}$	6
$\{i_4\}$	2
$\{i_5\}$	2
$\{i_6\}$	1

求频繁项集 →

项集	计数
$\{i_1\}$	6
$\{i_2\}$	7
$\{i_3\}$	6
$\{i_4\}$	2
$\{i_5\}$	2

按计数递减排序 →

项集	计数
$\{i_2\}$	7
$\{i_1\}$	6
$\{i_3\}$	6
$\{i_4\}$	2
$\{i_5\}$	2

图 5.17　求出频繁 1-项集合 L 并按支持度计数递减排列

表 5.6　按各项计数递减处理并删除非频繁项后的事务数据库

TID	项　　集
1	i_2, i_1, i_5
2	i_2, i_4
3	i_2, i_3
4	i_2, i_1, i_4
5	i_1, i_3
6	i_2, i_3
7	i_1, i_3
8	i_2, i_1, i_3, i_5
9	i_2, i_1, i_3

下面开始构建 FP 树，先建立 null 根结点。

扫描事务 1，该事务为 $\{i_2,i_1,i_5\}$，处理 i_2 项，此时 null 结点没有任何孩子结点，构建 i_2 结点作为 null 的一个孩子结点，其计数为 1；处理 i_1 项，此时 i_2 结点没有任何孩子结点，构建 i_1 结点作为 i_2 的一个孩子结点，其计数为 1；处理 i_5 项，此时 i_1 结点没有任何孩子结点，构建 i_5 结点作为 i_1 的一个孩子结点，其计数为 1。每个结点都从 L 中引出一个指针指向相应的 FP 树中结点。扫描事务 1 构造的 FP 树如图 5.18 所示。

扫描事务 2，该事务为 $\{i_2,i_4\}$，处理 i_2 项，从 null 结点开始，此时 null 结点有一个 i_2 结点，只需要将其计数增 1，变为 2；处理 i_4 项，此时 i_2 结点没有 i_4 的结点，构建 i_4 结点作为 i_2 的另一个孩子结点，其计数为 1。扫描事务 1 构造的 FP 树如图 5.19 所示。

依此类推，扫描完全部事务后构造的 FP 树如图 5.20 所示。从中看到，项头表中每个频繁项通过指针将 FP 树中所有对应的结点连起来，例如，频繁项 $\{i_2\}$ 对应的链表只有 1 个结点，频繁项 $\{i_1\}$

对应的链表有 2 个结点，即 $\{i_1\}\rightarrow(i_1,4)\rightarrow(i_1,2)$。

项头表		
项集	计数	指针
$\{i_2\}$	7	
$\{i_1\}$	6	
$\{i_3\}$	6	
$\{i_4\}$	2	
$\{i_5\}$	2	

图 5.18　扫描事务 1 生成的 FP 树

项头表		
项集	计数	指针
$\{i_2\}$	7	
$\{i_1\}$	6	
$\{i_3\}$	6	
$\{i_4\}$	2	
$\{i_5\}$	2	

图 5.19　扫描事务 2 生成的 FP 树

FP 树由一个项头表、null 根结点及其若干项前缀子树组成，项前缀子树中每个结点包含项名、计数和结点指针，其中计数表示到达该结点的路径部分经历的事务个数，指针指向下一个同名项的结点。FP 树是一个压缩的数据结构，它用较少的空间存储了后面频繁项集挖掘所需要的全部信息。因为在 a_1 前缀子树的一条路径 $a_1\rightarrow a_2\rightarrow\cdots\rightarrow a_n$ 中，存放了其最大频繁项集为 $a_1\rightarrow a_2\rightarrow\cdots\rightarrow a_k$（$1\leqslant k\leqslant n$）的所有事务，所以 FP 树远小于事务数据库且存放了所有的频繁项集。

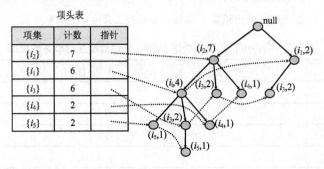

图 5.20　最终生成的 FP 树

构造 FP 树的算法如下。

算法：Insert-FP 算法(*tt*,root) 。

输入：已排序频繁 1-项集合 L，FP（子）树的根结点 root。

输出：FP 树。

方法：其描述如下。

```
if (tt 不空)
{    取出 tt 中的第 1 个项 i;
     if (root 的某个子结点 Node 是 i)
         Node.sup_count=Node.sup_count+1;
     else
     {    创建 Tr 的子结点 Node 为 i;
          Node.sup_count=1;
          将 Node 加入项表链中;
     }
     从 L 中删除项 i;
     Insert-FP(L, Node);
}
```

5.4.3 由 FP 树产生频繁项集

由 FP 树产生频繁项集的过程是：由每个长度为 1 的频繁模式（初始后缀模式）开始，构造它的条件模式基，条件模式基由 FP 树中与后缀模式一起出现的前缀路径集组成。然后构造它的（条件）FP 树，并递归地在该树上进行挖掘。

这里的一个模式就是一个项集，如 FP 树中一条从上向下的路径构成模式$\{i_1,i_2,i_3\}$，$\{i_3\}$称为它的后缀模式，对于后缀模式α，$\{i_2\}\cup\alpha$称为增长后缀模式。$\{i_1,i_2\}$称为 i_3 的前缀路径。

【例 5.12】 对于图 5.20 所示的 FP 树，其产生所有频繁项集的过程如下。

从项头表的最后一项 i_5 到最开头项 i_2 的方向（按支持度计数从小到大的方向）进行。

首先从项头表的 i_5 开始，其过程是：① 通过 i_5 项的指针找到 FP 树中所有 i_5 的结点，它们出现在两个分支中，这些分支形成的路径是$<i_2{:}7,i_1{:}4,i_5{:}1>$和$<i_2{:}7,i_1{:}4,i_3{:}2,i_5{:}1>$（不考虑根结点 null）；② 各分支上结点的计数取该分支最后 i_5 结点的计数，得到简化路径为$<i_2,i_1,i_5>{:}1$ 和$<i_2,i_1,i_3,i_5>{:}1$；③ 除去 i_5 结点，对应的前缀路径分别为$<i_2,i_1>{:}1$ 和$<i_2,i_1,i_3>{:}1$，形成 i_5 的条件模式基；④ 除去条件模式基中的项 i_3，因为它的支持度计数为 1，小于 min_sup，得到 i_5 的条件 FP 树，它是单个路径，将该路径中结点的每个组合加上 i_5 项构成一个频繁项集，其支持度计数为对应组合中结点的最小支持度计数。所以从 i_5 产生的频繁项集为：$\{i_1,i_5\}{:}2$，$\{i_2,i_5\}{:}2$，$\{i_2,i_1,i_5\}{:}2$。上述过程如图 5.21 所示。

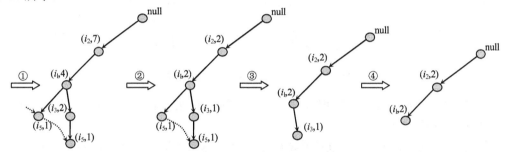

图 5.21 从 i_5 开始挖掘频繁项集的过程

考虑项头表中 i_4 的情况，其过程如图 5.22 所示，与 i_5 的过程类似。产生的条件模式基为$\{i_2,i_1\}{:}1$，$\{i_2\}{:}1$，条件 FP 树$<i_2{:}2>$。所以从 i_4 产生的频繁项集为：$\{i_2,i_4\}{:}2$。

考虑项头表中 i_3 的情况，其过程是：① 通过 i_3 项的指针找到 FP 树中所有 i_3 的结点，它们出现在 3 个分支中；②这些分支形成的路径是$<i_2{:}7,i_1{:}4,i_3{:}2>$、$<i_2{:}7,i_3{:}2>$和$<i_1{:}2,i_3{:}2>$；③ 各分支上结点的计数取该分支最后 i_3 结点的计数，得到简化路径为$<i_2,i_1,i_3>{:}2$、$<i_2,i_3>{:}2$ 和$<i_1,i_3>{:}2$；④ 除去 i_3 结点，对应的前缀路径分别为$\{i_2,i_1\}{:}2$，$\{i_2\}{:}2$，$\{i_1\}{:}2$，称之为 i_3 的条件模式基（即在存在 i_3 条件下的子模式基），其中所有项均大于或等于 min_sup，所以直接得到 i_3 的两棵条件 FP 树$<i_4{:}4,i_1{:}2>$和$<i_1{:}2>$。上述过程如图 5.23 所示。

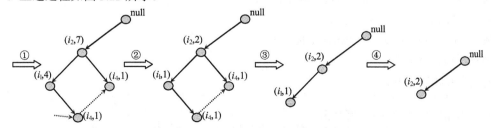

图 5.22 从 i_4 开始挖掘频繁项集的过程

对于$<i_4:4, i_1:2>$的条件 FP 树，它是单个路径的，采用相似的递归方法进行挖掘，产生的频繁项集为$\{i_1, i_3\}:2$，$\{i_2, i_3\}:4$，$\{i_2, i_1, i_3\}:2$。

对于$<i_1:2>$的条件 FP 树，它也是单个路径的，采用相似的递归方法进行挖掘，产生的频繁项集为$\{i_1, i_3\}:2$。

两者合起来，得出从i_3产生的频繁项集为：$\{i_2, i_3\}:4$，$\{i_1, i_3\}:4$，$\{i_2, i_1, i_3\}:2$。

注意：尽管i_3结点的下方有i_5结点，因为涉及i_5的频繁项集已经在前面考虑i_5时求出了，所以这时不再需要考虑它。在 FP 树中越频繁的项越接近 FP 树的上方且是共享的，这就是为什么先从项头表的后端开始处理的原因。

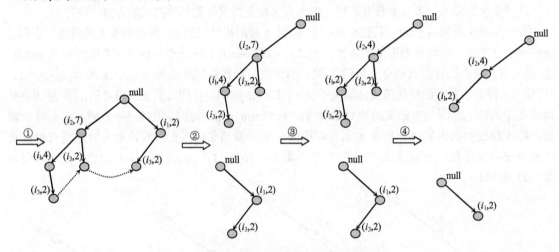

图 5.23　从i_5开始挖掘频繁项集的过程

考虑项头表中i_1的情况与前面相似。考虑项头表中i_2时，它只有一个分支，且条件 FP 树为空，所以不产生任何频繁项集。

归纳起来，挖掘 FP 树产生的频繁项集如表 5.7 所示（其中每个频繁项集按项的支持度计数递减排列）。

表 5.7　挖掘 FP 树产生的频繁项集

项	条件模式基	条件 FP 树	产生的频繁项集
i_5	$\{i_2, i_1\}:1$，$\{i_2, i_1, i_3\}:1$	$<i_2:2, i_1:2>$	$\{i_2, i_5\}:2$，$\{i_1, i_5\}:2$，$\{i_2, i_1, i_5\}:2$
i_4	$\{i_2, i_1\}:1$，$\{i_2\}:1$	$<i_2:2>$	$\{i_2, i_4\}:2$
i_3	$\{i_2, i_1\}:2$，$\{i_2\}:2$，$\{i_1\}:2$	$<i_2:4, i_1:2>$，$<i_1:2>$	$\{i_2, i_3\}:4$，$\{i_1, i_3\}:4$，$\{i_2, i_1, i_3\}:2$
i_1	$\{i_2\}:4$	$<i_2:4>$	$\{i_2, i_1\}:4$

由（条件）FP 树产生频繁项集的算法如下。

算法： Search-FP 算法(T, α)。

输入：（条件）FP 树T，初始后缀模式α。

输出： 频繁项集集合LS。

方法： 其描述如下。

```
if  (T中只有一个分支 P)
{    for (P 上的结点的每个组合 β)
      {    γ=β∪α;，其支持度计数=β中结点的最小支持度计数;   //产生频繁项集 γ
```

```
                    LS= LS ∪ {γ};
             }
      }
      else
      {      for (对 T 的项头表从表尾到表头的每一个表项 aᵢ)
             {      γ={aᵢ} ∪ α; 其支持度计数=aᵢ.sup_count;              //增长后缀模式
                    构造 γ 的条件模式基，然后构造 γ 的条件 FP 树 Tγ;
                    if (Tγ≠∅) Search-FP(Tγ, γ);
             }
      }
```

FP 增长方法将发现长频繁模式的问题转换成递归地发现一些短模式，然后连接后缀。它使用最不频繁的项作为后缀，提供了好的选择性。该方法大大降低了搜索频繁项集的时间开销。

5.5   多层关联规则的挖掘

在实际应用中，在最低层或原始层的数据项之间，可能很难找出强关联规则。在多个概念层的项之间找感兴趣的关联比仅在原始层数据之间更容易，在较高的概念层发现的强关联规则可提供普遍意义的知识。因此，需要挖掘多层次的关联规则。本节介绍多层关联规则的挖掘方法。

5.5.1   多层关联规则的挖掘概述

与传统单层关联规则挖掘一样，多层关联规则挖掘也会产生海量关联规则信息，但同样也需要解决以下两个基本问题。

● 如何提高效率，快速无损地找到所有的频繁项集。

● 如何最大限度地去除冗余，产生感兴趣的关联规则。

1．多层关联规则

根据规则中涉及的层次，多层关联规则可分为同层次关联规则和层间关联规则。

1）同层次关联规则

如果一个关联规则对应项是同一粒度层次，那么它是同层次关联规则。例如，若"电视机"和"手机"在商品维中属同一层次，则"电视机→手机"就是同层次的关联规则。

2）层间关联规则

如果在不同的粒度层次上考虑问题，那么可能得到的是层间关联规则。例如，若"海尔电冰箱"和"手机"在商品维中属不同层次，则"海尔电冰箱→手机"就是层间关联规则。

2．设置支持度的策略

多层次关联规则挖掘的度量方法可以采用支持度和置信度的方法。不过多层次关联规则挖掘有两种基本设置支持度的策略。

1）统一的最小支持度

在每一层挖掘时使用相同的最小支持度阈值。这种方法实现容易，而且很容易支持层间的关联规则生成。

但是弊端也是显然的：较低层次抽象的项不大可能像较高层次抽象的项出现得那么频繁。如果最小支持度阈值设置太高，可能会丢掉出现在较低抽象层中有意义的关联规则。例如，如图 5.24

所示，将各层的 min_sup 设置为 5%，发现"计算机"和"笔记本计算机"是频繁的，而"台式计算机"却不是。如果最小支持度阈值设置太低，可能会出现在较高抽象层的无兴趣的关联规则。

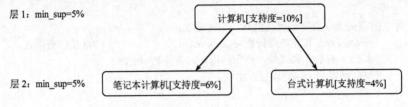

层 1：min_sup=5%　　　　　　　计算机[支持度=10%]

层 2：min_sup=5%　　笔记本计算机[支持度=6%]　　　台式计算机[支持度=4%]

图 5.24　使用统一的最小支持度阈值

2）不同层次使用不同的最小支持度

每个层次都有自己的最小支持度。较低层次的最小支持度相对较小，而较高层次的最小支持度相对较大，例如，在图 5.24 中，将层 1 的 min_sup 设置为 5%，而将层 2 的 min_sup 设置为 4%。

这种方法增加了挖掘的灵活性，但也存在一些问题。首先，不同层次间的支持度应该有所关联，只有正确地刻画这种联系或找到转换方法，才能使生成的关联规则相对客观。其次，由于具有不同的支持度，层间的关联规则挖掘也是必须解决的问题。例如，有人提出层间关联规则应该根据较低层次的最小支持度来定。

3. 检查冗余的同层关联规则

在同层的关联规则中，检查冗余规则的基本方法如下。

（1）若有两个或两个以上有相同后件的有意义的关联规则，分别是：

R_1：X_{i1} and ⋯ and X_{j1} → Y，置信度为 c_1

R_2：X_{i2} and ⋯ and X_{j2} → Y，置信度为 c_2

⋯⋯

R_m：X_{im} and ⋯ and X_{jm} → Y，置信度为 c_m

规定一个阈值 φ，若规则 R_a 的前件属于 R_b 的前件，且 $|c_a-c_b| \leqslant \varphi$，则认为规则 R_b 是冗余的。

例如，若有规则 R_1：i_1 and i_2 → i_4，其置信度为 80%，R_2：i_1 and i_2 and i_3 → i_4，其置信度为 82%，阈值 φ=5%，则规则 R_2 是冗余的。

（2）若有两个或两个以上有相同前件的有意义的关联规则，分别是：

R_1：X → Y_{i1} and ⋯ and Y_{j1}，置信度为 c_1

R_2：X → Y_{i2} and ⋯ and Y_{j2}，置信度为 c_2

⋯⋯

R_m：X → Y_{im} and ⋯ and Y_{jm}，置信度为 c_m

规定一个阈值 φ，若规则 R_a 的后件属于 R_b 的后件，且 $|c_a-c_b| \leqslant \varphi$，则认为规则 R_a 是冗余的。

例如，若有规则 R_1：i_1 → i_2 and i_3，其置信度为 80%，R_2：i_1 → i_2 and i_3 and i_4，其置信度为 78%，阈值 φ=5%，则规则 R_1 是冗余的。

（3）若有两个有意义的关联规则，分别是：

R_1：X_1 → Y_1，置信度为 c_1

R_2：X_2 → Y_2，置信度为 c_2

若 R_1 的前件属于 R_2 的前件，R_2 的后件属于 R_1 的后件。规定一个阈值 φ，若有 $|c_1-c_2| \leqslant \varphi$，则认为规则 R_2 是冗余的。

例如，若有规则 R_1：i_1 → i_3 and i_4 and i_5，其置信度为 80%，R_2：i_1 and i_2 → i_3 and i_4，其置信

度为78%，阈值 φ=5%，则规则 R_2 是冗余的。

4．检查冗余的多层关联规则

在挖掘多层关联规则时，项之间可能存在"祖先"关系，有些发现的关联规则将是冗余的，例如，以下两条关联规则中，"计算机"是"台式计算机"的祖先。

规则1：计算机 → 打印机 [支持度=8%，置信度=70%]

规则2：台式计算机 → 打印机 [支持度=2%，置信度=72%]

如果规则 R_1 是 R_2 的祖先，指的是将 R_2 中的项用它的概念分层中的祖先替换，能够得到 R_1。对于上例，规则1是规则2的祖先。

一个规则被认为是冗余的，如果根据祖先规则，它的支持度和置信度都接近于"期望"值。可以通过删除冗余规则来减少规则冗余。

例如，规则1有70%的置信度和8%支持度，若销售的"计算机"中约有25%是"台式计算机"，则期望规则2有70%的置信度（因为所有"台式计算机"样本也是"计算机"样本）和25%×8%=2%的支持度，而规则2确实如此，因为它不提供其他有用的信息，而且它的一般性不如规则1，所以将它作为冗余规则予以删除。

5.5.2　多层关联规则的挖掘算法

跨层关联规则最早是由 R.Srikant 和 R.Agrawal 在1995年提出的，他们在分析了具有分类特性数据的基础上，指出不同层也可能存在人们感兴趣的关联规则，并提出了一个多层关联规则挖掘算法，即 Cumulate 算法。本节介绍由 Jiawei Han 等人于1999年提出的一个挖掘多层关联规则挖掘的 ML_T2L1 算法。

1．分层数据项的编码

对于具有概念分层的数据项，采用简单的层次编码方式，这是因为挖掘项之间是相关的，通过层次编码很容易反映这种层次关系。如图 5.25 所示是关于食品维的概念分层，其中叶子结点表示实际的商品，采用层次编码后，品牌 A 的 2%牛奶的编号为 111，依此类推，对每个数据项进行相应的编码。

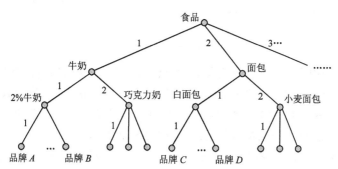

图 5.25　相关数据项的分层及其编码

如表 5.8 所示是一个食品购买事务数据库，其中的商品项均采用层次编码标识，将其称为 T[1]，表示是层1的事务数据库。

表 5.8　编码后的事务数据库 $T[1]$

TID	项　　集
1	{111,121,211,221}
2	{111,211,222,323}
3	{112,122,221,411}
4	{111,121}
5	{111,122,211,221,413}
6	{211,323,524}
7	{323,411,524,713}

2. 多层挖掘产生频繁项集的过程

以表 5.8 为例，所有项均为 3 层，即 $l=3$。假设层 1 的最小支持度阈值 min_sup[1]=4，层 2 的最小支持度阈值 min_sup[2]=3，层 3 的最小支持度阈值 min_sup[3]=3。各层求频繁项集的过程如下。

（1）可以通过扫描 $T[1]$ 得到层 1 的频繁 1-项集集合 $L[1,1]$，其过程与 Apriori 算法相似，每个生成的项用 1**、…、4** 表示（一个 "*" 表示一个任意的层编码），并计算出它们的支持度计数，然后从 $T[1]$ 删除相匹配的非频繁项，称之为过滤 $T[1]$，并得到 $T[2]$。如 3**、4**、5** 和 7** 都是非频繁项，即 $T[1]$ 中所有以 3、4、5、7 开头的项。然后在 $T[2]$ 中挖掘出频繁 2-项集集合 $L[1,2]$。如图 5.26 所示。

层 1：min_sup=4

层 1 的频繁 1-项集 $L[1,1]$

项集	计数
{1**}	5
{2**}	5

层 1 的频繁 2-项集 $L[1,2]$

项集	计数
{1**, 2**}	4

过滤后的事务数据库：$T[2]$

TID	项集
1	{111,121,211,221}
2	{111,211,222}
3	{112,122,221}
4	{111,121}
5	{111,122,211,221}
6	{211}

图 5.26　求层 1 的频繁项并过滤 $T[1]$ 得到 $T[2]$

（2）将层 1 的频繁项集作为层 2 候选项集，也就是说，$L[1,1]$ 中的项集作为层 2 的候选 1-项集，将 $L[1,1]$ 中的各项组合产生候选 2-项集，通过扫描 $T[2]$，求各项集的支持度计数并删除非频繁项集得到层 2 的频繁 1-项集集合 $L[2,1]$；类似，从 $L[2,1]$ 和 $T[2]$ 得到层 2 的频繁 2-项集集合 $L[2,2]$，从 $L[2,2]$ 和 $T[2]$ 得到层 2 的频繁 3-项集集合 $L[2,3]$。如图 5.27 所示。

（3）最后采用相同的方法从得到层 3 的频繁 1-项集集合 $L[3,1]$、频繁 2-项集集合 $L[3,2]$ 和频繁 3-项集集合 $L[3,3]$，其结果如图 5.28 所示，其中 $L[3,3]$ 为空。此时由于挖掘层次到达了 l，过程终止。

3. 多层挖掘算法 ML_T2L1

由前面的挖掘多层频繁项集的过程构成的 ML_T2L1 算法如下。

层 2：min_sup=3

层 2 的频繁 1-项集 $L[2,1]$

项集	计数
{11*}	5
{12*}	4
{21*}	4
{22*}	4

层 2 的频繁 2-项集 $L[2,2]$

项集	计数
{11*,12*}	4
{11*,21*}	3
{11*,22*}	4
{12*,22*}	3
{21*,22*}	3

层 2 的频繁 3-项集 $L[2,3]$

项集	计数
{11*,12*,22*}	3
{11*,21*,22*}	3

图 5.27 求层 2 的频繁项

层 3：min_sup=3

层 3 的频繁 1-项集 $L[3,1]$

项集	计数
{111}	4
{211}	4
{221}	3

层 3 的频繁 2-项集 $L[3,2]$

项集	计数
{111,211}	3

图 5.28 求层 3 的频繁项

输入：$T[1]$，一个分层编码的事务数据库；min_sup[l]，每层 l 的最小支持度阈值。

输出：多层频繁项集集合 LL。

方法：其描述如下。

```
for (l=1;L[l,1]≠∅ and l<max_level;l++)
{    if (l==1)
     {    L[l,1]=get_frequent_1_itemsets(T[1],l);
          T[2]=get_filtered_table(T[1],L[1,1]);
     }
     else L[l,1]= get_frequent_1_itemsets(T[2],l);
     for (k=2;L[l,k-1]≠∅ ;k++)
     {    Ck=apriori_gen(L[l,k-1]);
          for (T[2]中的每个事务 t)
          {    for (t 中每个 k-项集 c);
                     if (c∈Ck) c.sup_count++;
          }
          L[l,k]={c∈Ck | c.sup_count≥min_sup[l]};
     }
     LL[l]=∪kL[l,k];
}
```

其中，get_frequent_1_itemsets()算法类似于 Apriori 算法中生成 1-频繁项集的算法，get_filtered_table()算法用于过滤事务数据库中非频繁项，apriori_gen()算法是 Apriori 算法中生成候选项集算法。

在找出各层频繁项集后，对于每层 l，可以从频繁项集集合 $LL[l]$ 中根据最小置信度阈值

min_conf[l]导出强关联规则，这里不再介绍。

5.5.3 多维关联规则

如果关联规则中涉及两个或多个维，则称为多维关联规则。其类型如下。

- 维内的关联规则：例如，"年龄(X,20~30) and 职业(X,学生)→购买(X,笔记本计算机)"。这里涉及到三个维，即年龄、职业和购买。
- 混合维关联规则：这类规则允许同一个维重复出现。例如，"年龄(X,20~30) and 购买(X,笔记本计算机) → 购买(X,打印机)"。由于同一个维"购买"在规则中重复出现，因此为挖掘带来难度。但是，这类规则更具有普遍性，具有更好的应用价值，因此近年来得到普遍关注。

有关多维关联规则挖掘涉及更多内容，这里不再介绍。

5.6 其他类型的关联规则

5.6.1 基于约束的关联规则

在挖掘关联规则可以指定一些约束条件，这样产生的关联规则称为基于约束的关联规则。具体约束的内容如下。

- 数据约束：用户可以指定对哪些数据进行挖掘，而不一定是全部数据。
- 指定挖掘的维和层次：用户可以指定对数据哪些维以及这些维上的哪些层次进行挖掘。
- 规则类型约束：可以指定哪些类型的规则是感兴趣的。例如，引入一个元规则模板 age(X)and income(Y) → buys(Z)，如果一条规则与之匹配，则是令人感兴趣的，否则被认为是缺乏兴趣的。
- 规则度量约束：最基本的规则度量是前面介绍的支持度和置信度，还可以引入其他兴趣度度量。如 SQL Server 中引入了规则重要性的概念，其计算方法为：在已知规则前件的情况下，求规则后件的对数可能性值，如果规则为 $A → B$，则计算具有 A 和 B 的事务个数与具有 B 但不具有 A 的事务个数之比，然后使用对数刻度将该比率规范化。如果为正值表示一旦拥有 A 则再拥有 B 的概率会增长，如果为负值表示一旦拥有 A 则再拥有 B 的概率会降低。该值越大表示规则越可用。

5.6.2 负关联规则

负关联规则作为关联规则的一个分支，是指两个项集的否定联系，形如 $A→\neg B$（项集 A 的出现会抑制项集 B 的出现）、$\neg A→B$（项集 A 不出现会诱导项集 B 的出现）、$\neg A→\neg B$（项集 A 不出现会抑制项集 B 的出现）的关联规则。传统的形如 $A→B$ 的蕴涵关系称为正关联规则。负关联规则挖掘的是项集中的否定联系。例如，商店中 A 表示购买茶叶，B 表示购买咖啡，则 $\neg A$ 表示不购买茶叶，$\neg B$ 表示不购买咖啡，规则 $A→\neg B$ 表示顾客购买茶叶时不会购买咖啡的负关联规则。

假设 A、B 之间的负关联规则为 $A→\neg B$，若它是一个有效的负关联规则，则必须满足以下三个条件。

（1）$A∩B= \varnothing$。

（2）support(A) ⩾min_sup 和 support(B) ⩾min_sup。

（3）support($A \cup \neg B$) ≥min_sup。

这里条件（2）可以保证负关联规则在概率上的有意义性。例如，在购物篮问题中，一个很少或者根本没有顾客购买的商品 B，由于它的支持度近似为 0，对于满足最小支持度阈值的商品 A，可以产生 $A \rightarrow \neg B$ 的负关联规则，实际上这是没有意义的，而且这样的负关联规则数量巨大。因此，在挖掘负关联规则时，应强调规则的前件和后件对应的正项也必须满足最小支持度阈值的要求。

在负关联规则挖掘中，常用的项集支持度计算公式如下：

$$\text{support}(\neg A) = 1 - \text{support}(A)$$

$$\text{support}(A \cup \neg B) = \text{support}(A) - \text{support}(A \cup B)$$

$$\text{support}(\neg A \cup B) = \text{support}(B) - \text{support}(A \cup B)$$

$$\text{support}(\neg A \cup \neg B) = 1 - \text{support}(A) - \text{support}(B) + \text{support}(A \cup B)$$

设 $A \subset I, B \subset I, A \cap B = \varnothing$，常用的规则置信度计算公式如下：

$$\text{confidence}(A \rightarrow \neg B) = \frac{\text{support}(A) - \text{support}(A \cup B)}{\text{support}(A)} = 1 - \text{confidence}(A \rightarrow B)$$

$$\text{confidence}(\neg A \rightarrow B) = \frac{\text{support}(B) - \text{support}(A \cup B)}{1 - \text{support}(A)}$$

$$\text{confidence}(\neg A \rightarrow \neg B) = \frac{1 - \text{support}(A) - \text{support}(B) + \text{support}(A \cup B)}{1 - \text{support}(A)} = 1 - \text{confidence}(\neg A \rightarrow B)$$

其中，support(A)表示项集 A 的支持度计数，confidence(A)表示项集 A 的置信度。

可以通过修改 Apriori 算法来挖掘负关联规则，这里不再介绍。

5.7 SQL Server 挖掘关联规则的示例

本节介绍采用 SQL Server 挖掘表 5.1 所示事务数据库中关联规则的过程。

5.7.1 建立 DM 数据库

在 SQL Server Management Studio 中建立一个 DM 数据库，建立 Assocmaintable 和 Assocsubtable 两个表用于存放事务，它们的结构和元组分别如表 5.9 和 5.10 所示。

表 5.9　Assocmaintable 表及其包含的元组

Tno（事务编号，设为主键，int 类型）	Items（事务项，作为 Assocsubtable 表的同名外键，int 类型）
1	1
2	2
3	3
4	4
5	5
6	6
7	7
8	8
9	9

表 5.10 Assocsubtable 表及其包含的元组

Items（事务项，int 类型）	Ino（事务包含的项）	说明
1	i_1	表示事务 1 对应项为 i_1、i_2、i_5
1	i_2	
1	i_5	
2	i_2	表示事务 2 对应项为 i_2、i_4
2	i_4	
3	i_2	表示事务 3 对应项为 i_2、i_3
3	i_3	
4	i_1	表示事务 4 对应项为 i_1、i_2、i_4
4	i_2	
4	i_4	
5	i_1	表示事务 5 对应项为 i_1、i_3
5	i_3	
6	i_2	表示事务 6 对应项为 i_2、i_3
6	i_3	
7	i_1	表示事务 7 对应项为 i_1、i_3
7	i_3	
8	i_1	表示事务 8 对应项为 i_1、i_2、i_3、i_5
8	i_2	
8	i_3	
8	i_5	
9	i_1	表示事务 9 对应项为 i_1、i_2、i_3
9	i_2	
9	I_3	

5.7.2 建立关联挖掘项目

在 SQL Server Business Intelligence Development Studio 采用如下步骤挖掘关联规则。

1. 新建一个 Analysis Services 项目 DM

采用 2.6.3 节的步骤定义数据源 DM.ds，对应的数据库为前面建立的 DM 数据库。

2. 建立数据源视图

采用 2.6.3 节的步骤定义数据源视图 DM.dsv，它包含 Assocmaintable 和 Assocsubtable 两个表，并建立两个表之间的关系，如图 5.29 所示。

3. 建立挖掘结构 Association.dmm

其步骤如下。

（1）在解决方案资源管理器中，右键单击"挖掘结构"选项，再选择"新建挖掘结构"选项以打开数据挖掘向导。在"欢迎使用数据挖掘向导"页面上，单击"下一步"按钮。

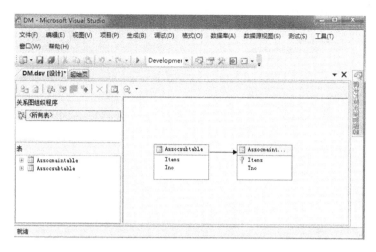

图 5.29 Assocmaintable 和 Assocsubtable 两个表之间的关系

（2）在"选择定义方法"页面上，确保已选中"从现有关系数据库或数据仓库"选项，再单击"下一步"按钮。

（3）在"创建数据挖掘结构"页面的"您要使用何种数据挖掘技术？"选项下，选中列表中的"Microsoft 关联规则"，如图 5.30 所示，再单击"下一步"按钮。

图 5.30 指定"Microsoft 关联规则"

（4）为该数据源视图指定 Assocmaintable 和 Assocsubtable 两个表。单击"下一步"按钮。

（5）在"指定表类型"页面上，在 Assocmaintable 表的对应行中选中"事例"复选框，在 Assocsubtable 表的对应行中选中"嵌套"复选框，如图 5.31 所示。单击"下一步"按钮。

（6）在"指定定型数据"页面中，清除任何可能处于选中状态的复选框。通过选中 Assocmaintable 表 Items 字段所在行的"键"复选框，为事务表 Assocmaintable 设置键。由于分析目的在于确定单个事务中包括哪些项，因此不必使用 Tno 字段。

图 5.31　指定表类型

在 Assocsubtable 表的 Ino 字段列勾选"键"、"输入"和"可预测"复选框，如图 5.32 所示，这样就设置了挖掘模型。单击"下一步"按钮。

图 5.32　设置挖掘模型结构

（7）出现"指定列的内容和数据类型"页面，保持默认值，单击"下一步"按钮。在"创建测试集"页面上，"测试数据百分比"选项的默认值为 30%，将该选项更改为 0，如图 5.33 所示。单击"下一步"按钮。

（8）在"完成向导"页面的"挖掘结构名称"选项中，输入 Association，在"挖掘模型名称"中，输入 Association，并勾选"允许钻取"复选框，如图 5.34 所示。然后单击"完成"按钮。

图 5.33 "创建测试集"页面

图 5.34 "完成向导"页面

（9）打开数据挖掘设计器的"挖掘模型"选项卡，右击"Association"，在出现的下拉菜单中选择"设置算法参数"命令，设置 MINIMUM_PROBABILITY 参数为 0.5，设置 MINIMUM_SUPPORT 参数为 0.2，如图 5.35 所示，单击"确定"按钮。

至此，创建好了一个关联挖掘项目。

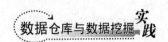

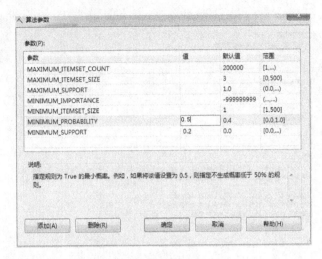

图 5.35 "算法参数"页面

5.7.3 部署关联挖掘项目并浏览结果

在解决方案资源管理器中单击"DM"选项,在出现的下拉菜单中选择"部署"命令,系统开始执行部署,完成后出现部署成功的提示信息。

单击"挖掘结构"选项下的"Association.dmm",在出现的下拉菜单中选择"浏览"命令,系统挖掘的关联规则如图 5.36 所示。

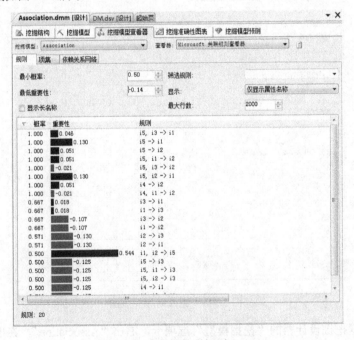

图 5.36 产生的关联规则(1)

图 5.36 中"规则"选项卡显示与算法发现的规则相关信息如下。

● 概率(也称置信度):规则的"可能性",定义为在给定前件的情况下后件的概率。

● 重要性:用于度量规则的有用性,其值越大意味着规则越有用。之所以提供重要性,是因为只使用概率可能会发生误导。例如，如果每个事务都包含一个水壶（也许水壶是作为促销活动的一部分自动添加到每位客户的购物车中），该模型会创建一条规则，预测水壶的概率为 1。仅依据概率来看，此规则非常准确，但它并未提供有用的信息。

● 规则：用于描述特定的项组合。

单击"项集"选项卡，按支持度计数列出所有的项集，如图 5.37 所示。单击"依赖关系网络"选项卡，列出项之间的依赖关系，如图 5.38 所示。依赖关系网络包括一个依赖关系网络查看器，查看器中的每个结点代表一个项，如 state=WA，结点间的箭头代表项之间有关联。箭头的方向表示按照算法发现的规则确定项之间的关联。例如，如果查看器包含三个项 A、B 和 C，并且 C 是根据 A 和 B 预测的，那么，选择了结点 C 时，则有两个箭头指向结点 C，即 A 到 C 和 B 到 C。

图 5.37 "项集"选项卡

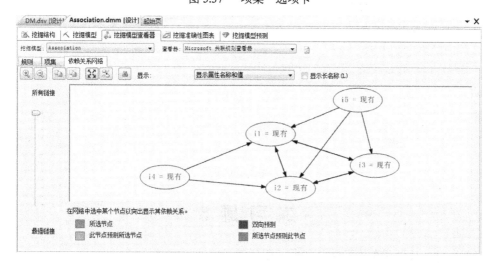

图 5.38 "依赖关系网络"选项卡

在浏览页面"规则"选项卡中，用户可以筛选规则，可以改动"最低重要性"和"最小概率"的值以便仅显示最关心的规则。如图 5.39 所示是将"最低重要性"改为"-0.04"后列出的规则，共 11 条。将"最小概率"改为"0.7"后列出的规则如图 5.40 所示，共 8 条。

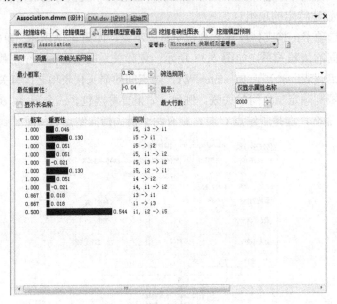

图 5.39　产生的关联规则（2）

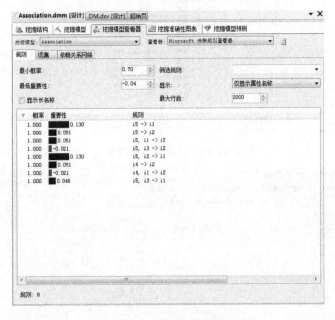

图 5.40　产生的关联规则（3）

练 习 题 5

1．简述 Apriori 性质在关联分析中的作用。

2．在 Apriori 算法中，由频繁 k-项集集合 L_k 产生候选$(k+1)$-项集集合 C_{k+1} 时，采用的方法是什么？并说明该方法是正确的。

3．简述最小支持度阈值的大小与产生的频繁项集的个数之间有什么关系，并说明理由。

4．对于如表 5.11 所示的事务集合，设最小支持度计数为 2，采用 Apriori 算法求出所有的频繁项集。

表 5.11　一个事务集合 T

事务编号	项
1	e_1, e_2, e_5
2	e_2, e_4
3	e_2, e_3
4	e_1, e_2, e_4
5	e_1, e_3
6	e_2, e_3
7	e_1, e_3
8	e_1, e_2, e_5
9	e_1, e_2, e_3

5．有一个事务集合如表 5.12 所示，设最小支持度计数为 3，采用 Apriori 算法求出所有的 3-频繁项集集合 L_3。

表 5.12　一个事务集合 T

事务编号	项
1	I_1, I_2, I_4, I_5
2	I_2, I_3, I_4
3	I_1, I_2, I_4, I_5
4	I_1, I_3, I_4, I_5
5	I_2, I_3, I_4, I_5
6	I_2, I_4, I_5
7	I_3, I_4
8	I_1, I_2, I_3
9	I_1, I_4, I_5
10	I_3, I_4

6．有一个事务集合如表 5.13 所示，设最小支持度分别为 50%和 40%，采用 Apriori 算法求出两种最小支持度下所有的频繁项集。

表 5.13　一个事务集合 T

事务编号	项
1	a, c, d, e, f
2	b, c, f
3	a, d, f
4	a, c, d, e
5	a, b, d, e, f

7．有一个超市的顾客购物表如表 5.14 所示，设最小支持度为 60%，最小置信度为 80%。回答

以下问题。

（1）采用 Apriori 算法求出所有的频繁项集。要求给出求解过程。

（2）求出所有与元规则"购买(x,item₁)∧(x,item₂)→(x,item₃)"相匹配的强关联规则。

表 5.14　顾客购物表

顾　客　号	日　　期	购买的商品
1	3/5/2013	a, c, s, l
2	3/5/2013	d, a, c, e, b
3	3/6/2013	a, b, c
4	3/6/2013	c, a, b, e

8．有如表 5.15 所示的交通事故数据表，采用 Apriori 算法，回答以下问题。

（1）将该表转换为二元属性表。

（2）在二元属性表中每个事务的最大宽度是多少？

（3）设支持度阈值为 30%，求出所有的频繁项集。

（4）在问题（3）的基础上，给出置信度为 80%，求出所有的强关联规则。

表 5.15　交通事故数据表

编　　号	天 气 条 件	驾驶员状况	交 通 违 章	安 全 带	损 坏 程 度
1	好	饮酒	超速	无	较大
2	坏	清醒	无	有	较小
3	好	清醒	不遵守停车指示	有	较小
4	好	清醒	超速	有	较大
5	坏	清醒	不遵守交通信号	无	较大
6	好	饮酒	不遵守停车指示	有	较小
7	坏	饮酒	无	有	较大
8	好	清醒	不遵守交通信号	有	较大
9	好	饮酒	无	无	较大
10	坏	清醒	不遵守交通信号	无	较大
11	好	饮酒	超速	有	较大
12	坏	清醒	不遵守停车指示	有	较小

9．有一个如表 5.16 所示的数据集，属性 A 是连续属性，属性 B 和 C 是二元属性。一个规则是强规则，是指它的支持度超过 15% 且置信度超过 60%。该表给出的数据支持以下两个强规则：

$\{1 \leqslant A \leqslant 2, B=1\} \rightarrow \{C=1\}$

$\{5 \leqslant A \leqslant 8, B=1\} \rightarrow \{C=1\}$

（1）计算这两个规则的支持度和置信度。

（2）为了使用传统的 Apriori 算法，需要对属性 A 离散化。若采用等宽分箱方法，属性 A 分为 4 个箱，这样处理后能否发现上述规则。

表 5.16　一个数据集

A	B	C
1	1	1
2	1	1
3	1	0
4	1	0
5	1	1
6	0	1
7	0	0
8	1	1
9	0	0
10	0	0
11	0	0
12	0	1

10. 采用 FP 增长算法求表 5.14 所示事务数据库的所有频繁项集。

11. 有一个事务集合如表 5.17 所示，设 min_sup=60%，min_conf=80%，分别使用 Apriori 算法和 FP 增长算法求所有的频繁项集。并比较两种挖掘过程的效率。

表 5.17　一个事务集合 T

事 务 编 号	项
1	M, O, N, K, E, Y
2	D, O, N, K, E, Y
3	M, A, K, E
4	M, U, C, K, Y
5	C, O, O, K, I, E

12. 有如表 5.18 所示的购物篮事务表，其中食品的概念分层如图 5.41 所示。

（1）每个事务 t 用扩展的事务 t' 替换，t' 包含 t 中所有食品和它们的祖先。例如，事务 $t=\{薄片,饼干\}$，用 $t'=\{薄片,饼干,点心,食品\}$ 替换。使用该方法导出所有支持度大于或等于 70% 的频繁项集（长度不超过 4）。

（2）考虑另一种方法，其中频繁项集逐层产生。开始时，产生分层结构顶层的所有频繁项集。然后使用较高层发现的频繁项集产生涉及较低层中项的候选项集。例如，仅当 $\{点心,饮料\}$ 频繁时，才产生候选项集 $\{薄片,节食饮料\}$。使用该方法导出所有支持度大于或等于 70% 的频繁项集（长度不超过 4）。

（3）比较这两种方法找出的频繁项集。评述算法的有效性和完全性。

表 5.18　购物篮事务表

事 务 编 号	购买的商品
1	薄片，饼干，普通饮料，火腿
2	薄片，火腿，鸡肉，节食饮料
3	火腿，熏肉，整鸡，普通饮料

续表

事 务 编 号	购买的商品
4	薄片，火腿，鸡肉，节食饮料
5	薄片，熏肉，鸡肉
6	薄片，火腿，熏肉，整鸡，普通饮料
7	薄片，饼干，鸡肉，节食饮料

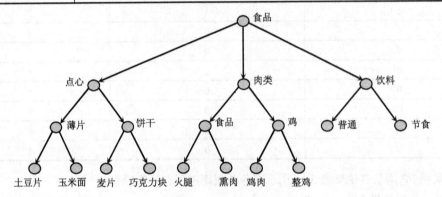

图 5.41　食品的概念分层

思 考 题 5

1．关联规则挖掘常常产生大量规则。讨论可以用来减少所产生规则数量并且仍然保留大部分感兴趣规则的有效方法。

2．针对给定的事务数据库，用户可以预先指定两个项或多个项是强关联的。讨论如何在 Apriori 算法增加这些约束条件。

3．针对给定的事务数据库，用户可能只对全局项集 I 中一部分项之间的关联关系感兴趣。讨论如何在 Apriori 算法增加解决该问题的方法。

4．讨论为什么挖掘频繁闭项集集合通常比挖掘频繁项集的全集更可取。

序列模式挖掘

序列数据是由有序元素或事件的序列组成的，可以不包括具体的时间概念，序列数据的例子有客户购物序列、Web 点击流和生物学序列等。这类数据处理的不是一个时间点上的数据，而是大量时间点上的数据，因而具有自身的特殊性。本章讨论从序列数据中挖掘序列模式的相关概念和方法。

6.1　序列模式挖掘概述

序列模式挖掘最早是由 Agrawal 等人提出的，它的最初动机是针对带有交易时间属性的交易数据库，通过找出频繁序列以发现某一时间段内客户的购买活动规律。近年来序列模式挖掘已经成为数据挖掘的一个重要方面，其应用范围也不局限于交易数据库，在 DNA 分析等尖端科学研究领域、Web 访问等新型应用数据源的众多方面得到有针对性的研究。

6.1.1　序列数据库

设 $I=\{i_1,i_2,\cdots,i_n\}$ 是所有项的集合，在购物篮例子中，每种商品就是一个项。项集是由项组成的一个非空集合。

定义 6.1　事件（Events）是一个项集，在购物篮例子中，一个事件表示一个客户在特定商店的一次购物，一次购物可以购买多种商品，所以事件表示为 $(x_1,x_2,\cdots,x_q)$，其中 x_k（$1\leqslant k\leqslant q$）是 I 中的一个项，一个事件中所有项均不相同，每个事件可以有一个事件时间标识 TID，也可以表示事件的顺序。

考虑一个客户可以多次购物的情况，每次购物用一个事件表示，各次购物之间是有时间先后次序的，一个客户多次购物的所有事件有序排列就形成了该客户的序列。

定义 6.2　序列（Sequence）是事件的有序列表，序列 s 记作 $<e_1,e_2,\cdots,e_l>$，其中 e_j（$1\leqslant j\leqslant l$）表示事件，也称为 s 的元素。通常一个序列中的事件有时间先后关系，也就是说，e_j（$1\leqslant j\leqslant l$）出现在 e_{j+1} 之前。序列中的事件个数称为序列的长度，长度为 k 的序列称为 k-序列。在有些算法中，将含有 k 个项的序列称为 k-序列。

定义 6.3　序列数据库（Sequence Databases）S 是元组 $<SID,s>$ 的集合，其中 SID 是序列编号，s 是一个序列，每个序列由若干事件构成。在序列数据库中每个序列的事件在时间或空间上是有序排列的。

例如，如表 6.1 所示是 5 个客户（编号 $s_1\sim s_5$）在不同时间的购物（交易）情况。这样的数据源需要进行形式化整理，其中一个理想的预处理方法就是转换成客户序列，即将一个客户的交易按交易时间排序成事件序列（每个事件为一次购买的所有商品），得到如表 6.2 所示的序列数据库，其中 I={10,20,30,40,50,60,70,80}。

表 6.1　客户交易数据库 D

客户号 SID	交易时间 TID	商品列表（事件）
s_1	6 月 25 日	30
	6 月 30 日	80
s_2	6 月 10 日	10，20
	6 月 15 日	30
	6 月 20 日	40，60，70
s_3	6 月 25 日	30，50，70
s_4	6 月 25 日	30
	6 月 30 日	40，70
	7 月 25 日	80
s_5	6 月 12 日	80

表 6.2　一个序列数据库 S

客户号	客户序列
s_1	<{30},{80}>
s_2	<{10,20},{30},{40,60,70}>
s_3	<{30,50,70}>
s_4	<{30},{40,70},{80}>
s_5	<{80}>

定义 6.4　对于序列 t 和 s，如果 t 中每个有序元素都是 s 中一个有序元素的子集，则称 t 是 s 的子序列。形式化表述为，序列 $t=<t_1,t_2,\cdots,t_m>$ 是序列 $s=<s_1,s_2,\cdots,s_n>$ 的子序列，如果存在整数 $1\leqslant j_1<j_2<\cdots<j_m\leqslant n$，使得 $t_1\subseteq s_{j_1}$，$t_2\subseteq s_{j_2}$，$\cdots$，$t_m\subseteq s_{j_m}$。如果 t 是 s 的子序列，则称 t 包含在 s 中。例如，序列<{2},{1,3}>是序列<{1,2},{5},{1,3,4}>的子序列，因为{2}包含在{1,2}中，{1,3}包含在{1,3,4}中。而<{2,5},{3}>不是序列<{1,2},{5},{1,3,4}>的子序列，因为前者中项 2 和项 5 是一次购买的，而后者中项 2 和项 5 是先后购买的，这就是区别所在。

定义 6.5　如果一个序列 s 不包含在序列数据库 S 中的任何其他序列中，则称序列 s 为最大序列。

定义 6.6　一个序列 α 的支持度计数是指在整个序列数据库 S 中包含 α 的序列个数。即：

$$\text{support}_S(\alpha)=|\{(\text{SID},s)|\ (\text{SID},s)\in S\ \wedge \alpha\ 是\ s\ 的子序列\}|$$

其中，$|\cdot|$表示集合中·出现的次数。若序列 α 的支持度计数不小于最小支持度阈值 min_sup，则称之为频繁序列，频繁序列也称为序列模式。长度为 k 的频繁序列称为频繁 k-序列。

说明：序列由事件有序构成，每个事件由一个项集表示，通常用大括号将包含的项括起来，当事件只含有一个项时，有时会简写省略这对花括号，如序列 $s=<\{1,2\},\{3\},\{4\}>$，可以简写 $s=<\{1,2\},3,4>$。某序列简写表示为<1,2,3,4>，它实际的含义是<{1},{2},{3},{4}>。

6.1.2 序列模式挖掘算法

1．什么是序列模式挖掘

序列模式挖掘的问题定义为：给定一个客户交易数据库 D，以及最小支持度阈值 min_sup，从中找出所有支持度计数不小于 min_sup 的序列，这些频繁序列也称为序列模式。有的算法还可以找出最大序列，即这些最大序列构成序列模式。

跟关联规则挖掘不一样，序列模式挖掘的对象以及结果都是有序的，即序列数据库中每个序列的事件在时间或空间上是有序的，序列模式的输出结果也是有序的。例如，<1，2>和<2，1>是两个不同的序列。

2．经典的序列模式挖掘算法

经典序列模式挖掘算法是针对传统事务数据库的，主要有两种基本挖掘框架。

1）候选码生成—测试框架的序列挖掘算法

候选码生成—测试框架基于 Apriori 理论，即序列模式的任一子序列也是序列模式，这类算法统称为 Apriori 类算法，主要包括 AprioriAll、AprioriSome、DynamicSome、GSP 和 SPADE 算法等。这类算法通过多次扫描数据库，根据较短的序列模式生成较长的候选序列模式，然后计算候选序列模式的支持度，从而获得所有序列模式。

根据数据集的不同分布方式，Apriori 类算法又可以分为水平格式算法和垂直格式算法。

水平分布的数据集由一系列序列标识符和序列组成，对应的算法有 AprioriAll、AprioriSome、DynamicSome 和 GSP，其中 AprioriSome 和 DynamicSome 只求最大序列模式。

垂直分布的数据集由一系列序列标识符（SID）、项集和事件标识符（TID）组成，对应的算法有 SPADE 等。

2）模式增长框架的序列挖掘算法

模式增长框架挖掘算法的最大特点是在挖掘过程中不产生候选序列，通过分而治之的思想，迭代地将原始数据库进行划分，同时在划分的过程中动态地挖掘序列模式，并将新发现的序列模式作为新的划分元，进行下一次的挖掘过程，从而获得长度不断增长的序列模式。

Jiawei Han 在 2000 年首先提出不产生候选集的 FP-growth 算法，随后提出的 FreeSpan 算法和 PrefixSpan 算法都基于这一思想。FreeSpan 和 PrefixSpan 算法也是典型的基于投影数据库的挖掘算法，此外，还有基于内存索引挖掘算法 MEMISP 等。

3．经典算法比较分析

在前面介绍的两类挖掘框架的经典算法中，最具代表性的是 AprioriAll、GSP、SPADE、PrefixSpan，其中前三个算法属于候选码生成—测试框架算法，而 PrefixSpan 属于模式增长框架算法。它们在数据结构，扫描数据库次数的异同如表 6.3 所示。

表 6.3 算法比较

算　　法	是否产生候选序列	存　储　结　构	数据库是否缩减	原数据库扫描次数	算 法 执 行
AprioriAll	是	Hash 树	否	最长模式长度	循环
GSP	是	Hash 树	否	最长模式长度	循环
SPADE	是	序列格	是	3	递归
PrefixSpan	否	前缀树	是	2	递归

一般而言，候选码生成—测试框架算法实现简单，比较适合稀疏型数据集，如有约束条件，则 GSP 更适用。因为在密集型数据集中，会产生大量的候选序列，运行时间长，降低算法效率。SPADE 则比较适用于数据库中项集比较多，但各个项的出现并不是特别频繁的情况。模式增长框架算法在稠密型和稀疏型数据集中都适用，但实现过程比候选码生成—测试框架算法复杂，因此选择何种算法，要综合考虑挖掘对象与挖掘系统的各方面因素。

6.2 Apriori 类算法

6.2.1 AprioriAll 算法

对于含有 n 个事件的序列数据库 S，其中 k-序列总数为 C_n^k，因此，具有 9 个事件的序列包含 $C_9^1 + C_9^2 + \cdots + C_9^9 = 2^9 - 1 = 511$ 个不同的序列。

序列模式挖掘可以采用蛮立法枚举所有可能的序列，并统计它们的支持度计数。例如，对于序列<1，2，3，4>（这里 1、2、3、4 表示的是事件或项集），它可能的候选序列有：

候选 1-序列：<1>，<2>，<3>，<4>

候选 2-序列：<1,2>，<1,3>，<1,4>，<2,3>，<2,4>，<3,4>

候选 3-序列：<1,2,3>，<1,2,4>，<1,3,4>，<2,3,4>

候选 4-序列：<1,2,3,4>

从前面的分析可以看到，采用蛮立法枚举方法的计算量非常大。

由于 Apriori 性质对序列模式也成立，即序列模式的每个非空子序列都是序列模式。例如，若 <{1,2},{2,4}>是序列模式，则序列<{1},{3,4}>、<{2},{3,4}>、<{1,2},{3}>和<{1,2},{4}>也都是序列模式。可以利用这一性质减小序列模式的搜索空间。

AprioriAll 本质上是 Apriori 思想的扩张，只是在产生候选序列和频繁序列方面考虑序列元素有序的特点，将项集的处理改为序列的处理。

基于水平格式的 Apriori 类算法将序列模式挖掘过程分为 5 个具体阶段，即排序阶段、找频繁项集阶段、转换阶段、产生频繁序列阶段以及最大化阶段。

1. 排序阶段

对原始数据表（如表 6.1 所示）按客户号（作为主关键字）和交易时间（作为次关键字）进行排序，排序后通过对同一客户的事件进行合并得到对应的序列数据库（如表 6.2 所示）。

2. 找频繁项集阶段

这个阶段根据 min_sup 找出所有的频繁项集，也同步得到所有频繁 1-序列组成的集合 L_1，因为这个集合正好是{<I> | I∈所有频繁项集合}。这个过程是从所有项集合 I 开始进行的。

说明：序列模式挖掘最终目标是要找出所有最大频繁序列模式，而并非简单的频繁序列，所以有些教材在这里将频繁项集称为大项集，频繁序列称为大序列。本书为了一致性，仍采用频繁项集和频繁序列的概念，在找出所有的频繁序列后，再从中找出最大频繁序列，构成序列模式。

【例 6.1】 对表 6.2 的序列数据库，假设 min_sup=2。找频繁项集的过程如下。

从 I 中建立所有 1-项集，采用类似 Apriori 算法的思路求所有频繁项集，只是求项集的支持度计数时稍有不同。如对于{10}项集，求其支持度计数时扫描序列数据库中每个序列中的所有事件，若一个客户序列的某个事件中包含 10 这个项，则{10}项集的计数增 1，即使一个客户序列的全部事件中多次出现 10，{10}项集的支持度计数也仅增 1；又如{30,70}项集，求其支持度计数时需扫描序列数据库中每个序列中的所有事件，若一个客户序列的某个事件包含{30,70}这两项，则{30,70}项集的计数增 1。由于客户序列中每个事件是用项集表示的，所以求一个项集的支持度计数时需要进行项集之间的包含关系运算。整个求解过程如图 6.1 所示。最后求得频繁 1-序列 L_1={{30},{40}, {70},{40,70},{80}}。

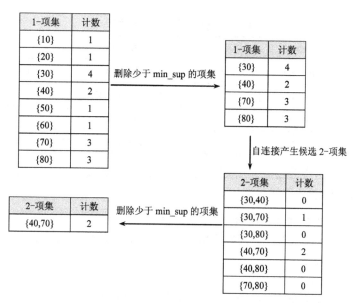

图 6.1 求所有频繁项集

然后将频繁 1-序列映射成连续的整数。例如，将上面得到的 L_1 映射成表 6.4 所示对应的整数。由于比较频繁项集需花费一定时间，这样做后可以减少检查一个序列是否被包含于一个客户序列中的时间，从而使处理过程方便且高效。

表 6.4 频繁项集映射成整数

频 繁 项 集	映射成整数
{30}	1
{40}	2
{70}	3
{40,70}	4
{80}	5

3．转换阶段

在寻找序列模式的过程中，要不断地进行检测一个给定的大序列集合是否包含于一个客户序列中。为此进行如下转换。

● 每个事件被包含于该事件中所有频繁项集替换。
● 如果一个事件不包含任何频繁项集，则将其删除。
● 如果一个客户序列不包含任何频繁项集，则将该序列删除。

转换后，一个客户序列由一个频繁项集组成的集合所取代。每个频繁项集的集合表示为{e_1,

$e_2,\cdots,e_k\}$，其中 e_i（$1\leqslant i < k$）表示一个频繁项集。

【例 6.2】 给出表 6.2 所示序列数据库经过转换后的结果。

其结果如表 6.5 所示。例如，在对客户号为 s_2 的客户序列进行转换时，事件{10,20}被剔除了，因为它并没有包含任何频繁项集；事件{40,60,70}则被频繁项集的集合{{40},{70},{40,70}}代替。在这样转换后的序列数据库中，频繁项集采用其映射成的整数代替。

表 6.5　转换后的序列数据库

客　户　号	原客户序列	原客户序列	映　射　后
s_1	<{30},{80}>	<{30},{80}>	<{1},{5}>
s_2	<{10,20},{30},{40,60,70}>	<{30},{{40},{70},{40,70}}>	<{1},{2,3,4}>
s_3	<{30,50,70}>	<{{30},{70}}>	<{1,3}>
s_4	<{30},{40,70},{80}>	<{30},{{40},{70},{40,70}},{80}>	<{1},{2,3,4},{5}>
s_5	<{80}>	<{80}>	<{5}>

4．产生频繁序列阶段

利用转换后的序列数据库寻找频繁序列，AprioriAll 算法如下。

输入：转换后的序列数据库 S，所有项集合 I，最小支持度阈值 min_sup。

输出：序列模式集合 L。

方法：其过程描述如下。

```
L₁={ i | i∈I and {i}.sup_count≥min_sup};     //找出所有频繁 1-序列
for (k=2;Lₖ₋₁≠∅ ;k++)
{    利用频繁序列 Lₖ₋₁ 生成候选 k-序列 Cₖ;
     for (对于序列数据库 S 中每个序列 s)
     {    if (Cₖ 的每个候选序列 c 包含在 s 中)
              c.sup_count++;          //c 的支持度计数增 1
     }
     Lₖ={ c | c∈Cₖ and c.sup_count≥min_sup};
          //由 Cₖ 中计数大于 min_sup 的候选序列组成频繁 k-序列集合 Lₖ
}
L=∪ ₖLₖ;
```

上述算法中利用频繁序列 L_{k-1} 生成候选 k-序列 C_k 的过程说明如下。

1）连接

对于 L_{k-1} 中任意两个序列 s_1 和 s_2，如果 s_1 与 s_2 的前 $k-2$ 项相同，即 $s_1=<e_1,e_2,\cdots,e_{k-2},f_1>$，$s_2=<e_1,e_2,\cdots,e_{k-2},f_2>$，则合并序列 s_1 和 s_2，得到候选 k-序列 $<e_1,e_2,\cdots,e_{k-2},f_1,f_2>$ 和 $<e_1,e_2,\cdots,e_{k-2},f_2,f_1>$。即：

```
insert into Cₖ
select p.itemset₁, p.itemset₂,···, p.itemset_{k-1},q.itemset_{k-1}
from Lₖ₋₁ p,Lₖ₋₁ q
where p.itemset₁=q.itemset₁ and p.itemset₂=q.itemset₂ and ··· and p.itemset_{k-2}=q.itemset_{k-2}
```

2）剪枝

剪枝的原则：一个候选 k-序列，如果它的$(k-1)$-序列有一个是非频繁的，则删除它。由 C_k 剪枝产生 L_k 的过程如下。

```
for (所有 c∈Cₖ 的序列)
     for (所有 c 的(k-1)-序列 s)
```

```
        if(s 不属于 L_{k-1})
            从 C_k 中删除 c;
    C_k ⇒ L_k;   //由 C_k 剪枝后得到 L_k
```

【例 6.3】 以表 6.6 所示的序列数据库 S_1 为例,给出 AprioriAll 算法的执行过程,这里 $I=\{1,2,3,4,5\}$,每个数字表示一个项。假设 min_sup=2。

表 6.6 一个序列数据库 S_1

客 户 号	客 户 序 列
s_1	<{1,5},{2},{3},{4}>
s_2	<{1},{3},{4},{3,5}>
s_3	<{1},{2},{3},{4}>
s_4	<{1},{3},{5}>
s_5	<{4},{5}>

(1)先求出 L_1,由其产生 L_2 的过程如图 6.2 所示,实际上这个过程不需要剪枝,因为 C_2 中每个 2-序列的所有子序列一定属于 L_1。

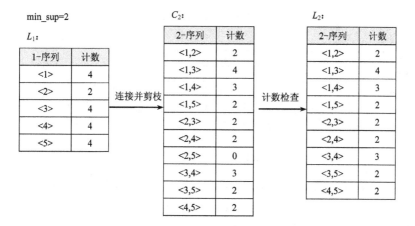

图 6.2 产生 L_2 的过程

(2)由 L_2 连接并剪枝产生 C_3,扫描序列数据库 S_1,删除小于 min_sup 的序列得到 L_3,其过程如图 6.3 所示。

(3)由 L_3 连接并剪枝产生 C_4,扫描序列数据库 S_1,删除小于 min_sup 的序列得到 L_4,其过程如图 6.4 所示。

(4)L_4 中只有一个序列,由它产生的 C_5 为空,L_5 也为空。算法结束。

5.最大化阶段

在频繁序列模式集合中找出最大频繁序列模式集合。

由于在产生频繁模式阶段发现了所有频繁模式集合 L,下面的过程可用来发现最大序列。设最长序列的长度为 n,则:

```
for (k=n;k>1;k--)
    for (每个 k-序列 s_k)
        从 L 中删除 s_k 的所有子序列;
```

min_sup=2 C_3:

合并的 2-项集	3-序列	剪枝否	计数
连接 → <1,2>、<1,3>	<1,2,3>	否	2
	<1,3,2>	是（<3,2>不属于L_2）	–
<1,2>、<1,4>	<1,2,4>	否	2
	<1,4,2>	是（<4,2>不属于L_2）	–
<1,2>、<1,5>	<1,2,5>	否	0
	<1,5,2>	是（<5,2>不属于L_2）	–
<1,3>、<1,4>	<1,3,4>	否	3
	<1,4,3>	是（<4,3>不属于L_2）	–
<1,3>、<1,5>	<1,3,5>	否	2
	<1,5,3>	是（<5,3>不属于L_2）	–
<1,4>、<1,5>	<1,4,5>	否	1
	<1,5,4>	是（<5,4>不属于L_2）	–
<2,3>、<2,4>	<2,3,4>	否	2
	<2,4,3>	是（<4,3>不属于L_2）	–
<3,4>、<3,5>	<3,4,5>	否	1
	<3,5,4>	是（<5,4>不属于L_2）	–

计数检查 →

L_3:

3-序列	计数
<1,2,3>	2
<1,2,4>	2
<1,3,4>	3
<1,3,5>	2
<2,3,4>	2

图 6.3 产生 L_3 的过程

min_sup=2 C_3:

合并的 3-项集	4-序列	剪枝否	计数
连接 → <1,2,3>、<1,2,4>	<1,2,3,4>	否	2
	<1,2,4,3>	是（<2,4,3>不属于L_3）	–
<1,3,4>、<1,3,5>	<1,3,4,5>	是（<1,4,5>不属于L_3）	–
	<1,3,5,4>	是（<1,5,4>不属于L_3）	–

计数检查 →

L_4:

4-序列	计数
<1,2,3,4>	2

图 6.4 产生 L_4 的过程

【例 6.4】 对于表 6.5 所示的序列数据库 S_1，从前面的过程看到，产生的所有频繁序列集合 L={<1>,<2>,<3>,<4>,<5>,<1,2>,<1,3>,<1,4>,<1,5>,<2,3>,<2,4>,<3,4>,<3,5>,<4,5>,<1,2,3>,<1,2,4>,<1,3,4>,<1,3,5>,<2,3,4>,<1,2,3,4>}。删除子序列得到最大序列的过程如下。

由于最长的序列是 4，因此所有 4-序列都是最大序列，这里只有<1,2,3,4>是最大序列。对于 4-序列<1,2,3,4>，从 L 中删除它的 3-子序列<1,2,3>、<1,2,4>、<1,3,4>、<2,3,4>，2-子序列<1,2>、<1,3>、<1,4>、<2,3>、<2,4>、<3,4>和1-子序列<1>、<2>、<3>、<4>，剩下的3-序列<1,3,5>是最大序列。

对于 3-序列<1,3,5>，从 L 中删除它的 2-子序列<1,5>、<3,5>和1-子序列<5>，剩下的2-序列<4,5>是最大序列。

到此，L 中已没有可以再删除的子序列了，得到的序列模式如表 6.7 所示。

表 6.7 由序列数据库 S_1 得到的序列模式

序列模式	计 数
<1,2,3,4>	2
<1,3,5>	2
<4,5>	2

当求出所有序列模式集合 L 后，可以采用类似 Apriori 算法生成所有的强关联规则。生成所有的强关联规则 RuleGen(L,min_conf)算法如下。

输入：所有序列模式集合 L，最小置信度阈值 min_conf。

输出：强关联规则集合 R。

方法：其过程描述如下。

```
R=Φ;
for (对于 L 中每个频繁序列 β)
        for (对于 β 的每个子序列 α)
        {     conf= β.sup_count/α.sup_count;
              if (conf≥min_conf)
                   R=R∪{α→β};          //产生一条新规则 α→β
        }
return R;
```

例如，假设有一个频繁 3-序列<{D},{B,F},{A}>，其支持度计数为 2，它的一个子序列<{D},{B,F}>的支持度计数也为 2，若置信度阈值 min_conf=75%，则<{D},{B,F}>→<{D},{B,F},{A}>是一条强关联规则，因为它的置信度=2/2=100%。

6.2.2 AprioriSome 算法

AprioriSome 算法可以看作是 AprioriAll 算法的改进，它们的主要查找序列的思路是基本一致的，仅在策略上有所差异，AprioriSome 算法主要在于将具体过程分为以下两个阶段：

（1）前推阶段（或前半部分）：此阶段只对指定长度的序列进行计数。

（2）回溯阶段（或后半部分）：此阶段跳过已经计数过的序列。

AprioriSome 算法描述如下。

输入：找频繁项集阶段转换后的序列数据库 S，最小支持度阈值 min_sup。

输出：序列模式集合 L。

方法：其过程描述如下。

```
//前推阶段（前半阶段）
L₁={频繁 1-序列};
C₁=L₁;
last=1;                         //计数的序列长度
for (k=2; C_{k-1}≠∅ and L_{last}≠∅; k++)
{     if (L_{k-1} 已知)          //L_{k-1} 已知求出
          C_k=产生于 L_{k-1} 新的候选序列;
      else                      //L_{k-1} 尚未求出
          C_k=产生于 C_{k-1} 新的候选序列;
      if (k==next(last))
      {    for (对于序列数据库 S 中的每一个客户序列 c)
                所有在 C_k 中包含在 c 中的候选者的计数增 1;
           L_k=在 C_k 中满足最小支持度的候选者;
           last= k;
      }
}
//回溯阶段（后半阶段）
for (k--; k>=1;k--)
      if (L_k 在前推阶段没有确定)
      {    删除所有在 C_k 中包含在某些 L_i（i>k）中的序列;
```

```
            for (对于在 S 中的每一个客户序列 c)
                    对在 Ck 中包含在 c 中的所有的候选者的计数增 1;
                Lk=在 Ck 中满足最小支持度的候选者;
        }
        else
        {    // Lk 已知
            删除所有在 Lk 中包含在某些 Li (i>k) 中的序列;
        }
    L=∪kLk;            //求 Lk 的并集产生所有序列模式
```

在前推阶段中，只对特定长度的序列进行计数。比如，前推阶段对长度为 1、2、4 和 6 的序列计数（计算支持度），而长度为 3 和 5 的序列则在回溯阶段中计数。next 函数以上次遍历的序列长度作为输入，返回下次遍历中需要计数的序列长度。该函数确定了哪一个序列将被计数，在对非最大序列计数时间的浪费和计算扩展小候选序列之间做出权衡。当 next(k)=k+1（k 是最后计数候选者的长度）时，所有的子序列都被计算，而候选序列集合最小，此时退化为 AprioriAll 算法。当 next(k) 远大于 k，如 next(k)=100×k 时，几乎所有的子序列都不被计算，但候选序列数却大大增加。

将 hit$_k$ 定义为频繁 k-序列个数和候选 k-序列个数的比率，即 $|L_k|/|C_k|$。下面给出按经验所使用的 next 函数。在扫描开始阶段，hit$_k$ 较大，也就是说候选序列较少，将 k 设置为较大的值，可以减少对子序列的计数。在以后扫描过程中，hit$_k$ 越来越小，将 k 设置为较小的值，可以减少候选序列数。

```
int next(int k)
{    if (hitk<0.666) return k+1;
    else if (hitk<0.75) return k+2;
    else if (hitk<0.80) return k+3;
    else if (hitk<0.85) return k+4;
    else return k+5;
}
```

使用上述算法产生新的候选序列，在第 k 遍，当不能对候选(k-1)-序列进行计数时，将没有可用的频繁序列集合 L_{k-1}。在这种情况下，利用候选集合 C_{k-1} 来产生 C_k，这是因为 L_{k-1} 包含在 C_{k-1} 中，即 $L_{k-1} \subseteq C_{k-1}$。

在回溯阶段，首先删除包含在某些频繁序列中的所有序列，将前推阶段计数的序列跳过，由于只对最大序列感兴趣，这些小序列不可能出现在结果中，同时也删除了在前推阶段发现的那些非最大序列。

在实际算法执行过程中，前推阶段和回溯阶段常常混用，以减少由候选者占用的内存空间。

【例 6.5】 以表 6.6 所示的序列数据库 S_1 为例，给出 AprioriSome 算法的执行过程，设定 min_sup=2。

假设前推阶段只计算长度 k 为 1、2、4、6… 的序列（即 next(1)=2，next(2)=4，next(3)=6…）。在前推阶段中，先置 last=1，过程如下。

（1）对序列数据库进行一次扫描得到 L_1。

（2）当 k=2 循环时，由 L_1 计算 C_2，由于 k==next(1)成立，则扫描序列数据库计算支持度得到 L_2，其过程与图 6.2 所示类似，并置 last=2。

（3）当 k=3 循环时，由 C_2 产生 C_3，其过程如图 6.5 所示，由于 k==next(2)不成立，所以不会计算 C_3 的支持度计数，因此不产生 L_3。

（4）当 k=4 循环时，由 C_3 产生 C_4，此时 k=next(2)成立，所以扫描序列数据库计算支持度得到 L_4，其过程如图 6.6 所示。

（5）当 $k=5$ 循环时，求出 C_5 为空。由于 C_5 为空，前推阶段结束。

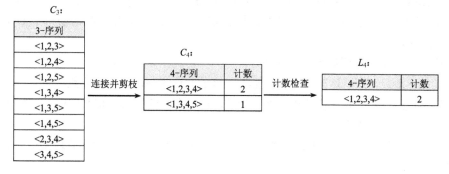

min_sup=2 C_3:

合并的2-项集	3-序列	剪枝否
<1,2>、	<1,2,3>	否
<1,3>	<1,3,2>	是（<3,2>不属于 L_2）
<1,2>、	<1,2,4>	否
<1,4>	<1,4,2>	是（<4,2>不属于 L_2）
<1,2>、	<1,2,5>	否
<1,5>	<1,5,2>	是（<5,2>不属于 L_2）
<1,3>、	<1,3,4>	否
<1,4>	<1,4,3>	是（<4,3>不属于 L_2）
<1,3>、	<1,3,5>	否
<1,5>	<1,5,3>	是（<5,3>不属于 L_2）
<1,4>、	<1,4,5>	否
<1,5>	<1,5,4>	是（<5,4>不属于 L_2）
<2,3>、	<2,3,4>	否
<2,4>	<2,4,3>	是（<4,3>不属于 L_2）
<3,4>、	<3,4,5>	否
<3,5>	<3,5,4>	是（<5,4>不属于 L_2）

连接   剪枝

C_3:

3-序列
<1,2,3>
<1,2,4>
<1,2,5>
<1,3,4>
<1,3,5>
<1,4,5>
<2,3,4>
<3,4,5>

图 6.5   产生的 C_3

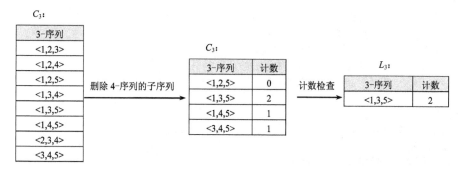

C_3:

3-序列
<1,2,3>
<1,2,4>
<1,2,5>
<1,3,4>
<1,3,5>
<1,4,5>
<2,3,4>
<3,4,5>

连接并剪枝

C_4:

4-序列	计数
<1,2,3,4>	2
<1,3,4,5>	1

计数检查

L_4:

4-序列	计数
<1,2,3,4>	2

图 6.6   产生的 L_4

之后算法进入回溯阶段，首先 $k=5$，执行 $k--$ 得到 $k=4$。

（1）当 $k=4$ 循环时，L_4 已求出，因为没有更长的序列，所以没有内容从 L_4 中删除。

（2）当 $k=3$ 循环时，L_3 未求出，先删除 C_3 中包含在 L_4 的子序列，即删除<1,2,3>、<1,2,4>、<1,3,4>、<2,3,4>，再扫描序列数据库计算支持度得到 L_3，其过程如图 6.7 所示。求得的<1,3,5>是最大序列（因为它不是 4-序列的子序列）。

C_3:

3-序列
<1,2,3>
<1,2,4>
<1,2,5>
<1,3,4>
<1,3,5>
<1,4,5>
<2,3,4>
<3,4,5>

删除 4-序列的子序列

C_3:

3-序列	计数
<1,2,5>	0
<1,3,5>	2
<1,4,5>	1
<3,4,5>	1

计数检查

L_3:

3-序列	计数
<1,3,5>	2

图 6.7   产生的 L_3

（3）当 $k=2$ 循环时，L_2 已求出，删除 L_2 中包含在 L_3 和 L_4 中的子序列，只剩下<4，5>。

（4）当 $k=1$ 循环时，L_1 中的所有序列都已被删除。

最后得到的序列模式与表 6.6 所示相同。

从前面介绍可知，AprioriSome 和 AprioriAll 比较有以下几点不同。

（1）AprioriAll 用 L_{k-1} 算出所有的候选 C_k，而 AprioriSome 会直接用 C_{k-1} 计算出所有的候选 C_k，因为 C_{k-1} 包含 L_{k-1}，所以 AprioriSome 会产生比较多的候选。

（2）虽然 AprioriSome 跳跃式计算候选，但因为它所产生的候选比较多，可能在回溯阶段前就占满内存。

（3）如果内存满了，AprioriSome 就会被强迫去计算最后一组的候选（即使原本是要跳过此项）。这样，会影响并减少已计算好的两个候选间的跳跃距离，而使得 AprioriSome 会变得与 AprioriAll 一样。

（4）对于较低的支持度，有比较长的频繁序列，也因此有比较多的非最大序列，此时 AprioriSome 较好。

6.2.3　DynamicSome 算法

DynamicSome 算法类似于 AprioriSome 算法，由函数确定要计数的序列长度，分为四个阶段（部分）。但与 AprioriAll、AprioriSome 不同，DynamicSome 算法的剪枝在后半阶段，并不像 AprioriAll、AprioriSome 那样计数后就进行剪枝，因此在支持度较小时，会产生大量的候选序列。DynamicSome 算法的主要特点如下。

- 由变量 step 来决定要计数的候选序列。
- 在初始化阶段，所有达到并且包括 step 长度的候选序列都要进行计数。
- 前半阶段跳过对一定长度的候选序列计数，对所有长度为 step 倍数的序列进行计数。
- 中间阶段产生候选序列。
- 后半阶段的算法与 AprioriSome 算法的后半阶段完全相同。需要对半阶段未计数的序列进行计数。

DynamicSome 算法描述如下。

输入：找频繁项集阶段转换后的序列数据库 S，最小支持度阈值 min_sup。

输出：序列模式集合 L。

方法：其过程描述如下。

```
step≥1 并且为整数;
//初始化阶段
L₁=频繁 1-序列;
for (k=2; k<=step and L_{k-1}≠∅; k++)
{   C_k=产生于 L_{k-1} 的新候选者;
    for (每个在序列数据库 S 中的客户序列 c)
        对在 C_k 中的包含在 c 中所有候选者的计数增 1;
    L_k=C_k 中大于或等于 min_sup 的候选者;
}
//前半阶段
for (k=step; L_k≠∅; k+=step)              //从 L_k 及 L_step 中发现 L_{k+step}
{   C_{k+step}=∅;
    for (每个在序列数据库 S 中的客户序列 c)
    {   X=otf_generate(L_k,L_step,c);
```

```
            for (在 X 中的每个序列 x)
                    if (x 包含在 C_{k+step} 中)
                            在 C_{k+step} 中 x 的计数增 1;
                    else
                            将 x 加入到 C_{k+step} 中;
            }
            L_{k+step}=在 C_{k+step} 中计数大于或等于 min_sup 的候选者;
    }
    //中间阶段
    for (k--; k>1; k--)
    {   if (L_k 仍未确定)
        {   if (L_{k-1} 已知)
                    C_k=产生于 L_{k-1} 的新候选者;
            else
                    C_k=产生于 C_{k-1} 的新候选者;
        }
    }
    //后半阶段与 AprioriSome 算法的后半阶段相同;
    L=∪_k L_k;       //求 L_k 的并集产生所有序列模式
```

对于 DynamicSome 算法，若 step 设为 3，在初始化阶段对长度为 1、2、3 的序列计数。然后在前半部分对长度为 6、9、12…的序列计数。若只想对长度为 6、9、12…的序列计数时，通过两个长度为 3 的序列进行连接运算即可得到长度为 6 的序列，同理，通过一个长度为 6 的序列与一个长度为 3 的序列进行连接运算可得到长度为 9 的序列，以此类推。但是，要想得到长度为 3 的序列，就需要长度为 1 及长度为 2 的序列，因此，就需要有初始化阶段。

DynamicSome 算法与 AprioriSome 算法相同，在后半阶段，需要对前半阶段未计数的序列进行计数。但与 AprioriSome 算法不同的是，这些候选序列不是在前半阶段产生的，而是在中间阶段产生它们，然后在后半阶段与 AprioriSome 算法相同。例如，假设前半阶段对 L_3、L_6 及 L_9 进行计数，它们的结果都为空，则在中间阶段产生 C_7 和 C_8，然后在后半部分删除了非最大序列后，先对 C_7 计数再对 C_8 计数。然后再对 C_4 和 C_5 重复这个过程。

其中，otf_generate(L_k,L_{step},c)算法的参数分别为频繁 k-序列、频繁 step-序列和客户序列，结果返回包含在 c 中的候选(k+step)-序列的集合。例如，step=3、k=6 时，执行 X=otf_generate(L_k,L_{step},c) 将 L_6 和 L_3 连接产生 9-序列集合，并将其中所有包含在 c 中候选 9-序列存放到 X 中。

其连接方式是，如果 $s_k \in L_k$，$s_j \in L_j$ 都包含在 c 中且相互不重叠，则<s_k,s_j>是一个候选(k+j)-序列。对于 c 中的每个事件 x，若 $x \in L_k$ 中序列 s_k=<…,x_l>，取 x.end=min{x_l}；对于 c 中的每个事件 y，若 $y \in L_j$ 中序列 s_j=<y_l,…>，取 y.start=max{y_l}。然后在满足连接条件 x.end<y.start 的情况下，将 s_k 和 s_j 两个序列合并得到一个候选(k+j)-序列，所有这样序列集合即为返回的候选 X。

例如，以图 6.2 中的 L_2 为例，设 c=<1,2,4>，执行 X=otf_generate(L_2,L_2,c)，c_1 对应事件 1，c_2 对应事件 2，c_3 对应事件 4。求出长度为 2 的序列集 X_2 如表 6.8 所示，只有序列<1,2>和<3,4>满足连接条件，其结果为单个序列<1,2,3,4>，即返回的候选 4-序列集合 X={<1,2,3,4>}。

表 6.8　开始与结束值

序列集 X_2	x.end	y.start
<1,2>	2	1
<1,3>	3	1
<1,4>	4	1

序列集 X_2	$x.end$	$y.start$
<2,3>	3	2
<2,4>	4	2
<3,4>	4	3

【例 6.6】 以表 6.6 所示的序列数据库 S_1 为例说明 DynamicSome 算法的执行过程，设定 min_sup=2，step=2。其过程如下。

（1）初始化阶段：求出 L_2 的过程与图 6.2 所示相同。

（2）前半阶段：k=step（2）时，由 L_k 与 L_{step} 连接，通过扫描序列数据库 S_1，求得 C_4，如表 6.9 所示，得到 L_4={<1,2,3,4>}。执行 k+=step，得到 k=4，将 C_4 与 C_2 连接得到 C_6 为空。前半阶段结束。

表 6.9 候选 4-序列集合 C_4

序 列	计 数
<1,2,3,4>	2
<1,3,4,5>	1

（3）中间阶段：k=4，执行 k--，得到 k=3，L_3 未确定，L_2 已求出，则由 L_2 产生 C_3。执行 k--，得到 k=2，L_2 已确定，不做任何事情。执行 k--，得到 k=1，L_1 已确定，不做任何事情。中间阶段结束。

（4）后半阶段：k 取前半阶段结束时的 k 值即 4，执行 k--，得到 k=3，由于 L_3 在前半部分没有计数，则对 C_3 计数得到 L_3。执行 k--，得到 k=2，L_2 已确定，从中删除包含在 L_3、L_4 中的序列。执行 k--，得到 k=1，L_1 已确定，从中删除包含在 L_2、L_3、L_4 中的子序列。

最后得到的序列模式与表 6.6 所示相同。

6.2.4 GSP 算法

1. GSP 算法描述

GSP（Generalized Sequential Patterns，广义序列模式）算法也是一种典型的基于 Apriori 性质的序列模式挖掘算法，是一种宽度优先算法，由 Srikant 和 Agrawal 于 1996 年提出。GSP 算法在 AprioriAll 算法的基础上引入了时间约束的概念，并使用哈希树来减少扫描序列数据库的次数，使得速度好于 Apriori 算法。GSP 算法利用了序列模式的向下封闭性，采用多次扫描、候选产生—测试的方法来产生序列模式。

GSP 算法主要包括以下三个步骤。

（1）扫描序列数据库，得到长度为 1 的序列模式 L_1，作为初始的种子集合。

（2）根据长度为 i 的种子集合 L_i 通过连接操作和剪枝操作生成长度为 i+1 的候选序列模式 C_{i+1}；然后扫描序列数据库，计算每个候选序列模式的支持度计数，产生长度为 i+1 的序列模式 L_{i+1}，并将 L_{i+1} 作为新的种子集合。

（3）重复第（2）步，直到没有新的序列模式或新的候选序列模式产生为止。

整个过程为：$L_1 \rightarrow C_2 \rightarrow L_2 \rightarrow C_3 \rightarrow L_3 \rightarrow C_4 \rightarrow L_4 \rightarrow \cdots$

其中，产生候选序列模式主要分两步。

（1）连接阶段：设有种子集合 L_{k-1}，候选序列集合 C_k 通过将种子集合 L_{k-1} 与 L_{k-1} 连接得到。设

s_1、s_2 分别为种子集合 L_{k-1} 中的两个(k-1)-序列，如果去掉 s_1 的第一个项与去掉 s_2 的最后一个项所得到的子序列相同，则可以将 s_1 与 s_2 进行连接，产生候选 k-序列的规则是将序列 s_1 与序列 s_2 的末项相连，若 s_2 的末项为 x，而 $\{x\}$ 恰好为 s_2 的最后一个元素（事件项集），则将 $\{x\}$ 变成 s_1 的最后一个元素；否则，x 变成 s_1 最后一个元素的最后一项。特殊情况，若 $k=2$，即种子集合为 L_1，设 $s_1=<\{x\}>$，$s_2=<\{y\}>$，则项 y 既可再成为 s_1 的最后一个项，又可成为 s_1 的最后一个元素的最后一项，即产生候选 2-序列 $<\{x\},\{y\}>$、$<\{x,y\}>$。

注意： 在 GSP 算法中，k-序列是指序列中包含 k 个项，这与前面的定义有所不同。每个候选序列比产生它的种子序列多包含一个项（序列中每个事件可能包含一个或多个项），这样给定一次扫描中得到的所有候选序列将有相同的长度。

例如，表 6.10 所示是由频繁 3-序列生成候选 4-序列的例子。对于序列 $<\{1,2\},\{3\}>$ 和 $<\{2\},\{3,4\}>$，由于 $<\{1,2\},\{3\}>$ 中删除第一个项 1 和 $<\{2\},\{3,4\}>$ 中删除最后一项 4 的结果均为 $<\{2\},\{3\}>$，所以可以连接，将后者的 4 加入到前者最后一个元素中作为最后项，从而生成 4-序列 $<\{1,2\},\{3,4\}>$。

对于序列 $<\{1,2\},\{3\}>$ 和 $<\{2\},\{3\},\{5\}>$，由于 $<\{1,2\},\{3\}>$ 中删除第一个项 1 和 $<\{2\},\{3\},\{5\}>$ 中删除最后一项 5 的结果均为 $<\{2\},\{3\}>$，所以可以连接，将后者的 $\{5\}$ 作为前者的最后一个元素，从而生成 4-序列 $<\{1,2\},\{3\},\{5\}>$。

剩下 3-序列都不满足连接条件，例如，$<\{1,2\},\{4\}>$ 不能与任何长度为 3 的序列连接，这是因为其他序列没有 $<\{2\},\{4,*\}>$ 或 $<\{2\},\{4\},\{*\}>$ 的形式。

表 6.10　由频繁 3-序列生成候选 4-序列

频繁 3-序列	候选 4-序列		
		连　接　后	剪　枝　后
$<\{1,2\},\{3\}>$			
$<\{1,2\},\{4\}>$			
$<\{1\},\{3,4\}>$		$<\{1,2\},\{3,4\}>$	$<\{1,2\},\{3,4\}>$
$<\{1,3\},\{5\}>$		$<\{1,2\},\{3\},\{5\}>$	
$<\{2\},\{3,4\}>$			
$<\{2\},\{3\},\{5\}>$			

（2）剪枝阶段。若某候选序列模式的某个子序列不是序列模式，则此候选序列模式不可能是序列模式，将它从候选序列模式中删除。

例如，表 6.10 中，连接后产生的候选序列 $<\{1,2\},\{3\},\{5\}>$ 被剪掉，因为 $<\{1\},\{3\},\{5\}>$ 并在 L_3 中，而 $<\{1,2\},\{3,4\}>$ 的所有长度为 3 的子序列都在 L_3 中，因而被保留下来。

候选序列模式的支持度计算按照如下方法进行。对于序列数据库 S 中的每个数据序列，需对其每一项进行哈希，从而确定应该考虑哈希树哪些叶子结点的候选 k-序列。对于叶子结点中的每个候选 k-序列，需考察其是否包含在该数据序列中；对每个包含在该数据序列中的候选序列，其支持度计数增 1。

GSP 算法如下。

输入： 找频繁项集阶段转换后的序列数据库 S，最小支持度阈值 min_sup。

输出： 序列模式集合 L。

方法： 其过程描述如下。

```
L1={频繁 1-序列};                      //频繁项集阶段得到 L1
for (k=2; Lk-1≠∅; k++)                //循环迭代，直到不能找到频繁 k-序列模式
```

```
{    C_k=GSP_generate(L_{k-1});                      //由 L_{k-1} 中的频繁(k-1)-序列生成候选 k-序列
     for (对序列数据库 S 中的每个客户序列 c)    //扫描序列数据库 S
          被包含于 c 中的 C_k 内的所有候选者的计数增 1;
     L_k={c∈C_k | c.sup_count≥min_sup };           //生成频繁 k-序列集合 L_k
}
L=∪_k L_k;            //求 L_k 的并集产生所有序列模式
```

2．利用哈希树计算候选序列的支持度计数

GSP 采用哈希树存储候选序列模式。哈希树的结点分为三类：根结点、内部结点和叶子结点。根结点和内部结点中存放的是一个哈希表，每个哈希表项指向其他的结点。而叶子结点内存放的是一组候选序列模式。

对于一组候选序列模式，构造哈希树的过程如下。从根结点开始，用哈希函数对序列的第一个项做映射来决定从哪个分支向下，依次在第 k 层对序列的第 k 个项做映射来决定从哪个分支向下，直到到达一个叶子结点。将序列储存在此叶子结点。初始时所有结点都是叶子结点，当一个叶子结点所存放的序列个数达到一个阈值，它将转化为一个内部结点。

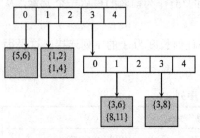

图 6.8　一棵哈希树

例如，有如图 6.8 所示的哈希树，哈希函数为"模 5"，哈希表的尺寸为 5。一个叶子结点转换为内部结点的阈值为 3 个项集。对于一个事件{1,4}，第一层的桶 1、4 需要考虑，故仅有候选项集{1,2}、{1,4}被考察。

给定序列数据库中的一个序列 s，计算候选序列的支持度计数的过程如下。

（1）对于根结点，用哈希函数对序列 s 的每一个单项做映射来并从相应的表项向下迭代地操作。

（2）对于内部结点，如果 s 是通过对单个项 x 做哈希映射来到此结点的，则对 s 中每一个和 x 在一个元素中的单个项以及在 x 所在元素之后第一个元素的第一个单项做哈希映射，然后从相应的表项向下迭代操作。

（3）对于一个叶子结点，检查每个候选序列 c 是不是 s 的子序列。如果是，则相应的候选序列的支持度计数增 1。

这种计算候选序列支持度的方法避免了大量无用的扫描，对于一个序列，仅检验那些最有可能成为它子序列的候选序列。

3．有时间约束的序列模式挖掘

基于时间约束的序列模式挖掘为用户提供了挖掘定制模式的方法。例如，通过分析大量曾患 A 类疾病的病人发病纪录，发现以下症状发生的序列模式：<{眩晕}，{两天后低烧 37～38 度}>，如果病人具有以上症状，则有可能患 A 类疾病。

用户可以通过设置一些时间参数对挖掘的范围进行限制。常用的时间参数如下。

● 序列长度与宽度的约束：序列的长度是指序列中事件的个数，宽度是指最长事件的长度。
● 最小间隔的约束：指事件之间的最小时间间隔 mingap。
● 最大间隔的约束：指事件之间的最大时间间隔 maxgap。
● 时间窗口约束：指整个序列都必须发生在某个时间窗口 ws 内。

基于时间约束的序列模式挖掘问题就是要找到支持度计数不小于最小支持度阈值且满足时间约束的序列模式。显然当 mingap=0，maxgap=∞，ws=0 时就相当于没有时间约束的序列模式挖掘。

与前面介绍的没有时间约束的序列模式挖掘相比，主要将候选序列的计数修改如下。

对于序列数据库中的每个数据序列，需对其每一项进行哈希，从而确定应该考察哈希树哪些叶子结点中的候选 k-序列。对于叶子结点中的每个候选 k-序列，需考察其是否包含在该数据序列中。对每个包含在该数据序列中的候选序列，其计数增 1。

在考察某个数据序列 S 是否包含某个候选 k-序列 s 时，需分成以下两个阶段。

（1）向前阶段：在 S 中寻找从 s 的首项开始的连续子序列 $x_i \cdots x_j (i<j)$ 直至 $time(x_j)-time(x_i)>maxgap$（这里 $time(x)$ 表示事件 x 的交易时间），此时转入向后阶段，否则，如在 S 中不能找到 s 的某个元素，则 s 不是 S 的子序列。

（2）向后阶段：由于此时 $time(x_j)-time(x_i)>maxgap$，故此时应从时间值为 $time(x_j)-maxgap$ 后重新搜索 x_{j-1}，但同时应保持 x_{j-2} 位置不变。当新找到的 x_{j-1} 仍不满足 $time(x_j)-time(x_i)\leqslant maxgap$ 时，从时间值为 $time(x_{j-1})-maxgap$ 后重新搜索 x_{j-2}，同时保持 x_{j-3} 位置不变，直至某位置元素 x_{j-i} 满足条件或 x_1 不能保持位置不变，此时，返回向前阶段。

① 当 x_{j-i} 满足 $time(x_{j-i})-time(x_{j-(i+1)})\leqslant maxgap$ 时（此时 x_1 保持位置不变），向前阶段应从 x_{j-i} 位置后重新搜索 x_{j-i+1} 及后续元素。

② 当 x_1 不能保持位置不变时，向前阶段应从原 x_1 位置后重新搜索 x_1 及后续元素。

【例 6.7】　表 6.11 所示为某个事务数据库的一个数据序列 S。现假设最大事务时间间隔 $maxgap=30$，最小事务时间间隔 $mingap=5$，滑动时间窗口 $ws=0$，考察候选数据序列 $s=<\{1,2\},\{3\},\{4\}>$ 是否包含在该数据序列中。

表 6.11　示例数据序列 S

事 件 时 间	事 件 项 集
10	{1,2}
25	{4,6}
45	{3}
50	{1,2}
65	{3}
90	{2,4}
95	{6}

首先寻找 s 的第一个元素 {1,2} 在该数据序列中第一次出现的位置，对应的事务时间为 10。由于最小事务时间间隔 $mingap=5$，故应在事务时间 15 之后寻找 s 的下一个元素 {3}。元素 {3} 在事务时间 15 后第一次出现的事务时间为 45；由于 45-10>30，故转入向后阶段，重新寻找元素 {1,2} 第一次出现的位置。在事务时间 10 后 {1,2} 第一次出现的位置对应的事务时间为 50，故下一步应该在事务时间 55 后寻找元素 {3}，而元素 {3} 出现的时间为 65，此时考察其是否满足最大时间间隔约束 65-50=15≤30，故其满足最大时间间隔约束。此时转入向前阶段，继续寻找 {3} 的下一个元素 {4} 在事务时间 70 之后第一次出现的位置。元素 {4} 出现的时间为 90，且 90-65=25≤30，满足最大时间间隔约束，且元素 {4} 为候选序列 s 的最后一个元素，故数据序列 S 包含候选序列 s，考察结束。

在考察某个数据序列 S 是否包含某个候选 k-序列 s 的两个阶段中，需要在数据序列 S 中不断寻找候选序列 s 中的单个元素。故将数据序列 S 做如下转换。对 S 中的每一项建立一个此项出现时间的链表。此时，若欲寻找某项 x 在事务时间 t 后第一次出现的位置对应的事务时间，只需对 x 的事务时间链表遍历直至找出某个大于 t 的事务时间。若欲找出候选序列 s 的某个元素 $s_i=\{x_1,\cdots,x_n\}$ 在事务时间 t 后的第一次出现，只需遍历其中每项 x_i（$1\leqslant i\leqslant n$）的事务时间链表以找出 x_i 在事务时间 t 后第一次出现的事务时间。若 $\text{time}(x_n)-\text{time}(x_1)\leqslant ws$，则已经在该数据序列 S 中找到 s_i，可以继续在 S 中寻找 s 的下一个元素；否则，令 $t=\text{time}(x_n)-ws$ 并重复此过程。

对表 6.11 所示的数据序列，其转换后的形式如表 6.12 所示。

表 6.12　事务项的事务时间链表

事　务　项	事　务　时　间
1	→10→50→NULL
2	→10→50→90→NULL
3	→45→65→NULL
4	→25→90→NULL
5	→NULL
6	→25→95→NULL
7	→NULL

GSP 算法的特点如下。

- 如果序列数据库的规模比较大，则有可能会产生大量的候选序列模式。
- 需要对序列数据库进行循环扫描。
- 对于序列模式的长度比较长的情况，由于其对应的短的序列模式规模太大，算法很难处理。

6.2.5　SPADE 算法

1. SPADE 算法的相关概念

前面介绍的几种序列挖掘算法都是基于水平数据库格式分布的，序列数据库中的数据集由一系列序列标识符和序列组成，使用水平格式存储数据，主要计算代价集中在支持度计算上。SPADE 是一种基于数据垂直数据格式的 Apriori 类算法，垂直数据分布的数据集由一系列序列标识符、事件标识符和项集组成。

例如，表 6.13 所示是一个客户交易的垂直数据库 D，它是由相应客户交易数据库转换而来的。

表 6.13　垂直数据库 D

客户号 SID	交易时间 TID	项集（事件）
s_1	10	{C,D}
s_1	15	{A,B,C}
s_1	20	{A,B,F}
s_1	25	{A,C,D,F}
s_2	15	{A,B,F}
s_2	20	{E}
s_3	10	{A,B,F}
s_4	10	{D,G,H}
s_4	20	{B,F}
s_4	25	{A,G,H}

SPADE 算法基于格理论。将序列集合中各序列之间的关系定义为一个偏序≼，如果有两个序列 s_1 和 s_2，若 s_1 是 s_2 的子序列，则存在 $s_1 \preceq s_2$ 的偏序关系。所有序列集合 S 按偏序关系构成一个序列格 S。例如，若全局项集合为 $I=\{A,B,C\}$，其上所有序列对应的序列格（部分）如图 6.9 所示。

注意： 这里的序列采用简写表示，如<D,BF,A>表示序列<$\{D\},\{B,F\},\{A\}$>。图 6.9 中每个圆圈表示一个序列，如 "B,A" 的圆圈表示序列<$\{B\},\{A\}$>。含有 k 个项的序列称为 k-序列。

所有的频繁序列都可以通过搜索序列格的方式被挖掘出来，其基本运算是两个序列的组合。两个 k-序列组合的结果为$(k+1)$-序列的集合，它们在序列格中恰好处于这两个 k-序列的上一层，该运算用 "∨" 表示。如图 6.9 所示，A、B 是两个 1-序列，它们的组合 $A \vee B=\{<A,B>,<AB>,<B,A>\}$，见图中带阴影的圆圈。

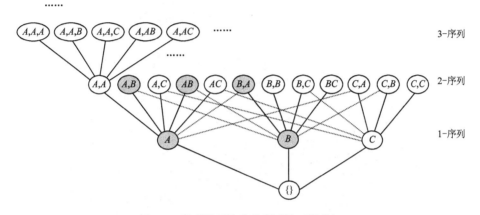

图 6.9　序列关系构成的序列格（部分）

SPADE 算法中使用 id-list 表记录每个频繁序列 S，记为 $L(S)$，它是所有数据序列的序列号 SID 和序列中事件（项集）发生时间 TID 的一个列表。因此，一个序列的支持度就是其 id-list 表中不同的数据序列的个数，也就是说，求出了一个序列的 id-list 表，就求出了该序列的支持度计数。这里采用 F_k 表示频繁 k-序列的集合。

【例 6.8】 假设最小支持度阈值 min_sup=2，对于表 6.13 所示的垂直数据库，构建长度为 1 的序列的 id-list 表如表 6.14 所示。1-序列<A>的 id-list 表 $L(A)$中有 6 行，但只有 4 个不同的序列号 SID，所以该序列的支持度计数为 4。由于 1-序列<C>的支持度计数小于 min_sup，表中没有列出，因此，频繁 1-序列集合 $F_1=\{<A>,<B>,<D>,<F>\}$。

表 6.14　长度为 1 的序列的 id-list 表

L(A)		L(B)		L(D)		L(F)	
SID	TID	SID	TID	SID	TID	SID	TID
s_1	15	s_1	15	s_1	10	s_1	20
s_1	20	s_1	20	s_1	25	s_1	25
s_1	25	s_2	15	s_4	10	s_2	15
s_2	15	s_3	10			s_3	10
s_3	10	s_4	20			s_4	20
s_4	25						

在此基础上通过两个长度为 k 的子序列的简单时态连接可以求出长度为$(k+1)$的候选序列。注

意这两个长度为 k 的子序列应满足一个性质，即它们共享一个长度为 $(k-1)$ 的前缀。

定义 6.7 前缀形式化定义如下：定义一个函数 p：$(S,N) \rightarrow S$，其中 S 是一个序列集合，N 是一个非负整数，$p(X,k)=X[1:k]$，换句话说，$p(X,k)$ 返回 X 的 k 长度的前缀。在序列格 S 上定义一个等价关系如下：$\forall X,\ Y \in S$，当且仅当 $p(X,k)=p(Y,k)$，也就是说这两个序列共享长度为 k 的前缀，则它们是 θ_k 等价的，记为 $X \equiv_{\theta_k} Y$。由 X 构成的等价类记为 $[X]_{\theta_k}$。

如图 6.10 所示，在该序列格上由 θ_1 导出的等价类集合是 $\{[A],[B],[D],[F]\}$，称这些第一层的类为父类，在图的下方。可以看到，所有具有共同前缀的序列被划分到同一等价类中，每个等价类都是序列格的一个子格。

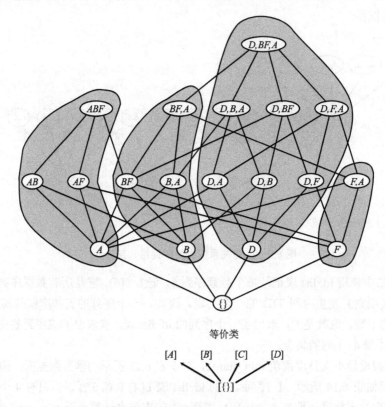

图 6.10　由 θ_1 导出的等价类

只有同一个类中的两个 k-序列才能进行时态连接运算，并产生长度为 $(k+1)$ 的候选序列。因此，为了产生所有 $(k+1)$-序列，仅需要在每个前缀等价类中执行一个简单的时态连接即可，而这种连接可被独立处理。

现在讨论具体的时态连接运算方法。考虑具有原子集合 $\{<B,AB>,<B,AD>,<B,A,A>,<B,A,D>,<B,A,F>\}$ 的等价类 $<B,A>$。用 P 代表前缀 $<B,A>$，则重写该等价类为 $[P]=\{<PB>,<PD>,<P,A>,<P,D>,<P,F>\}$。其中有两种类型的原子，事件（项集）原子为 PB 和 PD，序列原子为 $<P,A>$、$<P,D>$ 和 $<P,F>$。

根据被连接的原子类型，可得以下 3 种可能的频繁序列。

（1）两个事件原子项连接：$<AB>$ 和 $<AC>$ 进行连接得到 $<ABC>$。

（2）事件原子项与序列原子项之间连接：$<AB>$ 和 $<A,B>$ 进行连接得到 $<AB,C>$。

（3）序列原子项与序列原子项之间连接：$<A,B>$ 与 $<A,C>$ 进行连接得到 $<A,BC>$、$<A,B,C>$ 或 $<A,C,B>$。一个特殊的情况是，当对 $<A,B>$ 进行自连接时，则只能产生唯一的新序列 $<A,B,B>$。

【例6.9】如图 6.11 所示，给定<*P,A*>和<*P,F*>两个 id-list 表，为了求事件原子<*P,AF*>的 id-list 表，需要检查<*P,A*>和<*P,F*>的所有相等（SID,TID）对，求得结果为{(8,30),(8,50),(8,80)}。为了求序列原子<*P,A,F*>的 id-list 表，需要检查时间关系，也就是说，对于 $L(<P,A>)$ 中的(s,t_1)对，检查 $L(<P,F>)$ 中的(s,t_2)对，只有具有相同的 s 且 $t_2 > t_1$ 时，才将(s,t_2)对加入到新的 id-list 表中，因为该条件成立时，意味着 s 中项 F 在项 A 的后面。同样，为了求序列原子<*P,F,A*>的 id-list 表，将 $L(<P,F>)$ 和 $L(<P,A>)$ 进行时态连接。

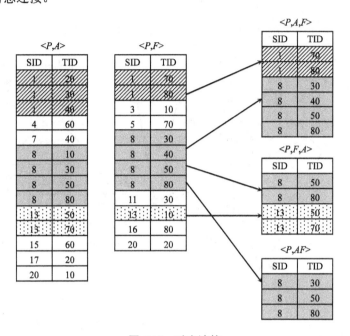

图 6.11　时态连接

对于序列格 S 中的任何 k-序列 X，设 X_1 和 X_2 表示它的以字典顺序排列的开头两个$(k-1)$-子序列，则 $X = X_1 \vee X_2$，且它的支持度计数 $X.\text{sup\_count} = |L(X_1) \cap L(X_2)|$，其中$|X|$表示序列 X 对应的 id-list 表中不同 SID 的数据序列的个数。

【例6.10】　对于序列 $X = <D,BF,A>$，它可以由其子序列 $X_1 = <D,BF>$（从 X 中删除最后一个项 A 得到）的 $L(X_1)$ 和子序列 $X_2 = <D,B,A>$（从 X 中删除倒数第 2 个项 F 得到）的 $L(X_2)$ 通过时态连接得到。递归地，采用相同的方式通过 $L(<D,B>)$ 和 $L(<D,F>)$ 的时态连接（这里采用相等连接）得到<*D,BF*>的 id-list 表，通过 $L(<D,B>)$ 和 $L(<D,A>)$ 的时态连接得到 $L(<D,B,A>)$。整个过程如图 6.12 所示。

前面介绍过，由 θ_k 等价关系导出的每个类价类 $[X]_{\theta_k}$ 是序列格 S 的一个子格，$[X]_{\theta_k}$ 也可以看成是它的原子集合的超格。例如，$[D]_{\theta_1}$ 的原子集合为{<*D,A*>,<*D,B*>,<*D,F*>}，它的底部原子是 D。可以使用时态连接求出每个类中所有序列的支持度。如果有足够的内存空间支持每个类的 id-list 表的时态连接，则可以单独处理每个 $[X]_{\theta_k}$。

通过等价关系 θ_k 可以将每个父类递归分解为更小的子类，如图 6.13 所示是将 $[D]_{\theta_1}$ 分解为更小的子类的过程，这样产生了一个等价类的格。

SPADE 算法可以采用 DFS 或 BFS 方式来搜寻每一个子类。

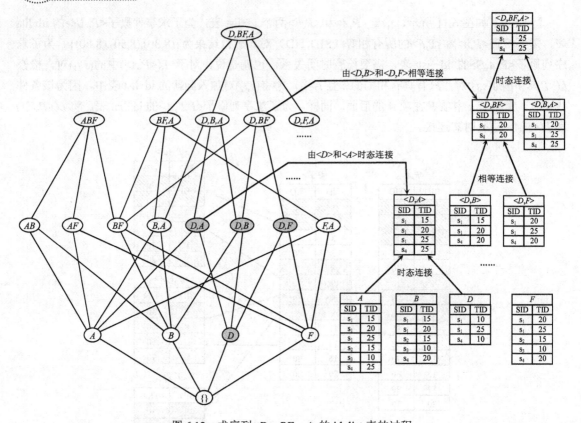

图 6.12 求序列<*D*, *BF*, *A*>的 id-list 表的过程

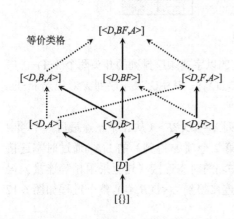

图 6.13 由 θ_k 将类[*D*]递归分解为更小的子类

（1）DFS：采用深度优先搜索方式，先沿一条路径完成所有子等价类的处理，再移到下一条路径。对于图 6.13，类的处理次序是[<*D*,*A*>]、[<*D*,*B*>]、[<*D*,*B*,*A*>]、[<*D*,*BF*>]和[<*D*,*BF*,*A*>]等。

（2）BFS：采用广度优先搜索方式，采用自底向上次序搜索通过递归应用 θ_k 产生的等价类格，先处理完一层，再处理下一层。对于图 6.13，先处理类[<*D*,*A*>]、[<*D*,*B*>]、[<*D*,*F*>]，再处理类[<*D*,*B*,*A*>]、[<*D*,*BF*>]、[<*D*,*F*,*A*>]等。

总体而言，SPADE 算法通过频繁 2-序列将每个子类逐个构建出来，即将形式为<*XY*>或者<*X*,*Y*>的序列添加到前缀类[*X*]中。在处理每个子类时，采用 Apriori 剪枝原理进行剪枝，一旦某个子类被剪枝，就不再继续处理。

2. 完整的 SPADE 算法

SPADE 算法的基本过程如下。

（1）把客户交易数据库转化为垂直表示格式 id-list 表。

（2）第一次扫描产生 1-序列模式 F_1。

（3）第 2 次扫描生成 2-序列模式 F_2，同时构建格，使有相同前缀项的序列在同一格内。

（4）第 3 次扫描，动态连接产生所有的序列模式，即通过 BFS 或 DFS 在每个类中进行搜索，枚举所有频繁序列。在挖掘过程中，随着序列模式长度的增长，表越来越小，表连接的次数和候选序列的产生大大减小，比水平格式算法效率大大提高。

在生成 F_2 时，可以由 F_1 得到，但 id-list 表的连接非常耗时，可以将垂直格式转化为水平格式，这样来高效地计算 F_2。之后只对 id-list 表进行操作，无须扫描原数据库。因此，该算法产生序列模式时只需要扫描 3 次数据库。

完整的 SPADE 算法如下。

输入：垂直数据库 D，最小支持度阈值 min_sup。

输出：序列模式集合 F。

方法：其过程描述如下。

```
F₁={频繁项集或频繁 1-序列};
F₂={频繁 2-序列};
ε={求所有等价类[X]θ₀};
for (对于 ε 中所有等价类[X]) Enumerate-Frequent-Seq([X]);

Enumerate-Frequent-Seq(S)
{    for (S 中所有原子 Aᵢ)
     {    Tᵢ=∅;
          for (S 中所有原子 Aⱼ 且 j≥i)
          {    R=Aᵢ∨Aⱼ;                    //Aᵢ 与 Aⱼ 组合产生 R
               if (Prune(R)==false)
                    L(R)=L(Aᵢ)∩L(Aⱼ);     //L(Aᵢ)和 L(Aⱼ)进行时态连接运算
               if (R.sup_count≥min_sup)
               {    Tᵢ=Tᵢ∪{R};
                    F|R|=F|R|∪{R};
               }
          }
          if (若采用深度优先搜索) Enumerate-Frequent-Seq(Tᵢ)
     }
     if (若采用广度优先搜索)
          for (所有不为空的 Tᵢ) Enumerate-Frequent-Seq(Tᵢ)
}
bool Prune(β)
{    for (对于 β 中的所有(k-1)-子序列α)
          if ([α₁]已被处理且α不属于 Fₖ₋₁)        //α₁ 表示子序列α中的第一个项
               return true;
          else
               return false;
}
```

例如，对于表 6.13，求得结果如表 6.14 所示，F_1={<A>:4,<B>:4,<D>:2,<F>:4}。

假设直接采用 1-序列的 id-list 表求 F_2，对 A、B、D、F 两两组合求解。例如，对于 A、B，其可能的 2-子序列有<AB>、<A,B>和<B,A>，由表 6.14 所示 L(A)和 L(B)求得对应的 id-list 表如表 6.15 所示。从中看到只有<AB>和<B, A>是频繁 2-序列。依此类推，可求出 F_2={<AB>:3,<AF>:3, <B,A>:2,<BF>:4,<D,A>:2,<D,B>:2,<D,F>:2,<F,A>:2}。

然后由频繁 2-序列时态连接产生 3-序列，等等，直到没有频繁序列或候选序列生成为止。表 6.13 求出的 F_3={<ABF>:3,<BF,A>:2,<D,BF>:2,<D,B,A>:2,<D,F,A>:2},F_4={<D,BF,A>:2}。

表 6.15　部分长度为 2 的序列的 id-list 表

L(<AB>)		L(<A,B>)		L(<B.A>)	
SID	TID	SID	TID	SID	TID
s_1	15	s_1	20	s_1	20
s_1	20			s_1	25
s_2	15			s_4	25
s_3	10				

实验结果表明，SPADE 算法的性能比 GSP 算法要高出 2 倍。如果不考察产生 2-序列的代价，极端情况下，SPADE 的性能将高出 GSP 一个数量级，理由是 SPADE 利用一个更加高效的基于 id-list 表结构的算法实现支持度计算。而且 SPADE 算法利用格理论将原始搜索空间进行分解，除了为产生频繁 1-序列和 2-序列而扫描原始搜索空间外，其余的操作在每个序列的 id-list 表上独立执行，这样，在挖掘过程中，搜索空间逐渐变小。因此，SPADE 对序列的数量呈现出线性可扩展性。

6.3　模式增长框架的序列挖掘算法

前面介绍的 Apriori 类算法的主要问题是产生大量候选集（如果有 100 个频繁 1-序列，产生候选 2-序列个数为 100×100+100×99/2，前者是形如<ab>的序列个数，其中 a、b 位置上均可以取 100 个项，后者是形如<(ab)>的序列个数，其中 a、b 不能重复出现，且<(ab)>和<(ba)>被认为是相同的）、多遍扫描数据库和大易挖掘长模式序列。模式增长框架的算法基于分治的思想，迭代地将原始数据集进行划分，减少数据规模，不产生候选序列，同时在划分的过程中动态地挖掘序列模式，并将新发现的序列模式作为新的划分元。典型算法的代表有 FreeSpan 算法和 PrefixSpan 算法。

6.3.1　FreeSpan 算法

FreeSpan（Frequent pattern-projected Sequential pattern mining，频繁模式投影的序列模式挖掘）算法是由 Jiawei Han 等于 2000 年提出的，它利用已产生的频繁集递归产生投影数据库，然后在投影数据库中增长子序列。此算法不仅可以挖掘所有序列模式，还减少了产生候选序列所需开销，提高算法效率。

对于一个序列 $\alpha=<s_1,s_2,\cdots,s_l>$，项集 $s_1 \cup s_2 \cup \cdots \cup s_l$ 是 α 的投影项集（删除重复项）。FreeSpan 算法基于这样的特性：如果一个项集 X 是非频繁的，其投影项集是 X 的超集的任何序列一定是非频繁序列。FreeSpan 算法以投影项集为基础通过划分搜索空间并递归产生序列的投影数据库来挖掘序列模式。

FreeSpan 算法执行的过程如下。

（1）对于给定的序列数据库 S 及最小支持度阈值 min_sup，首先扫描 S，找到 S 中所有频繁项的集合，并以降序排列生成频繁项表，即 f-list 表，设 f-list=$(x_1,x_2,\cdots,x_n)$。

（2）将 S 中所有的序列模式集合划分成 n 个互不重叠的子集，即根据生成的 f-list 表把序列数据库 S 分成几个不相交的子集，即 i 投影数据库。

● 只包含项 x_1 的序列模式集合。

● 包含项 x_2，但不包含（$x_3,\cdots,x_n$）中项的序列模式集合。

● 包含项 x_3，但不包含（$x_4,\cdots,x_n$）中项的序列模式集合。

……

- 包含项 x_{n-1}，但不包含项 x_n 的序列模式集合。

- 包含项 x_n 的序列模式集合。

也就是说，i（$1 \leqslant i \leqslant n$）投影数据库中包含 x_i 但不包含（$x_{i+1}, \cdots, x_n$）中项的序列模式集合。一般来讲，i 是一个频繁序列，开始时，i 为频繁 1-序列，对应的是 $<x_i>$ 投影数据库。

（3）在 $<x_i>$ 投影数据库中通过扫描找出频繁 2-序列集合，对于其中的每个频繁 2-序列，再次扫描 $<x_i>$ 投影数据库生成该频繁 2-序列的投影数据库，从中找出频繁 3-序列集合，依此类推，直到某个投影数据库中找不到更长的序列为止。

上述过程是一个递归过程，将所有找到的频繁序列合起来就构成了序列数据库 S 的频繁模式。

【例 6.11】 给定如表 6.16 所示的序列数据库 S，全局项集 $I=\{a,b,c,d,f,g\}$（本节中序列采用简写方式，如 $<eg(af)cbc>$ 序列是 $<\{e\},\{g\},\{a,f\},\{c\},\{b\},\{c\}>$ 的简写形式，本节用小括号代替大括号表示，如果一个事件只有单个项，则省略括号）。假设最小支持度阈值 min_sup 为 2。下面给出用 FreeSpan 算法求序列模式的过程。

表 6.16 序列数据库 S

SID	序　　列	序列的项集
10	$<a(abc)(ac)d(cf)>$	$\{a,b,c,d,f\}$
20	$<(ad)c(bc)(ae)>$	$\{a,b,c,d,e\}$
30	$<(ef)(ab)(df)cb>$	$\{a,b,c,d,e,f\}$
40	$<eg(af)cbc>$	$\{a,b,c,e,f,g\}$

第一次扫描序列数据库，找出所有的频繁项，并将这些频繁项按支持度递减排序构成一个频繁项表，即 f-list= f-list=$(a:4,b:4,c:4,d:3,e:3,f:3)$。这样生成 6 个长度为 1 的频繁序列：$<a>:4$，$<b>:4$，$<c>:4$，$<d>:3$，$<e>:3$，$<f>:3$，其中“<模式>:计数”表示模式和它的支持度计数。

将序列数据库按 α 投影操作划分成 6 个互不重叠的子数据库。α 投影数据库是由那些包含 α 且不包含任何非频繁项，也不包含在 f-list 表中居于 α 之后项的序列所组成的数据库。例如，对于频繁项 e，初始时 $<e>$ 投影数据库为空，扫描序列数据库 S，第 1 个序列中不含有 e，不予考虑；第 2 个序列中含有 e，从中删除所有 f 项得到 $<(ad)c(bc)(ae)>$，将其加入到 $<e>$ 投影数据库中；第 3 个序列中含有 e，从中删除所有 f 项得到 $<e(ab)dcb>$，将其加入到 $<e>$ 投影数据库中；第 4 个序列中含有 e，从中删除所有 f 项和不频繁项 g 得到 $<eacbc>$，将其加入到 $<e>$ 投影数据库中。

对于表 6.16 所示的序列数据库，得到的 6 个投影数据库及其序列如表 6.17 所示。

表 6.17 投影数据库及其序列

子　数　据　库	包含的序列	子　数　据　库	包含的序列
仅包含 a 的	$<aaa>$ $<aa>$ $<a>$ $<a>$	包含 d 但不包含 $e\sim f$	$<a(abc)(ac)dc>$ $<(ad)c(bc)a>$ $<(ab)dcb>$
包含 b 但不包含 $c\sim f$	$<a(ab)a>$ $<aba>$ $<(ab)b>$ $<ab>$	包含 e 但不包含 f	$<(ad)c(bc)(ae)>$ $<e(ab)dcb>$ $<eacbc>$
包含 c 但不包含 $d\sim f$	$<a(abc)(ac)c>$ $<ac(bc)a>$ $<(ab)cb>$ $<acbc>$	包含 f	$<a(abc)(ac)d(cf)>$ $<(ef)(ab)(df)cb>$ $<e(af)cbc>$

挖掘每个投影数据库的过程如下。

（1）挖掘仅包含 a 的序列模式。通过挖掘<a>投影数据库即{<aaa>,<aa>,<a>,<a>}，其中<aa>:2 是频繁的，将其保留，即得到一个频繁 2-序列<aa>，而包含<aa>的其他序列都是非频繁的，因此 该过程结束。也就是说，仅含有项 a 而不含其他任何项的频繁模式子集为{<a>,<aa>}。

（2）挖掘包含 b 但不包含 c～f 的序列模式。即挖掘<b>投影数据库{<a(ab)a>,<aba>,<(ab)b>, <ab>}，其过程如下。

① 扫描<b>投影数据库，挖掘出长度为 2 的频繁序列，共产生 3 个长度为 2 的频繁序列，即 {<ab>:4,<ba>:2,<(ab)>:2}（<aa>:2 也是其频繁 2-序列，由于前面已挖掘出来，这里不再考虑）。

② 处理<ab>:4 序列模式。扫描<b>投影数据库生成<ab>投影数据库，得到的<ab>投影数据库为 {<a(ab)a>,<aba>,<(ab)b>,<ab>}，并以此生成长度为 3 的序列模式，即得到的结果为{<aba>:2}。扫描 <ab>投影数据库生成<aba>投影数据库为{<a(ab)a>,<aba>}，没有发现任何长度为 4 的序列模式。

③ 处理<ba>:2 序列模式。扫描<b>投影数据库生成<ba>投影数据库，得到的<ba>投影数据库 为{<a(ab)a>,<aba>}，并以此生成长度为 3 的序列模式，即得到的结果为{<aba>:2}。该频繁模式前 面已考虑，不再继续。

④ 处理<(ab)>:2 序列模式。扫描<b>投影数据库生成<(ab)>投影数据库，得到的<(ab)>投影数 据库为{<a(ab)a>,<(ab)b>}，没有发现任何长度为 3 的序列模式。

这样，挖掘包含 b 但不包含 c～f 的序列模式时，共产生 4 个频繁模式{<ab>:4,<ba>:2,<(ab)>:2, <aba>:2}。

（3）挖掘包含 c 但不包含 d～f 的序列模式，即挖掘<c>投影数据库{<a(abc)(ac)c>,<ac(bc)a>, <(ab)cb>,<acbc>}，其过程如下。

① 扫描<c>投影数据库，挖掘出长度为 2 的频繁序列，结果为 {<ac>:4,<(bc)>2,<bc>:3, <cc>:3,<ca>:2,<cb>:3}（前面已求过的频繁模式不再考虑）。

② 处理<(ac)>:4 序列模式。扫描<c>投影数据库生成<ac>投影数据库，得到的<ac>投影数据库 为{<a(abc)(ac)c>,<ac(bc)a>,<(ab)cb>,<acbc>}，并以此生成长度为 3 的序列模式，即得到的结果为 {<acb>:3,<acc>:3,<(ab)c>:2,<aca>:2,<a(bc)>:2}。

③ 处理<acb>:3 序列模式。扫描<ac>投影数据库得到<acb>投影数据库，得到的结果为 {<ac(bc)a>,<(ab)cb>,<acbc>}，此时发现找不到长度为 4 的序列模式，这一过程结束。类似的，其 他 3-序列的投影数据库中也没有长度为 4 的序列模式。这样<ac>投影数据库的挖掘过程结束。

其他频繁模式的挖掘过程与此类似。

FreeSpan 算法分析：它将频繁序列和频繁模式的挖掘统一起来，把挖掘工作限制在投影数据库 中，还能限制序列分片的增长。它能有效地发现完整的序列模式，同时大大减少产生候选序列所需 的开销，比 GSP 算法快很多。其不足之处是可能会产生许多投影数据库，如果一个模式在数据库 中的每个序列中出现，那么该模式的投影数据库将不会缩减；另外，一个长度为 k 的序列可能在任 何位置增长，那么长度为 k+1 的候选序列必须对每个可能的组合情况进行考察，这样所需的开销是 比较大的。

6.3.2 PrefixSpan 算法

PrefixSpan 算法和 FreeSpan 算法一样，也是采用分治的思想，不断产生序列数据库的多个更小 的投影数据库，然后在各个投影数据库上进行序列模式挖掘。但 PrefixSpan 算法克服 FreeSpan 算 法中序列模式在任何位置增长问题，它只基于频繁前缀投影，确保序列向后增长，同时也缩减投影数据库的大小。

定义 6.8 设序列中每个事件中的项按字典顺序排列。给定序列 $\alpha=<e_1e_2\cdots e_n>$（其中 e_i 对应序列数据库 S 中的一个频繁事件），$\beta=<e_1'e_2'\cdots e_m'>$（$m\leq n$），如果 $e_i'=e_i$（$i\leq m-1$），$e_m'\subseteq e_m$，并且(e_m-e_m') 中的所有频繁项按字母顺序排在 e_m' 之后，则称 β 是 α 的前缀。

例如，$<a>$、$<aa>$、$<a(ab)>$ 和 $<a(abc)>$ 都是序列 $s=<a(abc)(ac)d(cf)>$ 的前缀，而 $<ab>$ 和 $<a(bc)>$ 却不是 s 的前缀。

定义 6.9 给定序列 $\alpha=<e_1e_2\cdots e_n>$（其中 e_i 对应序列数据库 S 中的一个频繁事件），$\beta=<e_1e_2\cdots e_{m-1}e_m'>$（$m\leq n$）是 α 的前缀。序列 $\gamma=<e_m''e_{m+1}\cdots e_n>$ 称为 α 的相对于 β 的后缀，记为 $\gamma=\alpha/\beta$。这里 $e_m''=(e_m-e_m')$，如果 e_m'' 非空，则该后缀记为 $<(\_e_m''$ 中的项$)e_{m+1}\cdots e_n>$。也可以记为 $\alpha=\beta\cdot\gamma$。注意，如果 β 不是 α 的子序列，则 α 的相对于 β 的后缀为空。

例如，若序列 $s=<a(abc)(ac)d(cf)>$，则$<(abc)(ac)d(cf)>$ 是 s 的相对于前缀$<a>$的后缀。$<(\_bc)(ac)d(cf)>$ 是 s 的相对于前缀$<aa>$的后缀，其中$(\_b)$表示该前缀的最后一个事件是 a，a 与 b 一起形成一个事件。$<(\_c)(ac)d(cf)>$是 s 的相对于前缀 $<a(ab)>$的后缀。如图 6.14 所示。

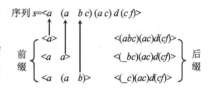

图 6.14 序列 s 的前缀和后缀

定义 6.10 设 α 是序列数据库 S 中的一个序列模式。α投影数据库记为 $S|_\alpha$，它是 S 中所有以 a 为前缀的序列相对于 a 的后缀的集合。

投影数据库中的支持度：设 a 为序列数据库 S 中的一个序列，序列 β 以 a 为前缀，则 β 在 a 的投影数据库 $S|_\alpha$ 中的支持度为 $S|_\alpha$ 中满足条件 $\beta\subseteq a\cdot\gamma$ 的序列 γ 的个数。

定理 6.1 基于前缀和后缀的概念，挖掘序列模式的问题可以分解成一系列子问题。

（1）设$\{<x_1>,<x_2>,\cdots,<x_n>\}$是序列数据库 S 中长度为 1 序列模式的集合。S 中序列模式全集可以划分成 n 个互不相交的子集。第 i（$1\leq i\leq n$）个子集是以$<x_i>$为前缀的序列模式集合。

（2）设 α 是一个长度为 l 的序列模式，$\{\beta_1,\beta_2,\cdots,\beta_m\}$是所有以 α 为前缀的长度为$(l+1)$的序列模式的集合。除 α 本身外，以 α 为前缀的序列模式集合可划分为 m 个不相交的子集，第 j（$1\leq j\leq m$）个子集是以$<\beta_j>$为前缀的序列模式集合。

证明：由于（1）是（2）的 $\alpha=<>$ 的特殊情况，所以只需要证明（2）即可。对于具有前缀 α 的序列模式 γ，设 α 的长度为 l，根据 Apriori 性质，γ 的长度为$(l+1)$的前缀一定是一个序列模式，而且根据前缀的定义，γ 的长度为$(l+1)$的前缀也含有 α 前缀，因此，一定存在某个 j（$1\leq j\leq m$），β_j 是 γ 的长度为$(l+1)$的前缀，也就是说，γ 在第 j 个子集中。另一方面，一个序列 γ 的长度为 k 的前缀是唯一的，γ 仅属于一个确定的子集，因此，这些子集是互不相交的。

定理 6.2 设 α 和 β 是序列数据库 S 中的两个序列模式，且 α 是 β 的前缀，则有：

● $S|_\beta=(S|_\alpha)|_\beta$。

● 对于具有前缀 α 的任何序列 γ，support$(\gamma)=$support$_{S|_\alpha}(\gamma)$。

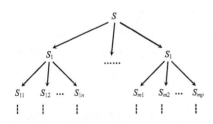

图 6.15 PrefixSpan 算法的其本过程

● α投影数据库的大小不可能超过序列数据库 S 的大小。

PrefixSpan 算法的其本过程是：扫描序列数据库 S，生成所有长度为 1 的序列模式；根据长度为 1 的序列模式，生成相应的投影数据库 S_1、S_2、$\cdots$、S_n，在各投影数据库上重复上述步骤，直到在该投影数据库上不能产生序列模式为止。其过程采用深度优先搜索，如图 6.15 所示。

PrefixSpan 算法如下。

输入：序列数据库 S 及最小支持度阈值 min_sup。

输出：所有的序列模式。

方法：去除序列数据库 S 中所有非频繁的项，然后调用子程序 PrefixSpan(<>,0,S)。

子程序 PrefixSpan(α,l,$S|_\alpha$)

参数：α 是一个序列模式，l 是序列模式 α 的长度。如果 $\alpha \neq <>$（α 不为空），$S|_\alpha$ 是 α 投影数据库；否则，$S|_\alpha$ 就是序列数据库 S。

方法：

(1) 扫描 $S|_\alpha$ 一次，找到满足下述要求的频繁项 b：

　① b 可以添加到 α 的最后一个元素中形成一个序列模式。

　② <b> 可以作为 α 的最后一个元素形成一个序列模式。

(2) 对每个生成的频繁项 b，将 b 添加到 α 中形成序列模式 α'，并输出 α'。

(3) 对每个 α'，构造 α' 投影数据库 $S|_{\alpha'}$，并调用子程序 PrefixSpan(α',l+1,$S|_{\alpha'}$)。

【例 6.12】 以表 6.16 所示的序列数据库 S 为例，假设最小支持度阈值 min_sup 为 2。下面介绍用 PrefixSpan 算法求序列模式的过程。

第 1 步　得到长度为 1 的序列模式。扫描序列数据库 S，产生长度为 1 的序列模式有：<a>:4、<b>:4、<c>:4、<d>:3、<e>:3、<f>:3。

第 2 步　划分搜索空间。序列模式的全集必然可以分为分别以 <a>、<b>、<c>、<d>、<e> 和 <f> 为前缀的序列模式的子集，即：

● 前缀为 <a> 的子集

● 前缀为 <b> 的子集

● …

● 前缀为 <f> 的子集

第 3 步　找出序列模式子集，其过程如下。

(1) 找出以 <a> 为前缀的序列模式集合。构造出 <a> 投影数据库，它由 4 个后缀序列组成：<(abc)(ac)d(cf)>、<($\_d$)c(bc)(ae)>、<($\_b$)(df)cb> 和 <($\_f$)cbc>。注意，在构造 <a> 投影数据库时仅收集 S 中包含 <a> 的序列，此外在包含 <a> 的序列中，仅需要考虑以 <a> 的第一次出现为前缀的子序列，例如，在序列 <(ef)(ab)(df)cb> 中，只需要考虑子序列 <($\_b$)(df)cb>。

扫描一次 <a> 投影数据库，求得其中局部频繁项为 a:2、b:4、$\_b$:2、c:4、d:2、f:2。因此可以得到所有以 <a> 为前缀的长度为 2 的序列模式，它们是：<aa>:2、<ab>:4、<(ab)>:2、<ac>:4、<ad>:2、<af>:2。

递归地，所有前缀 <a> 的序列模式可划分为 6 个子集：

● 前缀为 <aa> 的子集

● 前缀为 <ab> 的子集

● …

● 前缀为 <af> 的子集

通过递归地构建这些子集的相应投影数据库，并在每一个子集上进行挖掘。

① 构建 <aa> 投影数据库为 {<($\_bc$)(ac)d(cf)>}。因为不可能产生任何频繁子序列，结束。

② 构建 <ab> 投影数据库为 {<($\_c$)(ac)d(cf)>、<($\_c$)a>、<c>}。求得其序列模式为 {<($\_c$)>、<($\_c$)a>、<a>、<c>}，将 <ab> 与其中各序列合并得到 {<a(bc)>、<a(bc)a>、<aba>、<abc>}，它们形成前缀为 <ab> 的序列模式的全集。

③ 构建 <(ab)> 投影数据库为 {<($\_c$)(ac)d(cf)>、<(df)cb>}，包含前缀 <(ab)> 的序列模式有：{<c>、<d>、<f>、<dc>}，即 {<(ab)c>、<(ab)d>、<(ab)f>、<(ab)dc>}。

④ <*ac*>、<*ad*>、<*af*>投影数据库可以用类似方法构造并递归地挖掘。

（2）分别发现以<*b*>、<*c*>、<*d*>、<*e*>和<*f*>为前缀的序列模式，通过构建相应的投影数据库并分别对它们进行挖掘。

最终得到的投影数据库和发现的序列模式如表 6.18 所示。

表 6.18　投影数据库和序列模式

前缀	投 影 数 据 库	序 列 模 式
<*a*>	<(*abc*)(*ac*)*d*(*cf*)>, <(_*d*)*c*(*bc*)(*ae*)>, <(_*b*)(*df*)*cb*>、<(_*f*)*cbc*>	<*a*>、<*aa*>、<*ab*>、<*a*(*bc*)>、<*a*(*bc*)*a*>、<*aba*>、<*abc*>、<(*ab*)>、<(*ab*)*c*>、 <(*ab*)*d*>、<(*ab*)*f*>、<(*ab*)*dc*>、<*ac*>、<*aca*>、<*acb*>、<*acc*>、<*ad*>、<*adc*>、 <*af*>
<*b*>	<(_*c*)(*ac*)*d*(*cf*)>, <(_*c*)(*ae*)>、<(*df*)*cb*>、<*c*>	<*b*>、<*ba*>、<*bc*>、<(*bc*)>、<(*bc*)*a*>、<*bd*>、<*bdc*>、<*bf*>
<*c*>	<(*ac*)*d*(*cf*)>、<(*bc*)(*ae*)>、<*b*>、<*bc*>	<*c*>、<*ca*>、<*cb*>、<*cc*>
<*d*>	<(*cf*)>、<*c*(*bc*)(*ae*)>、<(_*f*)*cb*>	<*d*>、<*db*>、<*dc*>、<*dcb*>
<*e*>	<(_*f*)(*ab*)(*df*)*cb*>, <(*af*)*cbc*>	<*e*>、<*ea*>、<*eab*>、<*eac*>、<*eacb*>、<*eb*>、<*ebc*>、<*ec*>、<*ecb*>、<*ef*>、 <*efb*>、<*efc*>、<*efcb*>
<*f*>	<(*ab*)(*df*)*cb*>、<*cbc*>	<*f*>、<*fb*>、<*fbc*>、<*fc*>、<*fcb*>

定理 6.3　一个序列*α*是序列模式，当且仅当它是由 PrefixSpan 算法生成的。

证明：一个长度为 *l*（*l*≥1）的序列*α*由 PrefixSpan 算法生成，当且仅当*α*在它的(*l*-1)长度前缀*α'*的投影数据库中是一个序列模式。当*l*=1 时，*α*的长度为 0 的前缀*α'*=<>，*α'*投影数据库即为 S 自身，显然成立。当*l*>1 时，根据前面的定理 6.2，$S|_{\alpha'}$ 是*α'*投影数据库，$support_S(\alpha) = support_{S|_{\alpha'}}(\alpha)$，因此，若*α*是 $S|_{\alpha'}$ 中的一个序列模式，则它也是 S 中的序列模式。由此说明 PrefixSpan 算法生成的序列*α*一定是序列模式。

同样也容易证明，若*α*是序列模式，它一定会由 PrefixSpan 算法生成。本定理证明了 PrefixSpan 算法的正确性，保证能找出序列数据库 S 的全部序列模式。

PrefixSpan 算法分析：该算法不需要产生候选序列模式，从而大大缩减了搜索空间，相对于原始的序列数据库而言，投影数据库的规模不断减小。PrefixSpan 算法的主要开销在于投影数据库的构造，可以通过相关优化技术提高构造效率。

一般来讲，几个序列模式挖掘算法性能从低到高的排列次序是：GSP、SPADE、FreeSpan、PrefixSpan。

除了前面介绍的内容外，序列模式挖掘还包括挖掘闭合序列模式和最大序列模式、挖掘近似的序列模式、挖掘其他类型的结构序列模式和基于约束的序列模式挖掘等。

练 习 题 6

1．简述序列模式挖掘的几个应用领域。

2．简述序列模式挖掘和关联规则挖掘的异同。

3．不考虑时间约束，给出一个 4-序列<{1,3},{2},{2,3},{4}>的所有 3-子序列。

4．对于表 6.19 所示的交易数据库，假设 min_sup=50%，采用任何一种算法求出所有的频繁子序列，并给出完整的执行过程。

表 6.19　交易数据库

SID	TID	事　件
s_1	1	*A, B*
	2	*C*
	3	*D, E*
	4	*C*
s_2	1	*A, B*
	2	*C, D*
	3	*E*
s_3	1	*B*
	2	*A*
	3	*B*
	4	*D, E*
s_4	1	*C*
	2	*D, E*
	3	*C*
	4	*E*
s_5	1	*B*
	2	*A*
	3	*B, C*
	4	*A, D*

5．对于表 6.20 所示的序列数据库，假设 min_sup=2，采用 AprioriAll 算法求所有的最大序列模式。

表 6.20　序列数据库（一）

SID	序　列
1	<{1,5},{2},{3},{4}>
2	<{1},{3},{4},{3,5}>
3	<{1},{2},{3},{4}>
4	<{1},{3},{5}>
5	<{4},{5}>

6．对于表 6.21 所示的序列数据库，假设 min_sup=3，采用 GSP 算法求所有的序列模式。

表 6.21　序列数据库（二）

SID	序　列
10	<*a*(*ac*)(*adc*)>
20	<(*ba*)(*fb*)*a*>
30	<(*ab*)*bfb*(*ae*)>
40	<*a*(*af*)*d*>
50	<*d*(*fac*)>
60	<(*adf*)(*ae*)>

7．对于下面给定的每个序列 $s=<e_1,e_2,\cdots,e_n>$，确定它们是否是数据序列<{*A,B*},{*C,D*},{*A,B*},{*C,D*},{*A,B*},{*C,D*}>的子序列，时间约束为：

mingap=0　　　（e_i 中最后一个事件和 e_{i+1} 中第一个事件之间的时间间隔大于 0）

maxgap=2　　　（e_i 中第一个事件和 e_{i+1} 中最后一个事件之间的时间间隔小于或等于 2）

maxspan=6　　　（e_1 中第一个事件和 e_n 中最后一个事件之间的时间间隔小于或等于 6）

ws=1　　　　　（e_i 中第一个事件和最后一个事件之间的时间间隔小于或等于 1）

（1）$s=<\{A\},\{B\},\{C\},\{D\}>$

（2）$s=<\{A\},\{B,C,D\},\{A\}>$

（3）$s=<\{A\},\{A,B,C,D\},\{A\}>$

（4）$s=<\{B,C\},\{A,D\},\{B,C\}>$

（5）$s=<\{A,B,C,D\},\{A,B,C,D\}>$

8．考虑以下各频繁 3-序列：

$<\{1,2,3\}>$

$<\{1,2\},\{3\}>$

$<\{1\},\{2,3\}>$

$<\{1,2\},\{4\}>$

$<\{1,3\},\{4\}>$

$<\{1,2,4\}>$

$<\{2,3\},\{3\}>$

$<\{2,3\},\{4\}>$

$<\{2\},\{3\},\{3\}>$

$<\{2\},\{3\},\{4\}>$

采用 GSP 算法求出产生的所有候选 4-序列。

9．AprioriAll 算法和 GSP 算法都属于 Apriori 类算法，比较这两种算法的特点。

10．对于表 6.21 所示的序列数据库，假设 min_sup=3，采用 FreeSpan 算法求所有的序列模式。

11．对于表 6.21 所示的序列数据库，假设 min_sup=3，采用 PrefixSpan 算法求所有的序列模式。

12．FreeSpan 算法和 PrefixSpan 算法属于模式增长方法，比较这两种算法的特点。

思 考 题 6

1．假设已经以给定的 min_sup 从一个序列数据库中挖掘出序列模式。数据库在两种情况下可能更新：添加新的序列（如新的客户购买商品）；将新的子序列添加到现有的序列中（如现有客户购买新的商品）。对以上两种情况，设计一种有效的增量挖掘方法，导出满足 min_sup 的子序列的完全集，而不必从头挖掘整个序列数据库。

2．生物序列模式和交易序列模式之间有一些主要差别。第一，在交易序列模式中，两个事件之间的间隔通常是不重要的。例如，模式"购买 PC 的两个月后购买数码相机"并不意味着两次购买是连续的。然而，对于生物信息序列，间隔在模式中充当重要的角色。第二，交易序列中的模式通常是精确的，而生物信息模式可以是相当不精确的，允许插入、删除和突变。讨论这些不同点对这两个领域中挖掘方法的影响。

3．序列模式可以用类似于关联规则挖掘的方法挖掘。设计一个有效算法，由事务数据库挖掘多层序列模式。这种模式的一个例子，如"买个人计算机的客户将在三个月内买 Microsoft 软件"，对其下钻，发现该模式更详细的版本，如"买 Pentium 个人计算机的客户将在三个月内买 Microsoft Office"。

分类方法

分类是一种重要的数据挖掘技术。分类的目的是建立分类模型，并利用分类模型预测未知类别数据对象的所属类别。根据数据集的特点分类方法有很多种，本章主要介绍 k-最邻近、决策树、贝叶斯、神经网络和支持向量机的分类算法等。

7.1 分类过程

分类任务就是通过学习得到一个目标函数 f，把每个数据集 x 映射到一个预先定义的类别 y，即 $y=f(x)$。这个目标函数就是分类模型。

分类技术是一种根据输入数据集建立分类模型的系统方法。分类技术一般是用一种学习算法确定分类模型，该模型可以很好地拟合输入数据中类别和属性集之间的联系。学习算法得到的模型不仅要很好地拟合输入数据，还要能够正确地预测未知样本的类别。也就是说，分类算法的主要目标就是要建立具有很好的泛化能力模型，即建立能够准确地预测未知样本类别的模型。

分类过程分为两个阶段：学习阶段与分类阶段，如图 7.1 所示，左边是学习阶段，右边是分类阶段。

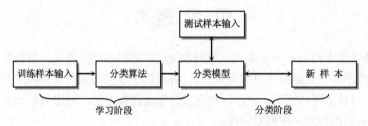

图 7.1　分类过程

7.1.1　学习阶段

学习阶段是通过分析由已知类别数据对象组成的训练数据集，建立描述并区分数据对象类别的分类函数或分类模型。同时要求所得到的分类模型不仅能很好地描述或拟合训练样本，还能正确地预测或分类新样本。

学习阶段又分为训练和测试两部分。在构造分类模型之前，先将数据集随机地分为训练数据集和测试数据集。在训练部分使用训练数据集，通过分析由属性所描述的数据集来构建分类模型。在测试部分使用测试数据集来评估模型的分类准确率,如果模型的准确率是可接受的,就可以用此模型对其他数据进行分类。

1．建立分类模型

通过分析训练数据集,选择合适的分类算法来建立分类模型。

定义 7.1　假设训练数据集是关系数据表 S,每个训练样本由 $m+1$ 个属性描述,其中有且仅有一个属性称为类别属性,表示训练样本所属的类别。属性集合表示为 $X=(A_1,A_2,\cdots,A_m,C)$,其中 A_i($1 \leqslant i \leqslant m$)对应描述属性,可以具有不同的值域,当一个属性的值域为连续域时,该属性称为连续属性,否则称为离散属性;C 表示类别属性,$C=(c_1,c_2,\cdots,c_k)$,即训练数据集有 k 个不同的类别。

为了提高分类模型的准确率、有效性和可伸缩性,通常需要对训练数据集进行数据挖掘预处理,包括数据清理、数据变换和归约等。

常用的分类算法有决策树分类算法、贝叶斯分类算法、神经网络分类算法、k-最近邻分类算法、遗传分类算法、粗糙集分类算法、模糊集分类算法等。

分类算法可以根据下列标准进行比较和评估。

● 准确率。涉及分类模型正确地预测新样本所属类别的能力。

● 速度。涉及建立和使用分类模型的计算开销。

● 强壮性。涉及给定噪声数据或具有空缺值的数据,分类模型正确地预测的能力。

● 可伸缩性。涉及给定大量数据,有效地建立分类模型的能力。

● 可解释性。涉及分类模型提供的理解和洞察的层次。

不同的分类算法可能得到不同形式的分类模型,常见的有分类规则、决策树、知识基和网络权值等。

2．评估分类模型的准确率

利用测试数据集评估分类模型的准确率。测试数据集中的元组或记录称为测试样本,与训练样本相似,每个测试样本的类别是已知的。

在评估分类模型的准确率时,首先利用分类模型对测试数据集中的每个测试样本的类别进行预测,并将已知的类别与分类模型预测的结果进行比较,然后计算分类模型的准确率。分类模型正确分类的测试样本数占总测试样本数的百分比称为该分类模型的准确率。如果分类模型的准确率可以接受,即可利用该分类模型对新样本进行分类。否则,需要重新建立分类模型。

保持法和交叉验证是两种常用的基于给定数据随机选样划分的评估分类方法准确率的技术。

1）保持法

把给定的数据随机地划分成两个独立的集合:训练集和测试集。通常,三分之一的数据分配到训练集,其余三分之二的数据分配到测试集。使用训练集得到分类器,其准确率用测试集评估。

2）交叉验证

先把数据随机分成不相交的 n 份,每份大小基本相等,训练和测试都进行 n 次。比如,如果把数据分成 10 份,先把第一份拿出来放在一边用作模型测试,把其他 9 份合在一起来建立模型,然后把这个用 90%的数据建立起来的模型用上面放在一边的第一份数据进行测试。这个过程对每一份数据都重复进行一次,得到 10 个不同的错误率。最后把所有数据放在一起建立一个模型,模型的错误率为上面 10 个错误率的平均值。

由于分类问题的多样性和复杂性，除了上述准确率评估方法外，通常还需要根据测试结果建立分类模型准确率的可靠性模型。

7.1.2　分类阶段

分类阶段的主要任务就是利用分类模型对未知类别的新样本进行分类。

首先，需要对待分类的新样本进行数据预处理，使其满足分类模型的要求。通常分类阶段采用的预处理方法应与建立分类模型时采用的预处理方法一致。

然后载入预处理后的新样本通过分类模型产生分类别结果，也就是求出所有新样本所属的类别。

最后还需要根据分类模型的可靠性模型对分类结果进行修正，以期获得更具可信度的分类结果。

7.2　k-最邻近分类算法

k-最邻近（k-Nearest Neighbors，KNN）分类算法是一个理论上比较成熟的方法，也是最简单的机器学习算法之一。该方法的思路是：训练样本用 n 维数值属性描述，每个样本代表 n 维空间的一个点。这样所有的训练样本都存放在 n 维模式空间中。给定一个未知样本，k-最邻近分类算法搜索模式空间，找出最接近未知样本的 k 个训练样本。如果这 k 个最接近的样本中的大多数属于某一个类别，则该样本也属于这个类别。

定义 7.2　给定一个训练数据库 $S=\{t_1,t_2,\cdots,t_s\}$ 和一组类 $C=\{C_1,C_2,\cdots,C_m\}$（$m\leqslant s$）。对于任意的元组 $t_i=\{t_{i1},t_{i2},\cdots,t_{in}\}\in S$（假设每个元组的描述属性个数为 n），如果存在一个 $C_j\in C$，使得：

$$sim(t_i,C_j)>=sim(t_i,C_p),\ \forall C_p\in C,C_p\neq C_j$$

则将 t_i 分配到类 C_j 中，其中 $sim(t_i,C_j)$ 被称为相似性。在实际的计算中往往用距离来表征相似性，距离越近，相似性越大，距离越远，相似性越小。通常每个类 C_i 用类中心或其中某个特征元组来表示。距离的计算方法有多种，最常用的是欧几里得距离。对于一个样本 t_i，若 C_j 类的特征样本为 t_j，则 t_i 与 C_j 的欧几里得距离定义为：

$$dist(t_i,t_j)=\sqrt{\sum_{l=1}^{n}(t_{i_l}-t_{jl})^2}$$

k-最邻近分类算法的基本过程是：对于含有 s 个元组的训练数据库 S，要对新样本 t 进行分类，先求出 t 与 S 中所有训练样本 t_i（$1\leqslant i\leqslant s$）的距离 $dist(t,t_i)$，并对所有求出的 $dist(t,t_i)$ 值递增排序，然后选取前 k 个样本集合 N，统计 N 中每个类别出现的次数，其中最大类别的 c 作为新样本 t 的分类类别。

例如，以如表 7.1 所示的人员信息表作为样本数据。假设 $k=5$，并只用"身高"属性作为距离计算属性。采用 k-最邻近分类算法对<Pat,女,1.6>进行分类的过程如下。

表 7.1　人员信息表

姓名	性别	身高（m）	类别	姓名	性别	身高（m）	类别
Kristina	女	1.6	矮	Worth	男	2.2	高
Jim	男	2	高	Steven	男	2.1	高
Maggie	女	1.9	中等	Debbie	女	1.8	中等
Martha	女	1.83	中等	Todd	男	1.95	中等

续表

姓名	性别	身高（m）	类别	姓名	性别	身高（m）	类别
Stephanie	女	1.7	矮	Kim	女	1.9	中等
Bob	男	1.85	中等	Amy	女	1.8	中等
Kathy	女	1.6	矮	Wynette	女	1.75	中等
Dave	男	1.7	矮				

这里 $t=$<Pat,女,1.6>，以"身高"属性作为距离计算属性，求出 t 与样本数据集中所有样本 t_i（$1 \leqslant i \leqslant 15$）的距离，即距离 dist=|$t_i$.身高$-t$.身高|，按距离递增排序，取前 5 个样本构成样本集合 N，如表 7.2 所示，其中 4 个属于矮个、一个属于中等个。最终认为 Pat 为矮个。

表 7.2　5 个样本集合 N

姓　名	性　别	身高（m）	类　别
Kristina	女	1.6	矮
Dave	男	1.7	矮
Kathy	女	1.6	矮
Wynette	女	1.75	中等
Stephanie	女	1.7	矮

k-最邻近分类算法如下。

输入：训练数据库 S，近邻数目 k，待分类的元组 t。

输出：输出类别 c。

方法：其过程描述如下。

```
N=∅；
for (对于 d∈S)
{   if (N 中元素个数≤k)          //将前 k 个样本 ti（1≤i≤k）作为分类样本
        N=N∪{d}；
    else
    {   distd=dist(t,d)；        //计算训练样本 d 与待分类样本 t 的距离 distd
        for (j=1; j<=k; j++)      //从 N 中找出一个满足条件 dist(t,tj)>dist(t,d) 的 tj
        {   distj=dist(t,tj)；    //求 t 到 tj 的距离
            if (distd<distj)      //t 到 d 的距离比 t 到 tj 的距离更短（更相似）
            {   将 tj 用 d 替换；
                break；           //找到这样的 tj 后退出内层 for 循环
            }
        }
    }
}
c=N 中最多的类别；
```

若 S 中有 n 个元组，采用上述算法对一个新样本进行分类的时间复杂度为 $O(kn)$（通过改进，如将 N 中的 k 个样本按 dist(t,t_i) 值建立一个大根堆，在内 for 循环中用根结点与 dist(t,d) 比较，这样实现该算法变为 $O(n\log_2 k)$）。对每一个待分类的样本都要计算它到全体已知样本的距离，才能求得它的 k 个最近邻点，所以对于 m 个新样本进行分类，其时间复杂度为 $O(kmn)$。

k-最邻近分类算法主要靠周围有限的邻近样本，而不是靠判别类域的方法来确定新样本所属类别的，因此对于类域的交叉或重叠较多的待分样本集来说，该方法较其他方法更为适合。该算法比较适

用于样本容量比较大类的自动分类，而那些样本容量较小的类域采用这种算法比较容易产生误分。

该算法在分类时的主要不足是，当样本不平衡时，如一个类的样本容量很大，而其他类样本容量很小时，有可能导致当输入一个新样本时，该样本的 k 个邻居中大容量类的样本占多数。该算法只计算"最近的"邻居样本，某一类的样本数量很大，那么或者这类样本并不接近目标样本，或者这类样本很靠近目标样本。可以采用权值的方法（和该样本距离小的邻居权值大）来改进。

k-最邻近分类算法需要解决的主要问题有：如何选择适当的训练数据集、确定合适的距离函数和 k 值的确定等。

7.3 决策树分类算法

决策树分类算法是以训练样本为基础的归纳学习算法。所谓归纳就是从特殊到一般的过程，归纳推理从若干个事实中表征出的特征、特性和属性中，通过比较、总结、概括而得出一个规律性的结论。归纳学习的过程就是寻找一般性描述的过程，这种一般性描述能够解释给定的输入数据，并可以用来预测新的数据。

决策树分类算法从一组无次序、无规则的样本中推理出决策树表示形式的分类规则。它采用自顶向下的递归方式，在决策树的内部结点进行属性值的比较，并根据不同的属性值从该结点向下分支，叶子结点是要学习划分的类。从根到叶子结点的一条路径就对应着一条合取规则，整个决策树就对应着一组析取表达式规则。本节介绍几种决策树分类算法。

7.3.1 决策树

决策树分类算法的核心是构造决策树，而决策树的构造不需要任何领域知识或参数设置，因此适合于探测式知识发现。另外，决策树可以处理高维数据，而且简单快捷，一般情况下具有很好的准确率，广泛应用于医学、金融和天文学等领域的数据挖掘。

一棵决策树由 3 类结点构成：根结点、内部结点（决策结点）和叶子结点。其中，根结点和内部结点都对应着要进行分类的属性集中的一个属性，而叶子结点是分类中的类标签的集合。如图 7.2 所示是一棵决策树的示例，它先测试"年龄"属性，对应的是根结点，当年龄属性取值"≤30"时，再对"学生"属性进行测试，若学生属性取值"是"时，该分枝的叶子结点表示购买计算机。

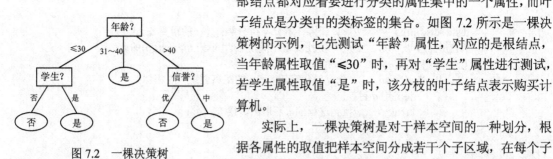

图 7.2　一棵决策树

实际上，一棵决策树是对于样本空间的一种划分，根据各属性的取值把样本空间分成若干个子区域，在每个子区域中，如果某个类别的样本占优势，便将该子区域中所有样本的类别标为这个类别。

如果一棵决策树构建起来，其分类精度满足实际需要，即可使用它来进行分类新的数据集。

建立一棵决策树，需要解决如下问题。

（1）如何选择测试属性？

测试属性的选择顺序影响决策树的结构甚至决策树的准确率。

（2）如何停止划分样本？

从根结点测试属性开始，每个内部结点测试属性都把样本空间划分为若干个（子）区域，一般当某个（子）区域的样本同类时，就停止划分样本，有时也通过阈值提前停止划分样本。

根据选择测试属性和停止划分样本的方式不同，决策树算法又分为 ID3、C4.5 算法等。

7.3.2 建立决策树的 ID3 算法

ID3 算法是 J.R.Quinlan 于 1979 年提出的，并在 1983 年和 1986 年对其进行了总结和简化，使其成为典型的决策树学习算法。ID3 算法主要给出了通过信息增益的方式来选择测试属性。

在构造决策树时，对于数据集 S，根据其中信息增益最大的属性 A_i 划分成若干个子区域，其中某个子区域 S_j 停止划分样本的方式是：如果 S_j 中所有样本的类别相同（假设为 a_{ij}），则停止划分样本（以 a_{ij} 类别作为叶子结点）；如果没有剩余属性可以用来进一步划分数据集，则使用多数表决，取 S_j 中多数样本的类别作为叶子结点的类别；如果 S_j 为空，以 S 中的多数类别作为叶子结点的类别。

1. 信息增益

从信息论角度看，通过描述属性可以减少类别属性的不确定性。不确定性可以使用熵来描述。

假设训练数据集是关系数据表 S，共有 n 元组和 $m+1$ 个属性，其中 A_1、A_2、$\cdots$、A_m 为描述属性或条件属性，C 为类别属性。类别属性 C 的不同取值个数即类别数为 u，其值域为 $(c_1, c_2, \cdots, c_u)$，在 S 中类别属性 C 取值为 c_i（$1 \leqslant i \leqslant u$）的元组个数为 s_i。

对于描述属性 A_k（$1 \leqslant k \leqslant m$），它的不同取值个数为 v，其值域为 $(a_1, a_2, \cdots, a_v)$。在类别属性 C 取值为 c_i（$1 \leqslant i \leqslant u$）的子区域中，描述属性 A_k 取 a_j（$1 \leqslant j \leqslant v$）的元组个数为 s_{ij}。

定义 7.3 类别属性 C 的无条件熵 $E(C)$ 定义为：

$$E(C) = -\sum_{i=1}^{u} p(c_i) \log_2 p(c_i) = -\sum_{i=1}^{u} \frac{s_i}{n} \log_2 \frac{s_i}{n}$$

其中，$p(c_i)$ 为 $C = c_i$（$1 \leqslant i \leqslant u$）的概率。注意，对数函数以 2 为底，因为信息用二进制位编码。

$E(C)$ 反映了属性 C 取值的不确定性，当所有 $p(c_i)$ 相同时，此时 $E(C)$ 最大，呈现最大的不确定性；当有一个 $p(c_i)=1$ 时，此时 $C(X)$ 最小即为 0，呈现最小的不确定性。

熵是信息论中一个非常重要的概念，从平均意义上来表征信源的总体信息测度。在这里将 S 中任一个属性 X 看作一个离散的随机变量，$E(X)$ 表示属性 X 所包含的信息量的多少，也就是属性 X 对 S 的分类能力。$E(X)$ 越小，表示属性 X 的分布越不均匀，这个属性越纯，其分类能力越好；反之，$E(X)$ 越大，表示属性 X 的分布越均匀，这个属性越不纯，其分类能力越差。在信息论中，信息熵只能减少而不能增加，这就是著名的信息不增性原理。

定义 7.4 对于描述属性 A_k（$1 \leqslant j \leqslant m$），类别属性 C 的条件熵 $E(C, A_k)$ 定义为：

$$E(C, A_k) = -\sum_{j=1}^{v} \frac{s_j}{n} \left(\sum_{i=1}^{u} \frac{s_{ij}}{s_j} \log_2 \frac{s_{ij}}{s_j} \right)$$

条件熵 $E(C, A_k)$ 表示在已知描述属性 A_k 的情况下，类别属性 C 对训练数据集 S 的分类能力。显然，描述属性 A_k 会增强类别属性 C 的分类能力，或者说通过 A_k 可以减少 C 的不确定性，所以总是有 $E(C, A_k) \leqslant E(C)$。

不同描述属性减少类别属性不确定性的程度不同，即不同描述属性对减少类别属性不确定性的贡献不同。因此，可以采用类别属性的无条件熵与条件熵的差（信息增益）来度量描述属性减少类别属性不确定性的程度。

定义 7.5 给定描述属性 A_k（$1 \leqslant k \leqslant m$），对应类别属性 C 的信息增益（Information Gain）定义为：

$$G(C, A_k) = E(C) - E(C, A_k)$$

$G(C, A_k)$表示在已知描述属性A_k的情况下，类别属性C对训练数据集S分类能力增加的程度，或者说，$G(C, A_k)$反映A_k减少C不确定性的程度，$G(C, A_k)$越大，A_k对减少C不确定性的贡献越大，或者说选择测试属性A_k对分类提供的信息越多。

ID3 算法就是利用信息增益这种启发信息来选择测试属性的，即每次从描述属性集中选取信息增益值最大的描述属性作为测试属性来划分数据集，以便使用该属性所划分获得的训练样本子集进行分类所需信息最小。

实际上，能正确分类训练样本集S的决策树不止一棵。ID3 算法能得出结点个数最少的决策树。

2．ID3 算法

ID3 算法以信息增益为度量，用于决策树结点的属性选择，每次优先选取信息量最多的属性，也即能使熵值变为最小的属性，以构造一颗熵值下降最快的决策树，到叶子结点处的熵值为 0。此时，每个叶子结点对应的实例集中的实例属于同一类。

建立决策树的 ID3 算法 Generate_decision_tree(S,A)如下。

输入：训练数据集S，描述属性集合A和类别属性C。

输出：决策树（以 Node 为根结点）。

方法：其过程描述如下。

```
创建对应 S 的结点 Node（初始时为决策树的根结点）；
if (S 中的样本属于同一类别 c)
{    以 c 标识 Node 并将它作为叶子结点；
     return;
}
if (A 为空)
{    以 S 中占多数的样本类别 c 标识 Node 并将它作为叶子结点；
     return;
}
for (对于属性集合 A 中每个属性 A_k)
     A_i=MAX{G(C,A_k)}                    //选择对 S 而言信息增益最大的描述属性 A_i
将 A_i 作为 Node 的测试属性；
for (A_i 的每个可能取值 a_ij)
{    产生 S 的一个子集 S_j；               //S_j 为 S 中 A_i=a_ij 的样本集合
     if (S_j 为空)
     {    创建对应 S_j 的结点 Node_j；
          以 S 中占多数的样本类别 c 标识 Node_j；
          将 Node_j 作为叶子结点形成 Node 的一个分枝；
     }
     else
          Generate_decision_tree(S_j, A-{A_i});   //递归创建子树形成 Node 的一个分枝
}
```

【例 7.1】 对于如表 7.3 所示的训练数据集S，给出利用S构造对应的决策树的过程。

表 7.3　训练数据集 S

编　号	描　述　属　性				类　别　属　性
	年　龄	收　入	学　生	信　誉	购买计算机
1	≤30	高	否	中	否
2	≤30	高	否	优	否
3	31～40	高	否	中	是

续表

编 号	描 述 属 性				类 别 属 性
	年 龄	收 入	学 生	信 誉	购买计算机
4	>40	中	否	中	是
5	>40	低	是	中	是
6	>40	低	是	优	否
7	31~40	低	是	优	是
8	≤30	中	否	中	否
9	≤30	低	是	中	是
10	>40	中	是	中	是
11	≤30	中	是	优	是
12	31~40	中	否	优	是
13	31~40	高	是	中	是
14	>40	中	否	优	否

（1）求数据集 S 中类别属性的无条件熵。

E(购买计算机)=-(9/14)×log₂(9/14)-(5/14)×log₂(5/14)=0.940286。

（2）求描述属性集合{年龄,收入,学生,信誉}中每个属性的信息增益，选取最大值的属性作为划分属性。

对于"年龄"属性：

● 年龄为"≤30"的元组数为 s_1=5，其中类别属性取"是"时共有 s_{11}=2 个元组，类别属性取"否"时共有 s_{21}=3 个元组。

● 年龄为"31~40"的元组数为 s_2=4，其中类别属性取"是"时共有 s_{12}=4 个元组，类别属性取"否"时共有 s_{22}=0 个元组。

● 年龄为">40"的元组数为 s_3=5，其中类别属性取"是"时共有 s_{13}=3 个元组，类别属性取"否"时共有 s_{23}=2 个元组。

因此，E(购买计算机,年龄)=-[(2/5)×log₂(2/5)+(3/5)×log₂(3/5)]×(5/14)-

[(4/4)×log₂(4/4)]×(4/14)-[(3/5)×log₂(3/5)+(2/5)×log₂(2/5)]×(5/14)=0.693536。

则：G(购买计算机,年龄)=0.940286-0.693536=0.24675。

同样：E(购买计算机,收入)=-[(3/4)×log₂(3/4)+(1/4)×log₂(1/4)]×(4/14)-

[(4/6)×log₂(4/6)+(2/6)×log₂(2/6)]×(6/14)-[(2/4)×log₂(2/4)+(2/4)×log₂(2/4)]×(4/14)=0.911063。

G(购买计算机,收入)=0.940286-0.911063=0.0292226。

E(购买计算机,学生)=-[(6/7)×log₂(6/7)+(1/7)×log₂(1/7)]×(7/14)-

[(3/7)×log₂(3/7)-(4/7)×log₂(4/7)]×(7/14)=0.78845。

G(购买计算机,学生)=0.940286-0.78845=0.151836。

E(购买计算机,信誉)=-[(6/8)×log₂(6/8)+(2/8)×log₂(2/8)]×(8/14)-

[(3/6)×log₂(3/6)+(3/6)×log₂(3/6)]×(6/14)=0.892159。

G(购买计算机,信誉)=0.940286-0.892159=0.048127。

通过比较，求得信息增益最大的描述属性为"年龄"，选取该描述属性来划分样本数据集 S，构造决策树的根结点，如图 7.3 所示。

图 7.3 选取年龄属性作为根结点

（3）求年龄属性取值为"≤30"的子树。此时的子表 S_1 如表 7.4 所示，描述属性集合为{收入,学生,信誉}。

① 选择数据集 S_1 的划分属性。

求类别属性的无条件熵：

E(购买计算机)$=-(2/5)\times\log_2(2/5)-(3/5)\times\log_2(3/5)=0.970951$。

E(购买计算机,收入)$=-[(1/1)\times\log_2(1/1)]\times(1/5)-[(1/2)\times\log_2(1/2)+(1/2)\times\log_2(1/2)]\times(2/5)-[(2/2)\times\log_2(2/2)]\times(2/5)=0.4$。

G(购买计算机,收入)$=0.970951-0.4=0.570951$。

E(购买计算机,学生)$=-[(2/2)\times\log_2(2/2)]\times(2/5)-[(3/3)\times\log_2(3/3)]\times(3/5)=0$。

G(购买计算机,学生)$=0.970951-0=0.970951$。

E(购买计算机,信誉)$=-[(1/3)\times\log_2(1/3)+(2/3)\times\log_2(2/3)]\times(3/5)-[(1/2)\times\log_2(1/2)+(1/2)\times\log_2(1/2)]\times(2/5)=0.950978$。

G(购买计算机,信誉)$=0.970951-0.950978=0.0199731$。

通过比较，求得信息增益最大的描述属性为"学生"。选取该描述属性来划分样本数据集 S_1。

表 7.4 年龄属性取值为"≤30"的子表 S_1

编 号	描述属性			类别属性
	收 入	学 生	信 誉	购买计算机
1	高	否	中	否
2	高	否	优	否
8	中	否	中	否
9	低	是	中	是
11	中	是	优	是

② 对于数据集 S_1，求学生属性取值为"否"的子树。此时的子表 S_{11} 如表 7.5 所示，其中全部类别属性值相同，该分支结束。

表 7.5 学生属性取值为"否"的子表 S_{11}

编 号	描述属性		类别属性
	收 入	信 誉	购买计算机
1	高	中	否
2	高	优	否
8	中	中	否

③ 对于数据集 S_1，求学生属性取值为"是"的子树。此时的子表 S_{12} 如表 7.6 所示，其中全部类别属性值相同，该分支结束。

表 7.6 学生属性取值为"是"的子表 S_{12}

编 号	描述属性		类别属性
	收 入	信 誉	购买计算机
9	低	中	是
11	中	优	是

此时构造部分决策树如图 7.4 所示。

（4）求年龄属性取值为"31～40"的子树。此时的子表 S_2 如表 7.7 所示，描述属性集合为{收入,学生,信誉}，其中全部类别属性值相同，该分支结束。

此时构造部分决策树如图 7.5 所示。

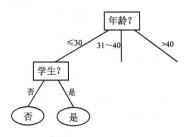

图 7.4　部分决策树

表 7.7　年龄属性取值为"31～40"的子表 S_2

编　号	描 述 属 性			类 别 属 性
	收　入	学　生	信　誉	购买计算机
3	高	否	中	是
7	低	是	优	是
12	中	否	优	是
13	高	是	中	是

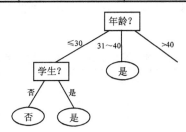

图 7.5　部分决策树

（5）求年龄属性取值为">40"的子树。此时的子表 S_3 如表 7.8 所示，描述属性集合为{收入,学生,信誉}。

表 7.8　年龄属性取值为">40"的子表 S_3

编　号	描 述 属 性			类 别 属 性
	收　入	学　生	信　誉	购买计算机
4	中	否	中	是
5	低	是	中	是
6	低	是	优	否
10	中	是	中	是
14	中	否	优	否

① 选择数据集 S_3 的划分属性。

E(购买计算机)$=-(3/5)×\log_2(3/5)-(2/5)×\log_2(2/5)=0.970951$。

E(购买计算机,收入)$=-[(1/2)×\log_2(1/2)+(1/2)×\log_2(1/2)]×(2/5)-$
$\qquad [(2/3)×\log_2(2/3)+(1/3)×\log_2(1/3)]×(3/5)=0.950978$。

G(购买计算机,收入)$=0.970951-0.950978=0.0199731$。

E(购买计算机,学生)$=-[(2/3)×\log_2(2/3)+(1/3)×\log_2(1/3)]×(3/5)-$
$\qquad [(1/2)×\log_2(1/2)+(1/2)×\log_2(1/2)]×(2/5)=0.950978$。

G(购买计算机,学生)$=0.970951-0.950978=0.0199731$。

E(购买计算机,信誉)$=-[(3/3)×\log_2(3/3)]×(3/5)-[(2/2)×\log_2(2/2)]×(2/5)=0$。

G(购买计算机,信誉)$=0.970951-0=0.970951$。

通过比较，求得信息增益最大的描述属性为"信誉"，选取该描述属性来划分样本数据集 S_3。

② 对于数据集 S_3，求信誉属性取值为"优"的子树。此时的子表 S_{31} 如表 7.9 所示，其中全部类别属性值相同，该分支结束。

表 7.9　信誉属性取值为"优"的子表 S_{31}

编　号	描　述　属　性		类　别　属　性
	收　入	学　生	购买计算机
6	低	是	否
14	中	否	否

③ 对于数据集 S_3，求信誉属性取值为"中"的子树。此时的子表 S_{32} 如表 7.10 所示，其中全部类别属性值相同，该分支结束。

表 7.10　信誉属性取值为"中"的子表 S_{32}

编　号	描　述　属　性		类　别　属　性
	收　入	学　生	购买计算机
4	中	否	是
5	低	是	是
10	中	是	是

最后构造的决策树如图 7.2 所示。

ID3 算法的优点：算法的理论清晰，方法简单，学习能力较强。

ID3 算法的缺点：用信息增益作为选择分枝属性的标准，偏向于取值较多的属性；只能处理离散型属性；对比较小的数据集有效，且对噪声比较敏感；可能会出现过度拟合的问题。所谓过度拟合，就是给定一个假设空间 S，一个假设 $t\in S$，如果存在其他的假设 $t_1\in S$，使得在训练样本上 t 的错误率比 t_1 小，但在实际算法执行中 t_1 的错误率比 t 小，则称假设 t 过度拟合训练数据，过度拟合产生的原因是数据有噪声或者训练样本太小等，解决办法有及早停止树增长和后剪枝法等。

3．提取分类规则

建立了决策树之后，可以对从根结点到叶子结点的每条路径创建一条 IF-THEN 分类规则，即沿着路径，每个内部属性-值对（内部结点-分枝对）形成规则前件（IF 部分）的一个合取项，叶子结点形成规则后件（THEN 部分）。

例如，对于图 7.2 所示的决策树，转换成以下 IF-THEN 分类规则：

IF 年龄='≤30' AND 学生='否'   THEN 购买计算机='否'

IF 年龄='≤30' AND 学生='是'   THEN 购买计算机='是'

IF 年龄='31～40'   THEN 购买计算机='是'

IF 年龄='>40' AND 信誉='优'   THEN 购买计算机='否'

IF 年龄='>40' AND 信誉='中'   THEN 购买计算机='是'

4．SQL Server 中决策树分类示例

对于表 7.3 所示的训练数据集，用 SQL Server 进行决策树分类的过程如下。

1）建立数据表

在 SQL Server Management Studio 的 DM 数据库中建立表 DST，其结构如图 7.6 所示，并输入表 7.3 所示的数据。为了进行分类预测，建立一个与 DST 相同结构的表 DST1，其中输入的数据如表 7.11 所示，其中类别属性为空。

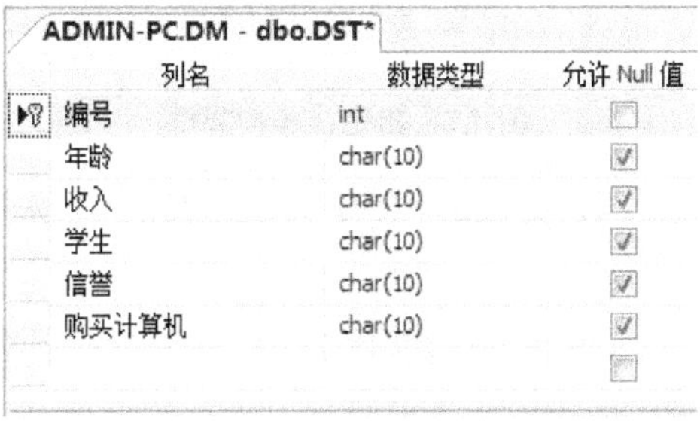

图 7.6 DST 表结构

表 7.11 DST1 表数据

编 号	描 述 属 性				类 别 属 性
	年 龄	收 入	学 生	信 誉	购买计算机
1	≤30	中	是	中	
2	31～40	中	否	优	
3	>40	高	否	优	

2）建立数据源视图

采用 2.6.3 节的步骤定义数据源视图 DM4.dsv，它只对应 DM 数据库中的 DST 表。另建立一个数据源视图 DM41.dsv，它只对应 DM 数据库中的 DST1 表。

3）建立挖掘结构 DecisionTree.dmm

其步骤如下。

（1）在解决方案资源管理器中，右键单击"挖掘结构"选项，再选择"新建挖掘结构"选项以打开数据挖掘向导。在"欢迎使用数据挖掘向导"页面上，单击"下一步"按钮。在"选择定义方法"页面上，确保已选中"从现有关系数据库或数据仓库"，再单击"下一步"按钮。

（2）在"创建数据挖掘结构"页面的"您要使用何种数据挖掘技术？"选项下，选中列表中的"Microsoft 决策树"，如图 7.7 所示，再单击"下一步"按钮。

（3）选择数据源视图为 DM4，单击"下一步"按钮。

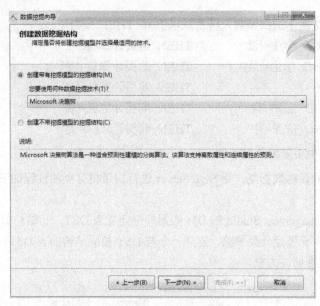

图 7.7　指定决策树算法

（4）在"指定表类型"页面上，在 DST 表的对应行中选中"事例"复选框，如图 7.8 所示。单击"下一步"按钮。

图 7.8　指定表类型

（5）在"指定定型数据"页面中，设置数据挖掘结构如图 7.9 所示。单击"下一步"按钮。

（6）出现"指定列的内容和数据类型"页面，保持默认值，单击"下一步"按钮。在"创建测试集"页面上，"测试数据百分比"选项的默认值为 30%，将该选项更改为 0。单击"下一步"按钮。

（7）在"完成向导"页面的"挖掘结构名称"和"挖掘模型名称"选项中，输入 DecisionTree。然后单击"完成"按钮。

图 7.9 指定定型数据

（8）单击"挖掘模型"选项卡，右击"Microsoft_Decision_Trees"选项，在出现的快速菜单中选择"设置算法参数"命令，在"算法参数"对话框中设置参数，如图 7.10 所示。将"COMPLEXITY_PENALTY"设定为"0.01"，由于这里事件数据很少，如果该值过大，不会拆分结点，导致无法建立决策树；将"MINIMUM_SUPPORT"设定为"2"，因为这里叶子结点中最少的事件数为 2；将"SCORE_METHOD"设定为"1"，表示采用信息熵作为属性选择的启发信息。

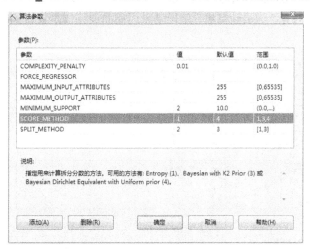

图 7.10 设置算法参数

4）部署决策表分类项目并浏览结果

在解决方案资源管理器中单击"DM"选项，在出现的下拉菜单中选择"部署"命令，系统开始执行部署，完成后出现部署成功的提示信息。

单击"挖掘结构"下的"DecisionTree.dmm"选项，在出现的下拉菜单中选择"浏览"命令，系统创建的决策树如图 7.11 所示。将鼠标移到信誉='优'的结点，会自动弹出相应的决策结果，图中表示当"年龄>40且信誉='优'"时,购买计算机的结果为"否",且对应的事件个数为2。

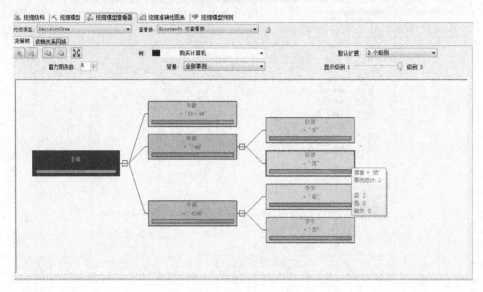

图 7.11　创建的决策树

5)分类预测

单击"挖掘模型预测"选项卡,再单击"选择输入表"对话框中的"选择事例表"命令,指定 DM41 数据源中的 DST1 表。

保持默认的字段连接关系,将 DST1 表中的各个列拖放到下方的列表中,选中"购买计算机"字段的前面"源",从下拉列表中选择"DecisionTree"选项,如图 7.12 所示,表示其他字段数据直接来源于 DST1 表,只有"购买计算机"字段是采用前面训练样本集得到的决策树模型来进行预测的。

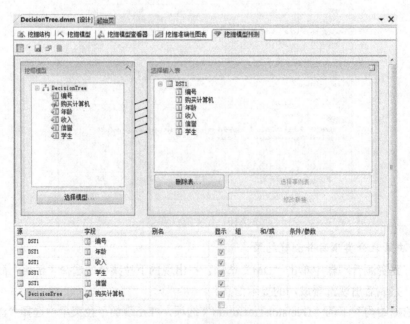

图 7.12　创建挖掘预测结构

在任一空白处右击并在下拉菜单中选择"结果"命令，出现如图 7.13 所示的分类预测结果。读者可以结合前面构建的决策树判断其正确性。用户还可以将该结果存放到另一个数据库表中。

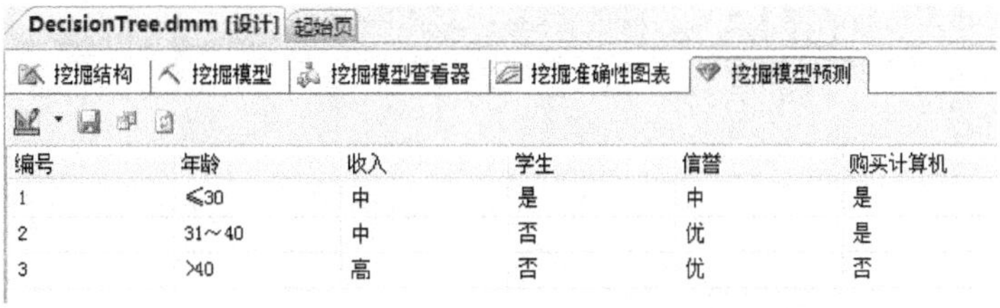

编号	年龄	收入	学生	信誉	购买计算机
1	≤30	中	是	中	是
2	31~40	中	否	优	是
3	>40	高	否	优	否

图 7.13　决策树的预测结果

7.3.3　建立决策树的 C4.5 算法

C4.5 算法是 Quinlan 在 1993 年针对 ID3 算法存在的一些缺点提出的，它是 ID3 算法的后继，同时也成为诸多决策树算法的基础。

C4.5 算法和 ID3 算法相比，改进的主要方面如下。

● C4.5 用信息增益率来选择属性，提高了衡量属性划分数据的广度和均匀性。

● C4.5 加进了对连续型属性、属性值空缺情况的处理。

● C4.5 对树的剪枝也有了较成熟的方法，如后剪枝技术。

1．C4.5 算法

定义 7.6　对于训练数据集 S（含 n 个元组），若描述属性 A_k 的 v 的取值 $(a_1,a_2,\cdots,a_v)$ 将训练数据集 S 划分为 v 个子集，每个子集的元组个数为 n_j（$1 \leqslant j \leqslant v$），若相应的信息增益比率定义为：

$$GRatio(S, A_k) = \frac{Gain(S, A_k)}{SplitE(S, A_k)}$$

其中，$Gain(S,A_k)$ 即为定义 7.4 所定义的 $G(C, A_k)$。而：

$$SplitE(S, A_k) = \sum_{j=1}^{v} \frac{n_j}{n} \log_2 \frac{n_j}{n}$$

建立决策树的 C4.5 算法 Generate_decision_tree(*S,A*)如下。

输入：训练数据集 S，描述属性集合 A 和类别属性 C。

输出：决策树（以 Node 为根结点）。

方法：其过程描述如下。

```
创建对应 S 的结点 Node（初始时为决策树的根结点）；
if (S 中的样本属于同一类别 c)
{    以 c 标识 Node 并将它作为叶子结点；
     return；
}
if (A 为空 or S 中的样本个数少于给定的阈值)
{    以 S 中占多数的样本类别 c 标识 Node 并将它作为叶子结点；
     return；
}
for (对于属性集合 A 中每个属性 Ak)
     Ai=MAX{GRatio(S,Ak)}              //选择对 S 而言信息增益比率最大的描述属性 Ai
将 Ai 作为 Node 的测试属性；
if (Ai 为连续属性) 找该属性的分割阈值；
for (Ai 的每个可能取值 aij)
```

```
{       产生 S 的一个子集 Sⱼ;                      //Sⱼ为 S 中 Aᵢ=aᵢⱼ 的样本集合
        if (Sⱼ为空)
        {       创建对应 Sⱼ 的结点 Nodeⱼ;
                以 S 中占多数的样本类别 c 标识 Nodeⱼ;
                将 Nodeⱼ 作为叶子结点形成 Node 的一个分枝;
        }
        else
                Generate_decision_tree(Sⱼ, A−{Aᵢ});      //递归创建子树形成 Node 的一个分枝
}
计算每个结点的分类错误,进行树剪枝;
```

C4.5 算法和 ID3 算法相比,不仅分类准确率高而且速度快,生成的决策树分枝也较少。

C4.5 算法的缺点是在构造树的过程中,需要对数据集进行多次顺序扫描和排序,因而导致算法的低效。

2．选择连续性测试属性的处理方法

C4.5 算法选择连续性测试属性的处理过程如下。

（1）将训练数据集 S 中的样本按连续描述属性 A 的值进行递增排序,一般采用快速排序法。假设 S 中属性 A 有 m 个不同的取值,则排好序的取值序列为 $a_1, a_2, \cdots, a_m$。

（2）按该顺序逐一将两个相邻值的平均值 a' 作为分割点,分割点将 S 划分为两个子集,分别对应属性 A 小于 a' 和大于 a' 的两个子集。这样共有 $m-1$ 个分割点。

（3）分别计算每个分割点的信息增益比率,选择具有最大信息增益比率的分割点。

（4）按照上述方法求出当前候选属性集中所有属性的信息增益比率,找出其中信息增益比率最高的属性作为测试属性。

3．对缺失数据的处理方法

C4.5 算法对缺失数据的处理方法如下。

假设 t 是训练样本集 S 中的一个元组,但其描述属性 A 的值 $A(t)$ 是未知的。采用的策略是为属性 A 的每个可能值赋予一个概率。例如,给定一个布尔属性 A,如果某结点 Node 包含 6 个已知 $A=1$ 和 4 个 $A=0$ 的元组,那么 $A(t)=1$ 的概率是 0.6,而 $A(t)=0$ 的概率是 0.4。于是,元组 t 以 60%的概率分配到 $A=1$ 的分枝,以 40%的概率分配到另一个分枝。如果有第二个缺少值的属性必须被测试,这些元组可以在后继的树分枝中被进一步细分。

4．后剪枝方法

后剪枝方法可以避免树的高度无节制地增长和过度拟合数据。

常见的是一种称为 CART 的后剪枝方法,该方法将树的代价复杂度看作树中叶子结点的个数和树的错误率的函数。它从树的底部开始,对于每个内部结点 Node,计算 Node 处子树的代价复杂度和该子树剪枝 Node 处子树(即用一个叶子结点替换)的代价复杂度。比较这两个值,如果剪去 Node 结点的子树导致较小的代价复杂度,则剪去该子树;否则保留该子树。一般最小化代价复杂度的最小决策树是首选。

C4.5 算法使用悲观的剪枝方法,它类似于 CART 方法,也使用错误率评估。错误率函数 e 与 Node 结点中分类错误的元组数 E、真实的误差率 q、置信度 c 和置信度标准差 z 等相关,用此上限为结点 Node 错误率做一个悲观的估计,通过判断剪枝前后 e 的大小,从而决定是否需要剪枝。

7.4 贝叶斯分类算法

贝叶斯分类算法是基于贝叶斯定理，利用贝叶斯公式计算出待分类对象（元组）的后验概率，即该对象属于某一类别的概率，然后选择具有最大后验概率的类别作为该对象所属的类别。根据描述属性是否独立，贝叶斯分类算法又分为朴素贝叶斯算法和树增强朴素贝叶斯算法，本节介绍这两种算法。

7.4.1 贝叶斯分类概述

1. 贝叶斯定理

设 X 是类别未知的数据样本，H 为某种假定，如数据样本 X 属于某特定的类 C。对于分类问题就是要确定 $P(H|X)$，即给定观测数据样本 X，求出 H 成立的概率。若已知 $P(H)$、$P(X)$ 和 $P(X|H)$，如图 7.14 所示，求 $P(H|X)$ 的贝叶斯定理如下：

$$P(H \mid X) = \frac{P(X \mid H)P(H)}{P(X)}$$

其中，$P(H)$ 是关于 H 的先验概率，$P(X)$ 是关于 X 的先验概率，$P(H)$ 是独立于 X 的。先验概率通常是根据先验知识确定的，通常来源于经验和历史资料，反映随机变量的总体信息。而 $P(X|H)$ 表示在条件 H 下、X 的后验概率，$P(H|X)$ 表示对于 X、假设 H 成立的后验概率。

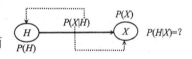

图 7.14 贝叶斯定理

从直观上看，$P(H|X)$ 随着 $P(H)$ 和 $P(X|H)$ 的增长而增长，同时也可看出 $P(H|X)$ 随着 $P(X)$ 的增加而减小。这是很合理的，因为如果 X 独立于 H 时被确定的可能性越大，而 X 对 H 的支持度越小。

例如，假定数据样本集由各种水果组成，每种水果都可以用形状和颜色来描述。如果用 X 代表红色并且是圆的，H 代表 X 属于苹果这个假设，则 $P(H|X)$ 表示已知 X 是红色并且是圆的条件下 X 是苹果的概率（确信程度）。在求 $P(H|X)$ 时通常已知以下概率。

- $P(H)$：拿出任意一个水果，不管它是什么颜色和形状，它属于苹果的概率。
- $P(X)$：拿出任意一个水果，不管它是什么水果，它是红色并且是圆的概率。
- $P(X|H)$：一个水果，已知它是一个苹果，则它是红色并且是圆的概率。

此时可以直接利用贝叶斯定理求 $P(H|X)$。

再看一个例子，某高中将毕业生分为优秀和一般两个等级，根据历年的高考情况得出考取一本的学生总比率为 38%，而考取一本的学生中优秀生占 82%，当前一届毕业生中有 40% 属于优秀生，张三是该校的一名应届毕业生，他八成是优秀生。那么张三考取一本的可能性有多大呢？

分析该问题，该校的全体应届毕业生构成训练样本集。该训练样本集两个属性，一个是学生等级，其值域为{优秀生，一般}，它是描述属性的，另一个是类别属性，即是否考取一本，其值域为{考取一本，未考取一本}。用 H 表示"考取一本"这一假设，因此有 $P(H)=0.38$；用 X 表示优秀生，则 $P(X)=0.4$，依历史数据有 $P(X|H)=0.82$。根据贝叶斯定理，$P(H|X)=(0.82×0.38)/0.4=0.78$，它表示优秀生中考取一本的可能性为 78%。$p($"张三"$)=0.8$ 表示张三是优秀生的概率。所以张三考上一本的概率为 $P(H|X)×p($"张三"$)=0.78×0.8=0.62$，即有 62% 的可能性。

2. 贝叶斯信念网络

前面介绍的贝叶斯定理中仅考虑两个随机变量。

贝叶斯信念网络（Bayesian Belief Network，BBN），简称贝叶斯网，用图形表示一组随机变量之间的概率关系。贝叶斯网有两个主要成分。

- 一个有向无环图（DAG）：图中每个结点代表一个随机变量，每条有向边表示变量之间的依赖关系。若有一条有向边从结点 X 到结点 Y，那么 X 就是 Y 的父结点，Y 就是 X 的子结点。
- 一个条件概率表（CPT）：把各结点和父结点关联起来。在 CPT 中，如果结点 X 没有父结点，则表中只包含先验概率 $P(X)$；如果结点 X 只有一个父结点 Y，则表中包含条件概率 $P(X|Y)$；如果结点 X 有多个父结点 Y_1、Y_2、$\cdots$、Y_k，则表中包含条件概率 $P(X|Y_1、Y_2、\cdots、Y_k)$。

贝叶斯网中的一个结点可以被选为输出结点，用以代表类别属性，一个贝叶斯网可以有多于一个的输出结点。该网络可以利用学习推理算法，其分类过程不是返回一个类别，而是返回一个关于类别属性的概率分布，即对每个类别的预测概率。

定义 7.7 对于随机变量（Z_1、Z_2、$\cdots$、Z_n），任何数据对象（z_1、z_2、$\cdots$、z_n）的联合概率可以通过以下公式计算获得：

$$P(z_1, z_2, \cdots, z_n) = \prod_{i=1}^{n} P(z_i \mid \text{parent}(Z_i))$$

其中，$\text{parent}(Z_i)$ 表示 Z_i 的父结点，$P(z_i|\text{parent}(Z_i))$ 对应条件概率表中关于 Z_i 结点的一个入口。若 Z_i 没有父结点，则 $P(z_i|\text{parent}(Z_i))$ 等于 $P(z_i)$。

【例 7.2】 有 X、Y 和 Z 三个二元随机变量（取值只有 0、1 两种情况），假设 X、Y 之间是独立的，它们对应的条件概率表如表 7.12 所示。若已知条件概率 $P(X=1)=0.3$，$P(Y=1)=0.6$，$P(Z)=0.7$，求 $P(X=0，Y=0|Z=0)$ 的后验概率。

表 7.12　关于 Z 的条件概率表

	$X=1$，$Y=1$	$X=1$，$Y=0$	$X=0$，$Y=1$	$X=0$，$Y=0$
$Z=1$	0.8	0.5	0.7	0.1
$Z=0$	0.2	0.5	0.3	0.9

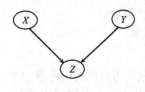

图 7.15　一个贝叶斯网

表中数值表示的是后验概率 $P(Z|X,Y)$，如有：$P(Z=1|X=1,Y=1)=0.8$，$P(Z=0|X=1,Y=1)=0.2$。

因此画出相应的贝叶斯网如图 7.15 所示。一般来说，在画贝叶斯网时，若已知 $P(X|Y)$ 条件概率，则画一条从 Y 到 X 的有向边；若已知 $P(X|Y_1$、Y_2、$\cdots$、$Y_k)$ 条件概率，则从 Y_1、Y_2、$\cdots$、Y_k 各画一条从 Y_i（$1 \leq i \leq k$）到 X 的有向边。

$$P(X=0)=1-P(X=1)=0.7,\quad P(Y=0)=1-P(Y=1)=0.4,\quad P(Z=0)=1-P(Z=1)=0.3$$

由于 X、Y 均没有父结点，所以联合概率 $P(X=0，Y=0)=P(X=0)\times P(Y=0)=0.7\times 0.4=0.28$。依条件概率表有 $P(Z=0|X=0,Y=0)=0.9$。

根据贝叶斯定理，有：

$$P(X=0,Y=0|Z=0)=P(Z=0|X=0,Y=0)\times P(X=0,Y=0)/P(Z=0)=0.9\times 0.28/0.3=0.84$$

7.4.2　朴素贝叶斯分类

1．朴素贝叶斯分类原理

朴素贝叶斯分类基于一个简单的假定：在给定分类特征条件下，描述属性值之间是相互条件独立的。

朴素贝叶斯分类思想是：假设每个样本用一个 n 维特征向量 $X=\{x_1,x_2,\cdots,x_n\}$ 来表示，描述属性为 A_1、A_2、$\cdots$、A_n（A_i 之间相互独立）。类别属性为 C，假设样本中共有 m 个类即 C_1、C_2、$\cdots$、C_m，对应的贝叶斯网如图 7.16 所示。

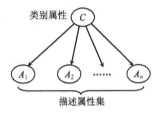

图 7.16　一个贝叶斯网

给定一个未知类别的样本 X，朴素贝叶斯分类将预测 X 属于具有最高后验概率 $P(C_i|X)$ 的类，也就是说，将 X 分配给类 C_i，当且仅当：

$$P(C_i|X)>P(C_j|X),\quad 1\leqslant j\leqslant m,\ i\neq j$$

根据贝叶斯定理，有：

$$P(C_i\mid X)=\frac{P(X\mid C_i)P(C_i)}{P(X)}$$

由于 $P(X)$ 对于所有类为常数，只需要最大化 $P(X|C_i)P(C_i)$ 即可。而：

$$P(X|C_i)=P(A_1,A_2,\cdots,A_n|C_i)=\prod_{k=1}^{n}P(A_k\mid C_i)$$

所以对于某个样本 $(a_1,a_2,\cdots,a_n)$，它所在类别为：

$$c'=\arg\max_{C_i}\{P(C_i)\prod_{k=1}^{n}P(a_k\mid C_i)\}$$

其中，条件概率 $P(C_i)$ 可以通过训练样本集得到。$P(C_i)=s_i/s$，其中 s_i 是训练样本集中属性 C_i 类的样本数，而 s 是总的样本数。

对于后验概率 $P(a_k|C_i)$（也称为类条件概率），如果对应的描述属性 A_k 是离散属性，也可以通过训练样本集得到，$P(a_k|C_i)=s_{ik}/s_i$，其中 s_{ik} 是在属性 A_k 上具有值 a_k 的类 C_i 的训练样本数，而 s_i 是 C_i 中的训练样本数。

如果对应的描述 A_k 是连续属性，则通常假定该属性服从高斯分布。因而：

$$P(a_k\mid C_i)=g(a_k,\mu_{C_i},\sigma_{C_i})=\frac{1}{\sqrt{2\pi}\sigma_{C_i}}\mathrm{e}^{\frac{(a_k-\mu_{C_i})}{2\sigma_{C_i}^2}}$$

其中，$g(x_k,\mu_{C_i},\sigma_{C_i})$ 是高斯分布函数，μ_{C_i}，σ_{C_i} 分别为类别 C_i 的平均值和标准差。

2．朴素贝叶斯分类算法

对于训练样本集 S，产生各个类的先验概率 $P(C_i)$ 和各个类的后验概率 $P(a_1,a_2,\cdots,a_n|C_i)$ 的朴素贝叶斯分类参数学习算法如下。

输入：训练数据集 S。

输出：各个类别的先验概率 $P(C_i)$，各个类的后验概率 $P(a_1,a_2,\cdots,a_n|C_i)$。

方法：其描述过程如下。

```
for (S 中每个训练样本 s(a_{s1},\cdots,a_{sm},c_s)
{        统计类别 c_s 的计数 c_s.count;
        for (每个描述属性值 a_{si})
```

统计类别 c_s 中描述属性值 a_{si} 的计数 $c_s.a_{si}.count$;
}
for (每个类别 c)

{ $P(c) = \dfrac{c.count}{|S|}$;   //$|S|$为 S 中样本总数

    for (每个描述属性 A_i)
        for (每个描述属性值 a_i)

           $P(a_i \mid c) = \dfrac{c.a_i.count}{c.count}$;

    for (每个 $a_1, \cdots, a_m$)

        $P(a_1, \ldots, a_n \mid c) = \prod_{i=1}^{n} P(a_i \mid c)$;

}

对于一个样本$(a_1, a_2, \cdots, a_n)$，求其类别的朴素贝叶斯分类算法如下。

输入：各个类别的先验概率 $P(C_i)$，各个类的后验概率 $P(a_1, a_2, \cdots, a_n \mid C_i)$，新样本 $r(a_1, a_2, \cdots, a_n)$。

输出：新样本的类别 maxc。

方法：其描述过程如下。

```
maxp=0;
for (每个类别 Ci)
{   p=P(Ci)*P(a1,a2,…,an|Ci);
    if (p>maxp) maxc=Ci;
}
return maxc;
```

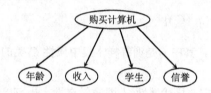

图 7.17　由训练样本集 S 建立贝叶斯网

【**例 7.3**】 对于表 7.3 所示的训练数据集 S，有以下新样本 X：

年龄='≤30'，收入='中'，学生='是'，信誉='中'

采用朴素贝叶斯分类算法求 X 所属类别的过程如下。

（1）由训练样本集 S 建立贝叶斯网如图 7.17 所示。

（2）根据类别"购买计算机"属性的取值，分为两个类，C_1 表示购买计算机为是的类，C_2 表示购买计算机为否的类，它们的先验概率 $P(C_i)$ 根据训练样本集计算如下：

$$P(C_1)=P(购买计算机='是')=9/14=0.64$$
$$P(C_2)=P(购买计算机='否')=5/14=0.36$$

（3）为了计算 $P(a_i|C_i)$，求出下面的条件概率：

$$P(年龄='≤30'|购买计算机='是')=2/9=0.22$$
$$P(年龄='≤30'|购买计算机='否')=3/5=0.6$$
$$P(收入='中'|购买计算机='是')=4/9=0.44$$
$$P(收入='中'|购买计算机='否')=2/5=0.4$$
$$P(学生='是'|购买计算机='是')=6/9=0.67$$
$$P(学生='是'|购买计算机='否')=1/5=0.2$$
$$P(信誉='中'|购买计算机='是')=6/9=0.67$$
$$P(信誉='中'|购买计算机='否')=2/5=0.4$$

（4）假设条件独立性，使用以上概率得到：

$P(X|$购买计算机$='$是$')=P($年龄$='{\leqslant}30'|$购买计算机$='$是$') \times P($收入$='$中$'|$购买计算机$='$是$') \times P($学生$='$是$'|$购买计算机$='$是$')\times P($信誉$='$中$'|$购买计算机$='$是$')=0.22\times0.44\times0.67\times0.67=0.04$

$P(X|$购买计算机$='$否$')= P($年龄$='{\leqslant}30'|$购买计算机$='$否$') \times P($收入$='$中$'|$购买计算机$='$否$') \times P($学生$='$是$'|$购买计算机$='$否$')\times P($信誉$='$中$'|$购买计算机$='$否$')=0.6\times0.4\times0.2\times0.4=0.02$

（5）分类。

考虑"购买计算机$='$是$'$"的类：

$$P(X|购买计算机='是') \times P(购买计算机='是')=0.04\times0.64=0.03$$

考虑"购买计算机$='$否$'$"的类：

$$P(X|购买计算机='否') \times P(购买计算机='否')=0.02\times0.36=0.01$$

因此，对于样本 X，采用朴素贝叶斯分类预测为"购买计算机$='$是$'$"。这与前面采用决策树所得到的分类结果是一致的。

朴素贝叶斯分类算法的优点是易于实现，多数情况下其结果较满意。缺点是由于假设描述属性间独立，丢失准确性，因为实际上属性间存在依赖关系。

3．SQL Server 中朴素贝叶斯分类示例

对于表 7.3 所示的训练数据集，本示例介绍采用 SQL Server 提供的朴素贝叶斯分类算法进行分类和预测。

本示例直接使用 7.3.2 节建立的 DST、DST1 数据表和建立 DM4.dsv 和 DM41.dsv 数据源视图。

1）建立挖掘结构 Bayes.dmm

其步骤如下。

（1）在解决方案资源管理器中，右键单击"挖掘结构"选项，再选择"新建挖掘结构"选项以打开数据挖掘向导。在"欢迎使用数据挖掘向导"页面上，单击"下一步"按钮。在"选择定义方法"页面上，确保已选中"从现有关系数据库或数据仓库"选项，再单击"下一步"按钮。

（2）在"创建数据挖掘结构"页面的"您要使用何种数据挖掘技术？"选项下，选中列表中的"Microsoft Naive Bayes"，如图 7.18 所示，再单击"下一步"按钮。

图 7.18　指定朴素贝叶斯分类算法

（3）选择数据源视图为 DM4，单击"下一步"按钮。

（4）在"指定表类型"页面上，在 DST 表的对应行中选中"事例"复选框，保持默认设置。单击"下一步"按钮。

（5）在"指定定型数据"页面中，设置数据挖掘结构如图 7.19 所示。单击"下一步"按钮。

图 7.19　指定定型数据

（6）出现"指定列的内容和数据类型"页面，保持默认值，单击"下一步"按钮。在"创建测试集"页面上，"测试数据百分比"选项的默认值为 30%，将该选项更改为 0。单击"下一步"按钮。

（7）在"完成向导"页面的"挖掘结构名称"和"挖掘模型名称"中，输入"Bayes"。然后单击"完成"按钮。

（8）单击"挖掘模型"选项卡，在"算法参数"对话框中设置参数如图 7.20 所示。将"MINIMUM_DEPENDENCY_PROBABLITY"设定为"0.1"，这是因为本示例的属性个数较少的原因。

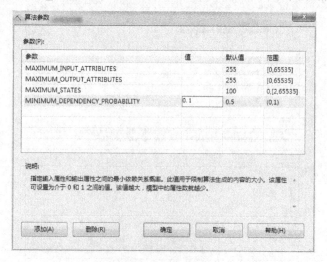

图 7.20　设置算法参数

2）部署朴素贝叶斯分类项目并浏览结果

在解决方案资源管理器中单击"DM"选项，在出现的下拉菜单中选择"部署"命令，系统开始执行部署，完成后出现部署成功的提示信息。

单击"挖掘结构"选项下的"Bayes.dmm"，在出现的下拉菜单中选择"浏览"命令，系统创建的依赖关系网络如图 7.21 所示。

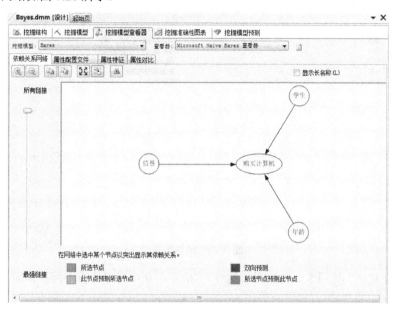

图 7.21　创建的依赖关系网络

单击"属性配置文件"选项卡，其结果如图 7.22 所示，从中可以了解每个描述属性的状态分布情况。

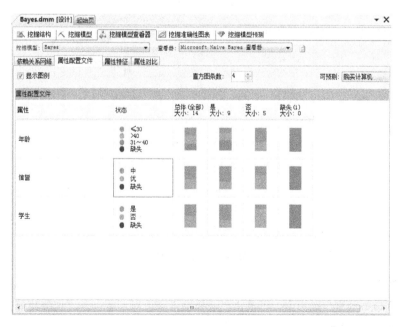

图 7.22　属性配置文件

单击"属性特征"选项卡，其结果如图 7.23 所示，从中可以了解不同群体的基本特征概率。

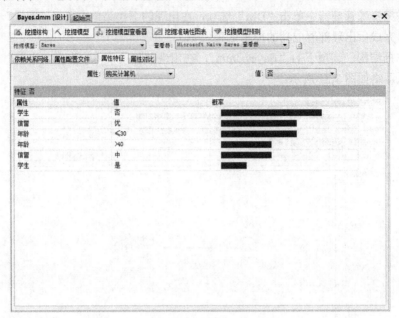

图 7.23 属性特征

单击"属性对比"选项卡，其结果如图 7.24 所示，从中可以比较不同群体间的特性，即类别的倾向性。

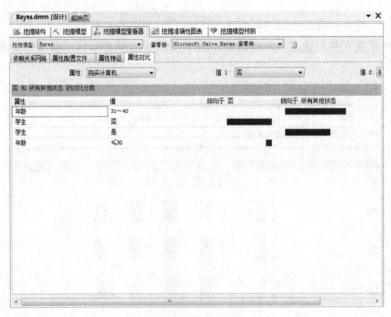

图 7.24 属性对比

3）分类预测

单击"挖掘模型预测"选项卡，再单击"选择输入表"对话框中的"选择事例表"命令，指定 DM41 数据源中的 DST1 表。

保持默认的字段连接关系，将 DST1 表中的各个列拖放到下方的列表中，选中"购买计算机"

字段的前面"源",从下拉列表中选择"Bayes",如图 7.25 所示,表示其他字段数据直接来源于 DST1 表,只有"购买计算机"字段是采用前面训练样本集得到的朴素贝叶斯模型来进行预测的。

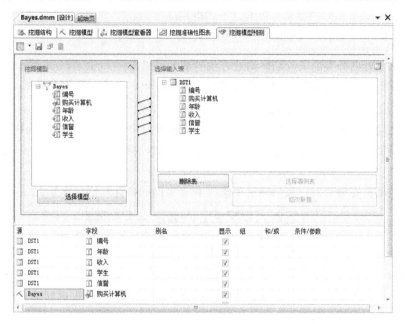

图 7.25　创建朴素贝叶斯挖掘预测结构

在任一空白处右击并在下拉菜单中选择"结果"命令,其分类预测结果与图 7.13 所示完全相同。

7.4.3　树增强朴素贝叶斯分类

1. 树增强朴素贝叶斯分类原理

朴素贝叶斯分类模型假设描述属性之间相互独立,这个假设在实际应用中往往是不成立的,这给正确分类带来了一定的影响。在描述属性个数比较多或者属性之间相关性较大时,朴素贝叶斯分类模型的分类效率比不上决策树模型。而在属性相关性较小时,朴素贝叶斯分类模型的性能较良好。

1997 年 Fredman 等人在朴素贝叶斯分类算法的基础上提出了树增强朴素贝叶斯分类算法(TAN),允许各个描述属性之间形成树形结构。也就是说,在贝叶斯网中,结点 C(对应类别属性)和结点 $A_1, A_2, \cdots, A_n$(对应描述属性)有有向边相连,结点 C 是 $A_1, A_2, \cdots, A_n$ 的父结点,此外,$A_1, A_2, \cdots, A_n$ 之间有有向边相连并形成树。

例如,一个包括 5 个描述属性 $A_1, A_2, \cdots, A_5$ 和一个类别属性 C 的树增强朴素贝叶斯分类的贝叶斯网如图 7.26 所示,图中虚线是朴素贝叶斯分类的有向边,A_3 是根结点,并有 parent(A_1)={C, A_2}, parent(A_2)={C, A_3}, parent(A_3)={C}, parent(A_4)={C, A_3},parent(A_5)={C, A_4}。

在树增强朴素贝叶斯分类中,如果通过分析训练样本集,得到了各个描述属性之间的树型结构,即可估计类条件概率,从而可以得到新样本的类别。

例如,在上面的树增强朴素贝叶斯分类中,类条件概率

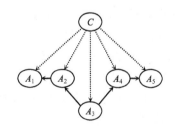

图 7.26　一个树增强朴素贝叶斯分类
的贝叶斯网

可以通过下式估计：

$$P(A_1, A_2, A_3, A_4, A_5|C) = P(A_1|C, A_2) \times P(A_2|C, A_3) \times P(A_3|C) \times P(A_4|C, A_3) \times P(A_5|C, A_4)$$

新样本（a_1, a_2, a_3, a_4, a_5）的类别可以通过下式得到：

$$c' = \arg\max_{C_i} \{P(C_i) \times P(a_1|C_i, a_2) \times P(a_2|C_i, a_3) \times P(a_3|C_i) \times P(a_4|C_i, a_3) \times P(a_5|C_i, a_4)\}$$

树增强朴素贝叶斯分类的贝叶斯网构造方法的基本思想是：

首先，计算在给定类别属性 C 时，描述属性 A_1、A_2、$\cdots$、A_n 之间的依赖强度，共得到 C_n^2 个依赖强度；然后，根据从强到弱的原则选择 $n-1$ 个依赖强度，添加相应描述属性之间的无向边，并使各个描述属性之间形成无向树；最后，选择根结点，为无向边添加方向形成有向树。

其中，可以利用条件互信息描述在给定类别属性 C 时，描述属性 A_1、A_2、$\cdots$、A_n 之间的依赖强度。

在给定离散随机变量 Z 时，离散随机变量 X 和 Y 之间的条件互信息定义为：

$$I(X;Y|Z) = \sum_{x,y,z} P(x,y,z) \log_2 \frac{P(x,y,z)}{P(x|z)P(y|z)}$$

其中，$P(x,y,z)$ 为 $X=x$、$Y=y$、$Z=z$ 的联合概率；$P(x,y|z)$ 为已知 $Z=z$ 时，$X=x$、$Y=y$ 的联合条件概率；$P(x|z)$ 为已知 $Z=z$ 时，$X=x$ 的条件概率；$P(y|z)$ 为已知 $Z=z$ 时，$Y=y$ 的条件概率。

可以证明，X 和 Y 在给定 Z 时条件独立当且仅当 $I(X;Y|Z)=0$。因此可以利用条件互信息表示在给定 Z 时，X 和 Y 之间的依赖强度。

类似地，可以定义在给定类别属性 C 时，描述属性 A_i 和 A_j 之间的条件互信息 $I(A_i, A_j|C)$。显然 $I(A_i, A_j|C) = I(A_j, A_i|C)$。

2．树增强朴素贝叶斯分类算法

建立树增强朴素贝叶斯分类的贝叶斯网的学习算法如下。

输入：训练数据集 S。

输出：树增强朴素贝叶斯分类的贝叶斯网。

方法：其描述过程如下。

① 扫描 S，计算在给定类别属性 C 时，描述属性 A1、A2、...、An 之间的条件互信息；

② 构造一个无向完全图，以描述属性为结点，以条件互信息为边的权重；

③ 构造上述无向完全图的最大生成树；

④ 在上述最大生成树中选择一个描述属性结点为根结点，将所有边的方向设置成由根结点指向外，把无向图转换成有向树（不能含有回路）；

⑤ 在上述有向树中添加结点 C 和 C 到各个描述属性结点 A_1、A_2、$\cdots$、A_n 的有向边，得到贝叶斯网。

树增强朴素贝叶斯分类算法的过程与朴素贝叶斯分类算法的过程相似，只是贝叶斯网中各描述属性之间不再独立。

【例7.4】 对于表 7.3 所示的训练数据集 S，有以下新样本 X：

年龄='≤31～40'，收入='中'，学生='否'，信誉='优'

采用树增强朴素贝叶斯分类算法求 X 所属类别的过程如下。

（1）构建贝叶斯网。

这里描述属性个数 $n=4$，由这些描述属性对应的结点构成一个无向完全图。再由 S 求得各条件互信息如下：

I(年龄;收入|购买计算机)=0.42

I(年龄;学生|购买计算机)=0.22

I(年龄;信誉|购买计算机)=0.31

I(收入;学生|购买计算机)=0.42

I(收入;信誉|购买计算机)=0.17

I(学生;信誉|购买计算机)=0.06

在完全无向图中取上述 3 个较大值对应的边。假设选取年龄结点作为根结点，再在这些描述属性之间添加方向。最后加上 C 结点及它指向各描述属性结点的边，构成如图 7.27 所示树增强朴素贝叶斯分类的贝叶斯网。

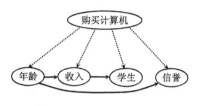

图 7.27　树增强贝叶斯网

（2）分类过程如下。

考虑"购买计算机='是'"的类：

P(购买计算机='是') =9/14

P(年龄='31～40' |购买计算机='是')=4/9

P(收入='中'|购买计算机='是',年龄='31～40')=1/4

P(学生='否'|购买计算机='是',收入='中') =2/4

P(信誉='优'|购买计算机='是',年龄='31～40') =2/4

P(购买计算机='是')×P(年龄='31～40'|购买计算机='是')×P(收入='中'|购买计算机='是',年龄='31～40')×P(学生='否'|购买计算机='是',收入='中')×P(信誉='优'|购买计算机='是',年龄='31～40')=9/14×4/9×1/4×2/4×2/4=1/56。

考虑"购买计算机='否'"的类：

P(购买计算机='否') =5/14

P(年龄='31～40' |购买计算机='否')=0

P(购买计算机='否')×P(年龄='31～40'|购买计算机='否')×P(收入='中'|购买计算机='否',年龄='31～40')×P(学生='否'|购买计算机='否',收入='中')×P(信誉='优'|购买计算机='否',年龄='31～40')=5/14×0×…=0。

因此，对于样本 X，采用树增强朴素贝叶斯分类预测为"购买计算机='是'"。同样这与前面采用决策树所得到的分类结果是一致的。

由于树增强朴素贝叶斯分类算法捕获了变量之间的依赖关系，所以分类效果更优。

7.5　神经网络算法

人工神经网络（Artificial Neural Network，ANN）是对人类大脑系统特性的一种描述。简单地讲，它是一种数学模型，可以用电子线路来实现，用计算机程序来模拟，是人工智能的一种方法。神经网络通过对大量历史数据的计算来建立分类和预测模型。本节介绍人工神经网络用于分类的基本过程和算法。

7.5.1　生物神经元和人工神经元

1．生物神经元

人的智慧来自于大脑，大脑神经系统大约由 10^{10}～10^{11} 个神经元组成神经网络。神经元不仅是大脑神经系统的基本单元，而且是行为反应的基本单元，思维过程是神经元的连接活动过程。生物神经元（即神经细胞）的基本结构示意图如图 7.28 所示，它是实际生物神经元的简化，分为以下 4

部分。

（1）胞体：它是神经细胞的本体，完成普通细胞的生存功能。

（2）树突：它有大量的分枝，长度较短，通常不超过1mm，用以接受来自其他神经元的信号。

（3）轴突：它用以输出信号，有些较长，可达1m以上，可与多个神经元连接。

（4）突触：它是一个神经元与另一个神经元相联系的特殊部位，通常是一个神经元的端部靠化学接触或电接触将信号传递给下一个神经元的树突或胞体。若传递给下一个神经元的突触（兴奋性），则使下一个神经元兴奋；若传递给下一个神经元的胞体（抑制性），则阻止下一个神经元兴奋。

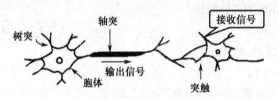

图7.28　生物神经元的基本结构示意图

每个神经元只有两种工作状态，即兴奋状态和抑制状态。神经元工作机制具有以下两个原则。

（1）动态极化原则：在每一个神经元中，信息以预知的确定方向流动，即从神经元的接收信息部分传到轴突的电脉冲起始部分，再传到轴突终端的突触，以与其他神经元通信。

（2）连接的专一性原则：神经元之间无细胞质的连续，神经元不构成随机网络，每一个神经元与另一些神经元构成精确的连接。

信号的传递过程是先接受兴奋电位，然后进行信号的汇集和传导，最后输出信号。一个神经元可以接受来自多个神经元的信号，同样，一个神经元发出的信号可以被多个神经元所接受。

2．人工神经元

人工神经元用于模拟生物神经元，人工神经元可以看作一个多输入、单输出的信息处理单元，它先对输入变量进行线性组合，然后对组合的结果做非线性变换。因此可以将神经元抽象为一个简单的数学模型。最简单的人工神经元模型如图7.29所示，后面讨论的神经元都是指这种人工神经元。

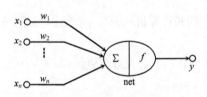

图7.29　人工神经元模型

其中，n个输入x_i表示其他神经元的输出值，即当前神经元的输入值。n个权值w_i相当于突触的连接强度。f是一个非线性输出函数。y表示当前神经元的输出值。

神经元的工作过程一般是：

（1）从各输入端接收输入信号x_i。

（2）根据连接权值w_i，求出所有输入的加权和，即$net = \sum_{i=1}^{n} w_i x_i$。

（3）对net做非线性变换，得到神经元的输出，即$y=f(net)$。

f称为激活函数或激励函数，它执行对该神经元所获得输入的变换，反映神经元的特性。常用的激活函数类型如下。

1）线性函数

$$f(x)=kx+c$$

其中，k、c为常量。线性函数常用于线性神经网络。

2）符号函数

$$f(x)=1 \qquad 当\ x \geqslant 0$$
$$f(x)=0 \qquad 当\ x < 0$$

3）对数函数

$$f(x) = \frac{1}{1+e^{-x}}$$

对数函数又称为 S 形函数，其图形如图 7.30 所示，是最为常用的激活函数，它将$(-\infty,+\infty)$区间映射到$(0,1)$的连续区间。

特别指出，$f(x)$是关于 x 处处可导的，并有 $f(x)$的导数 $f'(x)=f(x)(1-f(x))$。

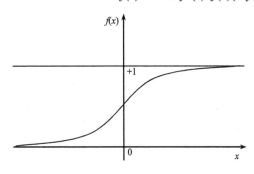

图 7.30 对数函数

4）双曲正切函数

$$f(x) = \frac{1-e^{-kx}}{1+e^{-kx}}$$

5）高斯函数

$$f(x) = e^{-\frac{1}{2}(\frac{x-c}{\sigma})^2}$$

其中，c 确定函数的中心，σ 确定函数的宽度。

7.5.2 人工神经网络

人工神经网络是以模拟人脑神经元为基础而创建的，它由一组相连接的神经元组成。神经网络的学习就是通过迭代算法对权值逐步修改的优化过程。学习的目标是通过修改权值使训练样本集中所有样本都能被正确分类。

神经网络由 3 个要素组成：拓扑结构、连接方式和学习规则。

1. 拓扑结构

拓扑结构是一个神经网络的基础。拓扑结构可以是单层、两层或者三层的。

1）单层神经网络

单层神经网络只有一组输入单元和一个输出单元，如图 7.31 所示。

单层神经网络的输入单元和输出单元相连，连接的权值用 w_i 表示，输出单元本身与一个偏置 θ 关联。输出单元的净输入值 net 等于输入 x

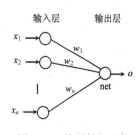

图 7.31 单层神经网络

和权值 w 的线性组合，再加上偏置 θ。即对输入单元来说，其净输入的计算公式为 $\mathrm{net}=\sum_{i=1}^{n}w_ix_i+\theta$。输出单元的净输出通过对其净输入进行非线性变换而得到。

由于单层神经网络只有一个输出单元，常用于二元分类问题。假设样本只有两个类别 C_1 和 C_2。则当样本的类别为 C_1 时，其期望输出值为 1；当样本的类别为 C_2 时，其期望输出值为 0。

2）两层神经网络

两层神经网络由输入单元层和输出单元层组成，如图 7.32 所示是一个包含 3 个输入单元和 3 个输出单元的两层神经网络。一般来说，两层神经网络有 n 个输入单元，l 个输出单元。由于两层神经网络有多个输出单元，可用于多元分类问题。假设样本有 m 个类别 C_1、C_2、…、C_m，则输出层需要设计 m 个输出单元。则当样本的类别为 C_i 时，第 i 个输出单元的期望输出值为 1，其他输出单元的期望输出值为 0。

3）三层神经网络

三层神经网络用于处理更复杂的非线性问题。在这种模型中，除了输入层和输出层外，还引入了中间层，也称为隐藏层，隐藏层可以有一层或多层。每层单元的输出作为下一层单元的输入。如图 7.33 所示是一个三层神经网络，其中隐藏层只有一层。

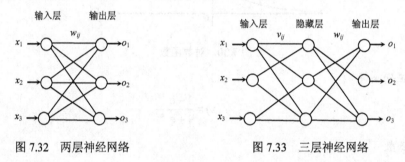

图 7.32　两层神经网络　　　　　图 7.33　三层神经网络

神经网络在开始训练之前，用户必须确定输入层的单元数、隐藏层数（如果多于一层）、每一个隐藏层的单元数和输出层的单元数，以确定网络的拓扑结构。同时需要对网络连接的权值和每个单元的偏置进行初始化。

拓扑结构的设计是一个试验过程，可能影响网络训练结果的准确性。权和偏置的初值也可能影响结果的准确性。如果网络经过训练之后其准确性仍无法接受，则通常需要采用不同的网络拓扑结构或使用不同的初始值，重新对其进行训练。

2．连接方式

神经网络的连接包括层之间的连接和每一层内部的连接，连接的强度用权表示。不同的连接方式构成了网络的不同连接模型。常见的有以下几种。

1）前馈神经网络

前馈神经网络也称前向神经网络，其中单元分层排列，分别组成输入层、隐藏层和输出层，每一层只接受来自前一层单元的输入，无反馈。如图 7.34 所示是一个两层前馈神经网络，图中箭头表示连接方向。

2）反馈神经网络

在反馈神经网络中，除了单向连接外，最后一层单元的输出返回作为第一层单元的输入。如

图 7.35 所示是一个两层反馈神经网络。

3）层内有互连的神经网络

在前面两种神经网络中，同一层的单元都是相互独立的，不发生横向联系。有些神经网络中同一层的单元之间存在连接，如图 7.36 所示为一个层内有互连的神经网络。

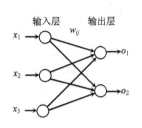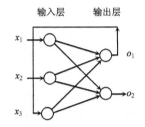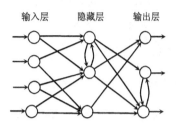

图 7.34　两层前馈神经网络　　图 7.35　两层反馈神经网络　　图 7.36　层内有互连的神经网络

另外，根据单元之间的连接范围，可以把神经网络分为全连接神经网络和部分连接神经网络。

全连接神经网络。在这种类型的神经网络中，每个单元和相邻层的所有单元都相连，如图 7.32 所示的神经网络就是一个全连接神经网络。

部分连接神经网络。在这种类型的神经网络中，每个单元只与相邻层上的部分单元相连。如图 7.33 所示的神经网络就是一个部分连接神经网络。

3. 学习规则

神经网络的学习分为离线学习和在线学习两类。离线学习是指神经网络的学习过程和应用过程是独立的，而在线学习是指学习过程和应用过程是同时进行的。

归纳起来，建立和应用神经网络可以归结为三个步骤：网络结构的确定、关联权的确定和工作阶段。

网络结构的确定主要包括网络的拓扑结构（含隐藏层的层数，每层的单元个数，以及各层单元的连接关系）和每个单元激活函数的选取。关联权的确定包括计算各层连接权值和偏置值。工作阶段是指用确定好的神经网络解决实际分类问题。

7.5.3　前馈神经网络用于分类

到目前为止，根据拓扑结构和连接方式分类，人们已经提出了近 40 种神经网络模型，其中包括前馈神经网络、反馈神经网络、竞争神经网络和自映射神经网络等。这里的数据分类所使用的是前馈神经网络。

1. 前馈神经网络的学习过程

前馈神经网络广泛使用的学习算法是由 Rumelhart 等人提出的误差后向传播（Back Propagation，BP）算法。

BP 算法的学习过程分为两个基本子过程，即工作信号正向传递子过程和误差信号反向传递子过程，如图 7.37 所示。

其完整的学习过程是，对于一个训练样本，其迭代过程如下：调用工作信号正向传递子过程，从输入层到输出层产生输出信号，这可能会产生误差，然后调用误差信号反向传递子过程从输出层到输入层传递误差信号，利用该误差信号求出权修改量 Δw_{ij}，通

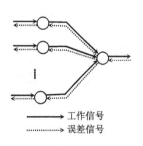

图 7.37　BP 算法的信号传递

过它更新权 w_{ij}，这是一次迭代过程。当误差或 Δw_{ij} 仍不满足要求时，以更新后的权重复上述过程。

下面以如图 7.38 所示的全连接三层神经网络作为前馈神经网络来介绍 BP 算法的学习过程。

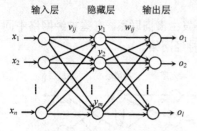

图 7.38 全连接三层神经网络

1）工作信号正向传递子过程

该前馈神经网络共分为三层，具有一个输入层和一个输出层，输入层和输出层之间只有一个隐藏层。每个层具有若干单元（神经元），每一层内的单元之间没有信息交流，前一层单元与后一层单元之间通过有向加权边相连。设输入层到隐藏层的权值为 v_{ij}，隐藏层到输出层的权值为 w_{ij}，输入层单元个数为 n，隐藏层单元个数为 m，输出层单元个数为 l。并采用 S 型激活函数。

输入信号从输入层输入，然后被隐藏层的单元进行运算处理，最后传递到输出层产生输出信号。在这一过程中，神经网络内部的连接权值保持固定不变，每一层单元的状态只影响和它直接相连的后继层单元的状态。

输入层的输入向量为 $X=(x_1, x_2, \cdots, x_n)$，隐藏层输出向量 $Y=(y_1, y_2, \cdots, y_m)$，并有：

$$\mathrm{net}_j = \sum_{i=1}^{n} v_{ij} x_i + \theta_j, \quad y_j = f(\mathrm{net}_j) = \frac{1}{1 + \mathrm{e}^{-\mathrm{net}_j}}$$

其中，偏置 θ_j 充当阈值，用来改变单元的活性。同样，输出层输出向量 $O=(o_1, o_2, \cdots, o_l)$，并有：

$$\mathrm{net}_j = \sum_{i=1}^{m} w_{ij} y_i + \theta_j, \quad o_j = f(\mathrm{net}_j) = \frac{1}{1 + \mathrm{e}^{-\mathrm{net}_j}}$$

这样，O 向量就是输入向量 X 对应的实际输出，o_j 是输入向量 X 对应的第 j 个输出单元的输出。

2）误差信号反向传递子过程

在这一过程中，难免产生误差信号，误差信号从输出层开始反向传递回输入层。误差信号每向后传递一层，位于两层之间的连接权值和前一层单元的阈值都会被修正。

为了降低推导过程的复杂性，在下面讨论一次误差信号反向传递，计算权修改量 Δw_{jk}、Δv_{ij} 时不考虑偏置 θ_j，这不影响权修改量的计算结果。

对于某个训练样本，实际输出与期望输出的误差，即误差信号定义为：

$$E = \frac{1}{2}(d-o)^2 = \frac{1}{2}\sum_{k=1}^{l}(d_k - o_k)^2$$

其中，d_k 是输出层第 k 个单元基于训练样本的期望输出（也就是该训练样本真实类别对应的输出），o_k 是该样本在训练时第 k 个单元的实际输出。

将以上误差信号向后传递回隐藏层，即将以上定义式 E 展开到隐藏层：

$$E = \frac{1}{2}\sum_{k=1}^{l}(d_k - o_k)^2 = \frac{1}{2}\sum_{k=1}^{l}[d_k - f(\mathrm{net}_k)]^2 = \frac{1}{2}\sum_{k=1}^{l}[d_k - f(\sum_{j=1}^{m} w_{jk} y_j)]^2$$

再将误差信号向后传递回输入层，即将以上定义式 E 进一步展开至输入层：

$$E = \frac{1}{2}\sum_{k=1}^{l}[d_k - f(\sum_{j=1}^{m} w_{jk} y_j)]^2 = \frac{1}{2}\sum_{k=1}^{l}[d_k - f(\sum_{j=1}^{m} w_{jk} f(\mathrm{net}_j)]^2 = \frac{1}{2}\sum_{k=1}^{l}\{d_k - f[\sum_{j=1}^{m} w_{jk} f(\sum_{i=1}^{n} v_{ij} x_i)]\}^2$$

为了使误差信号 E 最快地减少，采用梯度下降法，E 是一个关于权值的函数，$E(w_{jk})$ 在某点 w_{jk} 的梯度 $\Delta E(w_{jk})$ 是一个向量，其方向是 $E(w_{jk})$ 增长最快的方向。显然，负梯度方向是 $E(w_{jk})$ 减少最快的方向。在梯度下降法中，求某函数极大值时，沿着梯度方向走，可以最快达到极大点；反之，沿着负梯度方向走，则最快地达到极小点。

为使函数 $E(w_{jk})$ 最小化，可以选择任意初始点 w_{jk}，从 w_{jk} 出发沿着负梯度方向走，可使得 $E(w_{jk})$ 下降最快，如图 7.39 所示。所以取：

$$\Delta w_{jk} = -\eta \frac{\partial E}{\partial w_{jk}}, \quad j=1\sim m, \quad k=1\sim l$$

其中，η 是一个学习率，取值为 $0\sim 1$，用于避免陷入求解空间的局部最小（即权值看上去收敛，但不是最优解），并有助于使 $E(w_{jk})$ 全局最小。如果学习率太小，学习将进行得很慢，如果学习率太大，可能出现在不适当的解之间摆动。

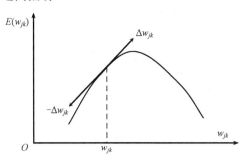

图 7.39 $E(w_{jk})$ 函数的负梯度方向

同样：

$$\Delta v_{ij} = -\eta \frac{\partial E}{\partial v_{ij}}, \quad i=1\sim n, \quad j=1\sim m$$

对于输出层的 Δw_{jk}：

$$\Delta w_{jk} = -\eta \frac{\partial E}{\partial w_{jk}} = -\eta \frac{\partial E}{\partial \mathrm{net}_k} \times \frac{\partial \mathrm{net}_k}{\partial w_{jk}} = -\eta \frac{\partial E}{\partial \mathrm{net}_k} \times y_j$$

对于隐藏层的 Δv_{ij}：

$$\Delta v_{ij} = -\eta \frac{\partial E}{\partial v_{ij}} = -\eta \frac{\partial E}{\partial \mathrm{net}_{jk}} \times \frac{\partial \mathrm{net}_j}{\partial v_{ij}} = -\eta \frac{\partial E}{\partial \mathrm{net}_{jk}} \times x_i$$

对输出层和隐藏层各定义一个权值误差信号，令：

$$\delta_k^o = -\frac{\partial E}{\partial \mathrm{net}_k}, \quad \delta_j^y = -\frac{\partial E}{\partial \mathrm{net}_j}$$

则 $\qquad\qquad\qquad\qquad\qquad \Delta w_{jk} = \eta\, \delta_k^o\, y_j, \quad \Delta v_{ij} = \eta\, \delta_j^y\, x_i$

只要计算出 δ_k^o 和 δ_j^y，则可计算出权值调整量 Δw_{jk} 和 Δv_{ij}。

对于输出层，δ_k^o 可展开为：

$$\delta_k^o = -\frac{\partial E}{\partial \mathrm{net}_k} = -\frac{\partial E}{\partial O_k} \times \frac{\partial O_k}{\partial \mathrm{net}_k} = -\frac{\partial E}{\partial O_k} \times f'(\mathrm{net}_k)$$

对于隐藏层，δ_j^y 可展开为：

$$\delta_j^y = -\frac{\partial E}{\partial \mathrm{net}_j} = -\frac{\partial E}{\partial y_j} \times \frac{\partial y_j}{\partial \mathrm{net}_j} = -\frac{\partial E}{\partial y_j} \times f'(\mathrm{net}_j)$$

由 $E = \dfrac{1}{2}\displaystyle\sum_{k=1}^{l}(d_k - o_k)^2 = \dfrac{1}{2}\displaystyle\sum_{k=1}^{l}[d_k - f(\mathrm{net}_k)]^2 = \dfrac{1}{2}\displaystyle\sum_{k=1}^{l}[d_k - f(\displaystyle\sum_{j=1}^{m} w_{jk} y_j)]^2$，可得：

$$\frac{\partial E}{\partial O_k} = -(d_k - o_k)$$

$$\frac{\partial E}{\partial y_j} = -\sum_{k=1}^{l}(d_k - o_k)f'(\text{net}_k)w_{jk}$$

由 $o_k = f(\text{net}_k) = \dfrac{1}{1 + e^{-\text{net}_k}}$，$f(x)$ 的导数 $f'(x) = f(x)(1 - f(x))$，可求出 $f'(\text{net}_k) = o_k(1 - o_k)$，代入可得：

$$\delta_k^o = -\frac{\partial E}{\partial O_k} \times f'(\text{net}_k) = (d_k - o_k)o_k(1 - o_k)$$

同样推出：

$$\delta_j^y = -\frac{\partial E}{\partial y_j} \times f'(\text{net}_j) = (\sum_{k=1}^{l}\delta_k^o w_{jk})y_j(1 - y_j)$$

所以前馈神经网络的 BP 学习算法权值调整计算公式如下：

$$\delta_k^o = (d_k - o_k)o_k(1 - o_k)$$

$$\Delta w_{jk} = \eta\, \delta_k^o y_j$$

$$\delta_j^y = (\sum_{k=1}^{l}\delta_k^o w_{jk})y_j(1 - y_j)$$

$$\Delta v_{ij} = \eta\, \delta_j^y x_i$$

再考虑各层的偏置设置，隐藏层的净输出为：

$$\text{net}_j = \sum_{i=1}^{n}v_{ij}x_i + \theta_j$$

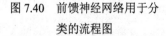

隐藏层偏置的更新为（$\Delta\theta_j$ 是偏置 θ_j 的改变）：

$$\Delta\theta_j = \eta\, \delta_k^o, \quad \theta_j = \theta_j + \Delta\theta_j$$

相应地，输出层的净输出为：

$$\text{net}_j = \sum_{i=1}^{m}w_{ij}y_i + \theta_j$$

输出层偏置的更新为（$\Delta\theta_j$ 是偏置 θ_j 的改变）：

$$\Delta\theta_j = \eta\, \delta_j^y, \quad \theta_j = \theta_j + \Delta\theta_j$$

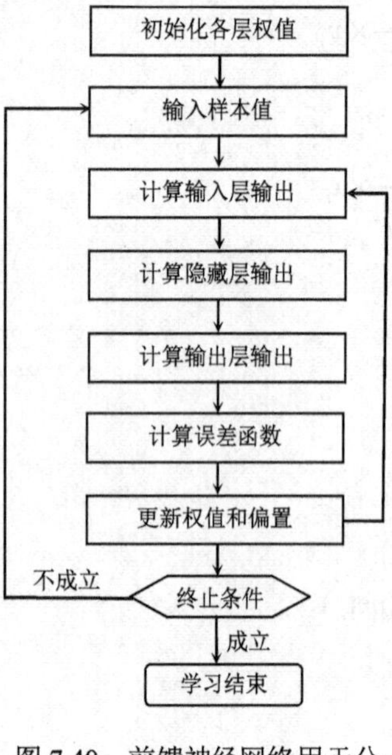

2．前馈神经网络用于分类的算法

采用基于 BP 学习过程的前馈神经网络用于分类的流程图如图 7.40 所示。其中权值、偏置的更新有以下两种基本策略。

（1）每处理一个样本就更新一次权和偏置，称之为实例更新。

（2）将权和偏置的增量累积到变量中，当处理完训练样本集中所有样本之后再更新权和偏置，这种策略称为周期更新。

处理所有训练样本一次称为一个周期。一般来说，在训练前馈神经网络时，误差向后传递算法经过若干周期以后，可以使误差小于设定阈值 ω，此时认为网络收敛，结束迭代过程。此外，还可以定义如下结束条件。

初始化各层权值 → 输入样本值 → 计算输入层输出 → 计算隐藏层输出 → 计算输出层输出 → 计算误差函数 → 更新权值和偏置 → 终止条件（不成立 / 成立）→ 学习结束

图 7.40 前馈神经网络用于分类的流程图

● 前一周期所有的 Δw_{ij} 都很小，小于某个指定的阈值。

● 前一周期未正确分类的样本百分比小于某个阈值。

● 超过预先指定的周期数。

对应的算法如下。

输入：训练数据集 S，前馈神经网络 ANN，学习率 η。

输出：经过训练的前馈神经网络 ANN。

方法：其过程描述如下。

在区间[-1, 1]上随机初始化 ANN 中每条有向加权边的权值、每个隐藏层与输出层单元的偏置;
while (结束条件不满足)
{   for (S 中每个训练样本 s)
        for (隐藏层与输出层中每个单元 j)   //从第一个隐藏层开始向前传播输入
        {   if (j 为隐藏层单元)
            { $net_j = \sum_{i=1}^{n} v_{ij} x_i + \theta_j$; $y_j = \dfrac{1}{1+e^{-net_j}}$; }
            if (j 为输出层单元)
            { $net_j = \sum_{i=1}^{m} w_{ij} y_i + \theta_j$; $o_j = \dfrac{1}{1+e^{-net_j}}$; }
        }
        for (输出层中每个单元 k)
            $\delta_k^o = (d_k - o_k) o_k (1 - o_k)$
        for (隐藏层中每个单元 j)   //从最后一个隐藏层开始向后传播误差
            $\delta_j^y = (\sum_{k=1}^{l} \delta_k^o w_{jk}) y_j (1 - y_j)$
        for (ANN 中每条有向加权边的权值)
        {   if (k 是隐藏层单元)
            { $\Delta w_{jk} = \eta \, \delta_k^o \, y_j$; $w_{jk} = w_{jk} + \Delta w_{jk}$; }
            if (i 是输入层单元)
            { $\Delta v_{ij} = \eta \, \delta_j^y \, x_i$; $v_{ij} = v_{ij} + \Delta v_{jk}$; }
        }
        for (隐藏层与输出层中每个单元的偏置)
        {   if (j 是隐藏层单元)
            { $\Delta \theta_j = \eta \, \delta_k^o$, $\theta_j = \theta_j + \Delta \theta_j$; }
            if (j 是输出层单元)
            { $\Delta \theta_j = \eta \, \delta_j^y$, $\theta_j = \theta_j + \Delta \theta_j$; }
        }
    }
}

【例 7.5】　如图 7.41 所示一个简单的前馈神经网络，输入层有 3 个单元，编号为 0~2，隐藏层只有一层，共 2 个单元，编号为 0、1，输出层仅有一个单元，编号为 0。其中 ee_j 表示隐藏层的误差信号 δ_j^y，eo_k 表示输出层的误差信号 δ_k^o，θe 表示隐藏层的偏置，θo 表示输出层的偏置。假设学习率 $\eta = 0.9$。并规定迭代结束条件是：当某次迭代结束时，所有权改变量都小于某个指定阈值 0.01，则训练终止。

现有一个训练样本 s，它的输入向量为（1,0,1），类别为 1。采用上述算法的学习过程如下。

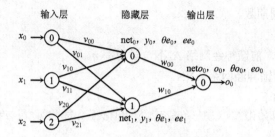

图 7.41　一个简单的前馈神经网络

（1）随机产生权值和偏置，假设结果如表 7.13 所示。

表 7.13　随机产生权值和偏置

v_{00}	v_{01}	v_{10}	v_{11}	v_{20}	v_{21}	w_{00}	w_{10}	θe_0	θe_1	θo_0
0.2	−0.3	0.4	0.1	−0.5	0.2	−0.3	−0.2	−0.4	0.2	0.1

（2）第 1 次迭代。

① 求隐藏层输出。

$\text{net}_0 = (0.2 \times 1) + (0.4 \times 0) + (-0.5 \times 1) + (-0.4) = -0.7$，　$y_0 = \dfrac{1}{1 + e^{-\text{net}_0}} = 0.331812$

$\text{net}_1 = (-0.3 \times 1) + (0.1 \times 0) + (0.2 \times 1) + 0.2 = 0.1$，$y_1 = 0.524979$

② 求输出层输出。

$\text{net}o_0 = (-0.3 \times 0.331812) + (-0.2 \times 0.524979) + 0.1 = -0.10454$，$o_0 = 0.473889$

③ 求输出层误差信号。

$eo_0 = (1 - 0.473889) \times 0.473889 \times (1 - 0.473889) = 0.131169$

④ 求隐藏层误差信号。

$ee_0 = 0.131169 \times (-0.3) \times 0.331812 \times (1 - 0.331812) = -0.00872456$

$ee_1 = (0.131169 \times (-0.2) \times 0.524979 \times (1 - 0.524979) = -0.00654209$

⑤ 求隐藏层权改变量和新权。

$\Delta w_{00} = 0.9 \times 0.131169 \times 0.331812 = 0.0391712$，$w_{00} = -0.3 + 0.0391712 = -0.260829$

$\Delta w_{10} = 0.9 \times 0.131169 \times 0.524979 = 0.0619749$，$w_{10} = -0.2 + 0.0619749 = -0.138025$

⑥ 求输入层权改变量和新权。

$\Delta v_{00} = 0.9 \times (-0.00872456) \times 1 = -0.00785211$，$v_{00} = 0.2 + (-0.00785211) = 0.192148$

$\Delta v_{01} = 0.9 \times (-0.00654209) \times 1 = -0.00588788$，$v_{01} = -0.3 + (-0.00588788) = -0.305888$

$\Delta v_{10} = 0.9 \times (-0.00872456) \times 0 = 0$，$v_{10} = 0.4 + 0 = 0.4$

$\Delta v_{11} = 0.9 \times (-0.00654209) \times 0 = 0$，$v_{11} = 0.1 + 0 = 0.1$

$\Delta v_{20} = 0.9 \times (-0.00872456) \times 1 = -0.00785211$，$v_{20} = -0.5 + (-0.00785211) = -0.507852$

$\Delta v_{21} = 0.9 \times (-0.00654209) \times 1 = -0.00588788$，$v_{21} = 0.2 + (-0.00588788) = 0.194112$

⑦ 求隐藏层每个单元的偏置改变量和新偏置。

$\Delta \theta e_0 = 0.9 \times (-0.00872456) = -0.00785211$，$\theta e_0 = -0.4 + (-0.00785211) = -0.407852$

$\Delta \theta e_1 = 0.9 \times (-0.00654209) = -0.00588788$，$\theta e_1 = 0.2 + (-0.00588788) = 0.194112$

$\Delta \theta o_0 = 0.9 \times 0.131169 = 0.118052$，$\theta o_0 = 0.1 + 0.118052 = 0.218052$

（3）第 2 次迭代。

① 求隐藏层输出。

net_0=(0.192148×1)+(0.4×0)+(−0.507852×1)+(−0.407852)=−0.723556，y_0=0.32661

net_1=(−0.305888×1)+(0.1×0)+(0.194112×1)+0.194112=0.0823364，y_1=0.520572

② 求输出层输出。

$neto_0$=(−0.260829×0.32661)+(−0.138025×0.520572)+(0.218052)=0.0610107，o_0=0.515248

③ 求输出层误差信号。

eo_0=(1−0.515248)×0.515248×(1−0.515248)=0.121075

④ 求隐藏层误差信号。

ee_0=0.121075×(−0.260829)×0.32661×(1−0.32661)=−0.00694556

ee_1=0.121075×(−0.138025)×0.520572×(1−0.520572)=−0.00417078

⑤ 求隐藏层权改变量和新权。

Δw_{00}=0.9×0.121075×0.32661=0.03559，w_{00}=−0.260829+0.03559=−0.225239

Δw_{10}=0.9×0.121075×0.520572=0.0567256，w_{10}=−0.138025+0.0567256=−0.0812994

⑥ 求输入层权改变量和新权。

Δv_{00}=0.9×(−0.00694556)×1=−0.00625101，v_{00}=0.192148+(−0.00625101)=0.185897

Δv_{01}=0.9×(−0.00417078)×1=−0.00375371，v_{01}=−0.305888+(−0.00375371)=−0.309642

Δv_{10}=0.9×(−0.00694556)×0=0，v_{10}=0.4+(0)=0.4

Δv_{11}=0.9×(−0.00417078)×0=0，v_{11}=0.1+(0)=0.1

Δv_{20}=0.9×(−0.00694556)×1=−0.00625101，v_{20}=−0.507852+(−0.00625101)=−0.514103

Δv_{21}=0.9×(−0.00417078)×1=−0.00375371，v_{21}=0.194112+(−0.00375371)=0.190358

⑦ 求隐藏层每个单元的偏置改变量和新偏置。

$\Delta\theta e_0$=0.9×(−0.00694556)=−0.00625101，θe_0=−0.407852+(−0.00625101)=−0.414103

$\Delta\theta e_1$=0.9×(−0.00417078)=−0.00375371，θe_1=0.194112+(−0.00375371)=0.190358

$\Delta\theta o_0$=0.9×0.121075=0.108968，θo_0=0.218052+0.108968=0.32702

（4）第 28 次迭代。

① 求隐藏层输出。

net_0=(0.170964×1)+(0.4×0)+(−0.529036×1)+(−0.429036)=−0.787108，y_0=0.31279

net_1=(−0.260002×1)+(0.1×0)+(0.239998×1)+(0.239998)=0.219993，y_1=0.554778

② 求输出层输出。

$neto_0$=(0.113356×0.31279)+(0.486526×0.554778)+1.40659=1.71196，o_0=0.847091

③ 求输出层误差信号。

eo_0=(1−0.847091)×0.847091×(1−0.847091)=0.019806

④ 求隐藏层误差信号。

ee_0=0.019806×0.113356)×0.31279×(1−0.31279)=0.000482598

ee_1=0.019806×0.486526)×0.554778×(1−0.554778)=0.00238012

⑤ 求隐藏层权改变量和新权。

Δw_{00}=0.9×0.019806×0.31279=0.00557562，w_{00}=0.113356+0.00557562=0.118932

Δw_{10}=0.9×0.019806×0.554778=0.00988915，w_{10}=0.486526+0.00988915=0.496415

⑥ 求输入层权改变量和新权。

Δv_{00}=0.9×0.000482598×1=0.000434338，v_{00}=0.170964+0.000434338=0.171398

$\Delta v_{01}=0.9\times0.00238012\times1=0.00214211$，$v_{01}=-0.260002+0.00214211=-0.25786$

$\Delta v_{10}=0.9\times0.000482598\times0=0$，$v_{10}=0.4+0=0.4$

$\Delta v_{11}=0.9\times0.00238012\times0=0$，$v_{11}=0.1+0=0.1$

$\Delta v_{20}=0.9\times0.000482598\times1=0.000434338$，$v_{20}=-0.529036+0.000434338=-0.528602$

$\Delta v_{21}=0.9\times0.00238012\times1=0.00214211$，$v_{21}=0.239998+0.00214211=0.24214$

⑦ 求隐藏层每个单元的偏置改变量和新偏置。

$\Delta\theta e_0=0.9\times0.000482598=0.000434338$，$\theta e_0=-0.429036+0.000434338=-0.428602$

$\Delta\theta e_1=0.9\times0.00238012=0.00214211$，$\theta e_1=0.239998+0.00214211=0.24214$

总迭代次数为 28 次，最后一次得到的权 v_{ij} 和 w_{ij} 即为该训练样本学习后得到的神经网络权值。

基于 BP 的前馈神经网络分类算法简单易学，在数据没有任何明显模式的情况下，这种方法很有效，但存在以下问题。

- 从数学上看它是一个非线性优化问题，这就不可避免地可能存在局部极小问题。
- 学习算法的收敛速度很慢，通常需要几千步迭代或更多（前面例子中一次样本训练就需要 28 次迭代）。
- 网络的运行是单向传递，没有反馈。
- 网络的输入层和输出层单元个数的确定相对简单，而隐藏层的层数和结点个数的选取尚无理论上的指导，而是根据经验或实验选取。
- 对于新加入的样本要影响已经学习过的样本，难以在线学习，同时描述每个样本的特征个数也要求必须相同。

7.5.4　SQL Server 中神经网络分类示例

对于表 7.3 所示的训练数据集，本示例介绍采用 SQL Server 提供的神经网络分类算法进行分类和预测。

本示例直接使用 7.3.2 节建立的 DST、DST1 数据表和建立 DM4.dsv 和 DM41.dsv 数据源视图。

1）建立挖掘结构 BP.dmm

其步骤如下。

（1）在解决方案资源管理器中，右键单击"挖掘结构"选项，再选择"新建挖掘结构"选项以打开数据挖掘向导。在"欢迎使用数据挖掘向导"页面上，单击"下一步"按钮。在"选择定义方法"页面上，确保已选中"从现有关系数据库或数据仓库"，再单击"下一步"按钮。

（2）在"创建数据挖掘结构"页面的"您要使用何种数据挖掘技术？"选项下，选中列表中的"Microsoft 神经网络"，如图 7.42 所示，再单击"下一步"按钮。

（3）选择数据源视图为 DM4，单击"下一步"按钮。

（4）在"指定表类型"页面上，在 DST 表的对应行中选中"事例"复选框，保持默认设置。单击"下一步"按钮。

（5）在"指定定型数据"页面中，设置数据挖掘结构如图 7.43 所示。单击"下一步"按钮。

（6）出现"指定列的内容和数据类型"页面，保持默认值，单击"下一步"按钮。在"创建测试集"页面上，"测试数据百分比"选项的默认值为 30%，将该选项更改为 0。单击"下一步"按钮。

（7）在"完成向导"页面的"挖掘结构名称"和"挖掘模型名称"中选项，输入"BP"。然后单击"完成"按钮。

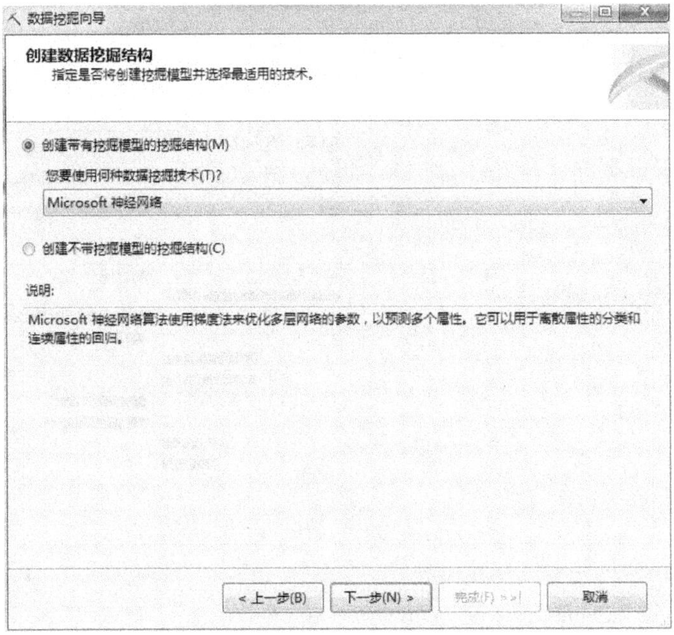

图 7.42　指定神经网络算法

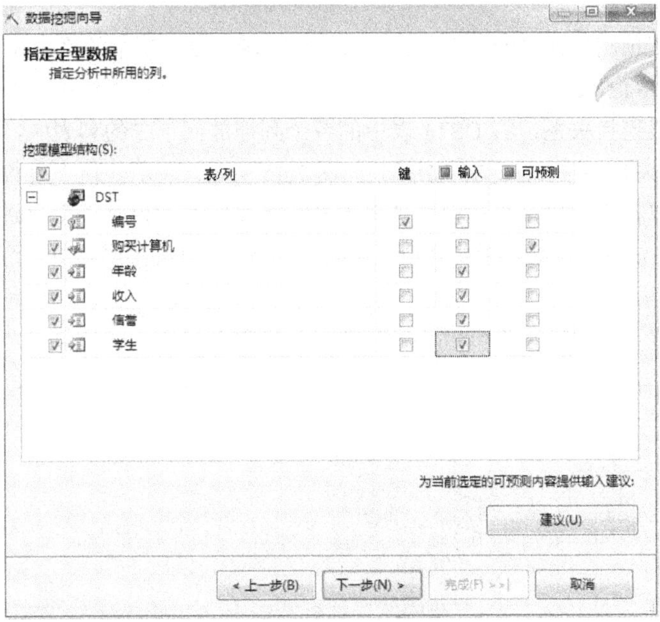

图 7.43　指定定型数据

2）部署神经网络分类项目并浏览结果

在解决方案资源管理器中单击"DM"选项，在出现的下拉菜单中选择"部署"命令，系统开始执行部署，完成后出现部署成功的提示信息。

单击"挖掘结构"选项下的"BP.dmm"，在出现的下拉菜单中选择"浏览"命令，神经网站的分类结果如图 7.44 所示。

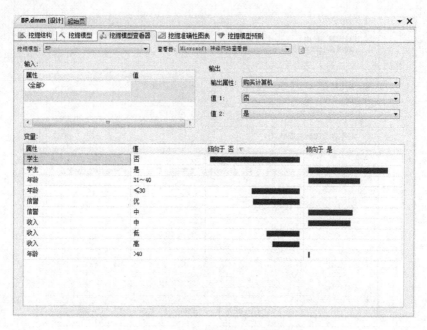

图 7.44　神经网络分类结果

3）分类预测

单击"挖掘模型预测"选项卡，再单击"选择输入表"对话框中的"选择事例表"命令，指定 DM41 数据源中的 DST1 表。

保持默认的字段连接关系，将 DST1 表中的各个列拖放到下方的列表中，选中"购买计算机"字段的前面"源"，从下拉列表中选择"BP"，如图 7.45 所示，表示其他字段数据直接来源于 DST1 表，只有"购买计算机"字段是采用前面训练样本集得到的神经网络模型来进行预测的。

在任一空白处右击并在下拉菜单中选择"结果"命令，其分类预测结果与图 7.13 所示完全相同。

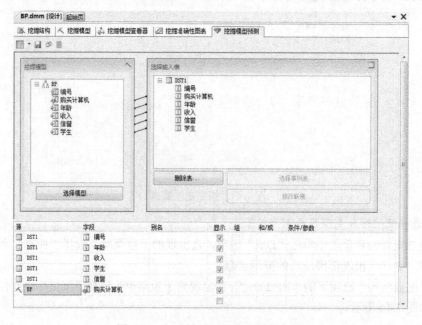

图 7.45　创建神经网络挖掘预测结构

7.6 支持向量机

支持向量机（Support Vector Machine， SVM）可以理解为"使用了支持向量的算法"。支持向量机是一种基于分类边界的方法。其基本原理是（以二维数据为例）：如果训练数据分布在二维平面上的点，它们按照其分类聚集在不同的区域。基于分类边界的分类算法的目标是通过训练，找到这些分类之间的边界（如果是直线的，称为线性划分，如果是曲线的，称为非线性划分）。对于多维数据（如 n 维），可以将它们视为 n 维空间中的点，而分类边界就是 n 维空间中的面，称之为超面（超面比 n 维空间少一维）。线性分类器使用超平面类型的边界，非线性分类器使用超曲面。

最基本的分类问题是二元分类，由它可以拓展到多分类问题。本节仅介绍二分类线性向量机的分类方法。除此之外，有关非线性 SVM 和多元 SVM 的分类方法，感兴趣的读者可参考相关论著。

7.6.1 线性可分时的二元分类问题

线性可分时的二分类问题是指原数据可以用一条直线(如果数据只有二维)或一个超平面划分。

考虑一个包含 N 个训练样本的二元分类问题。每个样本表示为一个二元组 (X_i, Y_i) $(i=1,2,\cdots,N)$，其中 $X_i = (x_{i1}, x_{i2}, \cdots, x_{in})^{\mathrm{T}}$，对应于第 i 个样本的属性集，对于二维空间，$X_i = (x_{i1}, x_{i2})^{\mathrm{T}}$。为方便计，令 $y_i \in \{-1, 1\}$ 表示该样本的类别号，类别为 1 的类称为正类，类别为-1 的类称为负类。

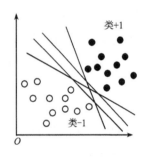

图 7.46 二维空间中数据线性可分的示例

例如，对于二维空间，每个样本对应一个点，如图 7.46 所示一个线性可分的例子（实心圆点和空心圆点表示两类不同类别的样本），即存在一条直线，可以将所有的样本分成截然不同的两部分。实际上，不只存在一条这样的直线，图中显示有多条这样的直线。现在的问题是希望从中找出一条最好的直线，即利用该直线进行分类的话，出错的概率最小。同理，在三维空间中，希望找到一个最好的平面；在 n 维空间中，希望找到一个最好的超平面。

那么，什么样的超平面（二维情况下为直线）最好呢？将图 7.46 中的任意一条直线平行地上下移动，直到在某一方向上碰到任意一个数据点为止，这时会得到一个区间。图 7.47（a）中，由直线 L_1 移动后形成了区间 M_1，图 7.47（b）中，由直线 L_2 移动后形成了区间 M_2。通常认为，如果一条超平面移动后所形成的区间较宽，则该超平面比较好。如图 7.47（b）中的区间 M_2 要比图 7.47（b）中的区间 M_1 宽，因此，用空间划分的话，直线 L_2 要比 L_1 好。

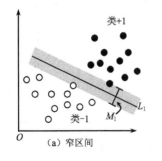
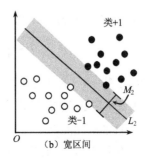

图 7.47 二维空间中由不同直线所形成的不同区间示例

1．线性决策边界

现在的问题是进一步转换为找这个最优的超平面，也就是能够形成最大区间的超平面。对于 n 维空间，这个超平面可以表示为如下形式：

$$w_1x_1+w_2x_2+\cdots+w_nx_n+b=0$$

或者用向量形式表示为：$W \cdot X+b=0$，$|X \cdot Y|$ 表示两个向量 X 和 Y 的点积。

其中，$W=\{w_1,w_2,\cdots,w_n\}$，b 是一个偏移量，它们是分类模型的参数。

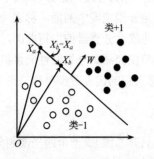

图 7.48　二维空间中决策边界

仍以二维空间为例，如图 7.48 所示包含的所有训练样本，实线表示决策边界，它将训练样本一分为二，划入各自的类中。任何位于决策边界上的样本都必须满足 $W \cdot X+b=0$。例如，如果 X_a 和 X_b 是两个位于决策边界上的点，则有：

$$W \cdot X_a+b=0$$
$$W \cdot X_b+b=0$$

两式相减得到：$W \cdot (X_b-X_a)=0$。

其中，X_b-X_a 是一个平行于决策边界的向量，它的方向是从 X_a 到 X_b。由于上述点积的结果为零，因此 W 的方向必然垂直于决策边界。

对于任何位于决策边界上方的样本（实心圆点）X_s，可以证明有 $W \cdot X_s+b>0$；任何位于决策边界下方的样本（空心圆点）X_c，可以证明有 $W \cdot X_c+b<0$。

一旦 W 和 b 确定了，则可以用以下方式预测新样本 Z 的类别号 Y_z：

$$Y_z=1 \qquad 当 W \cdot X_z+b>0$$
$$Y_z=-1 \qquad 当 W \cdot X_z+b<0$$

2．线性分类器的边缘

考虑那些离决策边界最近的点，调整决策边界的参数 W 和 b（决策边界分别向两个类的点平移，直到遇到第一个数据点），一定可以找到两个超平面 H_1 和 H_2，它们是平行的，没有点落在两者之间，这两个超平面表示如下：

$$H_1: W \cdot X+b=1$$
$$H_2: W \cdot X+b=-1$$

它们称为决策边界的边缘，如图 7.49 所示。为了计算边缘，令 X_1 是 H_1 上的一个点，X_2 是 H_2 上的一个点，则有：

$$W \cdot X_1+b=1$$
$$W \cdot X_2+b=-1$$

两式相减得到：$W \cdot (X_1-X_2)=2$，即 $\|W\| \times d=2$。

所以有：

$$d=\frac{2}{\|W\|}$$

其中，$\|W\|$ 表示向量 W 的欧几里得范数，即为 $\sqrt{w_1^2+w_2^2+\cdots+w_n^2}$，$d$ 表示向量 X_1 和 X_2 的垂直距离，即 H_1、H_2 的间隔，也就是两个类的分类间隔。

位于两个超平面 H_1 和 H_2 之上的样本称为支持向量，见图 7.49 中加圆圈的点。

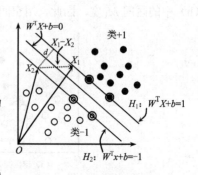

图 7.49　决策边界的边缘

3．学习线性 SVM 模型

SVM 的训练阶段包括从训练样本中估计决策边界的参数 W 和 b。选择的参数必须满足下面的两个条件：

$$W \cdot X_i + b > 0 \qquad 如果\ Y_i = 1$$
$$W \cdot X_i + b \leq 0 \qquad 如果\ Y_i = -1$$

这些条件要求所有类别为 1 的训练样本（实心圆点）都必须位于超平面 H_1 上或位于它的上方，而类别为-1 的训练样本（空心圆点）都必须位于超平面 H_2 上或位于它的下方。上述表达式可以用下面的不等式统一表示：

$$Y_i(W \cdot X_i + b) \geq 1$$

在满足上述约束条件下，可以通过最小化 $\|W\|^2$ 获得具有最大分类间隔的超平面对。也就是说，最大化决策区间的边缘等价于在满足上述约束条件下最小化以下目标函数：

$$f(W) = \frac{\|W\|^2}{2}$$

或者，在可分的情况下，线性 SVM 的学习任务可以形式化描述为以下优化问题：

$$\underset{W}{\text{MIN}} \frac{\|W\|^2}{2}$$

受限于：

$$Y_i(W \cdot X_i + b) \geq 1, \quad i = 1, 2, \cdots, N$$

4．线性可分 SVM 的求解过程

在上述优化问题中，约束条件在参数 W 和 b 上是线性的。这是一个二次规划问题，由于目标函数是凸的，满足约束的点构成一个凸集（任何线性约束定义一个凸集，n 个线性约束定义了对应的 n 个凸集的交集，仍为凸集），因此这个问题是一个凸优化问题，可以通过标准的拉格朗日乘子方法求解。

首先，必须改写目标函数，考虑施加在解上的约束。新目标函数称为该优化问题的拉格朗日函数：

$$L_P = \frac{1}{2}\|W\|^2 - \sum_{i=1}^{N} \lambda_i (Y_i(W \cdot X_i + b) - 1)$$

其中，λ_i 称为拉格朗日乘子。拉格朗日函数中的第一项与原目标函数相同，而第二项则捕获了不等式约束。

1）求拉格朗日乘子 λ_i

关于 W、b 最小化 L_P，令 L_P 关于 λ_i 所有的导数为零，要求使得约束 $\lambda_i \geq 0$（称此特殊约束集为 C_1）。

由于是凸优化问题，它可以等价地求解对偶问题：最大化 L_P，使得 L_P 关于 W、b 的偏导数为零，并使得 $\lambda_i \geq 0$（称此特殊约束集为 C_2）。这是根据对偶性得到的，即在约束 C_2 下最大化 L_P 所得到的 W、b 值，与在约束 C_1 下最小化 L_P 所得 W、b 的值相同。

令 L_P 关于 W、b 的导数为零，即：

$$\frac{\partial L_P}{\partial W} = 0 \Rightarrow W = \sum_{i=1}^{N} \lambda_i Y_i X_i$$

$$\frac{\partial L_P}{\partial b} = 0 \Rightarrow \sum_{i=1}^{N} \lambda_i Y_i = 0$$

由于对偶形式中的等式约束，代入 L_P 得：

$$L_D = \sum_{i=1}^{N} \lambda_i - \frac{1}{2}\sum_{i,j} \lambda_i \lambda_j Y_i Y_j (X_i \cdot X_j)$$

拉格朗日乘子有不同的下标，P 对应原始问题，D 对应对偶问题，L_P 和 L_D 由同一目标函数导出，但具有不同约束。

也就是说，线性可分情况下的支持向量训练相当于在约束 $\sum_{i=1}^{N} \lambda_i Y_i = 0$ 及 $\lambda_i \geq 0$ 条件下，关于 λ_i 最大化 L_D。需要注意的是，该问题仍然是一个有约束的最优化问题，需要进一步使用数值计算技术通过训练样本数据求解 λ_i，这里不再详述。

在求出 λ_i 的解后，解中每一个点对应一个拉格朗日乘子 λ_i，$\lambda_i > 0$ 的点就是支持向量，这些点位于超平面 H_1 或 H_2 上，其他点的 $\lambda_i = 0$，这些点位于 H_1 或 H_2 上（$Y_i(W \cdot X_i + b) = 1$），或在 H_1 上方或 H_2 的下方（$Y_i(W \cdot X_i + b) > 1$）。

2）求 W 参数

通过 $W = \sum_{i=1}^{N} \lambda_i Y_i X_i$ 求解出 W。

3）求 b 参数

那么如何求 b 呢？b 需满足约束条件为 $Y_i(W \cdot X_i + b) \geq 1$ 的不等式。处理不等式约束的一种方法就是把它变换成一组等式约束。只要限制 λ_i 非负，这种变换是可行的。这种变换导致如下拉格朗日乘子约束，称为 Karuch-kuhn-Tucher（KKT）条件：

$$\lambda_i \geq 0$$
$$\lambda_i(Y_i(W \cdot X_i + b) - 1) = 0$$

KKT 条件在约束优化问题的解处是满足的。事实上，满足该条件的很多 λ_i 都为 0。该约束表明，除非训练样本满足 $Y_i(W \cdot X_i + b) - 1 = 1$，否则拉格朗日乘子必须为 0。

上述 KKT 条件转化为 $Y_i(W \cdot X_i + b) - 1 = 0$，即：当 $Y_i = 1$ 时，$b = 1 - W \cdot X_i$；当 $Y_i = -1$ 时，$b = -1 - W \cdot X_i$。

由于 λ_i 采用数值计算得到，可能存在误差，计算出的 b 可能不唯一，通常使用 b 的平均值作为决策边界的参数。

当求出 W、b 的可行解后，可以构造出决策边界，分类问题即得以解决。

【例 7.6】 对于二维空间，以表 7.14 所示的 8 个点作为训练样本，求出其线性可分 SVM 的决策边界。假设已求出每个训练样本的拉格朗日乘子。

表 7.14　一个训练样本集（含拉格朗日乘子）

点编号 i	X_i		Y_i	拉格朗日乘子 λ_i
	x_1	x_2		
1	0.3858	0.4687	−1	65.5261
2	0.4871	0.611	1	65.5261
3	0.9218	0.4103	1	0
4	0.7382	0.8936	1	0
5	0.1763	0.0579	−1	0
6	0.4057	0.3529	−1	0
7	0.9355	0.8132	1	0
8	0.2146	0.0099	−1	0

令 $W=(w_1,w_2)$，b 为决策边界的参数。这里 $N=8$。则：

$$w_1 = \sum_{i=1}^{N} \lambda_i Y_i x_{i1} = 65.5261 \times (-1) \times 0.3858 + 65.5261 \times 1 \times 0.4871 = 6.64$$

$$w_2 = \sum_{i=1}^{N} \lambda_i Y_i x_{i2} = 65.5261 \times (-1) \times 0.4687 + 65.5261 \times 1 \times 0.611 = 9.32$$

对于训练样本 1（$Y_1=-1$），有：

$$b_1 = -1 - W \cdot X_1 = -1 - \sum_{j=1}^{2} w_j x_{1j} = -1 - [6.64 \times 0.3858 + 9.32 \times 0.4687] = -7.93$$

对于训练样本 2（$Y_2=1$），有：

$$b_2 = 1 - W \cdot X_2 = 1 - \sum_{j=1}^{2} w_j x_{2j} = 1 - [6.64 \times 0.4871 + 9.32 \times 0.611] = -7.9288$$

取 b_1、b_2 的平均值得到 $b=-7.93$，则决策边界为：

$6.64x_1+9.32x_2-7.93=0$

对应该决策边界的显示如图 7.50 所示。对于训练样本 $X=(x_1,x_2)$，若 $6.64x_1+9.32x_2-7.93>0$，则划分于类别 1 中；若 $6.64x_1+9.32x_2-7.93 \leqslant 0$，则划分于类别-1 中。

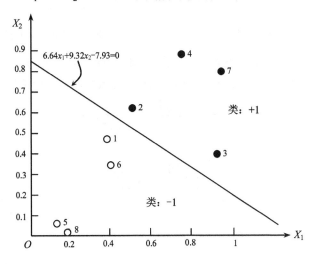

图 7.50　一个线性可分的训练样本集

7.6.2　线性不可分时的二元分类问题

在实际情况中，很多问题是线性不可分的，如图 7.51 所示的样本集便是如此，无法找到一个理想的超平面将两类样本完全分开。

由于样本线性不可分，原来对间隔的要求不能达到，可以采用一种称为软边缘的方法，学习允许一定训练错误的决策边界，也就是在一些类线性不可分的情况下构造线性的决策边界，为此必须考虑边缘的宽度与线性决策边界允许的训练错误数目之间的折中。

对于线性不可分的问题，原目标函数 $f(W)=\dfrac{\|W\|^2}{2}$ 仍然是可用的，但原决策边界不再满足 $Y_i(W \cdot X_i+b) \geqslant 1$ 给定的所有约束。为此使约束条件弱化，以适应线性不可分样本。可以通过在优化问题的约束中引入正值的松弛变量 ξ 来实现（松弛变量 ξ 用于描述分类的损失），即：

$$W \cdot X_i+b \geqslant 1-\xi_i，\text{如果 } Y_i=1$$

$$W \cdot X_i + b \leqslant -1 - \xi_i, \quad \text{如果 } Y_i = -1$$

其中，对于任何训练样本 X_i，$\xi_i > 0$。

为了理解松弛变量 ξ_i 的含义，如图 7.52 所示，P 是一个样本，它违反了原来的约束。设 $W \cdot X + b \leqslant -1 - \xi$ 是一条经过点 P，且平行于决策边界的直线。可以证明它与超平面 $W \cdot X + b = -1$ 之间的距离为 $\dfrac{\xi}{\|W\|}$。因此，ξ 提供了决策边界在训练样本 P 上的误差估计。

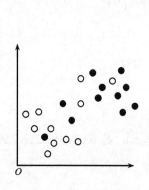

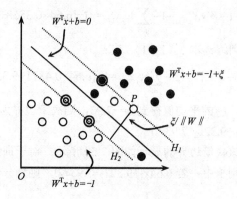

图 7.51　一个线性不可分的示例　　　　　图 7.52　不可分样本的松弛变量

显然希望松弛变量 ξ 最小化（如果 $\xi = 0$，则就是前面的线性可分问题）。于是，在优化目标函数中使用惩罚参数 C 来引入对 ξ 最小化的目标。这样，修改后的目标函数如下：

$$f(W) = \frac{\|W\|^2}{2} + C \left(\sum_{i=1}^{N} \xi_i \right)^k$$

这样，求解的问题变为：

$$\underset{W,b}{\text{MIN}} \frac{\|W\|^2}{2} + C \left(\sum_{i=1}^{N} \xi_i \right)^k$$

受限于：

$$Y_i((W \cdot X_i) + b) + 1) \geqslant 1 - \xi_i, \quad i = 1, 2, \cdots, N$$

上述式子有几点需要注意。

（1）并非所有的样本点都有一个松弛变量与其对应。实际上只有"离群点"才有，或者也可以这么说，所有没离群的点松弛变量都等于 0（以图 7.52 为例，对负类来说，离群点就是跑到 H_2 上方的那些负样本点，对正类来说，是跑到 H_1 下方的那些正样本点）。

（2）松弛变量的值实际上标出了对应的点到底离群有多远，值越大，点就越远。

（3）惩罚因子 C 决定了有多重视离群点带来的损失，显然当所有离群点的松弛变量的和一定时，如果给定的 C 越大，对目标函数的损失也越大，此时就暗示着非常不愿意放弃这些离群点，最极端的情况是把 C 指定为无限大，这样只要稍有一个点离群，目标函数的值马上变成无限大，让问题变成无解。

（4）惩罚因子 C 不是一个变量，整个优化问题在解的时候，C 是一个必须事先指定的值，指定这个值以后，求解各参数得到一个分类器，然后用测试数据看结果如何，如果不够好，换一个 C 的值，再解一次优化问题，得到另一个分类器，再看效果，如此就是一个参数寻优的过程，但这和优化问题本身不是一回事，优化问题在解的过程中，C 一直是定值。

（5）尽管引入了松弛变量，但这个优化问题仍然是一个凸优化问题。

理论上讲，k 可以是任意正整数，对应的方法称为 k 阶软边缘方法。取 $k=1$ 时的一个优点是 ξ_i 和拉格朗日乘子 λ_i 在对偶问题中不再出现。

在 $k=1$ 时，该优化问题也可转换成对偶问题求解：

$$L_D = \sum_{i=1}^{N} \lambda_i - \frac{1}{2}\sum_{i,j}\lambda_i\lambda_j Y_i Y_j (X_i \cdot X_j)$$

$$\sum_{i=1}^{N} \lambda_i Y_i = 0$$

$$\xi_i = 0，当\ 0 \leqslant \lambda_i \leqslant C$$

求该对偶问题的数值解得到拉格朗日乘子 λ_i，通过 $w_j = \sum_{i=1}^{N}\lambda_i Y_i x_{ij}$ 求出 W，再通过 $b_j = Y_j - \sum_{i=1}^{N} Y_i \lambda_i (X_i \cdot X_j)$ 求出支持向量的 b_j，并平均 b_j 得到 b。

除了上述软边缘的方法外，还有一种非线性硬间隔方法，其基本思路是：将低维空间中的曲线（曲面）映射为高维空间中的直线或平面。数据经这种映射后，在高维空间中是线性可分的。如图 7.53 所示是这种转化的示例。有关转化方法采用核函数和最优化原理，这里不再介绍。

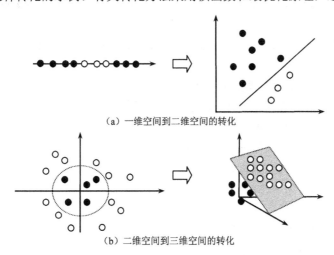

（a）一维空间到二维空间的转化

（b）二维空间到三维空间的转化

图 7.53　低维空间向高维空间转化

归纳起来，SVM 具有很好的性质，已经成为广泛使用的分类算法之一，具有以下一般特征。

（1）SVM 有如下主要几个特点。

① 由于 SVM 的求解最后转化成二次规划问题的求解，因此 SVM 的解是全局唯一的最优解。

② SVM 在解决小样本、非线性及高维模式识别问题中表现出许多特有的优势，并能够推广应用到函数拟合等其他机器学习问题中。

③ SVM 是一种有坚实理论基础的新颖的小样本学习方法。它基本上不涉及概率测度及大数定律等，因此不同于现有的统计方法。从本质上看，它避开了从归纳到演绎的传统过程，实现了高效的从训练样本到预报样本的"转导推理"，大大简化了通常的分类和回归等问题。

④ SVM 的最终决策函数只由少数的支持向量所确定，计算的复杂性取决于支持向量的数目，而不是样本空间的维数，这在某种意义上避免了"维数灾难"。

⑤ 由于少数支持向量决定了最终结果，这不但有助于抓住关键样本、"剔除"大量冗余样本，

而且注定了该方法不但算法简单，而且具有较好的"鲁棒"性。

（2）SVM 的两个不足之处如下。

① SVM 方法对大规模训练样本难以实施。由于 SVM 是借助二次规划来求解支持向量的，而求解二次规划将涉及 N 阶矩阵的计算（N 为样本的个数），当 N 数目很大时该矩阵的存储和计算将耗费大量的机器内存和运算时间。

② 用 SVM 解决多分类问题存在困难。经典的支持向量机算法只给出了二元分类的算法，而在数据挖掘的实际应用中，一般要解决多类的分类问题。可以通过多个二元支持向量机的组合来解决。

练 习 题 7

1．判断以下叙述的正确性。

（1）在决策树中，随着树中结点数变得太大，即使模型的训练误差还在继续减低，但是检验误差开始增大，这是出现了模型拟合不足的问题。

（2）Bayes 方法是一种在已知后验概率与类条件概率情况下的模式分类方法，待分样本的分类结果取决于各类域中样本的全体。

（3）对于 SVM 分类算法，待分样本集中的大部分样本不支持向量，移去或者减少这些样本对分类结果没有影响。

（4）SVM 是这样一个分类器：它寻找具有最小边缘的超平面，因此它也经常被称为最小边缘分类器。

2．以下哪些不是最近邻分类器的特点。

（1）它使用具体的训练实例进行预测，不必维护源自数据的模型。

（2）分类一个测试样例开销很大。

（3）最近邻分类器基于全局信息进行预测。

（4）可以产生任意形状的决策边界。

3．贝叶斯信念网络有如下哪些特点？

（1）构造网络费时费力。

（2）对模型的过分拟合问题非常鲁棒。

（3）贝叶斯网络不适合处理不完整的数据。

（4）网络结构确定后，添加变量相当麻烦。

4．以下关于人工神经网络的描述错误的有哪些？

（1）神经网络对训练数据中的噪声非常鲁棒。

（2）可以处理冗余特征。

（3）训练 ANN 是一个很耗时的过程。

（4）任何神经网络至少含有一层隐藏层。

5．简述 ID3 算法的基本思想及其建树算法的基本步骤。

6．简述基于 BP 的人工神经网络的学习过程。

7．简述 SVM 实现分类的基本思想。

8．对于表 7.15 所示的样本集，根据 1-最邻近、3-最邻近、5-最邻近和 9-最邻近算法，对数据点 $X=5.0$ 分类。

表 7.15 一个样本集

X	0.5	3.0	4.5	4.6	4.9	5.2	5.3	5.5	7.0	9.5
Y	−	−	+	+	+	−	−	+	−	−

9. 对于如表 7.16 所示的数据集，其中 d 是类别属性，其余属性为描述属性。画出对应的决策树。

表 7.16 一个样本集

U	a	b	c	d
1	0	0	0	+
2	0	0	1	−
3	0	1	1	−
4	1	0	1	+
5	1	1	1	+
6	1	1	0	−

10. 对于如表 7.17 所示的员工数据表，其中 salary 是类别属性，其余属性为描述属性。画出对应的决策树，并给出相应的规则。

表 7.17 员工数据表

department	status	age	salary
sales	senior	31..35	46k..50k
sales	junior	26..30	26k..30k
sales	junior	31..35	31k..35k
systems	junior	21..25	46k..50k
systems	senior	31..35	66k..70k
systems	junior	26..30	46k..50k
systems	senior	41..45	66k..70k
marketing	senior	36..40	46k..50k
marketing	junior	31..35	41k..45k
secretary	senior	46..50	36k..40k
secretary	junior	26..30	26k..30k

11. 对于如表 7.18 所示的样本集，其中数据均已概化，count 表示 depart、status、age 和 salary 在该行上具有给定值的元组数。对于一个数据样本，它在描述属性 depart、status 和 age 上的值分别为 "systems"、"junior" 和 "21..25"，采用朴素贝叶斯方法给出该样本的 salary 分类结果，并要求给出求解过程。

表 7.18　一个样本集

department	status	age	salary	count
sales	senior	31..35	46..50K	30
sales	junior	26..30	26..30K	40
sales	junior	31..35	31..35K	40
systems	junior	21..25	46..50K	20
systems	senior	31..35	66..70K	5
systems	junior	26..30	46..50K	3
systems	senior	41..45	66..70K	3
marketing	senior	36..40	46..50K	10
marketing	junior	31..35	41..45K	4
secretary	senior	46..50	36..40K	4
secretary	junior	26..30	26..30K	6

12．对于表 7.19 所示的二元分类问题的数据集，回答以下问题。

（1）计算按照属性 A、B 划分时的信息增益，决策树算法会选择哪个属性？

（2）计算按照属性 A、B 划分时的信息增益比率，决策树算法会选择哪个属性？

表 7.19　一个样本集

A	B	类别
T	F	+
T	T	+
T	T	+
T	F	−
T	T	+
F	F	−
F	F	−
F	F	−
T	T	−
T	F	−

13．有一个三层前馈神经网络如图 7.41 所示，设学习率为 0.8，网络的初始权和偏置如表 7.20 所示，现有一个样本 X=（0,0,1），其类别为 1，给出 BP 算法针对该样本的第一次迭代过程。

表 7.20　随机产生权值和偏置

v_{00}	v_{01}	v_{10}	v_{11}	v_{20}	v_{21}	w_{00}	w_{10}	θe_0	θe_1	θo_0
−0.1	0.2	0.1	−0.2	0.3	0.2	−0.2	0.3	−0.1	0.2	0.1

14．现要利用表 7.19 所示的样本集，对一个采用基于 BP 的前馈神经网络进行学习训练，请设计该网络的拓扑结构。

15．对于二维空间中的 4 个点，分为两类，采用线性 SVM 的软边缘方法进行分类，它们一定是线性可分的吗？如果是，请说明理由，否则给出一个反例。

思 考 题 7

1．比较 k-最邻近、决策树、贝叶斯、神经网络和支持向量机分类算法的特点及它们适用的情况。

2．讨论开发一种可伸缩的朴素贝叶斯分类算法，对于大多数数据库，它只需要扫描整个数据集一次。

3．阅读相关资料，总结除本章介绍的分类算法外，还有哪些分类算法。

回归分析和时序挖掘

回归分析（Regression Analysis）是确定两个或多个变量之间相互依赖的定量关系的一种统计分析方法，分为线性回归、非线性回归和逻辑回归等。回归分析和第 7 章介绍的分类方法都可以用于预测，与分类方法不同的是，通常分类输出是离散类别值，而回归的输出是连续值。时序挖掘（Time Series Mining）包括时序建模和时序相似性搜索，前者用于描述现象随时间发展变化的数量规律性，后者找出时序数据库中与给定查询序列最接近的时序。本章介绍回归和时序挖掘的相关概念和方法。

8.1　线性和非线性回归分析

如果两个变量间的关系属于因果关系，一般可以用回归分析方法来进行分析，找出依变量变化的规律性。表示原因的变量为自变量，用 X 表示，它是固定的，没有随机误差；表示结果的变量称为依变量，用 Y 表示，Y 随 X 的变化而变化，有随机误差。

线性回归有一元线性回归和多元线性回归之分。依变量 Y 在一个自变量 X 上的回归线性称为一元线性回归；依变量在多个自变量 X_1、X_2、…、X_n 上的线性回归称为多元线性回归。

8.1.1　一元线性回归分析

1. 一元线性回归分析方法

如果两个变量呈线性关系，就可用一元线性回归方程来描述。其一般形式为 $Y=a+bX$，其中，X 是自变量，Y 是依变量，a、b 是一元线性回归方程的系数。

a、b 的估计值应是使误差平方和 $D(a,b)$ 取最小值的 $\hat{a}$、$\hat{b}$。

$$D(a,b) = \sum_{i=1}^{n} (y_i - a - bx_i)^2$$

其中，n 是训练样本数目，(x_1,y_1)，…，(x_n,y_n) 是训练样本。

可以采用最小二乘法估计系数 $\hat{a}$、$\hat{b}$。为了使 $D(a,b)$ 取最小值，分别取 D 关于 a、b 的偏导数，并令它们等于零：

$$\frac{\partial D}{\partial a} = -2\sum_{i=1}^{n} (y_i - a - bx_i) = 0$$

$$\frac{\partial D}{\partial b} = -2\sum_{i=1}^{n}(y_i - a - bx_i)x_i = 0$$

求解上述方程组，得到唯一的一组解 $\hat{a}$、$\hat{b}$：

$$\hat{b} = \frac{n\sum_{i=1}^{n}x_iy_i - (\sum_{i=1}^{n}x_i)(\sum_{i=1}^{n}y_i)}{n\sum_{i=1}^{n}x_i^2 - (\sum_{i=1}^{n}x_i)^2} = \frac{\sum_{i=1}^{n}(x_i-\bar{x})(y_i-\bar{y})}{\sum_{i=1}^{n}(x_i-\bar{x})^2}$$

$$\hat{a} = \frac{\sum_{i=1}^{n}y_i - b'\sum_{i=1}^{n}x_i}{n} = \bar{y} - b'\bar{x}$$

其中，$\bar{x} = \dfrac{\sum_{i=1}^{n}x_i}{n}$，$\bar{y} = \dfrac{\sum_{i=1}^{n}y_i}{n}$。

在利用训练样本得到 $\hat{a}$、$\hat{b}$ 后，可以将 $Y = \hat{a} + \hat{b}X$ 作为 $Y = a + bX$ 的估计。称 $Y = \hat{a} + \hat{b}X$ 为 Y 关于 X 的一元线性回归关系。

得到一元线性回归关系后，在检验合适后，可用其进行预测。对于任意 x，将其代入方程即可预测出与之对应的 y。

2．SQL Server 中一元线性回归分析示例

有如表 8.1 所示的产品销售表，用 SQL Server 进行一元线性回归分析的过程如下。

表 8.1　产品销售表

no（编号）	Price（价格）	Sales（销售量）
1	20	1.81
2	25	1.7
3	30	1.65
4	35	1.55
5	40	1.48
6	50	1.4
7	60	1.3
8	65	1.26
9	70	1.24
10	75	1.21
11	80	1.2
12	90	1.18

1）建立数据表

在 SQL Server Management Studio 的 DM 数据库中建立表 RA，其结构如图 8.1 所示，并输入表 8.1 所示的数据。

2）建立数据源视图

采用 2.6.3 节的步骤定义数据源视图 DM2.dsv，它只对应 DM 数据库中的 RA 表。

ADMIN-PC.DM - dbo.RA

列名	数据类型	允许 Null 值
no	int	
Price	int	✓
Sales	float	✓

图 8.1　RA 表结构

3）建立挖掘结构 LineRegression.dmm

其步骤如下。

（1）在解决方案资源管理器中，右键单击"挖掘结构"选项，再选择"新建挖掘结构"选项以打开数据挖掘向导。在"欢迎使用数据挖掘向导"页面上，单击"下一步"按钮。在"选择定义方法"页面上，确保已选中"从现有关系数据库或数据仓库"选项，再单击"下一步"按钮。

（2）在"创建数据挖掘结构"页面的"您要使用何种数据挖掘技术？"选项下，选中列表中的"Microsoft 线性回归"，如图 8.2 所示，再单击"下一步"按钮。

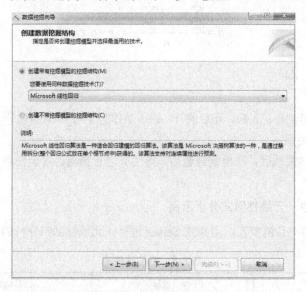

图 8.2　创建数据挖掘结构

（3）选择数据源视图为 DM2，单击"下一步"按钮。

（4）在"指定表类型"页面上，在 RA 表的对应行中选中"事例"复选框，如图 8.3 所示。单击"下一步"按钮。

图 8.3　指定表类型

（5）在"指定定型数据"页面中，设置数据挖掘结构如图 8.4 所示，单击"下一步"按钮。

（6）出现"指定列的内容和数据类型"页面，保持默认值，单击"下一步"按钮。在"创建测试集"页面上，"测试数据百分比"选项的默认值为 30%，将该选项更改为 0。单击"下一步"按钮。

（7）在"完成向导"页面的"挖掘结构名称"和"挖掘模型名称"选项中，输入"LineRegression"，然后单击"完成"按钮。

4）部署回归分析项目并浏览结果

在解决方案资源管理器中单击"DM"，在出现的下拉菜单中选择"部署"命令，系统开始执行部署，完成后出现部署成功的提示信息。

单击"挖掘结构"下的"LineRegression.dmm"选项，在出现的下拉菜单中选择"浏览"命令，系统挖掘的回归分析结果如图 8.5 所示。从中看到，得出的一元线性回归关系如下：

$$Sales=1.9-0.009Price$$

图 8.4　设置挖掘模型结构

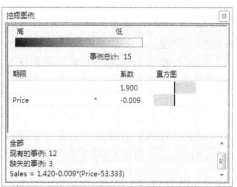

图 8.5　线性回归分析结果

8.1.2　多元线性回归分析

多元回归是指依变量 Y 与多个自变量 X_1、X_2、$\cdots$、X_p 有关。多元线性回归方程是一元线性回归方程的推广，其一般形式为：

$$Y=a+b_1X_1+\cdots+b_pX_p$$

其中，X_1、X_2、$\cdots$、X_p 是自变量，Y 是依变量；a、b_1、$\cdots$、b_p 是多元（p 元）线性回归方程的系数。

对于 Y 关于 X_1、X_2、$\cdots$、X_p 的 p 元线性回归方程，可以采用最小二乘法估计系数 a、b_1、$\cdots$、b_p。

a、b_1、$\cdots$、b_p 的估计值应是使误差平方和（残差平方和）$D(a,b_1,\cdots,b_p)$ 取最小值的 $\hat{a}$、$\hat{b}_1$、$\cdots$、$\hat{b}_p$：

$$D(a,b_1,b_2,\cdots,b_p)=\sum_{i=1}^{n}(y_i-a-b_1x_{i1}-b_2x_{i2}-\cdots-b_px_{ip})^2$$

其中，n 是训练样本个数，$(x_{i1},\cdots,x_{ip},y_i)$（$1\leqslant i\leqslant n$）是训练样本。

采用最小二乘估计法，为使 $D(a,b_1,\cdots,b_p)$ 取最小值，分别取 D 关于 a、b_1、$\cdots$、b_p 的偏导数，并令它们等于零：

$$\frac{\partial D}{\partial a}=-2\sum_{i=1}^{n}(y_i-a-b_1x_{i1}-b_2x_{i2}-\cdots-b_px_{ip})=0$$

$$\frac{\partial D}{\partial b_j}=-2\sum_{i=1}^{n}(y_i-a-b_1x_{i1}-b_2x_{i2}-\cdots-b_px_{ip})x_{ij}=0,(j=1,2,\cdots,p)$$

求解上述方程组，即可得到 $\hat{a}$、$\hat{b}_1$、$\cdots$、$\hat{b}_p$。

同样，称 $Y=\hat{a}+\hat{b}_1X_1+\cdots+\hat{b}_pX_p$ 为 Y 关于 X_1、X_2、$\cdots$、X_p 的 p 元线性回归关系。

得到多元线性回归关系后，在检验合适后，可用其进行预测。对于任意 x_1、x_2、$\cdots$、x_p 将其代入方程即可预测出与之对应的 y。

8.1.3　非线性回归分析

在实际问题中，依变量与自变量的关系可能不是线性的，若用线性回归模型来处理，效果可能不理想，这时需要考虑用非线性回归模型来解决。

在进行非线性回归分析时，处理的方法主要如下。

（1）首先确定非线性模型的函数类型，对于其中可线性化问题则通过变量变换将其线性化，从而归结为前面介绍的多元线性回归问题来解决。

（2）若实际问题的曲线类型不易确定，由于任意曲线皆可由多项式来逼近，所以常用多项式回归来拟合曲线。

（3）若变量间非线性关系式已知（多数未知），且难以用变量变换法将其线性化，则进行数值迭代的非线性回归分析。

1．可转换成线性回归的非线性回归

对于可转换成线性回归的非线性回归，其基本处理方法是，通过变量变换，将非线性回归化为线性回归，然后用线性回归方法处理。常用的非线性回归类型及变换过程如下。

1）对数型

对于形如 $y=a+b\ln x$ 的对数型函数，令 $x_1=\ln x$，得到 $y=a+bx_1$，将其转换为线性回归关系。例如，图 8.6（a）所示是原始数据的散点图（散点图是指数据点在直角坐标系平面上的分布图），若以直线回归拟合这些原始数据，则误差较大；现将其做对数变换，相应的散点图如图 8.6（b）所示；再以直线回归拟合，如图 8.6（c）所示，可见拟合误差已降低。

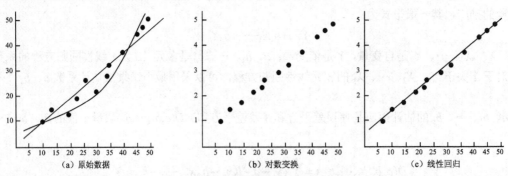

（a）原始数据　　　　　　　　（b）对数变换　　　　　　　　（c）线性回归

图 8.6　将非线性回归变换成线性回归

2）双曲线型

对于形如 $\dfrac{1}{y}=a+\dfrac{b}{y}$ 的双曲线型函数，令 $y_1=\dfrac{1}{y}$，$x_1=\dfrac{1}{x}$，得到 $y_1=a+bx_1$，将其转换为线性回归关系。

3）指数型

对于形如 $y=ce^{bx}$ 的指数型函数，令 $y_1=\ln y$，$a=\ln c$，得到 $y_1=a+bx$，将其转换为线性回归关系。

4）幂函数型

对于形如 $y=cx^b$ 的幂函数，令 $y_1=\ln y$，$x_1=\ln x$，$a=\ln c$，得到 $y_1=a+bx_1$，将其转换为线性回归关系。

5）S 型

对于形如 $y=\dfrac{1}{a+be^{-x}}$ 的 S 型函数，令 $y_1=\dfrac{1}{y}$，$x_1=e^{-x}$，得到 $y_1=a+bx_1$，将其转换为线性回归关系。

【例 8.1】 有一组试验数据如表 8.2 所示，它表示银的两种光学密度 X、Y 之间的关系。推出 Y（依变量）与 X（自变量）之间的关系。

表 8.2 两种光学密度之间关系的试验数据表

编　号	X	Y
1	0.05	0.1
2	0.06	0.14
3	0.07	0.23
4	0.1	0.37
5	0.14	0.59
6	0.2	0.79
7	0.25	1
8	0.31	1.12
9	0.38	1.19
10	0.43	1.25
11	0.47	1.29

通过画出 X、Y 的坐标图，从数据的散点关系推出它是指数曲线，设回归关系为 $y=ce^{\frac{b}{x}}$（$b<0$）。

两边取对数得到：$\ln y=\ln c+\dfrac{b}{x}$，做变量替换：$x_1=\dfrac{1}{x}$，$y_1=\ln y$，并设 $a=\ln c$，得到 $y_1=a+bx_1$。

由实际数据（X,Y）求出对应的数据（X_1,Y_1），如表 8.3 所示。

表 8.3 由实验数据求得对应的数据表

no	X_1	Y_1
1	20	−2.303
2	16.667	−1.966
3	14.286	−1.47
4	10	−0.994
5	7.143	−0.528

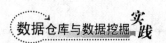

续表

no	X_1	Y_1
6	5	−0.236
7	4	0
8	3.226	0.113
9	2.632	0.174
10	2.326	0.223
11	2.128	0.255

对表 8.3 的数据做一元线性回归分析，在 SQL Server 中得到的结果如图 8.7 所示，对应的回归关系为：

$$y_1=0.547-0.146x_1$$

再换回到原变量，得：$\ln y=0.547-\dfrac{0.146}{x}$，$y=\mathrm{e}^{0.547-\frac{0.146}{x}}=1.73\mathrm{e}^{-\frac{0.146}{x}}$，即为 Y（依变量）与 X（自变量）之间的关系。

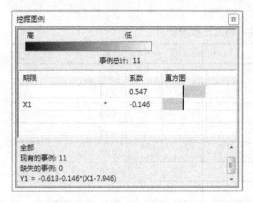

图 8.7　线性回归分析结果

另外，对于高阶回归关系也可以转换成多元回归关系。例如，抛物线模型 $y=b_0+b_1x+b_2x^2$，不能通过变换简单地转换成一元回归关系，但可以令 $x_1=x$，$x_2=x^2$，这样转换成 $y=b_0+b_1x_1+b_2x_2$，即为多元线性回归关系。

2. 多项式回归分析

对于多项式回归关系，其一般形式为：

$$Y=b_0+b_1X_1+b_2X_2+\cdots+b_mX_m+e$$

其中，Y 为依变量向量，X_1、X_2、$\cdots$、X_m 为自变量向量，e 为随机项（通常是互相独立的并且服从均值为 0、方差为 σ^2 的正态分布，即 $e\sim N(0,\sigma^2)$）。

例如，有 n 个样本数据，对应的关系为：

$$y_1=b_0+b_1x_{11}+b_2x_{12}+\cdots+b_mx_{1m}+e_1$$
$$y_2=b_0+b_1x_{21}+b_2x_{22}+\cdots+b_mx_{2m}+e_2$$
$$\vdots$$
$$y_n=b_0+b_1x_{n1}+b_2x_{n2}+\cdots+b_mx_{nm}+e_n$$
$$e_i\sim N(0,\ \sigma^2)\qquad i=1,\ 2,\ \cdots,\ n$$

这一类问题均可化为多元线性回归问题加以处理。数学理论已证明，任何连续函数可用足够高阶的多项式任意逼近。因此，对比较复杂的实际问题，可以不问 Y 与诸因素的确切关系如何，而直接用多项式回归。

3. 不可变换成线性的非线性回归分析

对于不可变换成线性的非线性回归问题，不妨设模型为：

$$Y=f(X_1,X_2,\cdots,X_m,\theta_1,\theta_2,\cdots,\theta_p)+e$$

其中，Y 为随机变量，$X=(X_1,X_2,\cdots,X_m)^{\mathrm{T}}$（T 表示转置）为 m 个自变量，$\theta=(\theta_1,\theta_2,\cdots,\theta_p)^{\mathrm{T}}$ 为 p 个未知参数，e 为服从 $N(0,\sigma^2)$ 的随机变量。

对 $x_1,x_2,\cdots,x_m,y$ 进行 n 次观测，得到观测数据如下：

$$
\begin{array}{ccccc}
x_{11} & x_{12} & \cdots & x_{1m} & y_1 \\
x_{21} & x_{22} & \cdots & x_{2m} & y_2 \\
& & \vdots & & \\
x_{n1} & x_{n2} & \cdots & x_{nm} & y_n
\end{array}
$$

代入这 n 个观测数据，得到：

$$
\begin{aligned}
y_1 &= f(x_{11},x_{12},\cdots,x_{1m},\theta_1,\theta_2,\cdots,\theta_p)+e_1 \\
y_2 &= f(x_{21},x_{22},\cdots,x_{2m},\theta_1,\theta_2,\cdots,\theta_p)+e_2 \\
&\vdots \\
y_n &= f(x_{n1},x_{n2},\cdots,x_{nm},\theta_1,\theta_2,\cdots,\theta_p)+e_n
\end{aligned}
$$

$$
e_i \sim N(0,\sigma^2), i=1,\ 2,\ \cdots,\ n
$$

为了方便起见，常用这样的记号：

$$
f(x_{i1},x_{i2},\cdots,x_{im},\theta_1,\theta_2,\cdots,\theta_p)=f(x_i,\theta)=f_i(\theta),\quad i=1,2,\cdots,n
$$

对于上述模型，记 $D(\theta)=\sum_{i=1}^{n}[y_i-f_i(\theta)]^2$ 为误差平方和。

采用最小二乘法求 $\hat{\theta}$，显然 $D(\hat{\theta})$ 应为最小值，即 $D(\hat{\theta})=\min\{D(\theta)\}$。

如果 f 对于 θ 的每个分量都是可微的，则求 $\hat{\theta}$ 相当于求解以下正规方程组：

$$
\frac{\partial D(\theta)}{\partial \theta_j}=0,\ j=1,\ 2,\ \cdots,\ p
$$

对于 $D(\hat{\theta})=\min\{D(\theta)\}$，一般可用最优化迭代算法，求出最优解 $\hat{\theta}$，从而确定非线性回归数学模型，具体的最优化迭代算法这里不再介绍。

8.2 逻辑回归分析

逻辑（Logistic）回归用于分析二分类或有次序的依变量和自变量之间的关系。当依变量是二分类（如 1 或 0）时，称为二分逻辑回归，自变量 X_1、X_2、$\cdots$、X_k 可以是分类变量或连续变量等。在逻辑回归模型中，是用自变量去预测依变量在给定某个值时的概率。本节主要介绍二分逻辑回归分析方法。

8.2.1 逻辑回归原理

逻辑回归在流行病学中应用较多，常用于探索某种疾病的危险因素，根据危险因素预测某种疾病发生的概率。所以逻辑回归是以概率分析为基础的。

对于 p 个独立的自变量 $X=(X_1$、X_2、$\cdots$、$X_k)$ 和依变量 Y，现要求逻辑回归模型。

设条件概率 $P(Y=1|X)=p(X)$ 为根据观测量 Y 相对于某事件 X 发生的概率（发生事件的条件概率）。能不能采用前面介绍的一元线性回归逻辑，设置 $Y=p(X)=a+bX$ 呢？由于概率 p 的取值在 0 与 1 之间，X 的取值可以是连续值，所以这个关系式显然是不成立的。

也就是说，$p(X)$ 与各个自变量之间是非线性的，而是呈现 S 型函数关系，如图 8.8 所示。可以设置为这样的 S 型函数：

$$
p(X)=\frac{1}{1+e^{-f(X)}},\ -\infty<f(X)<\infty
$$

通常 $f(X)$ 可以看成 X 的线性函数，逻辑回归就是要找出 $f(X)$。

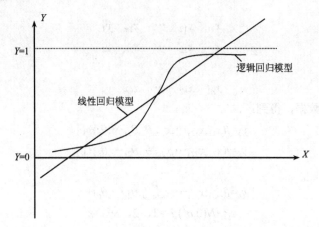

图 8.8　逻辑回归是 S 型关系

8.2.2　逻辑回归模型

前面介绍的 $p(X)$ 函数是由美国科学家 R. B. Pearl 和 L. J. Reed 提出的，称之为增长函数。由 $p(X)$ 函数可推出 $P(Y=0|X)=1-p(X)=\dfrac{1}{1+\mathrm{e}^{f(X)}}$（不发生事件的条件概率），所以有 $\dfrac{p(X)}{1-p(X)}=\mathrm{e}^{f(X)}$，两边取对数得到：

$$\ln\left(\frac{p(X)}{1-p(X)}\right)=f(X)$$

$\dfrac{p(X)}{1-p(X)}$ 称为机会比率，即有利于出现某一状态的机会大小。

$f(X)$ 即为回归模型。常用的是线性回归模型，即：

$$\ln(\frac{p(X)}{1-p(X)})=f(X)=\beta_0+\beta_1 X_1+\beta_2 X_2+\cdots+\beta_k X_k$$

它反映出 X 每变化一个单位，有利机会对数变化的程度。

假设有 n 组观测样本 $\{x_{i1},x_{i2},\cdots,x_{ik},y_i\}$（$i=1,2,\cdots,n$），其中 y_i 为 0/1 值。设 $p_i=P(y_i=1|x)$ 为给定条件下得到 $p_i=1$ 的概率。在同样条件下得到 $p_i=0$ 的条件概率为 $P(y_i=0|x)=1-p_i$。于是，得到一个观测值的概率为：

$$P(y_i)=p_i^{y_i}(i-p_i)^{(1-y_i)}$$

因为各项观测独立，所以 y_1、y_2、$\cdots$、y_n 的似然函数为：

$$L(\beta)=\prod_{i=1}^{n}p(x_i)^{y_i}[1-p(x_i)]^{1-y_i}$$

对数的似然函数为：

$$\ln(L(\beta))=\sum_{i=1}^{n}[y_i(\beta_0+\beta_1 x_{i1}+\beta_2 x_{i2}+\cdots+\beta_k x_{ik})-\ln(1+\mathrm{e}^{\beta_0+\beta_1 x_{i1}+\beta_2 x_{i2}+\cdots+\beta_k x_{ik}})]$$

最大似然估计就是求 β_0、β_1、β_2、$\cdots$、β_k 的估值 $\hat{\beta}_0$、$\hat{\beta}_1$、$\hat{\beta}_2$、$\cdots$、$\hat{\beta}_k$ 使上述对数似然函数值最大。

对该对数似然函数求导，得到 $k+1$ 个似然方程。为了求解该非线性方程组，可以应用牛顿—拉斐森方法进行迭代求解。为了提高求解效率，在每次迭代完成后，可以对现有 X 与 Y 之间的显著性进行检验，针对已有的训练模型对应的数据集进行验证，删除显著性不符合阈值的 X_i。

【例 8.2】　假设已求出反映依变量 Y 和自变量 X 的概率关系的逻辑回归模型为：

$$\ln\left(\frac{p}{1-p}\right)=-6.03+0.257x$$

即

$$p=\frac{e^{-6.03+0.257x}}{1+e^{-6.03+0.257x}}$$

下面判断两者之间的关系。设 X 取 x_1 时，Y 的概率为 p_1，当 X 变化一个单位时，即变为 x_1+1，对应 Y 的概率为 p_2，于是：

$$\ln\left(\frac{p_1}{1-p_1}\right)=-6.03+0.257x_1$$

$$\ln\left(\frac{p_2}{1-p_2}\right)=-6.03+0.257(x_1+1)$$

两式相减：

$$\ln\left(\frac{p_2}{1-p_2}\right)-\ln\left(\frac{p_1}{1-p_1}\right)=0.257$$

即：$\dfrac{p_2}{1-p_2}\Big/\dfrac{p_1}{1-p_1}=e^{0.257}=1.293$。也就是有 $\dfrac{p_2}{1-p_2}=1.293\dfrac{p_1}{1-p_1}$。

这表明 X 对 Y 的影响随它的增加而增加。

8.2.3　SQL Server 中逻辑回归分析示例

如表 8.4 所示是某一个城市市民出行是否经常乘坐公交车的调查表，X_1 表示年龄，X_2 表示月收入，X_3 表示性别（0 为女性，1 为男性），Y 表示结果（1 表示经常乘坐公交车，0 表示相反）。用 SQL Server 进行逻辑回归分析的过程如下。

表 8.4　产品销售表

no	X_1	X_2	X_3	Y
1	20	1850	0	1
2	21	2000	1	1
3	26	2400	1	1
4	26	3000	0	1
5	27	2200	1	0
6	30	3500	1	0
7	30	3200	0	1
8	40	4000	0	0
9	40	4500	1	0
10	50	5100	0	0
11	50	5300	1	0
12	60	4500	0	1
13	65	3000	0	1
14	65	3100	1	1

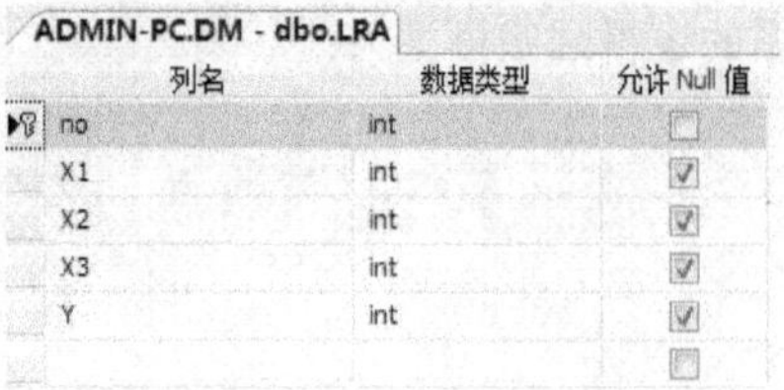

ADMIN-PC.DM - dbo.LRA		
列名	数据类型	允许 Null 值
no	int	☐
X1	int	☑
X2	int	☑
X3	int	☑
Y	int	☑
		☐

图 8.9　LRA 表结构

1）建立数据表

在 SQL Server Management Studio 的 DM 数据库中建立表 LRA，其结构如图 8.9 所示，并输入表 8.4 所示的数据。

2）建立数据源视图

采用 2.6.3 节的步骤定义数据源视图 DM3.dsv，它只对应 DM 数据库中的 LRA 表。

3）建立挖掘结构 LineRegression.dmm

其步骤如下。

（1）在解决方案资源管理器中，右键单击"挖掘结构"选项，再选择"新建挖掘结构"选项以打开数据挖掘向导。在"欢迎使用数据挖掘向导"页面上，单击"下一步"按钮。在"选择定义方法"页面上，确保已选中"从现有关系数据库或数据仓库"，再单击"下一步"按钮。

（2）在"创建数据挖掘结构"页面的"您要使用何种数据挖掘技术？"选项下，选中列表中的"Microsoft 逻辑回归"，再单击"下一步"按钮。

（3）选择数据源视图为 DM3，单击"下一步"按钮。

（4）在"指定表类型"页面上，在 LRA 表的对应行中选中"事例"复选框。单击"下一步"按钮。

（5）在"指定定型数据"页面中，设置数据挖掘结构如图 8.10 所示，X1、X2、X3 字段为自变量，Y 为依变量。单击"下一步"按钮。

图 8.10　设置挖掘模型结构

（6）出现"指定列的内容和数据类型"页面，将 X3 和 Y 列改为 Discrete（表示取离散值），其他列保持默认值，单击"下一步"按钮。在"创建测试集"页面上，"测试数据百分比"选项的默认值为 30%，将该选项更改为 0。单击"下一步"按钮。

（7）在"完成向导"页面的"挖掘结构名称"和"挖掘模型名称"选项中，输入"LogRegression"。

然后单击"完成"按钮。

4）部署回归分析项目并浏览结果

在解决方案资源管理器中单击"DM"，在出现的下拉菜单中选择"部署"命令，系统开始执行部署，完成后出现部署成功的提示信息。

单击"挖掘结构"下的"LogRegression.dmm"选项，在出现的下拉菜单中选择"浏览"命令，使用 Microsoft 挖掘模型查看器查看模型时，其逻辑回归分析结果如图 8.11 所示。

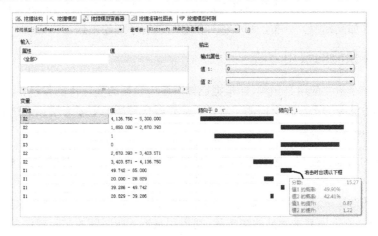

图 8.11　逻辑回归分析结果

图中结果表明，当年龄值在 49.742～65 之间时，经常乘公交车的概率为 49.9%，不经常乘公交车的概率为 42.41%。年龄的提高对经常乘公交车的提升率为 1.22。

8.3　时序分析模型

8.3.1　时序分析概述

时序是时间序列（Time Series）的简称。现实生活中大量的数据都是时序数据，如市场营销数据、河流流量数据和股票交易数据等。时序分析是通过研究信息的时间特性，深入洞悉事物进化的机制，是获得知识的有效途径。

从统计意义上来讲，所谓时序就是将某一指标在不同时间上的不同数值，按照时间先后顺序排列而成的数列。时序挖掘通过对过去历史行为的客观记录分析，揭示其内在规律，进而完成预测未来行为等决策性工作。简言之，时序数据挖掘就是要从大量的时序中提取人们事先不知道、但又是潜在有用的与时间属性相关的信息和知识，并用于短期、中期或长期预测，指导人们的社会、经济、军事和生活等行为。

从数学意义上来讲，如果对某一过程中的某一变量进行 $X(t)$ 观察测量，在一系列时刻 t_1、t_2、$\cdots$、t_n（t 为自变量，且 $t_1 < t_2 < \cdots < t_n$）得到的离散有序数集合 X_{t1}、X_{t2}、$\cdots$、X_{tm} 称为离散数字时序。设 $X(t)$ 是一个随机过程，$X_{ti}(i=1,2,\cdots,n)$ 称为一次样本实现，也就是一个具体的时序。

时序的研究必须依据合适的理论和技术进行，时序的多样性表明其研究必须结合序列特点来找到合适的建模方法。

（1）一元时序。如某种商品的销售量数列等，可以通过单变量随机过程的观察获得规律性信息。

（2）多元时序。如包含气温、气压、雨量等在内的天气数据，通过多个变量描述变化规律。时序挖掘需要揭示各变量间相互依存关系的动态规律性。

（3）离散型时序。如果某一序列中的每一个序列值所对应的时间参数为间断点，则该序列就是一个离散时序。

（4）连续型时序。如果某一序列中的每一个序列值所对应的时间参数为连续函数，则该序列就是一个连续时序。

序列的统计特征可以表现为平稳或者有规律的振荡，这样的序列是分析的基础点。此外，如果序列按某类规律（如高斯型）分布，那么序列的分析就有了理论根据。

8.3.2 时序预测的常用方法

时序分析的一个重要应用是预测，即根据已知时序中数据的变化特征和趋势，预测未来属性值。为了对时序预测方法有一个比较全面的了解，首先对时序预测的主要方法加以归纳。

1. 确定性时序预测方法

若一个时序的未来值被某一个数学函数严格确定，如 $y=\cos(2\pi t)$ 这种形式，则称该时序为确定性时序。

对于确定性的时序来说，假设未来行为与现在的行为有关，利用属性现在的值预测将来的值是可行的。例如，要预测下周某种商品的销售额，可以用最近一段时间的实际销售量来建立预测模型。

一种更为科学的评价时序变动的方法是将变化在多维上加以综合考虑，把数据的变动看成是长期趋势、季节变动、循环变动和随机型变动共同作用的结果。

（1）长期趋势：随时间变化的、按照某种规则稳步增长、下降或保持在某一水平上的规律。

（2）季节变动：有季节的周期性变化规律（如冬季羽绒服销售量增加）。

（3）循环变动：以若干年为周期、不具严格规则的周期性连续变动。

（4）随机型变动：不可控的偶然因素等。

设 T_t 表示长期趋势，S_t 表示季节变动趋势项，C_t 表示循环变动趋势项，R_t 表示随机干扰项，y_t 是观测目标的观测记录。最基本的确定性时序模型有以下几种类型。

（1）加法模型：$Y_t=T_t+S_t+C_t+R_t$。

（2）乘法模型：$Y_t=T_t\times S_t\times C_t\times R_t$。

（3）混合模型：$Y_t=T_t\times S_t+R_t$ 或 $Y_t=S_t+T_t\times C_t\times R_t$。

确定性时序分析方法主要包括移动平均模型、二次滑动平均模型、指数平滑模型、二次指数平滑模型和三次指数平滑模型等。

2. 随机时序预测方法

若一个时序的未来值只能用概率分布加以描述，则称之为非确定性的时序或称随机时序。

通过建立随机模型，对随机时序进行分析，可以预测未来值。若时序是平稳的，可以用自回归（Auto Regressive，AR）模型、移动回归模型（Moving Average，MA）或自回归移动平均（Auto Regressive Moving Average，ARMA）模型进行分析预测。

3. 其他方法

可用于时序预测的方法有很多，其中比较成功的是神经网络。由于大量的时序是非平稳的，因此特征参数和数据分布随着时间的推移而变化。假如通过对某段历史数据的训练，通过数学统计模型估计神经网络的各层权重参数初值，就可能建立神经网络预测模型，用于时序的预测。

8.3.3 回归分析与时序分析的关系

时序分析在于测定时序中存在的长期趋势、季节性变动、循环波动及不规则变动，并进行统计预测；回归分析则侧重于测定解释变量对被解释变量的影响，侧重于因果关系的分析。这似乎给人一种时间序列分析与回归分析两者之间互不相干的印象。下面通过一个模型的构造说明时间序列分析与回归分析的差别性与内在统一性。

之前提到，为了测定一个时序中存在的长期趋势、季节变动、循环波动及不规则变动，主要构造加法和乘法两种模型。如果要测定长期趋势（直线或非直线），可以通过移动平动法、时距扩大法或数学模型法，剔除时间序列中的循环波动 C_t、季节变动 S_t 及不规则变动 R_t，使时间序列中的长期趋势呈现出来。例如，假设一个时序中存在直线趋势 $T_t=\alpha+\beta t$，则加法模型可变化为：

$$Y_t=\alpha+\beta t+S_t+C_t+R_t$$

乘法模型可变化为：

$$Y_t=(\alpha+\beta t)\times S_t\times C_t\times R_t。$$

通过参数的最小二乘法估计可得到 α、β。

不妨用 X_1、X_2、$\cdots$、X_p 分别表示影响时间序列的基本因素，即 $T_t=\alpha+\beta_1 x_1+\beta_2 x_2+\cdots+\beta_p x_p$，则上述两个模型可以改写为：

$$Y_t=\alpha+\beta t+S_t+C_t+R_t=\alpha+\beta_1 x_1+\beta_2 x_2+\cdots+\beta_p x_p+S_t+C_t+R_t$$

$$Y_t=(\alpha+\beta t)\times S_t\times C_t\times R_t=(\alpha+\beta_1 x_1+\beta_2 x_2+\cdots+\beta_p x_p)\times S_t\times C_t\times R_t$$

还可以进一步引入含有季节性变动的成分等。事实上已把时序模型转化为回归模型。

从以上分析可以看出，时序分析和回归分析两者存在内在的统一性。事实上，正是用时间变量 t 代替了许许多多影响事物长期趋势的基本因素，可以把各种影响因素统一在一个回归模型中。掌握这一点，便于理解后面介绍的各种时序模型。

8.3.4 确定性时序模型

1. 建立时序模型的流程

要对一个时序数据进行分析、时序匹配或其他应用，首先必须建立时序数据的时序模型。建立时序模型的基本流程如图 8.12 所示。本小节主要介绍确定性时序的建模方法。

2. 移动平均模型

移动平均法就是根据历史统计数据的变化规律，使用最近时期数据的平均数，利用上一个或几个时期的数据产生下一期的预测值。移动平均法是一种常用的确定性时间序列预测法。这里主要介绍一次移动平均预测法和加权一次移动平均预测法。

已知序列 y_1、y_2、$\cdots$、y_n 是预测前的实际数据组成的时序。如果过早的数据已失去意义，不能反映当前数据的规律，那么可以用一次移动平均法来进行预测。即保留最近一个时间区间内的数据，用其算术平均数作为预测值。

设时间序列为 $\{y_t\}$，取移动平均的项数为 n，则第 $t+1$ 期预

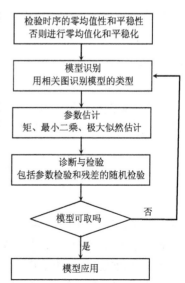

图 8.12 建立时序模型的流程

测值的计算公式为：

$$\hat{y}_{t+1} = M_t^{(1)} = \frac{y_t + y_{t-1} + \cdots + y_{t-n+1}}{n} = \frac{1}{n}\sum_{j=1}^{n} y_{t-n+j}$$

其中，y_t 表示第 t 期实际值，$\hat{y}_{t+1}$ 表示第 $t+1$ 期预测值（$t \geqslant 0$）。预测标准误差为：

$$D = \sqrt{\frac{\sum(y_{t+1} - \hat{y}_{t+1})^2}{N-n}}$$

其中，N 为时间序列 $\{y_t\}$ 所含原始数据的个数。

当预测目标的基本趋势是在某一水平线上下波动时，可用一次移动平均法建立预测模型，即用最近 n 期序列值的平均值作为未来各期的预测结果。项数 n 的数值，要根据时间序列的特点而定，不宜过大或过小。n 过大会降低移动平均数的敏感性，影响预测的准确性；n 过小，移动平均数易受随机变动的影响，难以反映实际趋势。

【例 8.3】 如表 8.5 所示为某种商品 1 月份到 12 月份的实际销售量。假定未来的销售情况与近期销售情况有关，而与较远时间的销售情况联系不大。用一次移动平均法预测下一年 1 月份的销售量的过程如下。

用 3 个月移动平均预测下一年 1 月份的销售量为：

$$\hat{x}_{13} = \frac{x_{12} + x_{11} + x_{10}}{3} = \frac{1858 + 2000 + 1930}{3} \approx 1929$$

用 5 个月移动平均值预测下一年 1 月份的销售量为：

$$\hat{x}_{13} = \frac{x_{12} + x_{11} + x_{10} + x_9 + x_8}{5} = \frac{1858 + 2000 + 1930 + 1760 + 1810}{5} \approx 1872$$

由于 5 个月移动平均值对 12 月份的销售量拟合较好（参照表 8.5 中最后一列），可以认为预测值 1872 比 1929 准确。

表 8.5　某种商品的实际销售量

（单位：件）

月　　份	1	2	3	4	5	6	7	8	9	10	11	12
实际销售	1500	1725	1510	1720	1330	1535	1740	1810	1760	1930	2000	1858
3 个月平滑值				1578	1652	1520	1528	1535	1695	1770	1833	1897
5 个月平滑值						1557	1564	1567	1627	1635	1755	1848

简单一次移动平均预测法，是把参与平均的数据在预测中所起的作用同等看待，但实际中参与平均的各期数据所起的作用往往是不同的。为此，需要采用加权移动平均法进行预测，加权一次移动平均预测法是其中比较简单的一种。其计算公式如下：

$$\hat{y}_{t+1} = \frac{W_1 y_t + W_2 y_{t-1} + \cdots + W_n y_{t-n+1}}{W_1 + W_2 + \cdots + W_n} = \frac{\sum_{i=1}^{n} W_i y_{t-i+1}}{\sum_{i=1}^{n} W_i}$$

其中，y_t 表示第 t 期的实际值，$\hat{y}_{t+1}$ 表示第 $t+1$ 期预测值，W_i 表示权数，n 表示移动平均的项数。预测标准误差的计算公式与前面介绍的简单一次移动平均预测法相同。

移动平均法适用于短期预测。这种方法的优点是简单方便，但对于波动较大的时序数据，预测的精度不高，误差很大。一般来说，历史数据对未来值的影响是随着时间间隔的增长而递减的，或者数据的变化呈现某种周期性或季节性等特性,所以移动平均法权重的赋予方式就会使计算结果产生很大的误差,通常将较大的权值赋予中心元素以抵消平滑带来的影响。

3. 指数平滑模型

与移动平均预测法不同,指数平滑法采用了更切合实际的方法,即对各期观测值依时间顺序进行加权平均作为预测值。这里主要介绍一次指数平滑法和二次指数平滑法。

1)一次指数平滑法

一次指数平滑法是利用前一时刻的数据进行预测的方法。它适用于变化比较平稳,增长或下降趋势不明显的时间序列数据下一期的预测。其模型是:

$$\hat{y}_t = ky_{t-1} + (1-k)\hat{y}_{t-1}$$

其中,y_{t-1} 表示第 $t-1$ 期实际值,$\hat{y}_t$ 表示第 t 期预测值,k($0 \leq k \leq 1$)称为平滑系数。该式说明只需前一时期的观测值及预测值即可预测本期值。每期预测值虽然只用了上期的观测值和预测值,但实际上包含了以前各个时刻数据的影响。从而可将指数平均法看成是移动平均法的推广。

平滑系数 k 的取值对预测值的影响是很大的,但目前还没有一个很好的统一选值方法,一般是根据经验来确定。若时间序列数据是水平型的发展趋势类型,k 可取较小的值,一般为 0～0.3。

【**例 8.4**】 某仓库 2013 年 1 月份至 12 月份钻头的实际使用量如表 8.6 所示,要求对 2014 年 1 月份的钻头需求量进行预测。

表 8.6 钻头实际用量表

(单位:个)

月 份	1	2	3	4	5	6	7	8	9	10	11	12
使用量	27	35	33	37	35	38	48	41	43	49	37	40

假设取上年度钻头使用的实际平均值 35 作为下一年 1 月份的初始预测值,即 $\hat{y}_t$=35。取不同平滑系数 k,每个月的预测数据如表 8.7 所示。

表 8.7 钻头实际用量——预测用量对照

日 期	实际用量	预测值		
		k=0.2	k=0.5	k=0.8
2013 年 1 月	27	35	35	35
2013 年 2 月	35	33.4	31	28.6
2013 年 3 月	33	33.72	33	33.72
2013 年 4 月	37	33.58	33	33.14
2013 年 5 月	35	34.26	35	36.23
2013 年 6 月	38	34.41	35	35.25
2013 年 7 月	48	35.13	36.5	37.45
2013 年 8 月	41	37.70	42.25	45.89
2013 年 9 月	43	38.36	41.63	41.98
2013 年 10 月	49	39.29	42.32	42.80
2013 年 11 月	37	41.23	45.66	47.76
2013 年 12 月	40	40.38	41.33	39.15
2014 年 1 月		40.30	40.67	39.83

2）二次指数平滑法

二次指数平滑法是对一次指数平滑值再做一次指数平滑来进行预测的一种方法，但第 $t+1$ 期预测值并非第 t 期的二次指数平滑值，而是采用下列计算公式进行预测：

$$\begin{cases} S_t^{(1)} = ky_t + (1-k)S_{t-1}^{(1)} \\ S_t^{(2)} = kS_t^{(1)} + (1-k)S_{t-1}^{(2)} \\ \hat{y}_{t+T} = a_t + b_t T \end{cases}$$

其中，$S_t^{(1)}$ 表示第 t 期的一次指数平滑值，$S_t^{(2)}$ 表示第 t 期的二次指数平滑值，y_t 表示第 t 期实际值，$\hat{y}_{t+T}$ 表示第 $t+T$ 期预测值，k 表示平滑系数，$a_t = 2S_t^{(1)} - S_t^{(2)}$，$b_t = \dfrac{k}{1-k}\left(S_t^{(1)} - S_t^{(2)}\right)$。

初值 $S_0^{(1)}$、$S_0^{(2)}$ 的取值方法与 $\hat{y}_1$ 的取值方法相同。

8.3.5 随机时序模型

随机时间序列模型是一种精确度较高的短期预测方法。其基本思想：某些时间序列是依赖于时间 t 的一组随机变量，构成该序列的单个序列值虽然具有不确定性，但整个序列的变化却有一定的规律性，可以用相应的数学模型近似描述。通过对该数学模型的分析研究，能够更本质地认识时间序列的结构与特征，达到最小方差意义下的最优预测。这里简要介绍随机时间序列分析的三种模型的模型识别及参数估计。

1. 自回归模型 AR(p)

若时序 $\{y_t\}$ 中的 y_t 为它的前期值和随机项的线性函数，表示为：

$$y_t = \varphi_1 y_{t-1} + \varphi_2 y_{t-2} + \cdots + \varphi_p y_{t-p} + \mu_t$$

则称该时间序列 $\{y_t\}$ 为自回归序列，该模型为 p 阶自回归模型（Auto-regressive Model），记为 AR(p)。

其中，参数 φ_1、φ_2、$\cdots$、φ_p 为自回归参数，是模型的待估参数；μ_t 是一个白噪声，用来描述简单随机干扰的平稳序列，是互相独立并且服从均值为 0、方差为 δ_μ^2 的正态分布平稳序列；μ_t 与 y_{t-1}、y_{t-2}、$\cdots$、y_{t-p} 不相关。

为了便于表述上式，引入滞后算子 B，其意义为 $By_t = y_{t-1}$，则上式模型可以表示为：

$$y_t = \varphi_1 B y_t + \varphi_2 B^2 y_t + \cdots + \varphi_p B^p y_t + \mu_t$$

其中：

$$By_t = y_{t-1}, \quad B^2 y_t = y_{t-2}, \quad \cdots, \quad B^p y_t = y_{t-p}$$

进一步有：

$$(1 - \varphi_1 B - \varphi_2 B^2 - \cdots - \varphi_p B^p)y_t = \mu_t$$

令

$$\varphi(B) = 1 - \varphi_1 B - \varphi_2 B^2 - \cdots - \varphi_p B^p$$

则可写为：

$$\varphi(B)y_t = \mu_t$$

对自回归序列考虑其平稳性条件，可以从最简单的一阶自回归序列进行分析。假设一阶自回归序列的模型为 $y_t = \varphi y_{t-1} + \mu_t$，同样 $y_{t-1} = \varphi y_{t-2} + \mu_{t-1}$，迭代下去有：

$$y_t = \mu_t + \varphi\mu_{t-1} + \varphi^2\mu_{t-2} + \varphi^3\mu_{t-3}\cdots$$

对于一阶自回归序列来讲，若系数 φ 的绝对值 $|\varphi| < 1$，则称这个序列是渐进平稳的。对于 p 阶自回归序列来讲，如果是平稳时间序列，它要求滞后算子多项式 $\varphi(B)$ 的以下特征方程所有根的绝对值皆大于 1：

$$1 - \varphi_1 z - \varphi_2 z^2 - \cdots - \varphi_p z^p = 0$$

即 p 阶自回归序列的渐进平稳条件为 $|z|>1$。

自回归模型 AR(p) 的参数估计过程是：假设其参数估计值 $\hat{\varphi}_1$、$\hat{\varphi}_2$、…、$\hat{\varphi}_p$ 已经得到，有：

$$y_t = \hat{\varphi}_1 y_{t-1} + \hat{\varphi}_2 y_{t-2} - \cdots + \hat{\varphi}_p y_{t-p} + \hat{\mu}_t$$

误差的平方和 D 为：

$$D(\hat{\varphi}) = \sum_{t=p+1}^{n} \hat{\mu}_t^2 = \sum_{t=p+1}^{n} \left(y_t - \hat{\varphi}_1 y_{t-1} - \hat{\varphi}_2 y_{t-2} - \cdots - \hat{\varphi}_p y_{t-p} \right)^2$$

根据最小二乘法原理，所要求的参数估计值 $\hat{\varphi}_1$、$\hat{\varphi}_2$、…、$\hat{\varphi}_p$ 应该使得上式达到最小。所以它们应该是下列方程组的解：

$$\frac{\partial D}{\partial \hat{\varphi}_j} = 0, \quad j = 1, 2, \cdots, p$$

即：

$$\sum_{t=p+1}^{n} \left(y_t - \hat{\varphi}_1 y_{t-1} - \hat{\varphi}_2 y_{t-2} - \cdots - \hat{\varphi}_p y_{t-p} \right) y_{t-j} = 0$$

解该方程组，就可得到待估参数的估计值 $\hat{\varphi}_1$、$\hat{\varphi}_2$、…、$\hat{\varphi}_p$，从而得到相应的自回归模型 $y_t = \hat{\varphi}_1 y_{t-1} + \hat{\varphi}_2 y_{t-2} + \cdots + \hat{\varphi}_p y_{t-p} + \mu_t$。

例如，有 AR(1) 模型 $y_t = 0.6 y_{t-1} + \mu_t$。

则：
$$(1 - 0.6B) y_t = \mu_t$$

$$y_t = \frac{1}{1-0.6B} \mu_t = (1 + 0.6B + 0.36B^2 + 0.216B^3 + \cdots) \mu_t = \mu_t + 0.6\mu_{t-1} + 0.36\mu_{t-2} + 0.216\mu_{t-3} + \cdots$$

从而变换为一个无限阶的移动平均过程。

2. 滑动（移动）平均模型 MA(q)

若时序 $\{y_t\}$ 中的 y_t 为它前期的误差和随机项的线性函数，则 y_t 可以表示为：

$$y_t = \mu_t - \theta_1 \mu_{t-1} - \theta_2 \mu_{t-2} - \cdots - \theta_q \mu_{t-q}$$

称该时间序列 $\{y_t\}$ 为滑动平均序列，该模型为 q 阶滑动（移动）平均模型（Moving Average Model），记为 MA(q)。参数 θ_1、θ_2、…、θ_q 为滑动平均参数，是模型的待估参数。

引入滞后算子 B，即有：

$$\mu_{t-1} = B\mu_t$$
$$\mu_{t-2} = B^2 \mu_t$$
$$\vdots$$
$$\mu_{t-q} = B^q \mu_t$$

代入上式可以写为：

$$(1 - \theta_1 B - \theta_2 B^2 - \cdots - \theta_q B^q) \mu_t = y_t$$

设 $\theta(B) = 1 - \theta_1 B - \theta_2 B^2 - \cdots - \theta_q B^q$，则模型可写为 $y_t = \theta(B)\mu_t$。

为使得 MA(q) 过程可以转换成一个自回归过程，需要 $\theta^{-1}(B)$ 收敛。而 $\theta^{-1}(B)$ 收敛的充分必要条件是 $\theta(B)$ 以下特征方程所有根的绝对值皆大于 1，即 $|z|>1$：

$$1 - \theta_1 z - \theta_2 z^2 - \cdots - \theta_q z^q = 0$$

这个条件是 MA(q) 序列必须满足的可逆性条件，而且当这个可逆性条件满足时，有限阶自回归序列等价于某个无限阶移动平均序列。

滑动（移动）平均模型 MR(q) 的参数估计可以采用矩估计法，这里不再介绍。

3. 自回归滑动平均模型 ARMA(p,q)

若时序 $\{y_t\}$ 中的 y_t 为它的当前值与前期的误差和随机项的线性函数，则可以表示为：

$$y_t = \varphi_1 y_{t-1} + \varphi_2 y_{t-2} + \cdots + \varphi_p y_{t-p} + \mu_t - \theta_1 \mu_{t-1} - \theta_2 \mu_{t-2} - \cdots - \theta_q \mu_{t-q}$$

称该时间序列中的 $\{y_t\}$ 为自回归滑动平均序列。又由于模型包含 p 项自回归模型和 q 项滑动平均模型，因此该模型称为自回归滑动平均模型（Auto-regressive Moving Average Model），记为 ARMA(p, q)。参数 φ_1、φ_2、$\cdots$、φ_p 为自回归参数，θ_1、θ_2、$\cdots$、θ_q 为滑动平均参数，是模型的待估参数。引入滞后算子 B，上式可以表示为：

$$\varphi(B)y_t = \theta(B)\mu_t$$

对于 ARMA(p,q)模型，其平稳性条件同 AR(p)和 MA(q)。

自回归滑动平均模型 ARMA(p,q)的参数估计可以分为两步，先估计 φ_1、φ_2、$\cdots$、φ_p 自回归参数，然后估计 θ_1、θ_2、$\cdots$、θ_q 滑动平均参数。

4. 差分整合移动平均自回归模型 ARIMA(p,d,q)

ARIMA 模型（Autoregressive Integrated Moving Average model，差分整合移动平均自回归模型，又称整合移动平均自回归模型）是时序预测分析方法之一。在 ARIMA(p,d,q)中，AR 是自回归，p 为自回归项数；MA 为滑动平均，q 为滑动平均项数，d 为使之成为平稳序列所做的差分次数（阶数）。差分的目标是使时序稳定且变得静态，差分阶数表示为时序取值之间的差分次数。

例如，如果具有时序 $(z_1, z_2, \cdots, z_n)$ 并且使用一个差分阶数执行计算，则将获取一个新的时序 $(y_1, y_2, \cdots, y_{n-1})$，其中 $y_i = z_{i+1} - z_i$。在差分阶数为 2 时，将基于已从第一个阶数方程式派生的 y 时序生成另一个时序 $(x_1, x_2, \cdots, x_{n-2})$。差分的正确量依赖于数据。单个差分阶数在显示不变趋势的模型中最常见；第二个差分阶数可指示随着时间而变化的趋势。

ARIMA(p,d,q)模型是 ARMA(p,q)模型的扩展。ARIMA(p,d,q)模型可以表示为：

$$(1 - \sum_{i=1}^{p} \phi_i B^i)(1-B)^d X_t = (1 + \sum_{i=1}^{q} \theta_i B^i)\mu_t$$

其中，B 为滞后算子，$d>0$。

8.3.6　SQL Server 建立随机时序模型示例

如表 8.8 所示的 CPI 数据表，其中有一部分月份没有给出（其 CPI 值用 NULL 表示），采用 SQL Server 建立其随机时序模型，并预测没有给出的 CPI。其过程如下。

表 8.8　各月份 CPI 数据表

Time	CPI	Time	CPI	Time	CPI（预测值）
2010-01-01	1.5	2011-08-01	6.2	2013-03-01	NULL
2010-02-01	2.7	2011-09-01	6.1	2013-04-01	NULL
2010-03-01	2.4	2011-10-01	5.5	2013-05-01	NULL
2010-04-01	2.8	2011-11-01	4.2	2013-06-01	NULL
2010-05-01	3.1	2011-12-01	4.1	2013-07-01	NULL
2010-06-01	2.9	2012-01-01	4.5	2013-08-01	NULL
2010-07-01	3.3	2012-02-01	3.2	2013-09-01	NULL
2010-08-01	3.5	2012-03-01	3.6	2013-10-01	NULL

续表

Time	CPI	Time	CPI	Time	CPI（预测值）
2010-09-01	3.6	2012-04-01	3.4	2013-11-01	NULL
2010-10-01	4.4	2012-05-01	3	2013-12-01	NULL
2010-11-01	5.1	2012-06-01	2.2	2013-03-01	NULL
2010-12-01	4.6	2012-07-01	1.8	2013-04-01	NULL
2011-01-01	4.9	2012-08-01	2		
2011-02-01	4.9	2012-09-01	1.9		
2011-03-01	5.4	2012-10-01	1.7		
2011-04-01	5.3	2012-11-01	2		
2011-05-01	5.5	2012-12-01	2.5		
2011-06-01	6.4	2013-01-01	2		
2011-07-01	6.5	2013-02-01	3.2		

1）建立数据表

在 SQL Server Management Studio 的 DM 数据库中建立表 TS，其结构如图 8.13 所示，并输入表 8.8 所示的数据。

2）建立数据源视图

采用 2.6.3 节的步骤定义数据源视图 DM1.dsv，它只对应 DM 数据库中的 TS 表。

图 8.13　TS 表结构

3）建立挖掘结构 TimeSeq.dmm

其步骤如下。

（1）在解决方案资源管理器中，右键单击"挖掘结构"选项，再选择"新建挖掘结构"选项以打开数据挖掘向导。在"欢迎使用数据挖掘向导"页面上，单击"下一步"按钮。在"选择定义方法"页面上，确保已选中"从现有关系数据库或数据仓库"选项，再单击"下一步"按钮。

（2）在"创建数据挖掘结构"页面的"您要使用何种数据挖掘技术？"选项下，选中列表中的"Microsoft 时序"，如图 8.14 所示，再单击"下一步"按钮。

图 8.14　创建数据挖掘结构

（3）选择数据源视图为 DM1，单击"下一步"按钮。

（4）在"指定表类型"页面上，在 TS 表的对应行中选中"事例"复选框。单击"下一步"按钮。

（5）在"指定定型数据"页面中，设置数据挖掘结构如图 8.15 所示。单击"下一步"按钮。

（6）出现"指定列的内容和数据类型"页面，保持默认值，单击"下一步"按钮。在"创建测试集"页面上，"测试数据百分比"选项的默认值为 30%，将该选项更改为 0。单击"下一步"按钮。

（7）在"完成向导"页面的"挖掘结构名称"选项中，输入"TimeSeq"。然后单击"完成"按钮。

图 8.15　设置挖掘模型结构

4）部署回归分析项目并浏览结果

在解决方案资源管理器中单击"DM"，在出现的下拉菜单中选择"部署"命令，系统开始执行部署，完成后出现部署成功的提示信息。

单击"挖掘结构"下的"TimeSeq.dmm"，在出现的下拉菜单中选择"浏览"命令，系统挖掘的时序图如图 8.16 所示。

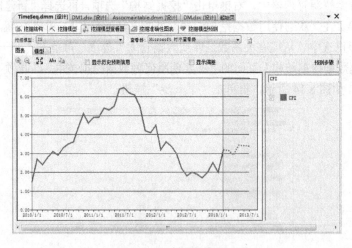

图 8.16　时序挖掘图

图中虚线表示预测值，将鼠标移到虚线处右击，出现相应的预测值，如图 8.17 所示。单击"模型"选项卡，出现如图 8.18 所示的显示结果，它将建立的时序模型以树结构呈现出来，右击右边的树中结点，在出现的下拉菜单中选择"显示图例"命令，出现如图 8.19 所示的"挖掘图例"对话框，其中显示了所求的系数和建立的 ARIMA 公式，通过该公式对为空值的月份预测出相应的 CPI。

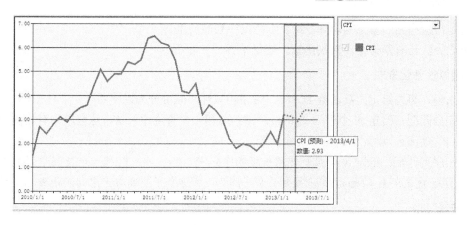

图 8.17 显示预测值

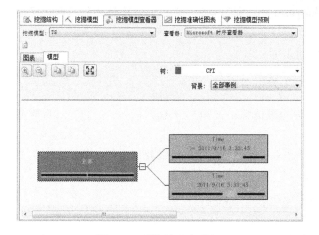

图 8.18 "模型"选项卡

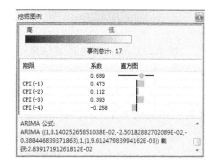

图 8.19 "挖掘图例"对话框

8.4 时序的相似性搜索

时序相似性搜索是基于内容的查询,用 $X=(x_t\,|\,t=0,1,2,\cdots,n\text{-}1)$ 表示一个时序,其相似性搜索就是在时序数据库中发现与给定模式相似的序列。本节介绍相似性搜索的基本方法。

8.4.1 相似性搜索的概念

假设时序模型为 $AR(n)$,待测序列 X 的参数模型为 φ_X,它是待检模型。序列数据库中的其他序列 Y_i 的参数模型为 φ_{Yi},它们是参考模型。φ_X 和 φ_{Yi} 都是 n 维向量,均可视为 n 维空间上的点。从而序列的相似性问题就归结为 n 维空间 R^n 中的距离判别问题。

1. 距离判别函数

常用的距离函数为欧几里得函数,其表示如下:

$$D_E^2(\varphi_X,\varphi_Y)=(\varphi_X-\varphi_Y)^{\mathrm{T}}(\varphi_X-\varphi_Y)$$

如果待检模型 φ_X 与某个参考模型 φ_Y 的欧几里得距离最小,则它和这个参考序列最相似。

用模型中随机项向量 μ(白噪声向量)来构造残差距离函数,其表示如下:

$$D_\mu^2(\varphi_X,\varphi_Y)=N(\varphi_X-\varphi_Y)^{\mathrm{T}}r_X(\varphi_X-\varphi_Y)$$

其中，r_X是待检序列的协方差矩阵，N表示待检序列的长度。

除此之外，还有其他距离判别函数，这里不再一一介绍。

2. 相似性匹配方式

一般来说，事先给定距离函数 D 和 ε，时序相似性匹配可分为以下两类。

（1）完全匹配：给定 N 个序列 Y_1、Y_2、$\cdots$、Y_N 和一个查询序列 X，这些序列有相同的长度，如果存在 $D(X,Y_i){\leqslant}\varepsilon$，那么称 X 与 Y_i 完全匹配。

（2）子序列匹配：给定 N 个具有任意长度的序列 Y_1、Y_2、$\cdots$、Y_N 和一个查询序列 X 以及参数 ε。子序列匹配就是在 Y_i（$1{\leqslant}i{\leqslant}N$）上找到某个子序列，使这个子序列与 X 之间的距离小于或等于 ε。

3. 数据变换

许多信号分析处理技术要求数据在频率域中，以便应用欧几里得距离等各种度量方式，因此常常需要变换数据，也称为特征提取，将时序从时间域变换到频率域。常用的变换是离散傅里叶变换（DFT）。

对于一个时序 X，对其离散傅里叶变换得到 X_f：

$$X_f = \frac{1}{\sqrt{n}}\sum_{t=0}^{n-1}x_t\mathrm{e}^{-\frac{2\pi_i ft}{n}}, \ f=0, \ 1, \ \cdots, \ n-1$$

这里，X 与 x_t 代表时域信息，而 $\vec{X}$ 与 X_f 代表频域信息，$\vec{X}=\{X_f|f=0, \ 1, \ \cdots, \ n-1\}$，$X_f$ 为傅里叶系数。

注意：采用离散傅里叶变换后，序列上的每个点（时域信息中）对应特征空间（频域空间）中 f 维空间上的一个点。

根据 Parseval 的理论，时域能量谱函数与频域能量谱函数相同，即：

$$\|X-Y\|^2 \equiv \|\vec{X}-\vec{Y}\|^2$$

在采用欧几里得距离函数时，如果两个序列的欧几里得距离小于 ε，则如下式子也应该成立：

$$\|X-Y\|^2 = \sum_{f=0}^{n-1}|x_f-y_f|^2 \leqslant \varepsilon^2$$

对于大多数序列来说，能量集中在傅里叶变换后的前几个系数，也就是说一个信号的高频部分相对来说并不重要。因此我们只取前面 f_c 个系数，即：

$$\sum_{f=0}^{f_c-1}|X_f-Y_f|^2 \leqslant \sum_{f=0}^{n-1}|X_f-Y_f|^2 \leqslant \varepsilon^2$$

这样就滤掉一大批与给定序列距离大于 ε 的序列。

8.4.2 完全匹配

完全匹配必须保证被查找序列与给出的序列有相同的长度。

完全匹配的过程是：首先进行首次筛选，即从变换后的频域空间中找出满足上式的序列。由于只考虑了前面几个傅里叶序列，所以并不能保证剩余的序列就相似，还需要进行最终验证。其次进行最终验证，即计算每个首次被选中的序列与给定序列在时域空间的欧氏距离，如果两个序列的欧氏距离小于或等于 ε，则接受该序列。

8.4.3 基于离散傅里叶变换的子序列匹配

子序列匹配比完全匹配复杂得多。它的目标是在 n 个长度不同的序列 Y_1、Y_2、$\cdots$、Y_n 中找出

与给定查询序列 X 相似的子序列。

滑动窗口技术（也称为时间窗口技术）是实现子序列匹配的一种成功方法。通过设定滑动窗口，不需要对整个序列进行特征提取，而是对滑动窗口内的子序列进行特征提取。对于一个时间序列 s 和长度 m 的窗口，利用滑动窗口实现子序列匹配的大致过程如下。

（1）先定义一个查找长度 w（$w \geqslant 1$）。w 的选定与具体的应用有关，如在股票分析中 w 取 7 天或 30 天表示感兴趣是 1 周或 1 个月的模式。

（2）把长度为 w 的滑动窗口放在每一个序列上的起始位置，此时滑动窗口对应序列上的长度为 w 的一段子序列，对这段序列进行傅里叶变换，这样每一个长度为 w 的子序列对应 f 维空间上的一个点。

（3）滑动窗口向后移，再以序列的第二个点为起始单位，形成另一个长度为 w 的子序列，并对这段序列进行傅里叶变换。

（4）依次类推，一共得到 $m-w+1$ 个长度为 w 的时间子序列 $s_1, s_2, \cdots, s_{m-w+1}$，其中 $s_i = (x_i, \cdots, x_{i+w-1})$。记时间子序列的集合 $W(s) = \{s_i | i = 1, 2, \cdots, m-w+1\}$。可以将每一个时间子序列看成 w 维空间中点，这样一共得到 $m-w+1$ 个 f 维特待空间上的点。

特待空间上的点组成的数据库远远大于原来的序列数据库，几乎序列上的每个点都要对应 f 维空间上的一个点。为了方便计算，可以只取前 f_c 个（通常 2～3 个就足够了）傅里叶系数。每个傅里叶系数都有一个模，f_c 个傅里叶系数就有 f_c 个模，把 f_c 个模映射到 f_c 维空间，这样每个滑动窗口对应的序列就转化为 f_c 维空间上的点。因为相邻的滑动窗口内的序列内容非常相似，所以得到的模的轨迹应该是很平滑的。

为了加快查找速度，把给定序列的轨迹分成几段子轨迹，每段用最小边界矩形 MBR（Minimun Bounding Rectangle）代替，用 R^* 树来存储和检索这些 MBR。当提出一个查找子序列请求时，首先在 R^* 树上进行查找，找到包含该子序列的 MBR，避免对整个轨迹进行搜索。

如何将模的轨迹转化为 MBR，也就是如何将轨迹分段的问题。一种直观的方法是根据一个事先给定的长度或 $\sqrt{\text{Len}(s)}$（Len(s) 表示时间序列 s 的长度）来将模的轨迹分段，如图 8.20 所示是对 9 个点的轨迹分段情况，每个段含 $\sqrt{9} = 3$ 个点，这种分段方法简单但效果不好。

Faloutsos 等人提出了一个基于贪心算法的自适应分段方法：以序列轨迹的第一个点和第二个点为基准建立第一个 MBR，此时 MBR 仅包含这两个点，按代价函数计算出边界代价值 mc，然后考虑第 3 个点，并计算新的边界代价值 mc，如果 mc 增大，则开始另外一个 MBR，否则该点加入到原来的 MBR 中，继续执行该过程。如图 8.21 所示是采用这种方法得到的结果，其中每个 MBR 所包含点的个数并不固定，是由算法自动确定的，所以该算法具有自适应性。

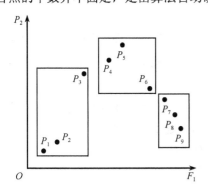

图 8.20　事先固定点个数的分段

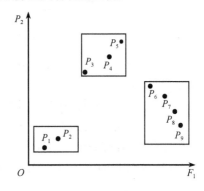

图 8.21　自适应分段

8.4.4 基于规范变换的子序列匹配

离散傅里叶变换较好地解决了时序的完全匹配与子序列匹配问题,但是该方法并没有考虑序列取值问题,有些情况下两个序列的取值相差很大,而变化趋势却很相似。因此,在比较两个序列是否相似之前,应该适当做一些偏移变换和幅值调整。

1995 年,Agrawal 提出了一种在存在噪声、缩放和平移时时序数据库中的快速相似性搜索方法,若两个序列有足够多的、不相互重叠、按时间顺序排列且相似的子序列,则这两个序列相似。

【例 8.5】 如图 8.22 所示有两个序列 X 和 Y,在序列 X 上有非常小的区域 g_1(这个区域相对于整个序列来说很短,通常称之为 Gap)。把这部分忽略(如图 8.23 所示),而且做相应的偏移变换(如图 8.24 所示)与幅值缩放(如图 8.25 所示),则这两个序列很相似。

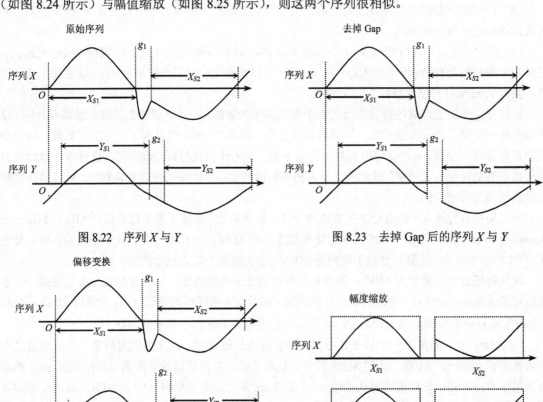

图 8.22 序列 X 与 Y 图 8.23 去掉 Gap 后的序列 X 与 Y

图 8.24 偏移变换后的序列 X 与 Y 图 8.25 幅值缩放后的序列 X 与 Y

Agrawal 把 X 与 Y 的相似性比较问题分为三个子问题:原子序列匹配、窗口缝合和子序列排序。下面介绍相关概念。

如果序列 X 所包含的不相互重叠的子序列 X_{S1}、X_{S2}、$\cdots$、X_{Sm} 和与 Y 所包含的不相互重叠的子序列 Y_{S1}、Y_{S2}、$\cdots$、Y_{Sm} 满足如下 3 个条件,可以认为 X 与 Y 是 ξ-相似的。

(1)对任意的 $1 \leq i < j \leq m$,$X_{Si} < X_{Sj}$ 与 $Y_{Si} < Y_{Sj}$ 都成立(时序性)。

(2)存在一些比例因子 λ 和一些偏移 θ 使得下式成立:

$$\forall_{i=1}^{m} \theta(\lambda(X_{Si})) \approx Y_{Si}$$

其中，"≈"表示两个子序列相似，$\theta(\lambda(X_{Si}))$表示对子序列X_{Si}以λ为比例因子进行缩放，按照θ进行偏移变换。

（3）给定ξ，下式成立：

$$\frac{\sum_{i=1}^{m}\text{Len}(X_{Si})+\sum_{i=1}^{m}\text{Len}(Y_{Si})}{\text{Len}(X)+\text{Len}(Y)}\geq\xi$$

上式意味着如果序列X与Y匹配的长度之和与这两个序列的长度之和的比值不小于ξ，则认为序列X与Y是ξ-相似的。

这样事先给定阈值ξ，就找到一个序列相似的评价函数。

1. 原子序列匹配

与基于离散傅里叶变换的时序查找方法相同，原子序列匹配也采用了滑动窗口技术。根据用户事先给定的一个w（通常为$5\sim20$），将序列映射为若干长度为w的窗口，然后对这些窗口进行幅值缩放与偏移变换。

首先讨论窗口中点的标准化问题。通过下面的转换，可以将窗口内不规范的点转换成标准点：

$$\tilde{W}[i]=\frac{W[i]-\dfrac{W_{\min}+W_{\max}}{2}}{\dfrac{W_{\max}-W_{\min}}{2}}$$

其中，$W[i]$表示窗口中第i个点的值，$W_{\max}$、$W_{\min}$分别表示窗口内所有点的最大值与最小值。通过上式使得窗口内的每个点的值落在$(-1，+1)$之间。把这种标准化后的窗口称为原子。

2. 窗口缝合

窗口缝合即子序列匹配，其主要任务是将相似的原子连接起来形成比较长的彼此相似的子序列。

$\tilde{X}_1$、$\tilde{X}_2$、…、$\tilde{X}_m$和$\tilde{Y}_1$、$\tilde{Y}_2$、…、$\tilde{Y}_m$分别为X与Y上m个标准化后的原子，将它们缝合形成一对相似的子序列的条件如下。

（1）对于任意的i都有$\tilde{X}_i$和$\tilde{Y}_i$相似。

（2）对于任何$j>i$，$\text{First}(X_{w_i})\leqslant\text{First}(X_{w_j})$，$\text{First}(Y_{w_i})\leqslant\text{First}(Y_{w_j})$，其中$\text{First}(X)$表示序列$X$的第一个元素。

（3）对任何$i>1$，如果$\tilde{X}_i$不与$\tilde{X}_{i-1}$重叠，且$\tilde{X}_i$与$\tilde{X}_{i-1}$之间的Gap小于或等于γ，同时Y也满足这个条件。如果$\tilde{X}_i$与$\tilde{X}_{i-1}$重叠，重叠长度为d，$\tilde{Y}_i$与$\tilde{Y}_{i-1}$也重叠且或重叠长度也为d。

（4）X上的每个窗口进行标准化时所用的比例因子大致相同，Y上的每个窗口进行标准化时所用的比例因子也大致相同。

3. 子序列排列

通过对窗口缝合得到一些相似的子序列，再对这些子序列排序，则可以找到两个彼此匹配的序列。子序列排序的主要任务是从没有重叠的子序列匹配中找出匹配得最长的那些序列。如果把所有相似的原子对看作图中的顶点，两个窗口的缝合看作两个顶点之间的边的话，那么从起点到终点有多条路径，子序列排序就是寻找最长路径。

练 习 题 8

1．简述回归分析的基本思路。

2．简述为什么将非线性回归转换为线性回归？转换的基本方法是什么？

3．直线回归方程 $y=a+bx$ 中，参数 a、b 是怎样求得的？它们代表什么意义？

4．从回归分析的角度看，下列说法中正确的是哪些？

（1）任何两个变量都具有相关关系。

（2）人的知识与其年龄具有相关关系。

（3）散点图中的各数据点是分散的且没有规律。

（4）根据散点图求得的回归直线方程都是有意义的。

5．在一次试验中，测得（x,y）的 4 组值分别是 $A(1,2)$，$B(2,3)$，$C(3,4)$，$D(4,5)$，求出 Y 与 X 之间的回归直线方程。

6．已知回归直线的斜率的估计值为 1.23，样本点的中心为（4,5），求出相应的回归直线方程。

7．某地高校教育经费（x）与高校学生人数（y）连续 6 年的统计表如表 8.9 所示。 要求：

（1）建立议程回归直线方程，估计教育经费为 500 万元的在校学生数。

（2）计算估计标准误差。

表 8.9　某地高校教育经费和高校学生人数统计表

教育经费 x（万元）	在校学生数 y（万人）
316	11
343	16
373	18
393	20
418	22
455	25

8．设某公司下属 10 个部门的有关资料如表 8.10 所示，求出合适的回归模型。

表 8.10　某公司下属 10 个部门的有关资料

门市部编号	职工平均销售额（万元）	流通费用水平（%）	销售利润率（%）
1	6	2.8	12.6
2	5	3.3	10.4
3	8	1.8	18.5
4	1	7.0	3.0
5	4	3.9	8.1
6	7	2.1	16.3
7	6	2.9	12.3
8	3	4.1	6.2
9	3	4.2	6.6
10	7	2.5	16.8

9. 简述逻辑回归的基本原理。

10. 简述时序分析的作用。

11. ARAM 模型是时序方法中最基本、应用最广的时序模型，简述该模型的主要思想。

12. 时序完全匹配有哪些方法？

13. 如表 8.11 所示是我国 1998～2003 年流通中现金总量（月末数），采用时序方法分析 2004 年各月份的预测数。

表 8.11　1998～2003 年我国流通中现金总量

（单位：亿元）

年月	1998	1999	2000	2001	2002	2003
1 月	13108	11997	16094	17019	16726	21245
2 月	10886	12784	13983	14910	16642	17937
3 月	10201	11342	13235	14362	15545	17107
4 月	10173	11225	13676	14623	15864	17441
5 月	9984	10889	13076	13942	15281	17115
6 月	9720	10881	13006	13943	15097	16957
7 月	10037	11199	13157	14072	15358	17362
8 月	10129	11395	13379	14370	15712	17607
9 月	10528	12255	13895	15065	16234	18306
10 月	10501	12154	13590	14484	16015	18251
11 月	10671	12483	13878	14780	16346	18440
12 月	11204	13455	14653	15689	17278	19746

14. 如表 8.12 所示是某股票 3 周的收盘价，请采用合适的时序模型预测下一周的走势。

表 8.12　某股票 3 周的收盘价

日　　期	收　盘　价	日　　期	收　盘　价	日　　期	收　盘　价
2014.5.5	8.25	2014.5.12	8.80	2014.5.18	9.5
2014.5.6	8.20	2014.5.13	8.76	2014.5.19	9.48
2014.5.7	8.16	2014.5.14	8.68	2014.5.21	9.45
2014.5.8	8.45	2014.5.15	9.0	2014.5.22	9.6
2014.5.9	8.50	2014.5.16	9.2	2014.5.23	9.68

思 考 题 8

1. 时序数据库中的项通常与多维空间的性质相关联。例如，电力消费者可能与消费者的位置、类别和使用时间（平时或周末）相关联。在这样的多维空间，通常需要以 OLAP 方式执行回归分析（沿用户要求的任意维组合进行下钻和上卷操作）。设计一个有效的机制使回归分析可以在多维空间中有效进行。

2. 时序分析和序列模式分析有哪些相同点和不同点？

3. 讨论你感兴趣的领域中应用回归分析的方法。

粗糙集理论

粗糙集理论是一种刻画不完整性和不确定性的数学工具，能有效地分析不精确、不一致和不完整等各种不完备的信息，还可以对数据进行分析和推理，从中发现隐含的知识，揭示潜在的规律。本章介绍粗糙集理论的相关概念及其在数据挖掘中的应用。

9.1 粗糙集理论概述

9.1.1 粗糙集理论的产生

1970 年，Z. Pawlak 和波兰科学院、华沙大学的一些逻辑学家，在研究信息系统逻辑特性的基础上，提出了粗糙集（Rough Set）理论的思想。在最初的几年里，由于大多数研究论文是用波兰文发表的，所以未引起国际计算机界的重视，研究地域仅限于东欧各国。

1982 年，Z. Pawlak 发表了经典论文 Rough Sets，这标志着该理论正式诞生。1991 年，Z. Pawlak 的第一本关于粗糙集理论的专著 *Rough sets：theoretical aspects of reasoning about data* 出版。1992 年，Slowinski 主编的 *Intelligence decision support：handbook of applications and advances of rough sets theory* 出版，奠定了粗糙集理论的基础，有力地推动了国际粗糙集理论与应用的深入研究。

1992 年，在波兰召开了第一届国际粗糙集理论研讨会，有 15 篇论文发表在 1993 年第 18 卷的 *Foundation of computingand decision sciences* 上。1995 年，Z. Pawlak 等人在 *ACM Communications* 上发表 *Rough sets*，极大地扩大了该理论的国际影响。1996～1999 年，分别在日本、美国、美国、日本召开了第 4 届至第 7 届粗糙集理论国际研讨会。

目前，粗糙集理论受到了国际上越来越多学者的关注，不仅在数学上具有独立的地位，并发展出 Rough 代数学、Rough 逻辑学等，而且在智能数据分析、知识发现和数据挖掘中得到广泛的研究和应用。

9.1.2 粗糙集理论的特点

粗糙集理论的主要特点如下。

（1）粗糙集理论是一种数据分析工具。它用确定的方法表达和处理不确定的信息和数据。能在保留关键信息的前提下，对数据进行化简并求得知识的最小表达；能够评估数据之间的依赖关系，揭示概念的简单模式；能从经验数据中获取易于证实的规则知识。

（2）粗糙集理论不需要先验知识。它是完全由数据驱动的，不需要像贝叶斯方法等统计方法那样需要先验概率，也不需要像模糊集理论那样需要模糊隶属函数，它仅利用数据本身提供的信息进行知识分类。

（3）粗糙集理论是一种软计算方法。传统的计算方法即硬计算，使用精确、固定不变的算法来表达和解决问题，而软计算是利用所允许的不精确性、不确定和部分真实性以得到易于处理、鲁棒性强和成本较低的解决方案，以便更好地与理论系统相协调。

总的来说，基于以上特点，粗糙集理论在基于知识的各种信息系统中发挥了其独特优势，特别是针对其他理论方法难以处理的对象。更重要的是，围绕粗糙集理论而展开的研究实质上都可认为是信息系统中知识的自动获取和智能分析技术。

9.1.3 粗糙集理论在数据挖掘中的应用

粗糙集理论在数据挖掘中的基本应用如下。

（1）在数据预处理过程中，粗糙集理论可以用于对特征更准确地提取。

（2）在数据准备过程中，利用粗糙集理论的数据约简特性，对数据集进行降维操作。

（3）在数据挖掘阶段，可将粗糙集理论用于分类规则的发现。

（4）在解释与评估过程中，粗糙集理论可用于对所得到的结果进行统计评估。

9.2 粗糙集理论中的基本概念

9.2.1 集合的基本概念

粗糙集理论是以传统集合论中的等价关系为基础的，下面介绍集合论的一些基本概念。

定义 9.1 设 R 是集合 U 中的二元关系，若 R 是自反的、对称的和传递的，则称 R 是等价关系。

【例 9.1】 集合 $A=\{1,2,3,4\}$，有二元关系 $R_1=\{(1,1),(2,2),(3,3),(4,4),(2,3),(3,2),(3,4),(4,3),(2,4),(4,2)\}$，$R_2=\{(1,1),(2,2),(3,3),(4,4),(1,2),(2,1),(1,3),(3,1),(2,3),(3,2)\}$，显然 R_1 和 R_2 都是 A 上的等价关系。

定义 9.2 设 R 是非空集合 U 中的等价关系，对于任一确定的 $x\in U$，均可构造一个 U 的子集 $[x]_R$，称为由 x 生成（或以 x 为代表元素）的 R 等价类：

$$[x]_R=\{y\,|\,y\in X\text{ 且 }x\,R\,y\}$$

由此定义可知，集合 U 中与 x 有等价关系 R 的所有元素构成的集合就是 $[x]_R$。

等价关系也称为不可分辨关系，也就是说，$x_1\in[x]_R$，$x_2\in[x]_R$，则 x_1 和 x_2 相对于等价关系 R 来说是不可分辨的。

定义 9.3 设 R 是非空集合 U 中的等价关系。由 U 的各元素生成的 R 等价类所构成的集合 $\{\{[x]_R\,|\,x\in U\}$，称为 U 关于 R 的商集。记作 U/R。

【例 9.2】 在例 9.1 中，则有：$A/R_1=\{\{1\},\{2,3,4\}\}$，$A/R_2=\{\{1,2,3\},\{4\}\}$。

定义 9.4 设 U 是非空集合。$A=\{A_1,A_2,\cdots,A_m\}$，其中集合 $A_i\subseteq U$ 且 $A_i\neq\varnothing(i=1,2,\cdots,m)$ 且 $\bigcup\limits_{i=1}^{m}A_i=U$，则称 A 是 U 的覆盖。

定义 9.5 设 A 是 U 的覆盖，且满足 $A_i\cap A_j=\varnothing$（$i\neq j$），则称 A 是 U 的划分。A 的任一元素 a_i，都称为 A 的一个类或划分的一个块。

设 R 是非空集合 U 中的等价关系，则 U 对 R 的商集 U/R 就是 U 的一种划分。

对于前面的示例，显然 A/R_1 和 A/R_2 均是集合 A 的划分。它们划分的示意图如图 9.1 所示，图中每个方框对应一个数字，同一个实线多边形表示一个等价类。

定义 9.6 设 $A=\{A_1,A_2,\cdots,A_m\}$ 与 $B=\{B_1,B_2,\cdots,B_n\}$ 是非空集合 U 的两种划分。如果对于划分 B 的每一个类 B_i，都存在划分 A 的一个类 A_j，使得 $B_i\subseteq A_j$，则称 B 是 A 的细分。

定义 9.7 设 $A=\{A_1,A_2,\cdots,A_m\}$ 与 $B=\{B_1,B_2,\cdots,B_n\}$ 是非空集合 U 的两种划分，若 U 的划分 C 满足：

（1）C 是 A 和 B 的细分；

（2）称 C 是划分 A 和 B 的积，记为 $C=A\cdot B$，且 $C=A\cdot B=\{A_i\cap B_j\mid i=1,2,\cdots,m, j=1,2,\cdots,n, A_i\cap B_j\neq\varnothing\}$。

【例 9.3】 在例 9.1 中，设 $R=R_1\cdot R_2$，则有：

$A/R=\{\{1\}\cap\{1,2,3\},\{1\}\cap\{4\},\{2,3,4\}\cap\{1,2,3\},\{2,3,4\}\cap\{4\}\}=\{\{1\},\{2,3\},\{4\}\}$。$R$ 关系的划分结果如图 9.2 所示。

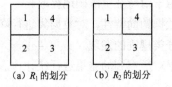

（a）R_1 的划分　　（b）R_2 的划分

图 9.1　R_1 和 R_2 关系的划分结果

图 9.2　R 关系的划分结果

9.2.2 信息系统和粗糙集

定义 9.8 信息系统 I 可以形式化表达为四元组 $I=(U,A,V,f)$，其中，U 为对象非空有限集合，称为论域，U 中每个元素唯一标识一个对象；A 为属性的非空有限集合，$A=\{A_1,A_2,\cdots,A_m\}$；$V=\cup V_i$，V_i 是属性 A_i 的值域；$f: U\times A\to V$ 是一个信息函数，它为每个对象的每个属性赋予一个信息值，即 $\forall a\in A$，$x\in U$，$f(x,a)\in V_a$。

信息系统也称为知识表达系统或信息表，可以简记为 $I=(U,A)$，其数据以关系表的形式表示，关系表的行对应要研究的对象，列对应对象的属性，对象的信息通过指定对象的各属性值来表达。

如表 9.1 所示为一个积木信息表 I_1，其中，$U=\{1,2,3,4,5,6,7,8\}$，$A=\{颜色,形状,大小\}$。$V_{颜色}=\{红色,蓝色,黄色\}$，$V_{形状}=\{圆形,方形,三角形\}$，$V_{大小}=\{大,小\}$。信息函数 f 对应该关系表。

表 9.1　积木的信息表 I_1

U	颜　色	形　状	大　小
1	红色	圆形	小
2	蓝色	方形	大
3	红色	三角形	小
4	蓝色	三角形	小
5	黄色	圆形	小
6	黄色	方形	小
7	红色	三角形	大
8	蓝色	三角形	大

定义 9.9 设 $I=(U,A)$ 是一个信息系统，对于 $P \subset A$，x_i、$x_j \in U$，定义二元关系 $\text{IND}(P)$ 称为等价关系：

$$\text{IND}(P) = \{(x_i, x_j) \in U \times U \mid \forall p \in P, p(x_i) = p(x_j)\}$$

称对象 x_i、x_j 在信息系统 I 中关于属性集 P 是等价的，当且仅当 $p(x_i)=p(x_j)$ 对所有的 $p \in P$ 成立，即 x_i、x_j 不能用 P 中的属性加以区别。例如，表 9.1 中，对象 4 和 8 关于属性集{颜色，形状}是等价的，因为它们的颜色均为"蓝色"、形状均为"三角形"。

实际上，信息系统 I 中每个属性或者属性子集都可以对所有的对象产生划分，也就是说可以将 A 中一个属性或者属性子集看成是一个等价关系。从中看到，等价关系体现出一种分类能力，所以说等价关系就是一种知识。

粗糙集理论就是建立在分类机制的基础上的，它将分类理解为在特定空间上的等价关系，而等价关系构成了对该空间的划分。

定义 9.10 设 $I=(U,A)$ 是一个信息系统，使用等价关系 R 对 U 进行划分，产生的等价类集合称为关于 U 的知识库，记为 $K=(U,R)$，其中每个等价类称为知识库 K 的知识。

由此可见，一个信息系统 $I=(U,A)$ 可以看作一个知识库 $K=(U,A)$，若 $P \subseteq A$ 且 $P \neq \varnothing$，则 $\cap P$（P 中所有等价关系的交集）也是一个等价关系，P 上的不可分辨关系 $\text{IND}(P)$ 由以下等价类构成：

$$[x]_{\text{IND}(P)} = \bigcap_{R \in P} [x]_R$$

或者说：

$$U / \text{IND}(P) = \bigcap_{R \in P} U / R$$

【例 9.4】 对于表 9.1 所示的信息表 I_1，定义这样的三个等价关系：$R_1=\{颜色\}$，$R_2=\{形状\}$，$R_3=\{大小\}$，则：

$U/R_1=\{\{1,3,7\},\{2,4\},\{5,6,8\}\}$，对应知识库为 $K_1=(U,R_1)$

$U/R_2=\{\{1,5\},\{2,6\},\{3,4,7,8\}\}$，对应知识库为 $K_2=(U,R_2)$

$U/R_3=\{\{2,7,8\},\{1,3,4,5,6\}\}$，对应知识库为 $K_3=(U,R_3)$

而 $U/\{R_1,R_2,R_3\}=U/R_1 \cap U/R_2 \cap U/R_3=\{\{1\},\{2\},\{3\},\{4\},\{5\},\{6\},\{7\},\{8\}\}$，所以说 U/R_1、U/R_2 和 U/R_3 中的每个等价类是知识库 $K=(U,\{R_1,R_2,R_3\})$ 中的初等概念。

基于 R_1 的初等概念如下：

{1,3,7}：红色积木

{2,4}：蓝色积木

{5,6,8}：黄色积木

基于 R_2 的初等概念如下：

{1,5}：圆形积木

{2,6}：方形积木

{3,4,7,8}：三角形积木

基于 R_3 的初等概念如下：

{2,7,8}：大积木

{1,3,4,5,6}：小积木

基本概念是初等概念的交集。基于 $\{R_1,R_2\}$ 的基本概念如下：

{1,3,7}∩{1,5}={1}：红色圆形积木

{1,3,7}∩{3,4,7,8}={3,7}：红色三角形积木

{2,4}∩{2,6}={2}：蓝色方形积木

{2,4}∩{3,4,7,8}={4}：蓝色三角形积木

{5,6,8}∩{1,5}={5}：黄色圆形积木

{5,6,8}∩{2,6}={6}：黄色方形积木

{5,6,8}∩{3,4,7,8}={8}：黄色三角形积木

由 U/R_1、U/R_2 的初等概念构成 $U/\{R_1,R_2\}$ 的基本概念如图 9.3 所示。

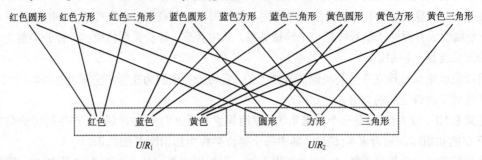

图 9.3　由初等概念构成基本概念

基于 $\{R_1,R_3\}$ 的基本概念如下：

{1,3,7}∩{2,7,8}={7}：红色大积木

{1,3,7}∩{1,3,4,5,6}={1,3}：红色小积木

{2,4}∩{2,7,8}={2}：蓝色大积木

{2,4}∩{1,3,4,5,6}={4}：蓝色小积木

{5,6,8}∩{2,7,8}={8}：黄色大积木

{5,6,8}∩{1,3,4,5,6}={5,6}：黄色小积木

基于 $\{R_2, R_3\}$ 的基本概念如下：

{1,5}∩{1,3,4,5,6}={1,5}：小圆形积木

{2,6}∩{2,7,8}={2}：大方形积木

{2,6}∩{1,3,4,5,6}={6}：小方形积木

{3,4,7,8}∩{2,7,8}={7,8}：大三角形积木

{3,4,7,8}∩{1,3,4,5,6}={3,4}：小三角形

定义 9.11　设 $K=(U,R)$ 是一个知识库，对于一个集合 $X\subseteq U$，当 X 能表达成某些基本等价类（初等概念）的并集时，称之为可定义的；否则称之为不可定义的。R 可定义集 X 能在这个知识库中被精确地定义，所以又称 X 为 R 精确集。R 不可定义集 X 不能在这个知识库中被精确定义，只能通过集合逼近的方式来刻画，因此也称 X 为 R 粗糙集。

注意： 一个集合 $X\subseteq U$，它是否为粗糙集是相对于等价关系 R 的，对于有些等价关系 X 是粗糙的，而对于另一些等价关系，X 可能是精确的。

例如，一个知识库为 (U,R)，并有 $U/R=\{\{1,4,8\},\{2,5,7\},\{3\},\{6\}\}$，则集合 $X=\{2,3,5,7\}$ 是 R 精确集，因为 $\{2,5,7\}\cup\{3\}=X$，而 $\{2,5,7\}$ 和 $\{3\}$ 均为知识库中的知识；而集合 $Y=\{1,7\}$ 是 R 粗糙集，因为不能由 U/R 中任何等价类通过并集得到。

粗糙集可以通过上、下近似来精确描述。

定义 9.12　设 $K=(U,R)$ 是一个知识库，对于一个集合 $X\subseteq U$，则

集合 X 的 R 下近似（集）定义为：$R\_(X)=\cup\{y_i\subseteq U/R\,|\,y_i\subseteq X\}$

集合 X 的 R 上近似（集）定义为：$R^-(X)=\cup\ \{y_i\subset U/R\ |\ y_i\cap X\neq\varnothing\}$

集合 X 的 R 边界域：$BN_R(X)= R^-(X)-R_-(X)$

集合 X 的 R 正域：$POS_R(X)=R_-(X)$

集合 X 的 R 负域：$NEG_R(X)=U-R^-(X)$

集合 X 是 R 精确的，当且仅当 $R^-(X)=R_-(X)$。集合 X 是 R 粗糙的，当且仅当 $R^-(X)\neq R_-(X)$。

依据上述定义，显然有：

- $R_-(X)\subseteq X\subseteq R^-(X)$
- $R^-(X\cup Y)= R^-(X)\cup R^-(Y)$
- $R_-(X\cap Y)= R_-(X)\cap R_-(Y)$
- $X\subseteq Y\Rightarrow R_-(X)\subseteq R_-(Y)$
- $X\subseteq Y\Rightarrow R^-(X)\subseteq R^-(Y)$

如图 9.4 所示是表示上述粗糙集中相关概念的示意图，图中每个方框表示 U 中的一个对象，X 用实线框表示，显然 X 是 R 粗糙的。虚线多边形包含的全部对象构成了 X 的上近似 $R^-(X)$，带有网格阴影的全部对象构成了 X 的下近似 $R_-(X)$ 或正域 $POS_R(X)$，两者之差为带点阴影的全部对象，即 X 的边界域 $BN_R(X)$。$R^-(X)$ 之外的全部对象构成了 X 的负域 $NEG_R(X)$。

从中看出，$R_-(X)$ 是根据知识 R，U 中所有一定能归入 X 的元素的精确集合，又称为 X 的 R 正域。

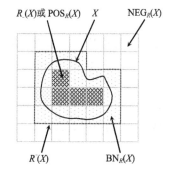

图 9.4 粗糙集中相关概念的示意图

$R^-(X)$ 是根据知识 R，U 中一定能或可能归入 X 的元素的集合，也就是说，$R^-(X)$ 由 U 中不能排除它们属于 X 的可能性的元素构成，显然有 $R^-(X)= POS_R(X)\cup BN_R(X)$。

$BN_R(X)$ 是根据知识 R，U 中既不能肯定归入 X，也不能肯定归入 $\neg X$（$\neg X=U-X$）的元素的集合。边界域是某种意义上论域 U 的不确定域。

$NEG_R(X)$ 是根据知识 R，U 中能确定一定不属于集合 X 的元素的集合，它们是属于 X 的补集。由此可见，能够肯定地划入 U 中元素为 X 或 $\neg X$ 两个不相交的子集，其对象的总数等于除去 $BN_R(X)$ 的元素的个数，即 $|U-BN_R(X)|=|U|-|R^-(X)-R_-(X)|$，其中 $|X|$ 表示集合 X 中的元素个数。

也可将 $R_-(X)$ 描述为 X 中的最大可定义集，将 $R^-(X)$ 描述为含有 X 的最小可定义集。

【例 9.5】 设论域 $U=\{1,2,3,4,5,6,7,8\}$，U 上有 R_1、R_2 和 R 三个等价关系，且 $R=R_1\cdot R_2$：

$U/R_1=\{\{1,2,3,4\},\{5\},\{6,7,8\}\}$

$U/R_2=\{\{1,2\},\{3,4\},\{5,6,7,8\}\}$

问集合 $X=\{2,3,6,7,8\}$ 关于 R 是否是精确的？如果不是，则求出相应的上近似、下近似、边界域和负区域。

由 $R=R_1\cdot R_2$，可求出 $U/R=U/\{R_1,R_2\}=\{\{1,2\},\{3,4\},\{5\},\{6,7,8\}\}$。

因为 X 无法用 U/R 的等价类并集精确表示，所以 X 关于 R 是 U 上的一个粗糙集。

X 的下近似集为：$R_-(X)=\{6,7,8\}$

X 的上近似集为：$R^-(X)=\{1,2\}\cup\{3,4\}\cup\{6,7,8\}=\{1,2,3,4,6,7,8\}$

X 的边界域：$BN_R(X)= R^-(X)-R_-(X)=\{1,2,3,4\}$

X 的负区域：$NEG_R(X)=U-R^-(X)=\{5\}$

对于 U 中的两个集合 X、Y，有 $X \neq Y$，但它们关于等价关系 R 的上、下近似可能相等，这称为粗相等。

定义 9.13 设 $K=(U,R)$ 是一个知识库，对于 U 中的两个集合 X 和 Y，当 $R_{-}(X)=R_{-}(Y)$ 时，称集合 X、Y 为 R 下相等；当 $R^{-}(X)=R^{-}(Y)$ 时，称集合 X、Y 为 R 上相等。

粗相等关系拓展了传统的相等关系，描述了任何不可分辨关系 R 的粗等价情况。

9.2.3　分类的近似度量

集合的不确定性是由于边界域的存在而引起的。集合的边界域越大，其精确性越低。为了更准确地表达集合的近似程度，引入集合精确度的概念。

定义 9.14 设 $K=(U,R)$ 是一个知识库，对于 U 中的非空集合 X，由等价关系 R 描述 X 的精确度定义为：

$$d_R(X) = \frac{|R_{-}(X)|}{|R^{-}(X)|}$$

显然，$0 \leqslant d_R(X) \leqslant 1$。如果 $d_R(X)=1$，则称集合 X 相对于 R 是精确的，此时 X 的 R 边界域为空，X 为全部 R 可定义的。如果 $d_R(X)<1$，则称集合 X 相对于 R 是粗糙的。如果 $d_R(X)=0$，则集合 X 是全部 R 不可定义的。

当然其他一些度量同样可以定义集合 X 的不确定程度。例如，可用另一形式即 X 的 R 粗糙度 $r_R(X)$ 来定义 X 的不确定义，即：

$$r_R(X) = 1 - d_R(X) = 1 - \frac{|R_{-}(X)|}{|R^{-}(X)|} = \frac{|\mathrm{BN}_R(X)|}{|R^{-}(X)|}$$

X 的 R 粗糙度 $r_R(X)$ 与精确度 $d_R(X)$ 恰恰相反，它反映用 R 的类价类描述集合 X 的不完全程度。

【例 9.6】 设知识库 $K=(U,R)$，其中论域 $U=\{1,2,3,4,5,6,7,8\}$，等价关系 R 为：

$U/R=\{\{1,4,8\},\{2,5,7\},\{3\},\{6\}\}$

计算以下集合的精确度和粗糙度。

（1）$X_1=\{1,4,5\}$

（2）$X_2=\{3,5\}$

（3）$X_3=\{3,6,8\}$

其求解过程如下。

（1）对于集合 $X_1=\{1,4,5\}$，求得其上、下近似如下：

$R^{-}(X_1)=\{1,4,8\} \cup \{2,5,7\}=\{1,2,4,5,7,8\}$，$R_{-}(X_1)=\varnothing$

则 $d_R(X_1) = \dfrac{|R_{-}(X_1)|}{|R^{-}(X_1)|}=0$，$r_R(X_1)=1-d_R(X_1)=1$。

（2）对于集合 $X_2=\{3,5\}$，求得其上、下近似如下：

$R^{-}(X_2)=\{2,5,7\} \cup \{3\}=\{2,3,5,7\}$，$R_{-}(X_2)=\{3\}$

则 $d_R(X_2) = \dfrac{|R_{-}(X_2)|}{|R^{-}(X_2)|}=\dfrac{1}{4}=0.25$，$r_R(X_2)=1-d_R(X_2)=0.75$。

（3）对于集合 $X_3=\{3,6,8\}$，求得其上、下近似如下：

$R^{-}(X_3)=\{1,4,8\} \cup \{3\} \cup \{6\}=\{1,3,4,6,8\}$，$R_{-}(X_3)=\{3,6\}$

则 $d_R(X_3) = \dfrac{|R_{-}(X_3)|}{|R^{-}(X_3)|}=\dfrac{2}{5}=0.4$，$r_R(X_3)=1-d_R(X_3)=0.25$。

9.3 信息系统的属性约简

知识约简是粗糙集理论的核心内容之一。众所周知，知识库中属性（知识）并不是同等重要的，甚至其中有些属性是冗余的。所谓属性约简，就是在保持知识库分类能力不变的条件下，删除其中不相关或不重要的属性。

9.3.1 约简和核

知识约简中有两个重要的概念，即约简和核。

定义 9.15 设 $K=(U, R)$ 是一个知识库，若 $r \in R$，即 r 是 R 中的一个属性，如果有 $\text{IND}(R)=\text{IND}(R-\{r\})$ 或 $U/R=U/(R-\{r\})$ 成立，则称 r 为 R 中不必要的（或可约去的）；否则称 r 为 R 中必要的。

如果每一个 $r \in R$ 都为 R 中必要的，则称 R 为独立的；否则称 R 为依赖的。

可以证明，若 R 是独立的，且 $P \subset R$，则 P 也是独立的。

定义 9.16 设 $K=(U,R)$ 是一个知识库，若 $P \subseteq R$，P 是独立的，且 $\text{IND}(P)=\text{IND}(R)$，则称 P 是 R 的一个约简（Reduct），记为 $\text{RED}(R)$。

定义 9.17 设 $K=(U, R)$ 是一个知识库，R 可能有多种约简，R 中所有必要属性组成的集合称为 R 的核（Core），记作 $\text{CORE}(R)$。即 $\text{CORE}(R)=\cap \text{RED}(R)$。

【**例 9.7**】 有如表 9.2 所示的信息表 I_2，求它的所有约简和核。

从表中可求得：

$U/\{a\}=\{\{1,4,5\},\{2,8\},\{3\},\{6,7\}\}$

$U/\{b\}=\{\{1,3\},\{5,6\},\{2,4,7,8\}\}$

$U/\{c\}=\{\{2,5\},\{1,7,8\},\{3,4,6\}\}$

则：

$U/\{a,b\}=\{\{1\},\{2,8\},\{3\},\{4\},\{5\},\{6\},\{7\}\}$

$U/\{b,c\}=\{\{1\},\{2\},\{3\},\{4\},\{5\},\{6\},\{7,8\}\}$

$U/\{a,c\}=\{\{1\},\{2\},\{3\},\{4\},\{5\},\{6\},\{7\},\{8\}\}$

$U/R=R/\{a,b,c\}=\{\{1\},\{2\},\{3\},\{4\},\{5\},\{6\},\{7\},\{8\}\}$

考虑除掉属性 a，则 $U/(R-\{a\})= U/\{b,c\}=\{\{1\},\{2\},\{3\},\{4\},\{5\},\{6\},\{7,8\}\}$，由于 $U/R \neq U/(R-\{a\})$，所以属性 a 是不可省略的。

考虑除掉属性 b，则 $U/(R-\{b\})= U/\{a,c\}=\{\{1\},\{2\},\{3\},\{4\},\{5\},\{6\},\{7\},\{8\}\}$，由于 $U/R \neq U/(R-\{b\})$，属性 b 是可省略的。

考虑除掉属性 c，则 $U/(R-\{c\})= U/\{a,b\}=\{\{1\},\{2,8\},\{3\},\{4\},\{5\},\{6\},\{7\}\}$，由于 $U/R=U/(R-\{c\})$，所以属性 c 是不可省略的。

则有 $\text{RED}(R)=\{a,c\}$，$\text{CORE}(R)=\{a,c\}$。约简后的信息表如表 9.3 所示，两者的数据量不同，但分类能力是相同的。

由上可知，核的概念具有如下两方面的意义。

- 因为核包含于所有约简之中，所以核可以作为所有约简的计算基础。
- 核在属性约简中是不能消去的属性集合。

表 9.2 一个信息表 I_2			
U	a	b	c
1	1	1	2
2	2	3	1
3	3	1	3
4	1	3	3
5	1	3	3
6	4	2	3
7	4	3	2
8	2	3	2

表 9.3 约简后的信息表		
U	a	c
1	1	2
2	2	1
3	3	3
4	1	3
5	1	3
6	4	3
7	4	2
8	2	2

9.3.2 分辨矩阵求核

可以直接利用分辨矩阵来求取信息系统的约简和核。

定义 9.18 设 $I=(U,A)$ 是一个信息系统，设 $U=\{x_1,x_2,\cdots,x_n\}$，$A=\{a_1,a_2,\cdots,a_m\}$，对应的分辨矩阵 $M=\{d_{ij}|i=1\sim n,j=1\sim m\}$，其中 d_{ij} 定义如下：

$$d_{ij}=\varnothing \qquad \text{当 } i=j \text{ 时}$$
$$d_{ij}=\vee a_k \qquad \text{当 } i\neq j\text{，且 } x_i \text{ 和 } x_j \text{ 在属性 } a_k \text{ 上取值不相同时}$$

从中看到，d_{ij} 是区分对象 x_i 和 x_j 的所有属性的集合。由于分辨矩阵 M 是一个 $n\times n$ 的对称矩阵，通常仅考虑下三角或上三角部分。

【例 9.8】 求如表 9.2 所示信息表的分辨矩阵 M。

根据分辨矩阵的定义，求得 M 如下：

$$
M=\begin{array}{c}
1\\2\\3\\4\\5\\6\\7\\8
\end{array}
\left[\begin{array}{cccccccc}
 & & & & & & & \\
abc & & & & & & & \\
ac & abc & & & & & & \\
bc & ac & ab & & & & & \\
bc & ab & abc & bc & & & & \\
abc & abc & ab & ab & ac & & & \\
ab & ac & abc & ac & abc & bc & & \\
ab & c & abc & ac & abc & abc & a & \\
\end{array}\right]
$$
$$\begin{array}{cccccccc}1 & 2 & 3 & 4 & 5 & 6 & 7 & 8\end{array}$$

上述分辨矩阵 M 中的元素 abc 表示 $a\vee b\vee c$。

定义 9.19 设 $I=(U,A)$ 是一个信息系统，对于分辨矩阵 $M=\{d_{ij}|i=1\sim n,j=1\sim m\}$，定义分辨函数 $f(M)$ 如下：

$$f(M)=\underset{x_i,x_j\in U}{\wedge}d_{ij}$$

也就是说，分辨函数 $f(M)$ 表示分辨矩阵 M 中的所有元素的合取式。分辨函数 $f(M)$ 具有这样的性质：它的极小析取范式中的所有合取式是属性集 A 的所有约简。换句话说，约简是指这样的属性的极小子集，它在区分或分辨所有对象上与整个属性集是等价的。

而核是分辨矩阵 M 中所有单个元素组成的集合，即：

$$CORE(A)=\{a\in A \mid d_{ij}=a \text{ 且 } x_i,\ x_j\in U\}$$

【例 9.9】 对于如表 9.2 所示的信息表，采用分辨矩阵的方法求它的所有约简和核。

例 9.8 已求出该信息表的分辨矩阵 M，其中的单个元素为 a、c，所以有 $CORE(A)=\{a,c\}$。

其分辨函数 $f(M)=(a \lor b \lor c) \land (a \lor c) \land (b \lor c) \land (a \lor b \lor c) \cdots = a \land c$。

所以只有一个约简 $\{a, c\}$。

在求分辨函数 $f(M)$ 的极小析取范式时，可以使用以下定律进行化简。

● 吸收律：$P \land (P \lor Q) \Leftrightarrow P$

● 分配律：$P \land (Q \lor R) \Leftrightarrow (P \land Q) \lor (Q \land R)$

有关信息系统的属性约简和属性值约简算法这里不再介绍，在后面主要讨论决策表的属性约简和属性值约简算法。

9.4 决策表及其属性约简

9.4.1 决策表及相关概念

定义 9.20 设 $I=(U,A,V,f)$ 是一个信息系统，又设 C、$D \subseteq A$ 是属性集 A 的两个子集，分别称 C 和 D 为 A 的条件属性集和决策属性集，这样将 I 改写成 $T=(U,C,D,V,f)$ 或简写为 $T=(U,C,D)$，则 T 称为决策表。

也就是说，在信息系统上指定条件属性集 C 和决策（类别或结论）属性集 D，这样就构成了决策表。$IND(C)$ 的等价类称为条件类，$IND(D)$ 的等价类称为决策类，它们都是 U 的知识。

在决策表中，由于属性集分为条件属性集 C 和决策属性集 D，因此，相关的概念都具有相对性，也就是 D 相对 C 的概念。

定义 9.21 给定决策表 $T=(U,C,D)$，定义 D 的 C 正域 $POS_C(D)$ 为：

$$POS_C(D) = \bigcup_{X \in U/D} \underline{C}(X)$$

实际上，D 的 C 正域就是等价类 U/D 关于 C 的正域，即 U/C 表达的知识能够确定地划入 U/D 类对象的集合，它可由所有包含于 D 的 C 分类的基本集合并集来计算。

【**例 9.10**】 对于如表 9.4 所示的决策表 T_1，$C=\{头疼,肌肉疼,体温\}$，$D=\{流感\}$，求 $POS_C(D)$。

表 9.4 一个决策表 T_1

U	条件属性			决策属性
	头 疼	肌 肉 疼	体 温	流 感
1	是	是	正常	否
2	是	是	高	是
3	是	是	很高	是
4	否	是	正常	否
5	否	否	高	否
6	否	是	很高	是

$U/D=\{\{1,4,5\},\{2,3,6\}\}$，设 $X_1=\{1,4,5\}$，$X_2=\{2,3,6\}$

$U/C=\{\{1\},\{2\},\{3\},\{4\},\{5\},\{6\}\}$

$\underline{C}(X_1)=\{1\} \cup \{4\} \cup \{5\}=\{1,4,5\}$，即 U/C 的等价类被准确地分类到 X_1 中的对象集合

$\underline{C}(X_2)=\{2\} \cup \{3\} \cup \{6\}=\{2,3,6\}$，即 U/C 的等价类被准确地分类到 X_2 中的对象集合

则 $POS_C(D) = \underline{C}(X_1) \cup \underline{C}(X_2)=\{1,2,3,4,5,6\}=U$。

定义 9.22 给定决策表 $T=(U,C,D)$，令：

$$k = r_C(D) = \frac{|\text{POS}_C(D)|}{|U|}$$

称知识 D 依赖于知识 C 的依赖度为 k。

依赖度 k 反映了根据知识 C 将对象分类到知识 D 的基本概念中去的能力。

● 当 $k=1$ 时，称知识 D 完全依赖于知识 C，记为 $C \Rightarrow D$。

● 当 $0<k<1$ 时，称知识 D 部分依赖于知识 C。

● 当 $k=1$ 时，称知识 D 完全独立于知识 C。

【例 9.11】 对于如表 9.4 所示的决策表，求依赖度 $r_C(D)$。

例 9.10 已求出 $\text{POS}_C(D)=U$，所以 $k = r_C(D) = \frac{|\text{POS}_C(D)|}{|U|} = \frac{6}{6} = 1$。

【例 9.12】 对于如表 9.5 所示的汽车决策表 T_2，$C=\{a,b,c\}$，$D=\{d,e\}$，求依赖度 $r_C(D)$。

表 9.5　一个汽车决策表 T_2

U	条 件 属 性			决 策 属 性	
	类型 a	机型 b	颜色 c	速度 d	加速 e
1	中	柴油	灰色	中	差
2	小	汽油	白色	高	极好
3	大	柴油	黑色	高	好
4	中	汽油	黑色	中	极好
5	中	柴油	灰色	低	好
6	大	混合	黑色	高	好
7	大	汽油	白色	高	极好
8	小	汽油	白色	低	好

$U/C=\{\{1,5\},\{2,8\},\{3\},\{4\},\{6\},\{7\}\}$

$U/D=\{\{1\},\{2,7\},\{3,6\},\{4\},\{5,8\}\}$

$C\_(\{1\})=\varnothing$，$C\_(\{2,7\})=\{7\}$，$C\_(\{3,6\})=\{3,6\}$，$C\_(\{4\})=\{4\}$，$C\_(\{5,8\})=\varnothing$

$\text{POS}_C(D)=\{7\} \cup \{3,6\} \cup \{4\} \cup=\{3,4,6,7\}$

$$k = r_C(D) = \frac{|\text{POS}_C(D)|}{|U|} = \frac{4}{8} = 0.5$$

两者之间的依赖度为 50%。也就是说，由类型、机型和颜色可以 50%来确定速度和加速属性。

定义 9.23 设 $T = (U,C,D)$ 是一个决策表，如果有：

$$\text{POS}_C(D)=U$$

则决策表 T 是协调的或一致的；否则称 T 为不协调的决策表。

从前面的例子可以看出，表 9.4 的决策表是协调的，而表 9.5 的决策表是不协调的。

对于不协调的决策表，不能由条件属性导出结论属性之间的关系，应将其分解为完全协调和完全不协调的两个决策表。

例如，对于不协调的决策表 9.5，设 $\text{DesC}(x)$ 表示对象 x 的条件属性值，$\text{DesD}(x)$ 表示对象 x 的决策属性值。从中看到：

$\text{DesC}(1)=\{$中,柴油,灰色$\} \Rightarrow \text{DesD}(1)=\{$中,差$\}$

$\text{DesC}(5)=\{$中,柴油,灰色$\} \Rightarrow \text{DesD}(5)=\{$低,好$\}$

所以对象 1 和 5 是矛盾的。

DesC(2)={小,汽油,白色} ⇒ DesD(2)={高,极好}

DesC(8)={小,汽油,白色} ⇒ DesD(8)={低,好}

所以对象 2 和 8 是矛盾的。

可以将所有不协调的对象放到一个决策表中，这样分别得到完全协调的决策表 T_{21}，如表 9.6 所示，以及完全不协调的决策表 T_{22}，如表 9.7 所示。在后面的介绍中主要是针对完全协调的决策表。

表 9.6　完全协调的决策表 T_{21}

U	条件属性			决策属性	
	类型 a	机型 b	颜色 c	速度 d	加速 e
3	大	柴油	黑色	高	好
4	中	汽油	黑色	中	极好
6	大	混合	黑色	高	好
7	大	汽油	白色	高	极好

表 9.7　完全不协调的决策表 T_{22}

U	条件属性			决策属性	
	类型 a	机型 b	颜色 c	速度 d	加速 e
1	中	柴油	灰色	中	差
2	小	汽油	白色	高	极好
5	中	柴油	灰色	低	好
8	小	汽油	白色	低	好

定义 9.24　设 $T = (U,C,D)$ 是一个协调的决策表，属性 $r \in R \subseteq C$，R 是条件属性集 C 的一个子集。如果 r 满足条件：

$$POS_R(D)=POS_{R-\{r\}}(D)$$

那么属性 r 是条件属性子集 R 中相对于决策属性集 D 的不必要属性或冗余属性，否则称属性 r 是 R 中相对于决策属性 D 的必要属性。

如果 $R \subseteq C$ 且 R 中的每一个属性 r 都是 R 中相对于决策属性集 D 的必要属性，那么 R 称为相对于决策属性集 D 是独立的；否则，R 称为相对于决策属性 D 是依赖的。

与信息系统类似，在决策表中，如果一个条件属性子集是独立的，那么该条件属性子集的任何一个子集也都独立。

若条件属性子集 R 中的一个条件属性 r 相对于决策属性集 D 是冗余属性，那么就可以删除这个冗余的条件属性 r，不会影响决策表中分类能力；与之相反，就会影响决策表中分类能力，不能删除这个条件属性 r。

定义 9.25　设 $T = (U,C,D)$ 是一个协调的决策表，$R \subseteq C$ 且 $R \neq \varnothing$，如果有：

（1）$POS_R(D)=POS_C(D)$。

（2）R 相对于决策属性集 D 而言是独立的。

那么 R 是条件属性集 C 相对于决策属性集 D 而言的一个约简。

这就是说，决策表的一个约简就是指通过属性全集，能够把一些对象正确分类到决策属性的等价类中，若利用这个相对于决策 D 独立的属性全集的子集，同样也能够将这些对象正确地分类到决策属性的等价类中，那么这个子集和全集是具有同等效用的。

此外，条件属性集合 C 中所有相对于决策属性集 D 的必要属性的集合称为条件属性集合 C 相对于决策属性集 D 的核，记作 $CORE_C(D)$。

与信息系统一致，由决策表确定的核是唯一的，但约简可能不止一个，根据约简和核的定义可知，约简和核之间存在如下关系：

$$CORE_C(D)=\cap RED_C(D)$$

决策表 $T = (U,C,D)$ 的核的重要性体现在以下两个方面。

（1）决策表 T 的核唯一且包含在 T 的所有约简中。

（2）决策表 T 的核是 T 知识库中最重要的核心本质部分，是不可或缺的，是在决策表约简过程中不能继续被约简的属性的集合。换句话说，如果核中任何一个属性被删除，都将导致决策表中信息的缺失，因此，决策表的核可以作为计算约简的一个起点或者偏好。

ROSE2 是波兰 Poznan 科技大学开发的一个粗糙集数据分析器，该系统提供了数据预处理（数据离散化、默认值补齐）、属性约简、规则生成和有效性分析的多种算法。下面通过一个示例说明由用户设置的决策表来产生核、约简和规则的过程。

【例 9.13】利用 ROSE2 粗糙集工具求如表 9.8 所示的决策表 T_3 的核、所有约简和相应的规则。

表 9.8 一个决策表 T_3

U	条件属性				决策属性
	a	b	c	d	e
1	1	0	2	1	1
2	1	0	2	0	1
3	1	2	0	0	2
4	1	2	2	1	0
5	2	1	0	0	2
6	2	1	1	0	2
7	2	1	2	1	1

其操作过程如下。

（1）启动 ROSE2，选择"File | New Project"命令新建一个空白项目。

（2）开始建立关系表结构和对象数据。选择"Tools | Data File Editor"命令启动 ISF 文件编辑器，单击工具栏中的"New"按钮建立决策表的结构，设置条件属性 a 如图 9.5 所示，然后单击"Add New"按钮建立 b、c、d 条件属性，最后设置决策属性 e 如图 9.6 所示，所有属性类型为 INTEGER（整型）。

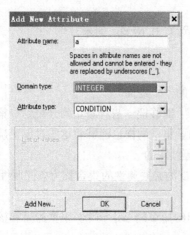

图 9.5 设置条件属性 a

图 9.6 设置决策属性 e

在决策表结构创建好后，单击"OK"按钮，此时在决策表中输入相应的对象，这里输入 7 个记录，如图 9.7 所示。单击工具栏中的"Save"按钮以 aaa 作为该项目名称保存当前项目。

（3）返回到 ROSE2 主界面，右击右边窗口中的 aaa.isf 文件（前面步骤建立的表文件），在出现的下拉菜单中选择"Reduction | Core"命令，则出现如图 9.8 所示的窗口，表示求出的核为$\{b\}$。

（4）继续右击右边窗口中的 aaa.isf 文件，在出现的下拉菜单中选择"Reduction | Heuristic Search"命令（采用启发式方法求约简），则出现如图 9.9 所示的窗口，表示求出的所有约简为$\{b, c\}$和$\{b, d\}$。

（5）继续右击右边窗口中的 aaa.isf 文件，在出现的下拉菜单中选择"Rule Induction | Basic Minimal Covering"命令（采用最小覆盖法求规则），则出现如图 9.10 所示的窗口，表示求出 5 条规则。

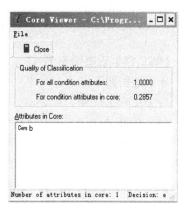

	a	b	c	d	e [D]
1	1	0	2	1	1
2	1	0	2	0	1
3	1	2	0	0	2
4	1	2	2	1	0
5	2	1	0	0	2
6	2	1	1	0	2
7	2	1	2	1	1
*New					

图 9.7　一个决策表　　　　　　　　　　图 9.8　求出的核

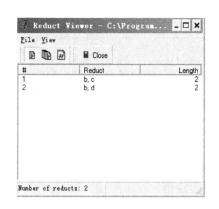

图 9.9　求出的所有约简

图 9.10　产生决策表的规则

9.4.2　决策表的属性约简算法

迄今为止，人们提出了多种基于粗糙集理论的约简算法，本小节介绍协调决策表的几个常用的属性约简算法。

1．一般属性约简算法

该算法是一种最简单的粗糙集属性约简算法，检查条件属性集 C 是否满足独立性条件。如果在 C 中发现不满足独立性条件的属性，则删除该属性，并对删除该属性后所得的条件属性子集重新检查独立性条件，直至条件属性子集中的所有属性均满足独立性条件为止。

输入：决策表 $T=(U,C,D)$。

输出：决策表 T 的一个相对约简 R。

方法：其过程描述如下。

```
B=C，R=∅；
for (r∈B-R)
{       if (POS_{B-{r}}(D)=POS_B(D))    //说明属性 r 相对决策属性 D 是不必要的
            B=B-{r};
        else                            //说明属性 r 相对决策属性 D 是必要的
            R=R∪{r};
        if (B=R) brerk;                 //B=R 时退出循环，算法结束
}
```

【**例 9.14**】设决策表 $T_4=(U,C,D)$ 如表 9.9 所示。采用一般属性约简算法求属性约简 R。

求解过程如下：

令 $B=C=\{a,b,c,d\}$，$R=\varnothing$。

(1) 在 $B-R=\{a,b,c,d\}$ 中选择一个属性，假如选取属性 d，求得：

$U/B=\{\{1\},\{2\},\{3\},\{4\}\}$，

$U/D=\{\{1,2\},\{3,4\}\}$，

$U/(B-\{d\})=U/\{a,b,c\}=\{\{1\},\{2\},\{3\},\{4\}\}$，

$POS_B(D)=\{1,2,3,4\}$，

$POS_{B-\{d\}}(D)=\{1,2,3,4\}$，

所以有：$POS_B(D)=POS_{B-\{d\}}(D)$

则：$B=B-\{d\}=\{a,b,c\}$，$R=\varnothing$。

表 9.9　一个决策表 T_4

U	条件属性				决策属性
	a	b	c	d	e
1	0	0	0	0	0
2	1	0	1	1	0
3	0	1	1	0	1
4	0	0	1	0	1

(2) 在 $B-R=\{a,b,c\}$ 中选择一个属性，假如选取属性 b，求得：

$U/B=U/\{a,b,c\}=\{\{1\},\{2\},\{3\},\{4\}\}$，

$U/D=\{\{1,2\},\{3,4\}\}$，

$U/(B-\{b\})=U/\{a,c\}=\{\{1\},\{2\},\{3,4\}\}$，

$POS_B(D)=\{1,2,3,4\}$，

$POS_{B-\{b\}}(D)=\{1,2,3,4\}$，

所以有：$POS_B(D)=POS_{B-\{b\}}(D)$

则：$B=B-\{b\}=\{a,c\}$，$R=\varnothing$。

(3) 在 $B-R=\{a,c\}$ 中选择一个属性，假如选取属性 a，求得：

$U/B=U/\{a,c\}=\{\{1\},\{2\},\{3,4\}\}$，

$U/D=\{\{1,2\},\{3,4\}\}$,

$U/(B-\{a\})=U/\{c\}=\{\{1\},\{2,3,4\}\}$,

$\mathrm{POS}_B(D)=\{1,2,3,4\}$,

$\mathrm{POS}_{B-\{a\}}(D)=\{1\}$,

所以有：$\mathrm{POS}_B(D)\neq \mathrm{POS}_{B-\{a\}}(D)$

则：$B=\{a,c\}$，$R=R\cup\{a\}=\{a\}$。

（4）在 $B-R=\{c\}$ 中选择一个属性，只能选取属性 c，求得：

$U/B=U/\{a,c\}=\{\{1\},\{2\},\{3,4\}\}$,

$U/D=\{\{1,2\},\{3,4\}\}$,

$U/(B-\{c\})=U/\{a\}=\{\{1,3,4\},\{2\}\}$,

$\mathrm{POS}_B(D)=\{1,2,3,4\}$,

$\mathrm{POS}_{B-\{c\}}(D)=\{2\}$,

所以有：$\mathrm{POS}_B(D)\neq \mathrm{POS}_{B-\{c\}}(D)$

则：$B=\{a,c\}$，$R=R\cup\{c\}=\{a,c\}$。

此时 $B=R$，算法结束，$R=\{a,c\}$ 是决策表的一个约简。

上述约简算法中，由于输出结果 R 中的每一个属性都满足属性的独立性条件，因此，对任意一个决策表，其输出就是给定决策表的一个约简。换种说法，基于独立性条件的约简算法关于约简是完备的。

从上面的计算过程可以看到，每次从集合 $B-R$ 中选择一个属性 r，并判断 $\mathrm{POS}_{B-\{r\}}(D)=\mathrm{POS}_B(D)$ 是否成立。只要集合 $B-R$ 中有两个或两个以上的属性，那么做出的属性选择方式就不唯一，这意味着不同的属性选择方式可能带来不同的约简，也意味着决策表的约简不一定是唯一的。

2. 基于 Pawlak 属性重要度的属性约简算法

在决策表中，不同的条件属性相对于决策属性有不同的重要性。例如，在一个关于气象信息的决策表中，当用观测资料（条件属性）预测天气的情况时，对于识别或判断气象状况（决策属性），其中的某些观测资料相比其他观测资料而言，具有更重要的作用。

为了度量某个条件属性相对于决策属性的重要性，或者说是该属性在整个决策表中的作用，粗糙集理论采用的方式是依次从决策表中删除该属性，然后观察该属性被删除之后，整个决策表的分类能力有没有发生变化，发生变化的幅度是多大。如果变化越大，则说明所删除的属性对原始决策表就越重要；反之，如果变化很小，则说明所删除属性对原始决策表而言不是很重要。通常，采用一个知识相对于另一个知识的正域概念来刻画属性相对于决策属性的重要度，即对任意一个条件属性 r，从 C 中删除 r，如果以下值越大，则说明删除 r 对 C 相对于决策属性 D 的分类能力影响越大，也就是 r 对 C 相对于决策属性 D 就越重要：

$$r_C(D)-r_{C-\{r\}}(D)=\frac{|\mathrm{POS}_C(D)|}{|U|}-\frac{|\mathrm{POS}_{C-\{r\}}(D)|}{|U|}$$

下面定义条件属性 r 对条件属性全集 C 相对于决策属性 D 的重要度。

定义 9.26 设 $T=(U,C,D)$ 是一个协调的决策表，$\forall r\in C$，该属性对条件属性全集 C 相对于决策属性 D 的重要度定义为：

$$\mathrm{sig}(r,C;D)=r_C(D)-r_{C-\{r\}}(D)=\frac{|\mathrm{POS}_C(D)|-|\mathrm{POS}_{C-\{r\}}(D)|}{|U|}$$

$\forall B \subseteq C$，$\forall \alpha \in C-B$，条件属性 α 对条件属性集 B 相对于决策属性 D 的重要度定义为：

$$sig(\alpha,B;D)=r_{B\cup\{\alpha\}}(D)-r_B(D)=\frac{|POS_{B\cup\{\alpha\}}(D)|-|POS_B(D)|}{|U|}$$

属性重要度在决策表启发式属性约简算法的构造中占有重要地位，如果重要度函数定义得合理，则可以提高决策表属性约简算法的效率。

下面给出基于 Pawlak 属性重要度的决策表属性约简算法。

输入： 决策表 $T=(U,C,D)$。

输出： 决策表 T 的一个相对约简 B。

方法： 其过程描述如下。

计算 C 相对于 D 的核 $CORE_C(D)$；
$B=CORE_C(D)$；
while $(POS_B(D)\neq POS_C(D))$
{   for (对于 $C-B$ 中的属性 c_i)

        计算：$sig(c_i,B;D)=\dfrac{|POS_{B\cup\{c_i\}}(D)|-|POS_B(D)|}{|U|}$；

    求 $c_m=\arg\max sig(c_i,B;D)$；
    若同时存在多个属性满足最大值，则从中选取一个与 B 的属性值组合数最少的属性作为 c_m；
    $B=B\cup\{c_m\}$；

}

【例 9.15】 对于如表 9.9 所示的决策表 T_4，采用基于 Pawlak 属性重要度的属性约简算法求相对属性约简 R。

求解过程如下。

（1）计算核。

$U/C=\{\{1\},\{2\},\{3\},\{4\}\}$

$U/D=\{\{1,2\},\{3,4\}\}$

$U/(D-\{a\})=U/\{b,c,d\}=\{\{1\},\{2\},\{3\},\{4\}\}$

$U/(D-\{b\})=U/\{a,c,d\}=\{\{1\},\{2\},\{3,4\}\}$

$U/(D-\{c\})=U/\{a,b,d\}=\{\{1,4\},\{2\},\{3\}\}$

$U/(D-\{d\})=U/\{a,b,c\}=\{\{1\},\{2\},\{3,4\}\}$

$POS_C(D)=\{1,2,3,4\}$

$POS_{C-\{a\}}(D)=\{1,2,3,4\}=POS_C(D)$

$POS_{C-\{b\}}(D)=\{1,2,3,4\}=POS_C(D)$

$POS_{C-\{c\}}(D)=\{2,3\}\neq POS_C(D)$

$POS_{C-\{d\}}(D)=\{1,2,3,4\}=POS_C(D)$

所以条件属性 c 是决策表的核值属性，即 $CORE_C(D)=\{c\}$。

（2）令 $B=CORE_C(D)=\{c\}$，$POS_B(D)=\{1\}\neq POS_C(D)$，对于 $C-B=\{a,b,d\}$ 中的每个属性 c_i 有其重要度：

$U/D=\{\{1,2\},\{3,4\}\}$

$U/B=\{\{1\},\{2,3,4\}\}$

$U/\{a,c\}=\{\{1\},\{2\},\{3,4\}\}$

$U/\{b,c\}=\{\{1\},\{3\},\{2,4\}\}$

$U/\{d,c\}=\{\{1\},\{2\},\{3,4\}\}$

$\text{POS}_B(D)=\{1\}$

$\text{POS}_{B\cup\{a\}}(D)=\text{POS}_{\{a,c\}}(D)=\{1,2,3,4\}$

$\text{POS}_{B\cup\{b\}}(D)=\text{POS}_{\{b,c\}}(D)=\{1,3\}$

$\text{POS}_{B\cup\{d\}}(D)=\text{POS}_{\{d,c\}}(D)=\{1,2,3,4\}$

$$\text{sig}(a,B;D)=\frac{|\text{POS}_{B\cup\{a\}}(D)|-|\text{POS}_B(D)|}{|U|}=\frac{4-1}{4}=\frac{3}{4}$$

$$\text{sig}(b,B;D)=\frac{|\text{POS}_{B\cup\{b\}}(D)|-|\text{POS}_B(D)|}{|U|}=\frac{2-1}{4}=\frac{1}{4}$$

$$\text{sig}(e,B;D)=\frac{|\text{POS}_{B\cup\{e\}}(D)|-|\text{POS}_B(D)|}{|U|}=\frac{4-1}{4}=\frac{3}{4}$$

现在取 $c_m=\arg\max\text{sig}(c_i,B;D)$，可选的属性有 a 和 d，所以 $B=\{a,c\}$ 或 $\{d,c\}$，而 $\text{POS}_{\{a,c\}}(D)$ $=\text{POS}_C(D)$ 或者 $\text{POS}_{\{d,c\}}(D)=\text{POS}_C(D)$ 均成立，所以算法结束，输出的约简为 $B=\{a,c\}$ 或 $\{d,c\}$。

3. 基于分辨矩阵的决策表属性约简算法

1991 年，Skowron 提出用分辨矩阵来描述约简和核等基本概念。从约简计算的角度，分辨矩阵可以看作是整个约简空间的一种中间描述。

虽然分辨矩阵在计算约简和核时直观明了，但由于基于分辨矩阵原理，求解决策表的约简空间是 NP-hard 问题。尽管如此，利用分辨矩阵求决策表的核却是高效的。

决策表的分辨矩阵与信息系统的分辨矩阵相似，只是需要考虑决策属性。

定义 9.27 设 $T=(U,C,D)$ 是一个协调的决策表，设 $U=\{x_1,x_2,\cdots,x_n\}$，$A=\{a_1,a_2,\cdots,a_m\}$，对应的分辨矩阵 $M=\{d_{ij}\,|\,i=1\sim n,j=1\sim m\}$。由于分辨矩阵 M 是一个 $n\times n$ 的对称矩阵，通常仅考虑下三角或上三角部分。其中 d_{ij} 定义如下：

$d_{ij}=\vee a_k$ 　当 x_i 和 x_j 在 D 上属性值不相同且 x_i 和 x_j 在属性 a_k 上取值不相同时

$d_{ij}=\varnothing$ 　当 x_i 和 x_j 在 D 上属性值不相同且 x_i 和 x_j 在 C 上所有属性值相同时

$d_{ij}=-$ 　当 x_i 和 x_j 在 D 上所有属性值均相同时

从中看到，d_{ij} 是在决策属性值不相同时区分对象 x_i 和 x_j 的所有条件属性的集合。

【例 9.16】 对于如表 9.9 所示的决策表 T_4，求其分辨矩阵 M。

根据分辨矩阵的定义，求得 M 如下：

$$M=\begin{array}{c}1\\2\\3\\4\end{array}\left[\begin{array}{cccc}&&&\\-&&&\\bc&abd&&\\c&ad&-&\end{array}\right]$$
$$\quad\quad\ 1\quad\ 2\quad\ 3\quad\ 4$$

决策表的分辨矩阵元素 d_{ij} 是与决策属性值密切相关的，如果论域中的两个对象有不同的决策值，但是它们的条件属性可以将这两个对象区别开来，那么所有这样的条件属性元素组成的集合构成决策表分辨矩阵与之相对应元素；如果论域中两个对象的决策值不同，但是属性值是完全相同的，表明这两个对象所对应的两条决策规则是不一致的，或者说是有冲突的，这里用空集 $\varnothing$ 来表示。如果一个决策表的分辨矩阵中含有 $\varnothing$ 元素，则该决策表一定是不相容的；如果论域中两个对象的决策值相同，换句话说，决策值相同，就是相对于决策属性来说的，这两个对象是等价的。

定义 9.28 设 $T=(U,C,D)$ 是一个协调的决策表，对于分辨矩阵 $M=\{d_{ij}\,|\,i=1\sim n,j=1\sim m\}$，定义分辨函数 $f(M)$ 如下：

$$f(M) = \bigwedge_{x_i, x_j \in U} d_{ij}$$

也就是说，分辨函数 $f(M)$ 表示为辨矩阵 M 中所有元素的合取式。分辨函数 $f(M)$ 具有这样的性质：它的极小析取范式中的所有合取式是 C 相对于 D 的所有约简。

而核是分辨矩阵 M 中所有单个元素组成的集合，即：

$$CORE_C(D) = \{a \in C \mid d_{ij} = a \text{ 且 } x_i、x_j \in U\}$$

其证明如下：

当 $d_{ij} = \{a \mid a \in C\}$ 是 M 中单个属性的元素时，去掉它就会对决策表的分类能力产生较为显著的改变。因为删除属性 a，对象 x_i 和 x_j 就不能被正确分类，即属性 a 在 C 中是绝对必要的，不可或缺的，所有相对于决策属性必要的条件属性集合即为决策表的核值属性集合，在分辨矩阵表示法中就转化为所有单属性元素组成的集合。

下面给出基于分辨矩阵的决策表属性约简算法。

输入：决策表 $T=(U,C,D)$。

输出：决策表 T 的所有相对约简 $RED_C(D)$。

方法：其过程描述如下。

① 计算决策表 T 的分辨矩阵 M；
② 对于分辨矩阵 M 中所有取值非空集合的元素 d_{ij}（$d_{ij} \neq \varnothing$ 且 $d_{ij} \neq -$），建立相应的析取值 L_{ij}；
③ 对所有析取式 L_{ij} 进行合取运算，得到一个合取范式 L，即 $L = \bigwedge_{d_{ij} \neq \phi} L_{ij}$；
④ 将合取范式 L 转换为析取范式形式，得 $L' = \bigvee_k L_k$；
⑤ 输出 $RED_C(D) = \{L_k\}$。

【例9.17】 对于如表9.9所示的决策表 T_4，采用分辨矩阵的方法求它的所有相对属性约简和核。

例9.16已求出该信息表的分辨矩阵 M，其中的单个元素只有 c，所以有 $CORE_C(D) = \{c\}$。

其分辨函数 $f(M) = (b \vee c) \wedge c \wedge (a \vee b \vee d) \wedge (a \vee d) = c \wedge (a \vee d) = (c \wedge a) \vee (c \wedge d)$。

所以决策表 T_4 有两个相对约简，即 $\{a,c\}$ 和 $\{c,d\}$。

4．基于信息增益的属性约简算法

该算法以信息增益值作为启发信息，每次选取信息增益值最大的条件属性，直到找到一个约简为止。算法如下。

输入：决策表 $T=(U,C,D)$。

输出：决策表 T 的一个相对约简 B。

方法：其过程描述如下。

① 计算 C 相对于 D 的核 $CORE_C(D)$；
② 令 $B = CORE_C(D)$，如果 $POS_B(D) = POS_C(D)$，转⑤；
③ 任意属性 $r \in C-B$，计算属性信息增益 $G(C,r) = E(C) - E(C,r)$，求得 $G(C,r)$ 最大的属性 r；若同时存在多个属性满足最大值，则从中选取一个与 B 的属性值组合数最少的属性作为 r；令 $B = B \cup \{r\}$；
④ 如果 $POS_B(D) \neq POS_C(D)$，转③，否则转⑤；
⑤ 输出，算法结束。

有关信息增益的概念和计算过程在第7章有详细介绍，这里不再讨论。

【例9.18】 对于如表9.10所示的天气信息决策表 T_5，采用基于信息增益的属性约简算法求它的一个相对属性约简。

首先经过数据预处理得到如表9.11所示的决策表 T_{51}。

表 9.10　一个天气信息的决策表 T_5

U	OutLook(a)	Temperature(b)	Humidity(c)	Windy(d)	决策属性(e)
1	Sunny	Hot	High	False	N
2	Sunny	Hot	High	True	N
3	Overcast	Hot	High	False	P
4	Rain	Mile	High	False	P
5	Rain	Cool	Normal	False	P
6	Rain	Cool	Normal	True	N
7	Overcast	Cool	Normal	True	P
8	Sunny	Mile	High	False	N
9	Sunny	Cool	Normal	False	P
10	Rain	Mile	Normal	False	P
11	Sunny	Mile	Normal	True	P
12	Overcast	Mile	High	True	P
13	Overcast	Hot	Normal	False	P
14	Rain	Mile	High	True	N

利用决策表 T_{51} 求一个相对属性约简的过程如下。

（1）采用分辨矩阵方法求出该决策表的相对核为 $CORE_C(D)=\{a,d\}$。

（2）令 $B=\{a,d\}$，计算出：

$POS_B(D)=\{\{3\},\{4\},\{5\},\{6\},\{7\},\{10\},\{12\},\{13\},\{14\}\}$

$POS_C(D)=\{\{1\},\{2\},\{3\},\{4\},\{5\},\{6\},\{7\},\{8\},\{9\},\{10\},\{11\},\{12\},\{13\},\{14\}\}$

两者不相等，开始循环。

（3）求得条件属性集中除了核属性外余下部分的属性为：$C-B=\{b,c\}$，分别从该集合中选取属性，计算属性信息增益如下：

$G(C,b)=0.029$

$G(C,c)=0.152$

优先选取信息增益值最大的那个属性，即选取属性 c，将 c 加入到核属性集中进行测试。此时 $B=B\cup\{c\}=\{a,c,d\}$。

（4）计算此时 B 的相对正域：

$POS_B(D)=\{\{1\},\{2\},\{3\},\{4\},\{5\},\{6\},\{7\},\{8\},\{9\},\{10\},\{11\},\{12\},\{13\},\{14\}\}=POS_C(D)$

（5）算法结束，输出 $B=\{a,c,d\}$ 即为决策表的一个相对约简。

说明：通过 ROSE2 验证，该决策表共有两个约简，即 $\{a,b,d\}$ 和 $\{a,c,d\}$，本算法仅有出一个约简。

表 9.11　预处理后的天气信息的决策表 T_{51}

U	条件属性				决策属性
	a	b	c	d	e
1	1	1	1	0	1
2	1	1	1	1	1
3	2	1	1	0	2
4	3	2	1	0	2

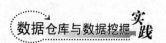

U	条 件 属 性				决 策 属 性
	a	b	c	d	e
5	3	3	2	0	2
6	3	3	2	1	1
7	2	3	2	1	2
8	1	2	1	0	1
9	1	3	2	0	2
10	3	3	2	0	2
11	1	2	2	1	2
12	2	1	1	1	2
13	2	1	2	0	2
14	3	2	1	1	1

9.5　决策表的值约简及其算法

属性约简只是在一定程度上去掉了决策表中的冗余属性，还是没有充分去掉决策表中的冗余信息。在判断某个对象属于某类时，其属性的取值不同，对分类产生的影响也不同。例如，判断人的体形（瘦、中、胖）时，体重是主要属性。但若体重属性值为 75kg 时，此人的体形要结合其身高、性别等属性才能确定；如果体重属性值为 160kg 时，几乎肯定其体形为胖，这时身高、性别已不重要，也就是说身高、性别的属性值是冗余的。值约简是属性值约简的简称，其目标就是删除这些冗余的属性值并产生决策表的决策规则。本节主要讨论协调决策表的值约简。

9.5.1　决策规则及其简化

定义 9.29　设决策表 $T=(U,C,D)$ 是协调的，对于 $x \in U$，通常将决策规则 r_x 描述成如下形式：

$$r_x: \quad r_x|C \to r_x|D \text{ 或 } \varphi \to \psi$$

其中，φ 和 ψ 分别称为决策规则 r_x 的因（或前件）和果（或后件），$\varphi \to \psi$ 也称为 CD 决策规则，简称为规则。为了简便，在 φ、ψ 中，基本项用 a_v 表示属性 a 取值为 v，而 φ、ψ 是由基本项逻辑与/或组成的。

例如，规则 $(a=1 \wedge b=0 \wedge c=2) \to (d=1 \wedge e=1)$ 表示为 $a_1b_0c_2 \to d_1e_1$。

定义 9.30　设 $\varphi \to \psi$ 是决策表 T 上的一条决策规则，条件属性值 a_v（$a \in C$，a_v 表示 φ 存在 $a=v$ 的基本项）是可被约去的（或可省略的，或 a_v 是冗余的），当且仅当 $(\varphi \to \psi) \Rightarrow (\varphi-\{a_v\}) \to \psi)$；否则称条件属性值 a_v 在该规则是必要的。

一条规则的某个条件属性值可被约去，当且仅当约去后仍然保持规则的一致性。所谓规则的一致性，是指条件属性值均相同的规则，其结论属性值也必须相同；否则称为不一致或冲突。

例如，表 9.12 所示的决策表 T_6，对于第 1 条规则 $a_1b_0c_2 \to d_1e_1$，其中 a_1 是不必要的，因为删除 a_1 后，$b_0c_2 \to d_1e_1$ 是一致的，也就是说，$a_1b_0c_2 \to d_1e_1 \Rightarrow b_0c_2 \to d_1e_1$。

表 9.12 一个决策表 T_6

U	条件属性			决策属性	
	a	b	c	d	e
1	1	0	2	1	1
2	2	1	0	1	0
3	2	1	2	0	2
4	1	2	2	1	1
5	1	2	0	0	2

定义 9.31 规则 $\varphi \rightarrow \psi$ 中所有必要的条件属性值构成的集合称为该规则的核，记为 $\mathrm{CORE}(\varphi \rightarrow \psi)$。

【例 9.19】 对于如表 9.12 所示的决策表 T_6，求所有规则的核值。

利用定义 9.29 求决策表 T_6 中所有规则核值的过程如下。

先将该决策表的每个记录看作是一个规则，所以规则有：

r_1: $a_1 b_0 c_2 \rightarrow d_1 e_1$

r_2: $a_2 b_1 c_0 \rightarrow d_1 e_0$

r_3: $a_2 b_1 c_2 \rightarrow d_0 e_2$

r_4: $a_1 b_2 c_2 \rightarrow d_1 e_1$

r_5: $a_1 b_2 c_0 \rightarrow d_0 e_2$

下面逐个消去每个规则中不必要的条件。

对于规则 r_1，去掉 a_1：$b_0 c_2 \rightarrow d_1 e_1$，去掉 b_0：$a_1 c_2 \rightarrow d_1 e_1$，去掉 c_2：$a_1 b_0 \rightarrow d_1 e_1$，它们在决策表中都是一致的，所以该规则的核为空，即属性值 a_1 或 b_0 或 c_2 都可以约去。

对于规则 r_2，去掉 a_2：$b_1 c_0 \rightarrow d_1 e_0$，去掉 b_1：$a_2 c_0 \rightarrow d_1 e_0$，它们都是一致的。去掉 c_0：$a_2 b_1 \rightarrow d_1 e_0$，与记录 3 矛盾（因为记录 3 含有 $a_2 b_1 \rightarrow d_0 e_2$），所以 a_2 和 b_1 可以约去，而 c_0 不能被约去，该规则的核为 c_0。

采用同样的方法消去 r_3、r_4、r_5 中不必要的条件属性值，得到仅包含每个规则的核值，其结果如表 9.13 所示，条件属性集下不为"*"的值表示为记录的核。

表 9.13 仅包含规则核值表

U	条 件 属 性			决 策 属 性	
	a	b	c	d	e
1	*	*	*	1	1
2	*	*	0	1	0
3	*	*	2	0	2
4	*	*	2	1	1
5	*	*	0	0	2

定义 9.32 对于决策表 $T=(U,C,D)$，$x \in U$，$a \in C \cup D$，定义类集 $[x]_a$ 为 U 中所有 a 属性值与 x 对象 a 属性值相同的对象集合。若 $B \subseteq C \cup D$，则 $[x]_B = \bigcap_{a \in B} [x]_a$。

例如，对于表 9.12 所示的决策表 T_6，$[1]_a = \{1,4,5\}$，$[1]_c = \{1,3,4\}$，则 $[1]_{\{a,c\}} = \{1,4,5\} \cap \{1,3,4\} = \{1,4\}$。

在一条规则 r_x 中，条件属性集 C 的类集为 $[x]_C = \bigcap_{a \in C} [x]_a$，每一个 $[x]_a$ 都唯一地由 x 的属性 a 值确定。因此，为了消去条件属性值，必须从类价类 $[x]_C$ 中消去所有过剩等价类 $[x]_a$。于是消去过剩条件属性值问题与消去对应的等价类是等价的。

定义 9.33 对于决策表 $T=(U, C, D)$，设 r_x 是一条进行属性约简后的规则，条件属性集 C 的等价类 $[x]_C$ 中任何最少属性 a 的等价 $[x]_a$ 的交集 $\subseteq$ 相应决策类 $[x]_D$，则由此而得到的最小条件属性 a 组成的相应于 r_x 的新规则 r_x' 称为 r_x 的一个规则约简。

从中看出，值约简包括两部分，一是采用属性约简算法去掉所有可省略的条件属性，二是将属性约简后的决策表中每个记录看作一个规则，再对每个规则进行约简。尽管两部分的顺序没有特别要求，但通常采用先属性约简后规则约简的顺序，前者称为水平方向约简，后者称为垂直方向约简。

【例 9.20】 对于如表 9.12 所示的决策表 T_6，求所有规则的约简。

对于 r_1：$a_1b_0c_2 \rightarrow d_1e_1$，$[1]_{\{d,e\}}=\{1,4\}$，而 $[1]_a=\{1,4,5\}$，$[1]_b=\{1\}$，$[1]_c=\{1,3,4\}$。显然，$[1]_b \subseteq [1]_{\{d,e\}}$，它是独立的，产生规则（1）$b_0 \rightarrow d_1e_1$；$[1]_a \not\subseteq [1]_{\{d,e\}}$，$[1]_c \not\subseteq [1]_{\{d,e\}}$，即它们都不是独立的，但 $[1]_a \cap [1]_c=\{1,4\} \subseteq [1]_{\{d,e\}}$，产生规则（1'）$a_1c_2 \rightarrow d_1e_1$。

对于 r_2：$a_2b_1c_0 \rightarrow d_1e_0$，$[2]_{\{d,e\}}=\{2\}$，而 $[2]_a=\{2,3\}$，$[2]_b=\{2,3\}$，$[2]_c=\{2,5\}$。有 $[2]_a \cap [2]_c=\{2\} \subseteq [2]_{\{d,e\}}$，产生规则（2）$a_2c_0 \rightarrow d_1e_0$；$[2]_b \cap [2]_c=\{2\} \subseteq [2]_{\{d,e\}}$，产生规则（2'）$b_1c_0 \rightarrow d_1e_0$。

采用同样的方法求出所有规则的约简如表 9.14 所示。从中看出，每个规则的约简总是包含该规则的核。

在产生规则约简时，可以利用规则的核来提高效率。由于一个规则的核是该规则所有约简的交集，所以可以从规则核的类出发后来构造规则约简。例如，在本例中求 r_2 的约简时，若已知 c_0 是核，可先求出其类 $[2]_c=\{2,5\}$，再求出其他类，如 $[2]_a$ 和 $[2]_b$，看它们与 $[2]_c$ 的交集是否包含在 $[2]_{\{d,e\}}$ 中，若是则产生一个规则约简。

表 9.14 包含所有规则的约简

U	条件属性			决策属性	
	a	b	c	d	e
1	*	0	*	1	1
1'	1	*	2	1	1
2	2	*	0	1	0
2'	*	1	0	1	0
3	2	*	2	0	2
3'	*	1	2	0	2
4	1	*	2	1	1
4'	*	2	2	1	1
5	1	*	0	0	2
5'	*	2	0	0	2

由表 9.14 可见，每个规则都有两个简化形式，可以对每个规则的两个简化形式取其一构成原决策表的一个值约简。其中 1'和 4 是相同的，删除重复记录，这样原决策表可以产生 16 种值约简。例如，可以取其一为：

$b_0 \rightarrow d_1e_1$

$b_1c_0 \rightarrow d_1e_0$

$a_2c_2 \rightarrow d_0e_2$

$b_2c_2 \rightarrow d_1e_1$

$a_1c_0 \rightarrow d_0e_2$

为了方便，可以将其合并为：

$b_0 \vee b_2c_2 \rightarrow d_1e_1$

$b_1c_0 \rightarrow d_1e_0$

$a_2c_2 \vee a_1c_0 \rightarrow d_0e_2$

9.5.2 决策规则的极小化

在前面介绍的方法产生的规则中，有些规则不是必要的，更确切地说，和相同决策类相结合的一些过剩的规则应该消去，而不影响规则的决策能力。

定义 9.34 记 F_ψ 为所有具有后件 ψ 的基本规则的集合，用 P_ψ 表示 F_ψ 中规则的所有前件的集合。如果 $\vee P_\psi = \vee (P_\psi - \{\varphi\})$，则基本规则 $\varphi \rightarrow \psi$ 是可约去的，其中 $\vee P_\psi$ 表示 P_ψ 中所有基本项的析取，也可以看成是满足 P_ψ 中基本项条件记录的并集；否则该规则是不能被约去的。如果 F_ψ 中所有规则都是不能被约去的，则它称为独立的，也就是极小化规则约简。

【例 9.21】 对于如表 9.15 所示的决策表 T_7，其中，$C=\{a,b,c,d\}$，$D=\{e\}$，求其极小规则约简。

表 9.15　一个决策表 T_7

U	条 件 属 性				决 策 属 性
	a	b	c	d	e
1	1	0	0	1	1
2	1	0	0	0	1
3	0	0	0	0	0
4	1	1	0	1	0
5	1	1	0	2	2
6	2	1	0	2	2
7	2	2	2	2	2

求决策表 T_7 的极小规则约简的过程如下。

（1）先通过之前介绍的属性约简算法求出其属性约简 $\mathrm{RED}_C(D)=\{a,b,d\}$，则删除条件属性 c 及该列后得到如表 9.16 所示的决策表 T_{71}。

表 9.16　属性约简后的决策表 T_{71}

U	条 件 属 性			决 策 属 性
	a	b	d	e
1	1	0	1	1
2	1	0	0	1
3	0	0	0	0
4	1	1	1	0
5	1	1	2	2
6	2	1	2	2
7	2	2	2	2

（2）求决策表 T_{71} 的所有规则的约简。它包含的规则如下：

r_1： $a_1b_0d_1 \rightarrow e_1$

r_2： $a_1b_0d_0 \rightarrow e_1$

r_3： $a_0b_0d_0 \rightarrow e_0$

r_4： $a_1b_1d_1 \rightarrow e_0$

r_5： $a_1b_1d_2 \rightarrow e_2$

r_6： $a_2b_1d_2 \rightarrow e_2$

r_7： $a_2b_2d_2 \rightarrow e_2$

考虑 r_1： $a_1b_0d_1 \rightarrow e_1$，$[1]_e=\{1,2\}$，$[1]_a=\{1,2,4,5\}$，$[1]_b=\{1,2,3\}$，$[1]_d=\{1,4\}$。有 $[1]_a \cap [1]_b=\{1,2\} \subseteq [1]_e$，产生规则（1）$a_1b_0 \rightarrow e_1$；$[1]_b \cap [1]_d=\{1\} \subseteq [1]_e$，产生规则（1'）$b_0d_1 \rightarrow e_1$，该规则的核={$a_1b_0$} ∩ {$b_0d_1$}={$b_0$}。

考虑 r_3： $a_0b_0d_0 \rightarrow e_0$，$[3]_e=\{3,4\}$，$[3]_a=\{3\}$，$[3]_b=\{1,2,3\}$，$[3]_d=\{2,3\}$。有 $[3]_a \subseteq [3]_e$，产生规则（3）$a_0 \rightarrow e_0$。该规则的核为 {a_0}。

考虑 r_7： $a_2b_2d_2 \rightarrow e_2$，$[7]_e=\{5,6,7\}$，$[7]_a=\{6,7\}$，$[7]_b=\{7\}$，$[7]_d=\{5,6,7\}$。有 $[7]_a \subseteq [7]_e$，产生规则（7）$a_2 \rightarrow e_2$；$[7]_b \subseteq [7]_e$，产生规则（7'）$b_2 \rightarrow e_2$；$[7]_c \subseteq [7]_e$，产生规则（7"）$d_2 \rightarrow e_2$。显然该规则的核为空。

最后求出的所有规则的约简如表 9.17 所示。

表 9.17　包含所有规则的约简

U	条件属性			决策属性
	a	b	d	e
1	1	0	*	1
1'	*	0	1	1
2	1	0	*	1
2'	1	*	0	1
3	0	*	*	0
4	*	1	1	0
5	*	*	2	2
6	2	*	*	2
6'	*	2	*	2
6"	*	*	2	2
7	2	*	*	2
7'	*	2	*	2
7"	*	*	2	2

（3）求极小规则约简。

在表 9.17 中，共有 3 个决策类（e 分别为 1、0 和 2 的类）。

对于 $e=1$ 的类：

$P_{e_1}=\{a_1b_0, b_0d_1, a_1d_0\}$，$\vee P_{e_1}=a_1b_0 \vee b_0d_1 \vee a_1d_0=\{1,2\}$

$P'_{e_1}=\{a_1b_0\}$，$\vee P'_{e_1}=\{1,2\}$，即 $\vee P_{e_1}=\vee P'_{e_1}$；$P''_{e_1}=\{b_0d_1 \vee a_1d_0\}$，$\vee P''_{e_1}=\{1,2\}$，即 $\vee P_{e_1}=\vee P''_{e_1}$

所以该类规则约简为：$a_1b_0 \rightarrow e_1$ 或 $b_0d_1 \vee a_1d_0 \rightarrow e_1$。

对于 $e=0$ 的类：

$P_{e_0} = \{a_0, b_1 d_1\}$，$\lor P_{e_0} = a_0 \lor b_1 d_1 = \{3, 4\}$

$P'_{e_0} = \{a_0\}$，$\lor P'_{e_0} = \{3\}$，即 $\lor P_{e_0} \neq \lor P'_{e_0}$；$P''_{e_0} = \{b_1 d_1\}$，$\lor P''_{e_0} = \{4\}$，即 $\lor P_{e_0} \neq \lor P''_{e_0}$

所以该类规则约简为：$a_0 \lor b_1 d_1 \rightarrow e_0$。

对于 $e=2$ 的类：

$P_{e_2} = \{a_2, b_2, d_2\}$，$\lor P_{e_2} = a_2 \lor b_2 \lor d_2 = \{5, 6, 7\}$

$P'_{e_2} = \{a_2\}$，$\lor P'_{e_2} = \{6, 7\}$，即 $\lor P_{e_2} \neq \lor P'_{e_2}$；$P''_{e_2} = \{b_2\}$，$\lor P''_{e_2} = \{6, 7\}$，即 $\lor P_{e_2} \neq \lor P''_{e_2}$；$P'''_{e_2} = \{d_2\}$，$\lor P'''_{e_2} = \{5, 6, 7\}$，即 $\lor P_{e_2} = \lor P'''_{e_2}$

所以该类规则约简为：$d_2 \rightarrow e_2$。

最后得到以下两组极小规则约简：

$a_1 b_0 \rightarrow e_1$	$b_0 d_1 \lor a_1 d_0 \rightarrow e_1$
$a_0 \lor b_1 d_1 \rightarrow e_0$	$a_0 \lor b_1 d_1 \rightarrow e_0$
$d_2 \rightarrow e_2$	$d_2 \rightarrow e_2$

归纳起来，利用属性约简后的决策表产生一组极小规则约简的算法如下。

输入：属性约简后的决策表 T。

输出：一组极小规则约简。

方法：其过程描述如下。

（1）对决策表 T 中每个记录的每个条件属性 a 进行逐个考察，删除记录的属性值 a_v，有如下 3 种可能的情况：

① 若产生冲突，则说明该属性值是该记录的核，不能除去，恢复该属性值；

② 若未产生冲突，但决策表 T 中含有重复记录（在不考虑属性 a 时），则说明删除该属性值不影响该记录的决策，可以删除该属性值，并将重复记录的该属性值标记为 "*"；

③ 若未产生冲突，决策表 T 中也不含有重复记录，说明目前所获得的信息还不能判断该删除的属性值是否会影响该记录的决策，将该属性值标记为 "?"。

（2）删除可能产生的重复记录，并考察每条含有标记 "?" 的记录。若仅由未被标记的属性值即可判断出决策，则将 "?" 标记为 "*"，否则，修改为原属性值。若某条记录的所有条件属性均被标记，则将标有 "?" 的属性项修改为原属性值。

（3）删除所有条件属性均被标记为 "*" 的记录及产生的重复记录。

（4）如果两条记录仅有一个条件属性值不同，且其中一条记录该属性值被标记为 "*"，那么对记录如果可由未被标记的属性值判断出决策，则删除另外一条记录，否则删除本记录。最后删除所有重复的记录。

经过约简之后得到的新决策表，所有属性值均为该表的值核，所有记录均为该决策表的规则。

【例 9.22】 对于如表 9.16 所示的经过属性约简后的决策表 T_{71}，采用上述算法求其极小规则约简。

求解过程如下。

（1）对于记录 1，若删除属性 a，由于其余属性构成的决策表中不包含重复的记录，因此将该记录中属性 a 的值标记为 "?"；若删除属性 b，由于其 $a=1$、$d=1$ 与记录 4 的决策冲突，因此属性 b 保留原值；若删除属性 d，由于其 $a=1$、$b=0$ 与记录 2 的决策相同，因此将属性 d 的值标记为 "*"。采用同样方法逐个处理所有记录，得到如表 9.18 所示的结果。

表 9.18　算法第 1 步后的结果

U	条 件 属 性			决 策 属 性
	a	b	d	e
1	?	0	*	1
2	1	?	*	1
3	0	?	?	0
4	?	?	1	0
5	*	?	2	2
6	*	*	?	2
7	?	*	?	2

（2）扫描表 9.18 处理 "?" 标记。对于记录 1，原决策表中记录 1 与记录 3 属性 b 的值相同，但决策不同，应将记录 1 的属性 a 恢复为原值。

对于记录 2，不能由 $a=1$ 判断其决策，则将 b 的属性值恢复为原值 0。

对于记录 3，可以由 $a=0$ 判断其决策，则将 b、d 的属性值改为 "*"。

对于记录 4，可以由 $b=1$、$d=1$ 判断其决策，则将 a 的属性值改为 "*"。

对于记录 5，可以由 $d=2$ 判断其决策，则将 b 的属性值改为 "*"。

对于记录 6，没有未记录的属性值（不能判断其决策），则将 d 的属性值恢复为原值 2。

对于记录 7，没有未记录的属性值（不能判断其决策），则将 a、d 的属性值均恢复为原值 2。

最后得到如表 9.19 所示的结果。

（3）表 9.19 中没有全标记的记录，但存在记录 1 和记录 2 重复的情况，删除记录 2，存在记录 5 和记录 6 重复的情况，删除记录 6。得到如表 9.20 所示的结果。

表 9.19　算法第 2 步后的结果

U	条件属性			决策属性
	a	b	d	e
1	1	0	*	1
2	1	0	*	1
3	0	*	*	0
4	*	1	1	0
5	*	*	2	2
6	*	*	2	2
7	2	*	2	2

表 9.20　算法第 3 步后的结果

U	条件属性			决策属性
	a	b	d	e
1	1	0	*	1
2	0	*	*	0
3	*	1	1	0
4	*	*	2	2
5	2	*	2	2

（4）表 9.20 中记录 4 和记录 5 除属性 a 外，其余属性值都对应相等，且由原决策表可知仅由属性 d 可判断出决策，因此删除记录 5。得到表 9.21 的结果。

由表 9.21 得到的一个极小规则约简如下：

r_1:　$a_1 b_0 \rightarrow e_1$

r_2:　$a_0 \rightarrow e_0$

r_3:　$b_1 d_1 \rightarrow e_0$

r_4:　$d_2 \rightarrow e_2$

表 9.21 算法第 4 步后的结果

U	条件属性			决策属性
	a	b	d	e
1	1	0	*	1
2	0	*	*	0
3	*	1	1	0
4	*	*	2	2

根据表 9.21 可以求出每个规则的置信度，显然上述规则的置信度均为 100%。

9.6 粗糙集在数据挖掘中的应用示例

本节采用 ROSE2 对第 7 章表 7.3 的训练数据集 S 进行粗糙集数据分析，并将产生的决策规则和采用决策树的分类结果进行对比分析。

第 1 步：将表 7.3 的训练数据集 S 符号化，符号化规则如下。

- 对于 age（年龄）属性：1－“≤30”，2－“31～40”，3－“>40”。
- 对于 income（收入）属性：1－“低”，2－“中”，3－“高”。
- 对于 student（学生）属性：1－“是”，2－“否”。
- 对于 credit（信誉）属性：1－“中”，2－“优”。
- 对于 buys（购买计算机）属性：1－“是”，2－“否”。

第 2 步：建立粗糙集数据分析决策表，在 ROSE2 中建立的决策表如图 9.11 所示。

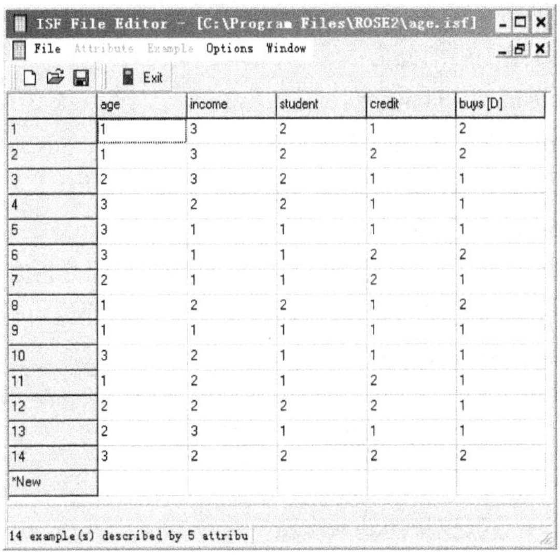

	age	income	student	credit	buys [D]
1	1	3	2	1	2
2	1	3	2	2	2
3	2	3	2	1	1
4	3	2	2	1	1
5	3	1	1	1	1
6	3	1	1	2	2
7	2	1	1	2	1
8	1	2	2	1	2
9	1	1	1	1	1
10	3	2	1	1	1
11	1	2	1	2	1
12	2	2	2	2	1
13	2	3	1	1	1
14	3	2	2	2	2

图 9.11 ROSE2 建立的决策表

第 3 步：求决策表的核和约简。

在 ROSE2 中求得的核为{age,credit}，约简为{age,student,credit}和{age,income,credit}。

第 4 步：进行属性值约简，产生决策规则。

用“Basic Minimal Covering”规则约简方法产生的规则组 1 如下：

rule1: student = 1 & credit = 1 → buys = 1

rule2: age = 2 → buys = 1

rule3: age = 3 & credit = 1 → buys = 1

rule4: age = 1 & income = 2 & credit = 2 → buys = 1

rule5: age = 1 & student = 2 → buys = 2

rule6: age = 3 & credit = 2 → buys = 2

用"Extended Minimal Covering"规则约简方法产生的规则组 2 如下:

rule1: age < 3 & student < 2 → buys = 1

rule2: age >= 2 & credit < 2 → buys = 1

rule3: age = 2 → buys = 1

rule4: age < 2 & student >= 2 → buys = 2

rule5: age >= 3 & credit >= 2 → buys = 2

用"Satisfactory Description"规则约简方法产生的规则组 3 如下:

rule1: age = 2 → buys = 1

rule2: age = 3 & credit = 1 → buys = 1

rule3: student = 1 & credit = 1 → buys = 1

rule4: age = 1 & income = 3 → buys = 2

rule5: age = 1 & student = 2 → buys = 2

rule6: age = 3 & credit = 2 → buys = 2

上述三种规则约简方法产生的三组决策规则也略有差异,但它们都是一致的。通过与决策树产生的分类规则对比,同样发现大部分是一致的,但也存在差异,如决策表产生如下规则:

age= 1 & student= 1 → buys = 1

而在粗糙集产生的规则组 1 中细分为:

rule1: student = 1 & credit = 1 → buys = 1

rule4: age = 1 & income = 2 & credit = 2 → buys = 1

在粗糙集产生的规则组 3 中被限定为:

rule3: student = 1 & credit = 1 → buys = 1

这是因为决策树以概率为启发信息,本质上讲是一种概率统计分析方法,存在过度拟合的问题,而粗糙集方法会精确地表示数据之间的关系。尽管如此,粗糙集理论由于存在时间性能的问题,将两者结合起来可能是一种解决复杂问题的有效方法。

练习题 9

1．简述粗糙集理论用于数据挖掘的基本步骤。

2．证明以下条件是相互等价的:

（1） $U/(C\cup D)=U/C$

（2） $\text{POS}_C(D)=U$

3．有等价关系 R, $U/R=\{\{2,4,5,8\},\{1,3\},\{6,7,9\}\}$,计算集合 $X_1=\{1,2,5\}$, $X_2=\{2,3,7\}$, $X_3=\{2,3,5\}$ 的上、下近似和由等价关系 R 描述的精确度。

4．设有知识库 $K=(U,R)$, $U=\{1,2,\cdots,7\}$, $R=\{R_1,R_2,R_3\}$,等价关系 R_1、R_2 和 R_3 的等价类如下:

$U/R_1=\{\{1,5,6\},\{2,3\},\{4,7\}\}$

$U/R_2=\{\{1,2,5\},\{6,7\},\{3,4\}\}$

$U/R_3=\{\{1,2,5\},\{6\},\{3,7\},\{4\}\}$

求其所有约简和核。

5．已知 $U=\{1,2,\cdots,8\}$，$U/C=\{\{1,2,3,4\},\{5,6\},\{7,8\}\}$，$U/D=\{\{1,2\},\{3,4\},\{5,6\},\{7,8\}\}$，求 $POS_C(D)$。

6．对于如表 9.22 所示的决策表，其中 $C=\{a,b,c,d\}$，$D=\{e\}$。完成以下各小题：

（1）求 U/C 和 U/D。

（2）求 $POS_C(D)$。

（3）求条件属性集 C 的所有约简和核。

表 9.22　一个决策表

U	条 件 属 性				决 策 属 性
	a	b	c	d	e
1	1	1	1	1	1
2	1	1	1	2	1
3	2	1	1	1	2
4	3	2	1	1	2
5	3	3	2	1	2
6	3	3	2	2	1
7	2	3	2	2	2
8	1	2	1	1	1
9	1	3	2	1	2
10	3	2	2	1	2

7．对于如表 9.23 所示的决策表 (U,C,D)，$C=\{a,b,c\}$，$D=\{d\}$，回答以下问题：

（1）用分辨矩阵方法求出核 $CORE_C(D)$。

（2）求 $POS_C(D)$。

（3）采用任一方法求出一种属性约简。

表 9.23　一个决策表

U	a	b	c	d
1	0	0	0	+
2	0	0	1	−
3	0	1	1	−
4	1	0	1	+
5	1	1	1	+
6	1	1	0	−

8．对于如表 9.24 所示的决策表 (U,C,D)，$C=\{a,b,c,d\}$，$D=\{e\}$，回答以下问题：

（1）求 $POS_C(D)$，判断该决策表是否是协调的。

（2）采用分辨矩阵求其所有属性约简和核。

表 9.24 一个决策表

U	a	b	c	d	e
1	0	0	1	1	0
2	0	1	0	2	1
3	0	2	1	2	1
4	1	0	1	2	0
5	1	0	0	1	0
6	1	2	0	1	2
7	2	1	0	1	2
8	2	1	2	0	2

9．对于如表 9.25 所示的决策表(U,C,D)，$C=\{a,b,c\}$，$D=\{d\}$，回答以下问题：

（1）该决策表是否为一致（或协调）决策表？给出判断的条件。

（2）采用分辨矩阵求其所有条件属性约简和核。

表 9.25 一个决策表

U	a	b	c	d
1	1	0	2	1
2	1	0	2	1
3	1	2	0	2
4	1	2	2	0
5	2	1	0	2
6	2	1	1	2

10．对于表 9.26 所示的决策表，其中 a、b 和 c 是条件属性，d、e 是决策属性。回答以下问题：

（1）将其分解为完全协调的和完全不协调的两个表。

（2）计算条件属性和决策属性之间的相关度。

（3）计算条件属性关于决策属性的核和约简。

表 9.26 一个决策表

U	a	b	c	d
1	1	0	2	1
2	1	0	2	1
3	1	2	0	2
4	1	2	2	0
5	2	1	0	2
6	2	1	1	2

11. 对于表 9.27 所示的决策表，其中 a、b 和 c 是条件属性，d 是决策属性。求它的一个极小规则约简。

表 9.27 一个决策表

U	a	b	c	d
1	矮	黑	蓝	1
2	高	黑	蓝	1
3	高	黑	棕	1
4	高	红	蓝	2
5	矮	黄	蓝	2
6	高	黄	棕	1
7	高	黄	蓝	2
8	矮	黄	棕	1

12. 对于如表 9.28 所示的某工业控制系统决策表，其中 a、b、c 和 d 是控制条件参数，e 是系统输出。对该控制系统进行简化并求最小决策规则。

表 9.28 某工业控制系统决策表

U	a	b	c	d	e
1	1	1	0	1	0
2	1	0	0	0	0
3	0	0	1	0	1
4	1	1	0	1	1
5	1	1	0	2	2
6	2	1	0	2	2
7	2	0	2	2	3
8	2	2	2	2	3

思 考 题 9

1. 结合你所了解的领域讨论粗糙集理论在该领域中的应用。

2. 阅读相关论文，总结人们最新提出的各种粗糙集属性约简算法。

3. 讨论如何将粗糙集理论应用于决策树分类算法中。

4. 粒计算是近十年来发展起来的一门新学科，通过多层次的粒结构表示知识的不确定性，粗糙集理论提供了不确定处理方法，阅读相关文献，讨论粗糙集理论在粒计算中的应用。

第**10**章

聚类方法

分类和聚类是两个容易混淆的概念，事实上它们具有显著区别。在分类中，为了建立分类模型而分析数据对象的类别是已知的，然而，在聚类时处理的所有数据对象的类别都是未知的。因此，分类是有指导的，是通过例子（训练样本集）学习的过程，而聚类是无指导的，是通过观察学习的过程。本章介绍聚类的概念和各种常用的聚类算法。

10.1 聚类概述

10.1.1 什么是聚类

聚类是将数据对象的集合分成相似的对象类的过程。使得同一个簇（或类）中的对象之间具有较高的相似性，而不同簇中的对象具有较高的相异性。

簇是数据对象（如数据点）的集合，这些对象与同一簇中的对象彼此相似，而与其他簇的对象相异。

定义 10.1 聚类可形式地描述为：$D=\{o_1,o_2,\cdots,o_n\}$ 表示 n 个对象的集合，o_i 表示第 i（$i=1,2,\cdots,n$）个对象，C_x 表示第 x（$x=1,2,\cdots,k$）个簇，$C_x \subseteq D$。用 $\mathrm{sim}(o_i,o_j)$ 表示对象 o_i 与对象 o_j 之间的相似度。若各簇 C_x 是刚性聚类结果，则各 C_x 需满足如下条件：

① $\bigcup\limits_{x=1}^{k} C_x = D$

② 对于 $\forall C_x$，$C_y \subseteq D$，$C_x \neq C_y$，有 $C_x \cap C_y = \varnothing$

③ $\mathrm{Min}_{\forall o_{x_u},o_{x_v} \in C_x, \forall C_x \subseteq D}(\mathrm{sim}(o_{x_u},o_{x_v})) > \mathrm{Max}_{\forall o_{x_s} \in C_x, \forall o_{y_t} \in C_y, \forall C_x, C_y \subseteq D \& C_x \neq C_y}(\mathrm{sim}(o_{x_s},o_{y_t}))$

其中，条件①和②表示所有 C_x 是 D 的一个划分，条件③表示簇内任何对象的相似度均大于簇间任何对象的相似度。

10.1.2 相似性测度

对象之间的相似性是聚类分析的核心。对于不同的聚类应用，其相似度的定义方式是不同的。常用的相似性测度有距离、密度、连通性和概念等。

1. 距离相似性度量

通常，对象之间的距离越近表示它们越相似。若每个对象用 m 个属性来描述，即对象 o_i 表示

为 $o_i=(o_{i1},o_{i2},\cdots,o_{im})$，则常用的距离度量如下。

1）曼哈坦距离

$$\text{dist}(o_i,o_j)=\sum_{k=1}^{m}|o_{ik}-o_{jk}|$$

2）欧几里得距离

$$\text{dist}(o_i,o_j)=\left\|o_i-o_j\right\|=\sqrt{\sum_{k=1}^{m}(o_{ik}-o_{jk})^2}$$

3）闵可夫斯基距离

$$\text{dist}(o_i,o_j)=\sqrt[q]{\sum_{k=1}^{m}|o_{ik}-o_{jk}|^q}$$

其中，q 是一个正整数。显然，$q=1$ 时，即为曼哈坦距离，当 $q=2$ 时，即为欧几里得距离。此外，还有加权的闵可夫斯基距离：

$$\text{dist}(o_i,o_j)=\sqrt[q]{\sum_{k=1}^{m}w_k|o_{ik}-o_{jk}|^q}$$

以上距离函数通常满足以下性质：
- 非负性，$\text{dist}(o_i,o_j)$ 必须是一个非负数。
- $\text{dist}(o_i,o_i)=0$，某个对象到自己的距离为 0。
- 对称性，$\text{dist}(o_i,o_j)=\text{dist}(o_j,o_i)$。
- $\text{dist}(o_i,o_j)\leqslant\text{dist}(o_i,o_k)+\text{dist}(o_k,o_j)$，即距离函数满足三角不等式。

通常相似度与距离成反比，在确定好距离函数后，可设计相似度函数如下：

$$\text{sim}(o_i,o_j)=\frac{1}{1+\text{dist}(o_i,o_j)}$$

2. 密度相似性度量

密度是单位区域内的对象个数。密度相似性度量定义为：

$$\text{density}(C_i,C_j)=|d_i-d_j|$$

其中，d_i、d_j 表示簇 C_i、C_j 的密度。其值越小，表示密度越相近，C_i、C_j 相似性越高。这种情况下，簇是对象的稠密区域，被低密度的区域环绕。

3. 连通性相似性度量

数据集用图表示，图中结点是对象，而边代表对象之间的联系，这种情况下可以使用连通性相似性，将簇定义为图的连通分支，即图中互相连通但不与组外对象连通的对象组。也就是说，在同一连通分支中对象之间的相似性度量大于不同连通分支之间对象的相似性度量。

4. 概念相似性度量

若聚类方法是基于对象具有的概念，则需要采用概念相似性度量，共同性质（如最近邻）越多的对象越相似。簇定义为有某种共同性质对象的集合。例如，若有聚类集合{狗,鸡,猫,苹果,葡萄}，则根据动物和植物的概念，可以将其分为{狗,鸡,猫}和{苹果,葡萄}两个聚类。

5．其他相似性度量

除了上面提到的相似性度量外，还有其他相似性度量，如相似系数。

相似系数表示两个对象之间的相似程度，相似系数越大，对象的相似程度也越大。设 $D=\{o_1,o_2,\cdots,o_n\}$ 表示 m 维空间中的一组对象，$r(o_i,o_j)$ 表示 o_i 和 o_j 之间的相似系数，常用的相似系数有夹角余弦法和相关系数法。

1）夹角余弦法

用两个向量 o_i、o_j 之间的余弦作为相似系数，取值范围为[0，1]。当两个向量正交时，取值为 0，表示两个对象完全不相似。其计算公式为：

$$r(o_i,o_j)=\frac{|\sum_{k=1}^{m}o_{ik}o_{jk}|}{\sqrt{\left(\sum_{k=1}^{m}o_{ik}^2\right)\left(\sum_{k=1}^{m}o_{jk}^2\right)}}$$

2）相关系数法

该方法计算两个向量之间的相关度，取值范围为[-1,1]，其中 0 表示两个向量互相独立，1 表示两个向量正相关，-1 表示两个向量负相关。其计算公式为：

$$r(o_i,o_j)=\frac{|\sum_{k=1}^{m}(o_{ik}-\overline{o_i})(o_{jk}-\overline{o_j})|}{\sqrt{\sum_{k=1}^{m}(o_{ik}-\overline{o_i})^2}\times\sqrt{\sum_{k=1}^{m}(o_{jk}-\overline{o_j})^2}}$$

其中，$\overline{o_i}=\frac{1}{m}\sum_{k=1}^{m}o_{ik}$，$\overline{o_j}=\frac{1}{m}\sum_{k=1}^{m}o_{jk}$。

10.1.3 聚类过程

典型的聚类过程如图 10.1 所示。其中各部分的说明如下。

- 数据准备：为聚类分析准备数据，包括数据的预处理。
- 属性选择：从最初的属性中选择最有效的属性用于聚类分析。
- 属性提取：通过对所选属性进行转换形成更有代表性的属性。
- 聚类：采用某种聚类算法对数据进行聚类或分组。
- 结果评估：对聚类生成的结果进行评价。

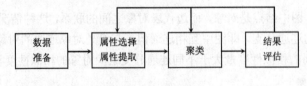

图 10.1 聚类过程

10.1.4 聚类算法的评价

一个好的聚类算法产生高质量的簇，即高的簇内相似度和低的簇间相似度。通常估聚类结果质量的准则有内部质量评价准则和外部质量评价准则。

假设数据集 $D=\{o_1,o_2,\cdots,o_n\}$ 被一个聚类算法划分为 k 个簇 $\{C_1,C_2,\cdots,C_k\}$，n_i 表示簇 C_i 中的对象数，数据集 D 的实际类别数为 s，n_{ij} 表示簇 C_i 中包含类别 j 的对象数，则有 $n_i = \sum_{j=1}^{s} n_{ij}$，总的样本数 $n = \sum_{i=1}^{k} n_i$。

1．内部质量评价准则

内部质量评价准则是利用数据集的固有特征和量值来评价一个聚类算法的结果。通过计算簇内平均相似度、簇间平均相似度或整体相似度来评价聚类结果。聚类有效指标主要用来评价聚类效果的优劣和判断簇的最优个数，理解的聚类效果是具有最小的簇内距离和最大的簇内距离，因此已有的聚类有效性主要通过簇内距离和簇外距离的某种形式的比值来度量，这类指标常用的包括 CH、DB 和 Dunn 等。

例如，CH 指标的定义如下：

$$\mathrm{CH}(k) = \frac{\mathrm{trace}B/(k-1)}{\mathrm{trace}W/(n-k)}$$

其中，$\mathrm{trace}B = \sum_{i=1}^{k} n_i \times \mathrm{dist}(z_i - z)^2$，$\mathrm{trace}W = \sum_{i=1}^{k} \sum_{o \in C_i} \mathrm{dist}(o - z_i)^2$，$z = \frac{1}{n}\sum_{i=1}^{n} o_i$ 为整个数据集的均值，$z_i = \frac{1}{n_i}\sum_{o \in C_i} o$ 为簇 C_i 的均值。$\mathrm{trace}B$ 表示簇间距离，$\mathrm{trace}W$ 表示簇内距离，CH 值越大，则聚类效果越好。

【例 10.1】 如图 10.2（a）所示的数据集有图 10.2（b）、图 10.2（c）、图 10.2（d）三种聚类结果，这里 $n=16$，距离函数采用欧几里得距离。采用 CH 指标判断聚类结果的好坏。

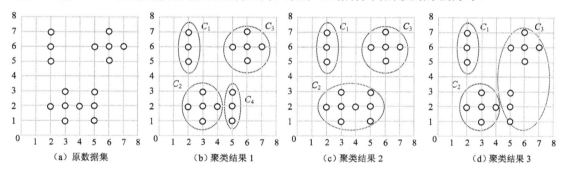

| （a）原数据集 | （b）聚类结果 1 | （c）聚类结果 2 | （d）聚类结果 3 |

图 10.2 数据集的三种聚类结果

对于聚类结果 1，$k=4$，可以求得 $z_1=(2,6)$，$z_2=(3,2)$，$z_3=(6,6)$，$z_4=(5,2)$，$z=(4.125,4)$，$\mathrm{trace}B=103$，$\mathrm{trace}W=77$，$\mathrm{CH}=5.39$。

对于聚类结果 2，$k=3$，可以求得 $z_1=(2,6)$，$z_2=(3.75,2)$，$z_3=(6,6)$，$z=(4.125,4)$，$\mathrm{trace}B=96.25$，$\mathrm{trace}W=100$，$\mathrm{CH}=6.25625$。

对于聚类结果 3，$k=3$，可以求得 $z_1=(2,6)$，$z_2=(3,2)$，$z_3=(5.625,4.5)$，$z=(4.125,4)$，$\mathrm{trace}B=71.875$，$\mathrm{trace}W=117.875$，$\mathrm{CH}=3.96$。

通过 CH 值比较可以看出聚类结果 2 最好。聚类结果 2 和聚类结果 1 相比较，尽管簇内距离增大了，但簇间距离减少更有效。聚类结果 2 和聚类结果 3 相比较，簇内距离和簇间距离都得到了改善。

2. 外部质量评价准则

外部质量评价准则是基于一个已经存在的人工分类数据集（已知每个对象的类别）进行评价的，这样可以将聚类输出结果直接与之进行比较，求出 n_{ij}。外部质量评价准则与聚类算法无关，理想的聚类结果是，相同类别的对象被划分到相同的簇中，不同类别的对象被划分到不相同的簇中。常用的外部质量评价指标有聚类熵等。

对于簇 C_i，其聚类熵定义为：

$$E(C_i) = -\sum_{j=1}^{s} \frac{n_{ij}}{n_i} \log_2 \left(\frac{n_{ij}}{n_i} \right)$$

整体聚类熵定义为所有聚类熵的加权平均值：

$$E = \frac{1}{n} \sum_{i=1}^{k} n_i \times E(C_i)$$

显然，E 越小，聚类效果也越好，反之亦然。

【**例 10.2**】 如图 10.3（a）所示的数据集是人工分类好的，有两种聚类算法生成图 10.2（b）和图 10.2（c）两种聚类结果，这里 $n=16$。采用聚类熵指标判断聚类结果的好坏。

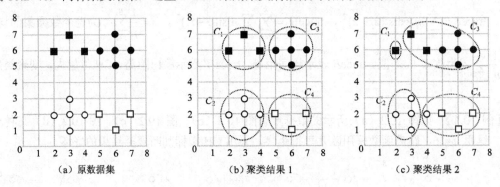

（a）原数据集　　　　（b）聚类结果 1　　　　（c）聚类结果 2

图 10.3　数据集的两种聚类结果

对于聚类结果 1，是完全正确的分类，$n_{ii}=n_i=1$（$1 \leqslant i \leqslant k$），$n_{ij}=0$（$i \neq j$），显然 $E(C_i)=0$，求出 $E=0$。

对于聚类结果 2，存在分类错误，$n_1=1$，$n_{11}=1$；$n_2=4$，$n_{22}=4$；$n_3=7$，$n_{31}=2$，$n_{33}=5$；$n_4=4$，$n_{42}=1$，$n_{44}=3$。

$E(C_1)=0$

$E(C_2)=0$

$E(C_3)=-[2/7 \times \log_2(2/7) + 5/7 \times \log_2(5/7)]=0.86$

$E(C_4)=-[1/4 \times \log_2(1/4) + 3/4 \times \log_2(3/4)]=0.81$

$E=(7 \times 0.86 + 4 \times 0.81)/16=0.58$

聚类结果 1 的聚类熵小于聚类结果 2 的聚类熵，所以聚类结果 1 更优。

10.1.5　聚类方法的分类

没有任何一种聚类方法可以普遍适用于揭示各种多维数据集所呈现出来的多种多样的结构。根据数据在聚类中的积聚规则以及应用这些规则的方法，有多种聚类算法。

按照聚类的标准，聚类方法可分为如下两种。

- 统计聚类方法：这种聚类方法主要基于对象之间的几何距离。
- 概念聚类方法：概念聚类方法基于对象具有的概念进行聚类。

按照聚类算法所处理的数据类型，聚类方法可分为如下三种。

- 数值型数据聚类方法：所分析的数据属性只限于数值数据。
- 离散型数据聚类方法：所分析的数据属性只限于离散型数据。
- 混合型数据聚类方法：能同时处理数值和离散数据。

按照聚类的尺度，聚类方法可被分为如下三种。

- 基于距离的聚类算法：用各式各样的距离来衡量数据对象之间的相似度。
- 基于密度的聚类算法：相对于基于距离的聚类算法，基于密度的聚类算法主要是依据合适的密度函数等。
- 基于互连性的聚类算法：通常基于图或超图模型。高度连通的对象聚为一类。

按照聚类分析方法的主要思路，可以被归纳为如下几种。

- 划分法：基于一定标准构建数据的划分。
- 层次法：对给定数据对象集合进行层次的分解。
- 密度法：基于数据对象的相连密度评价。
- 网格法：将数据空间划分成为有限个单元的网格结构，基于网格结构进行聚类。
- 模型法：给每一个簇假定一个模型，然后寻找能够很好地满足这个模型的数据集。

10.1.6 聚类分析在数据挖掘中的应用

聚类分析在数据挖掘中的应用主要有以下几个方面。

（1）聚类分析可以用于数据预处理。利用聚类分析进行数据划分，可以获得数据的基本概况，在此基础上进行特征抽取或分类就可以提高精确度和挖掘效率。

（2）可以作为一个独立的工具来获得数据的分布情况。聚类分析是获得数据分布情况的有效方法。通过观察聚类得到的每个簇的特点，可以集中对特定的某些簇进一步分析。这在诸如市场细分、目标顾客定位、业绩估评、生物种群划分等方面具有广阔的应用前景。

（3）聚类分析可以完成孤立点挖掘。许多数据挖掘算法试图使孤立点影响最小化，或者排除它们，然而孤立点本身可能是非常有用的，如在欺诈探测中，孤立点可能预示着欺诈行为的存在。在聚类分析后，可以将对象数很少的簇当作孤立点。

10.1.7 聚类算法的要求

根据不同的应用，数据挖掘对聚类算法提出了不同的要求，典型要求可以通过以下几个方面来描述。

（1）可伸缩性。许多聚类算法在小数据集（少于 200 个数据对象）时可以很好地工作，但对于可能包含数以百万对象的大数据集时会导致不同的偏差结果。这时需要具有可伸缩性的聚类分析算法。

（2）具有处理不同类型属性的能力。既可处理数值属性的数据，又可以处理连续属性的数据，如布尔类型、符号类型、顺序类型，或者这些数据类型的组合。

（3）能够发现任意形状的聚类。许多聚类算法是根据欧氏距离来进行聚类的。基于这类距离的聚类方法一般只能发现具有相近大小和密度的圆形或球状簇。而实际一个聚类是可以具有任意形状的，因此设计能够发现任意形状簇的聚类算法是非常重要的。

（4）需要（由用户）决定的输入参数最少。许多聚类算法需要用户输入聚类分析中所需要的一些参数（如期望所获得聚类的个数），聚类结果通常都与输入参数密切相关。而这些参数常常也很难决定，特别是包含高维对象的数据集。这不仅构成了用户的负担，也使得聚类质量难以控制。一个好的聚类算法应该对这个问题给出一个好的解决方法。

（5）具有处理噪声数据的能力。大多数现实世界的数据库均包含异常数据、不明数据、数据丢失和噪声数据，有些聚类算法对这样的数据非常敏感并会导致获得质量较差的数据。

（6）对输入记录顺序不敏感。一些聚类算法对输入数据的顺序敏感，也就是不同的数据输入顺序会导致获得非常不同的结果。因此，设计对输入数据顺序不敏感的聚类算法也是非常重要的。

（7）具有处理高维数据的能力。一个数据集或数据仓库可能包含若干维属性。许多聚类算法在处理低维数据（仅包含 2 或 3 个维）时表现很好，然而设计对高维空间中的数据对象，特别是对高维空间稀疏和怪异分布的数据对象，能进行较好聚类分析的聚类算法已成为聚类研究中的一项挑战。

（8）支持基于约束的聚类。现实世界中的应用可能需要在各种约束之下进行聚类分析。假设需要在一个城市中确定一些新加油站的位置，就需要考虑诸如城市中的河流、道路以及每个区域的客户需求等约束情况下居民住地的聚类分析。设计能够发现满足特定约束条件且具有较好聚类质量的聚类算法也是一个重要的聚类研究任务。

（9）聚类结果具有好的可解释性和可用性。用户往往希望聚类结果是可理解的、可解释的以及可用的，这就需要聚类分析要与特定的解释和应用联系在一起。因此，研究一个应用目标是如何影响聚类方法的选择也是非常重要的。

10.2　基于划分的聚类算法

划分聚类算法预先指定聚类数目或聚类中心，通过反复迭代运算，逐步优化目标函数的值，当目标函数收敛时，得到最终聚类结果。本节介绍两种典型的划分聚类算法，即 k-均值算法和 k-中心点算法。

10.2.1　k-均值算法

1. k-均值算法的过程

k-均值（k-means）算法是一种基于距离的聚类算法，采用欧几里得距离作为相似性的评价指标，即认为两个对象的距离越近，其相似度就越大。该算法认为簇是由距离靠近的对象组成的，因此把得到紧凑且独立的簇作为最终目标。

k-均值（k-means）算法的基本过程如下。

（1）首先输入 k 的值，即希望将数据集 $D=\{o_1,o_2,\cdots,o_n\}$ 经过聚类得到 k 个分类或分组。

（2）从数据集 D 中随机选择 k 个数据点作为簇质心，每个簇质心代表一个簇。这样得到的簇质心集合为 $\text{Centroid}=\{Cp_1,Cp_2,\cdots,Cp_k\}$。

（3）对 D 中每一个数据点 o_i，计算 o_i 与 Cp_j（$j=1,2,\cdots,k$）的距离，得到一组距离值，从中找出最小距离值对应的簇质心 Cp_s，则将数据点 o_i 划分到以 Cp_s 为质心的簇中。

（4）根据每个簇所包含的对象集合，重新计算得到一个新的簇质心。若 $|C_x|$ 是第 x 个簇 C_x 中的对象个数，m_x 是这些对象的质心，即：

$$m_x = \frac{1}{|C_x|} \sum_{o \in C_x} o$$

这里的簇质心 m_x 是簇 C_x 的均值，这就是 k-均值算法名称的由来。

（5）如果这样划分后满足目标函数的要求，可以认为聚类已经达到期望的结果，算法终止。否则需要迭代③～⑤步骤。通常目标函数设定为所有簇中各个对象与均值间的误差平方和（Sum of the Squared Error，SSE）小于某个阈值 ε，即：

$$SSE = \sum_{x=1}^{k} \sum_{o \in C_x} |o - m_x|^2 \leq \varepsilon$$

上述算法一定可以最小化 SSE，其证明如下。

因为有：$SSE = \sum_{x=1}^{k} \sum_{o \in C_x} |o - m_x|^2$

为了使其最小化，可以对第 x 个簇 C_x 的质心 m_x 求导并令导数为 0：

$$\frac{\partial SSE}{\partial m_x} = \frac{\sum_{i=1}^{k} \sum_{o \in C_i} (o - m_i)^2}{\partial m_x} = \sum_{i=1}^{k} \sum_{o \in C_i} \frac{\partial (o - m_i)^2}{\partial m_x} = \sum_{o \in C_i} 2(o - m_k) = 0$$

则：$\sum_{o \in C_i} (o - m_k) = 0$，$m_k \sum_{o \in C_i} 1 = \sum_{o \in C_i} o$

$m_x |C_x| = \sum_{o \in C_x} o$，推出，$m_x = \frac{1}{|C_x|} \sum_{o \in C_x} o$

也就是说，以一个簇的均值为质心，可以使 SSE 最小。

【例 10.3】 如图 10.4 所示是二维空间中的 10 个数据点（数据对象集），采用欧几里得距离，进行 2-均值聚类。其过程如下。

（1）$k=2$，随机选择两个点作为质心，假设选取的质心在图中用实心圆点表示。

（2）第一次迭代，将所有点按到质心的距离进行划分，其结果如图 10.5 所示。

（3）假设这样划分后不满足目标函数的要求，重新计算质心，如图 10.6 所示，得到两个新的质心。

（4）第 2 次迭代，其结果如图 10.7 所示。

（5）假设这样划分后满足目标函数的要求，则算法结束，第 2 次划分的结果即为所求；否则还需要继续迭代。

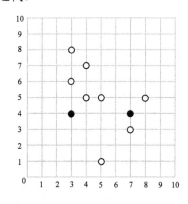

图 10.4　初始的 10 个点

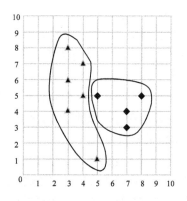

图 10.5　第一次迭代

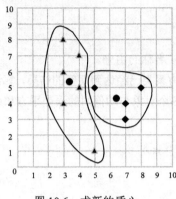
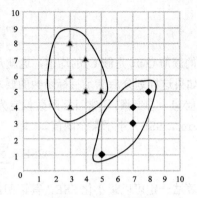

图 10.6　求新的质心　　　　　　　　　图 10.7　第 2 次迭代

2. k-均值算法

完整的 k-均值算法如下。

输入：数据对象集合 D，簇数目 k，阈值 ε。

输出：k 个簇的集合。

方法：其过程描述如下。

从 D 中随机选取 k 个不同的数据对象作为 k 个簇 C_1、C_2、$\cdots$、C_k 的中心 m_1、m_2、$\cdots$、m_k;
while (true)
{　　for (D 中每个数据对象 o)
　　{　　求 i, 使得 $i = \arg\underset{j}{\text{MIN}}\{\mathrm{distance}(o - o_j)\}$;

　　　　将 o 分配到簇 C_i 中;
　　}
　　for (每个簇 C_i)

　　　　计算 $m_i = \dfrac{\sum\limits_{o \in C_i} o}{|C_i|}$;　　　　//计算新的质心，$|C_i|$ 为簇 C_i 中的对象数目

　　　　计算误差平方和 $SSE = \sum\limits_{x=1}^{k}\sum\limits_{o \in C_x} |o - m_x|^2$;

　　　　if ($SSE \leq \varepsilon$) break;　　　　//满足条件，退出循环
}

3. k-均值算法的特点

k-均值算法的优点如下。

- 算法框架清晰、简单、容易理解。
- 算法确定的 k 个划分使误差平方和最小。当聚类是密集的，且类与类之间区别明显时，效果较好。
- 对于处理大数据集，这个算法是相对可伸缩和高效的，计算的复杂度为 $O(nkt)$，其中 n 是数据对象的数目，t 是迭代的次数。一般来说，$k \ll n$，$t \ll n$。

k-均值算法的缺点如下。

- 算法中 k 要事先给定，这个 k 值的选定是非常难以估计的。有的算法是通过类的自动合并和分裂，得到较为合理的类型数目 k，如 ISODATA 算法。
- 算法对异常数据，如噪声和离群点很敏感。在计算质心的过程中，如果某个数据很异常，在计算均值的时候，会对结果影响非常大。

- 算法首先需要确定一个初始划分，然后对初始划分进行优化。这个初始聚类中心的选择对聚类结果有较大的影响，一旦初始值选择得不好，可能无法得到有效的聚类结果。
- 算法需要不断地进行样本分类调整，不断地计算调整后新的聚类中心，因此当数据量非常大时，算法的时间开销是非常大的。可以进行某种改进来提高算法的有效性，例如，可以通过一定的相似性准则来去掉聚类中心的候选集。

4．SQL Server 中 k-均值算法聚类示例

有一个如表 10.1 所示的学生成绩数据集（每个学生含 4 门课程分数），本示例介绍采用 SQL Server 提供的 k-均值算法进行聚类分析的过程。

表 10.1　一个学生成绩数据集

学　　号	语　　文	数　　学	英　　语	综　　合
1	68	48	70	80
2	92	95	90	89
3	80	79	80	78
4	72	82	80	82
5	60	46	60	52
6	88	67	82	72
7	78	87	85	80
8	95	90	90	89
9	78	88	81	85
10	58	60	50	42
11	95	92	89	92
12	88	86	78	86

1）建立数据表

启动 SQL Server，在 DM 数据库中建立一个 Student 表，其表结构如图 10.8 所示，并输入表 10.1 中的数据。

2）建立数据源视图

采用 2.6.3 节的步骤定义数据源视图 DM5.dsv，它只对应 DM 数据库中的 Student 表。

图 10.8　Student 表结构

3）建立挖掘结构 Student.dmm

其步骤如下。

（1）在解决方案资源管理器中，右键单击"挖掘结构"选项，再选择"新建挖掘结构"选项以打开数据挖掘向导。两次单击"下一步"按钮。

（2）在"创建数据挖掘结构"页面的"您要使用何种数据挖掘技术？"选项下，选中列表中的"Microsoft 聚类分析"，再单击"下一步"按钮。选择数据源视图为 DM5，单击"下一步"按钮。

（3）在"指定表类型"页面上，保持默认设置。单击"下一步"按钮。在"指定定型数据"页面中，设置数据挖掘结构如图 10.9 所示。单击"下一步"按钮。

（4）出现"指定列的内容和数据类型"页面，将除学号外其他列的"内容类型"设为"Ordered"，如图 10.10 所示。单击"下一步"按钮。在"创建测试集"页面上，"测试数据百分比"选项的默

认值为30%，将该选项更改为0。单击"下一步"按钮。

（5）在"完成向导"页面的"挖掘结构名称"和"挖掘模型名称"选项中，输入"Student"。然后单击"完成"按钮。

图 10.9　指定定型数据　　　　　　　　图 10.10　指定列的内容和数据类型

（6）在挖掘结构选项卡中设置算法的参数如图10.11所示，表示采用不可伸缩的k-均值算法（因为本数据集很小，不必考虑伸缩性），设置"MINIMUM_SUPPORT"为"2"，这表示每个聚类簇中至少有2个对象。注意，SQL Server采用的k-均值算法不同于前面介绍的算法，它不需要指定k，由系统自动确定，在这里算法结束的条件是每个簇中至少有2个对象。

图 10.11　设置算法参数

4）部署k-均值项目并浏览结果

在解决方案资源管理器中单击"DM"，在出现的下拉菜单中选择"部署"命令，系统开始执行部署，完成后出现部署成功的提示信息。

单击"挖掘结构"下的"Student.dmm"，在出现的下拉菜单中选择"浏览"命令，聚类的分类关系图如图10.12所示。表示产生3个簇。通过从查看器选择"Microsoft 一般内容树查看器"命令可以看出3个类的条件如下。

分类1　含6个对象，该类条件是：

英语=89，英语=85，英语=82，英语=81，语文=78，语文=80，英语=80，语文=72，
综合=82，语文=88，综合=85，综合=80，数学=82，数学=86，综合=86，数学=79，
数学=87，英语=78，综合=78，数学=67，综合=92，数学=88，数学=60

分类 2　含 3 个对象，该类条件是：

英语=60，语文=60，英语=70，英语=50，语文=58，语文=68，数学=46，综合=42，
综合=52，综合=72，综合=78，数学=60，数学=67

分类 3　含 3 个对象，该类条件是：

英语=90，语文=95，综合=89，语文=92，数学=92，数学=95，数学=90

图 10.12 中各类之间的连线反映类之间的关联强度，这里说明分类 1 和分类 2 的关联度较高，而分类 3 相对独立。

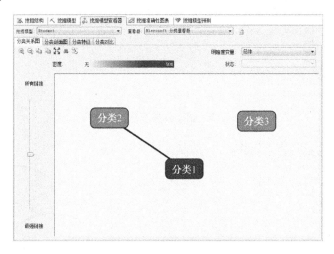

图 10.12　k-均值算法的分类关系图

5）挖掘模型预测

单击"挖掘模型预测"选项卡，再单击"选择输入表"对话框中的"选择事例表"命令，指定 DM5 数据源中的 Student 表。

保持默认的字段连接关系，将 Student 表中的各个列拖放到下方的列表中，在该列表的最下行（空白）的"源"中选择"预测函数"选项，在"字段"中选择"Cluster"选项，表示该列是该对象的聚类，如图 10.13 所示。

在任一空白处右击并在下拉菜单中选择"结果"命令，其聚类结果如图 10.14 所示，从中看出，分类 1 的学生成绩为"中等"，分类 2 的学生成绩为"较差"，分类 3 的学生成绩为"优秀"。

说明：在这里，上述过程用于显示 Student 表中的聚类结果，如果选择其他数据集，便可以利用前面建立的各个聚类特征对新数据集进行分类。

5. 二分 k-均值算法

二分 k-均值算法是基本 k-均值算法的直接扩充，它基于一种简单的想法：为了得到 k 个簇，将所有点的集合分为两个簇，从这些簇中选取一个继续分裂，如此下去，直到产生 k 个簇。如图 10.15 所示。

二分 k-均值算法如下。

输入：数据对象集合 D，簇数目 k，二分次数 b。

输出：k 个簇的集合。

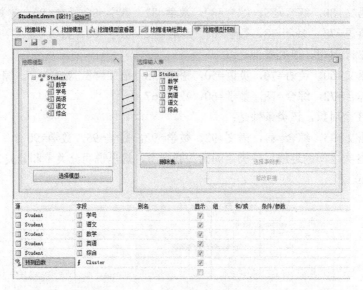

图 10.13　创建聚类挖掘预测结构

学号	语文	数学	英语	综合	$CLUSTER
1	68	48	70	80	分类 2
2	92	95	90	89	分类 3
3	80	79	80	78	分类 1
4	72	82	80	82	分类 1
5	60	46	60	52	分类 1
6	88	67	82	72	分类 1
7	78	87	85	80	分类 1
8	95	90	90	89	分类 3
9	78	88	81	85	分类 1
10	58	60	50	42	分类 1
11	95	92	89	92	分类 3
12	88	86	78	86	分类 1

图 10.14　k-均值算法的预测结果　　　　　　　　图 10.15　二分 k-均值算法的思路

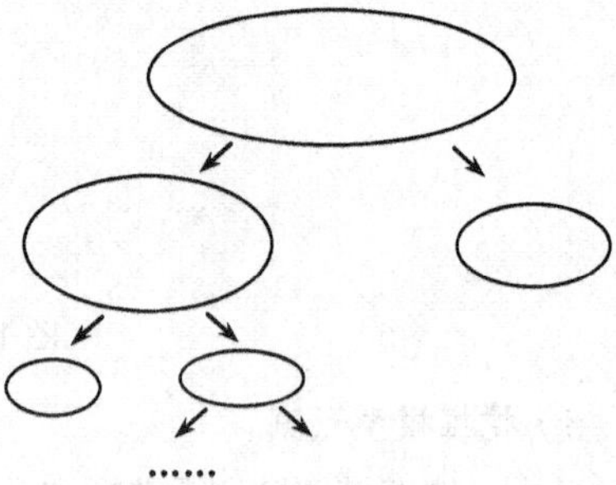

方法：其过程描述如下。

> 将 D 的所有对象构成一个簇 C_1，将其加入到簇表 S 中，即 $S=\{C_1\}$；
> do
> {　　从簇表 S 中取出一个簇 C_i；
> 　　　for (j=1 to b)
> 　　　　　使用基本 k-均值算法，二分簇 C_i，得到一对子簇 C_{i1}、C_{i2}；
> 　　　从上述 for 循环得到的 b 对子簇中选择具有最小 SSE 的一对子簇，将其加入 S 中；
> } until　簇表 S 中包含 k 个簇；

待分裂的簇有许多不同的选择方法。可以选择对象个数最大的簇，选择具有最大 SSE 的簇，或者使用基于簇对象个数和 SSE 的标准进行选择。不同的选择导致不同的簇。

例如，要将数据集 D 分成 5 个簇，第一次分裂产生 2 个簇，然后从这 2 个簇中选一个误差比较大的簇进行分裂，这个簇分裂成 2 个簇，这样加上开始的 1 个簇就有 3 个簇了，然后再从这 3 个簇里选一个分裂，产生 4 个簇，重复此过程，最后产生 5 个簇。

二分 k-均值算法不太受初始化的困扰，因为它执行了多次二分试验并选取具有最小误差的试验结果。

10.2.2   *k*-中心点算法

k-均值算法对离群点非常敏感，因为具有很大的极端值的对象可能显著地扭曲数据的分布。平方误差和的使用更是严重恶化了这一影响。改进的方法是不采用簇中对象的均值作为质心，而是在每个簇中选出一个实际的对象来代表该簇，这个对象称为簇的中心点，其余的每个对象聚类到与其最相似的中心点所在簇中。划分方法仍然基于最小化所有对象与其对应中心点之间的距离之和的原则来执行。目标函数（或误差函数）使用绝对误差标准，其定义如下：

$$E = \sum_{x=1}^{k} \sum_{o \in C_x} |o - o_x|$$

其中，E 是数据集 D 中所有对象的绝对误差和，o_x 是簇 C_x 的中心点。

以簇中的一个对象即中心点来代表这个簇，所以这种改进的算法称为 *k*-中心点（*k*-medoids）算法。

PAM 是最早的 *k*-中心点算法之一。PAM 聚类算法的基本思想为：首先随机选择 k 个对象作为中心点，该算法反复地用非中心点对象来代替中心点对象，试图找出更好的中心点，以改进聚类的质量；在每次迭代中，所有可能的对象对被分析，每个对象对中的一个对象是中心点，而另一个是非中心点对象。对可能的各种组合，估算聚类结果的质量；一个中心点对象 o_x 可以被使误差减少的非中心点对象代替；在一次迭代中产生的最佳对象集合成为下次迭代的中心点。

PAM 算法的过程如下。

（1）任意选择 k 个对象作为 k 个中心点。

（2）计算每个非中心点对象到每个中心点的距离。

（3）把每个非中心点对象分配到距离它最近的中心点所代表的簇中。

（4）随机选择一个非中心点对象 o_i，计算用 o_i 代替某个簇 C_x 的中心点 o_x 所能带来的好处（用 $\triangle E$ 表示代替后和代替前误差函数值之差，意思是使误差 E 增加多少）。

（5）若 $\triangle E < 0$，表示代替后误差会减少，则用 o_i 代替 o_x，即将 o_i 作为簇 C_x 的中心点；否则，不代替。

（6）重复②～④，直到 k 个中心点不再发生改变。

【例 10.4】 有 9 个人的年龄分别是 1、2、6、7、8、10、15、17、20，采用 PAM 算法将年龄分为 3 组。其过程如下。

（1）随机选取 3 个年龄作为中心点，假设是 6、7、8。

（2）计算每个年龄和这 3 个中心点的距离后，将年龄分为 3 组：{1,2,6}，{7}，{8,10,15,17,20}，对应的 E=5+4+0+0+0+2+7+9+12=39。

（3）假设随机选取年龄 10，用它代替中心点 6，即新的 3 个中心点为 10、7、8，这样产生的分组为 {1,2,6,7}，{8}，{10,15,17,20}，对应的 E'=6+5+1+0+0+0+5+7+10=34。$\triangle E=E'-E$=34-39=-5<0，则用 10 代替中心点 6，新的 E=34。

（4）随机选取年龄 17，用它代替中心点 7，即新的 3 个中心点为 10、17、8，这样产生的分组为 {1,2,6,7,8}，{10}，{15,17,20}，对应的 E'=7+6+2+1+0+0+2+0+3=21。$\triangle E=E'-E$=21-34=-13<0，则用 17 代替中心点 7，新的 E=21。

（5）再随机选取年龄 1，用它代替中心点 10，即新的 3 个中心点为 1、17、8，这样产生的分组为 {1,2}，{6,7,8,10}，{15,17,20}，对应的 E'=0+1+2+1+0+2+2+0+3=11。$\triangle E=E'-E$=11-21=-10<0，则用 1 代替中心点 10。

（6）以后重复操作均不会改变中心点，算法结束，所以最后生成的簇为 {1,2}，{6,7,8,10}，

{15,17,20}。

可以看出，对于每个非中心点 o_j，当出现由一个非中心点 o_i 代替中心点 o_x 的情况时，误差 E 可能发生改变，为了估计 o_i 代替 o_x 的影响，为 o_j 定义一个代价函数 Cost_{jxi}，表示 o_j 在 o_x 被 o_i 代替后产生的代价，而出现这种对象代替的总代价为：

$$SCost = \sum_{j=1}^{n} \text{Cost}_{jxi}$$

用代价函数来替换误差 E 的计算，仅考虑对象替换后受影响的误差，从而计算效率更高。根据 o_j 属于以下哪种情况，Cost_{jxi} 采用不同的公式定义，共分为以下四种情况。

第一种情况　假设 o_x 被 o_i 代替作为新的中心点，o_j 当前隶属于中心点对象 o_x。如果 o_j 离某个中心点 o_m 最近，$x \neq m$，那么 o_j 被重新分配给 o_m，如图 10.16 所示（图中实心圆点表示中心点，空心圆点表示非中心点）。也就是说，o_j 原来隶属于 o_x，但 o_i 替换 o_x 后被重新分配给 o_m。其代价函数为：

$$\text{Cost}_{jxi} = \text{distance}(o_j, o_m) - \text{distance}(o_j, o_i)$$

这里 $\text{distance}(o_i, o_j) = |o_i - o_j|$，$o_i \in D$，$o_j \in D$。

第二种情况　假设 o_x 被 o_i 代替作为新的中心点，o_j 当前隶属于中心点对象 o_x。如果 o_j 离这个新的中心点 o_i 最近，那么 o_j 被分配给 o_i，如图 10.17 所示。其代价函数为：

$$\text{Cost}_{jxi} = \text{distance}(o_j, o_i) - \text{distance}(o_j, o_x)$$

图 10.16　第一种情况　　　　　　　　　　图 10.17　第二种情况

第三种情况　假设 o_x 被 o_i 代替作为新的中心点，但是 o_j 当前隶属于另一个中心点对象 o_m，$m \neq x$。如果 o_j 依然离 o_m 最近，那么对象的隶属不发生变化，如图 10.18 所示。其代价函数为：

$$\text{Cost}_{jxi} = 0$$

第四种情况　假设 o_x 被 o_i 代替作为新的中心点，但是 o_j 当前隶属于另一个中心点对象 o_m，$m \neq x$。如果 o_j 离这个新的中心点 o_i 最近，那么 o_j 被重新分配给 o_i，如图 10.19 所示。其代价函数为：

$$\text{Cost}_{jxi} = \text{distance}(o_j, o_i) - \text{distance}(o_j, o_m)$$

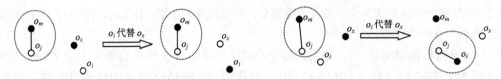

图 10.18　第三种情况　　　　　　　　　　图 10.19　第四种情况

对于每个对象对（o_i, o_x），其中 o_x 是某个簇的中心点，o_i 是非中心点，计算出由 o_i 代替中心点 o_x 时的总代价，如果总代价是负的，那么实际的误差将减小，o_x 可以被 o_i 替代。如果总代价是正的，则当前的中心点 o_x 被认为是可接受的，在本次迭代中没有变化。

对应的 PAM 算法如下。

输入：数据对象集合 D，簇数目 k。

输出：k 个簇的集合。

方法：其过程描述如下。

在 D 中随机选择 k 个对象作为初始簇中心点，建立仅含中心点的 k 个簇 C_1、C_2、…、C_k；
do
{   将 D 中剩余对象分派到距离最近的簇中；
     for (对于每个未被处理簇 C_x，其中心点为 o_x 以及 D 中每个未被选择的非中心点对象 o_i)
          计算用 o_i 代替 o_x 的总代价并记录在 S 中；
     if (S 中所有非中心点代替所有中心点后计算出的总代价小于 0)
     {   找出 S 中用非中心点替代中心点后代价最小的一个；
          用该非中心点替代对应的中心点，形成一个新的 k 个中心点的集合；
     }
} until (没有发生簇的重新分配，即所有的 $S>0$)；

PAM 算法性能分析：

（1）消除了 k-均值算法对于孤立点的敏感性。

（2）比 k-均值算法的代价要高。

（3）算法必须指定聚类个数 k，k 的取值对聚类质量有重大影响。

（4）对小的数据集非常有效，对大数据集效率不高，特别是 n 和 k 都很大的时候。

10.3 基于层次的聚类算法

层次聚类算法是一种已得到广泛使用的经典方法，它通过将数据对象组织成若干组并形成一个相应的树来进行聚类。常用的层次聚类算法有 DIANA、AGNES、BIRCH、CURE、ROCK 和 Chameleon 等。

10.3.1 层次聚类算法概述

1. 层次聚类过程

层次聚类过程可分为自顶向下和自底向上两种方法。

1）自顶向下（层次分裂）方法

该方法也称为划分层次法。从包含所有点（对象）的簇开始，每一步分裂一个簇，直到仅剩下单点簇。这种方式需要确定每一步分裂哪个簇，以及如何分裂。后面介绍的层次聚类算法大都采用这个过程。

2）自底向上（层次凝聚）方法

该方法也称为聚合层次法。最初每个点作为一个簇（原子簇），每一步合并两个最相似的簇。这种方法需要定义簇的相似性度量和算法终止的条件。

2. 层次聚类结果表示

常使用树状图和嵌套簇图来表示层次聚类的结果。如图 10.20 所示是二维空间中的 4 个点采用树状图和嵌套簇图表示的层次聚类结果。这两种表示形式都可以显示簇与子簇的联系和簇合并（凝聚）或分裂的次序。

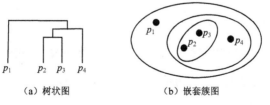

（a）树状图　　　　　　（b）嵌套簇图

图 10.20　层次聚类结果的表示

3. 类间距离度量

类间距离的度量主要有如下方法。

（1）最短距离法（最大相似度）：定义两个类中最靠近的两个对象间的距离为类间距离。

$$\text{dist}_{\min}(C_i, C_j) = \MIN_{p \in C_i, q \in C_j} \text{dist}(p, q)$$

（2）最长距离法（最小相似度）：定义两个类中最远的两个对象间的距离为类间距离。

$$\text{dist}_{\max}(C_i, C_j) = \MAX_{p \in C_i, q \in C_j} \text{dist}(p, q)$$

（3）类平均法：它计算两个类中任意两个对象间的距离，并且平均它们为类间距离。

$$\text{dist}_{\text{avg}}(C_i, C_j) = \frac{1}{|C_i||C_j|} \sum_{p \in C_i} \sum_{q \in C_j} \text{dist}(p, q)$$

（4）中心法：定义两类的两个中心间的距离为类间距离。

$$\text{dist}_{\text{mean}}(C_i, C_j) = \text{dist}(m_i, m_j) \quad m_i、m_j \text{ 分别为 } C_i、C_j \text{ 的中心点。}$$

【例 10.5】 如表 10.2 所示的 6 个点，在二维空间中的位置如图 10.21 所示。采用最短距离法的聚类结果如图 10.22 所示，采用最长距离法的聚类结果如图 10.23 所示，采用类平均法的聚类结果如图 10.24 所示，图中圆圈上的数字表示采用自底向上方法时的聚类次序。从中看到，选定的类间距离的度量不同，聚类的次序和结果可能不同。

表 10.2　二维空间中的 6 个点的坐标

点	X 坐标	Y 坐标
1	0.4005	0.5306
2	0.2148	0.3854
3	0.3457	0.3156
4	0.2652	0.1875
5	0.0789	0.4139
6	0.4548	0.3022

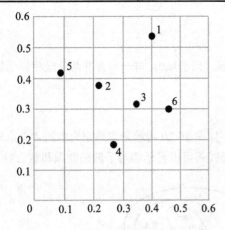

图 10.21　6 个点在二维空间中的位置

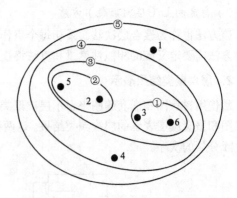

图 10.22　采用最短距离法的聚类结果

采用层次凝聚时使用最短距离法称为单链或 MIN 层次凝聚，采用层次凝聚时使用最长距离法称为全链或 MAX 层次凝聚。

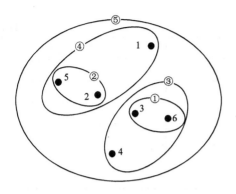

图 10.23 采用最长距离法的聚类结果

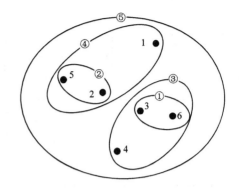

图 10.24 采用类平均法的聚类结果

10.3.2 DIANA 算法和 AGNES 算法

层次分裂的代表是 DIANA 算法，层次凝聚的代表是 AGNES 算法。本小节介绍这两种层次聚类算法。

1. DIANA 算法

DIANA（DIvisive ANAlysis）算法是典型的层次分裂聚类方法。在聚类中，用户指定希望得到的簇数目作为一个结束条件。同时，它使用下面两种度量**方法**。

● 簇的直径：在一个簇中任意两个数据点的距离中的最大值。

● 平均相异度（平均距离）：$\text{dist}_{\text{avg}}(C_i, C_j) = \dfrac{1}{|C_i||C_j|} \sum\limits_{p \in C_i} \sum\limits_{q \in C_j} \text{dist}(p, q)$。

采用自顶向下分裂的 DIANA 算法如下。

输入：包含 n 个点（对象）的数据集，簇的数目 k。

输出：k 个簇，达到终止条件规定簇数目。

方法：其过程描述如下。

```
将所有对象整个当成一个初始簇；
将 splinter group 和 old party 两个对象集合置为空；
for (i=1; i≠k; i++)
{   在所有簇中挑出具有最大直径的簇 C；
    找出 C 中与其他点平均相异度最大的一个点 p；
    把 p 放入 splinter group，剩余的点放在 old party 中；
    do
    {   在 old party 里找出到 splinter group 中点的最近距离不大于到 old party 中点的最近距离的点；
        将该点加入 splinter group；
    } until (没有新的 old party 点被分配给 splinter group)；
    splinter group 和 old party 为被选中的簇分裂成的两个簇，与其他簇一起组成新的簇集合；
}
```

【**例 10.6**】 对于表 10.3 所示的样本数据集，假设终止条件为 $k=2$，采用 DIANA 算法进行层次聚类的过程如下。

表 10.3 一个样本数据集

序 号	属 性 1	属 性 2
1	1	1
2	1	2

续表

序　号	属性 1	属性 2
3	2	1
4	2	2
5	3	4
6	3	5
7	4	4
8	4	5

初始簇为{1,2,3,4,5,6,7,8}。

第 1 步　找到具有最大直径的簇，对簇中的每个点计算平均相异度（假定 dist 采用是欧几里得距离）。

点 1 的平均相异度：(1+1+1.414+3.6+4.24+4.47+5)/7=2.96

类似地，点 2 的平均相异度为 2.526；点 3 的平均相异度为 2.68；点 4 的平均相异度为 2.18；点 5 的平均相异度为 2.18；点 6 的平均相异度为 2.68；点 7 的平均相异度为 2.526；点 8 的平均相异度为 2.96。

将平均相异度最大的点 1 放到 splinter group 中，剩余点在 old party 中。

第 2 步　在 old party 里找出到最近的 splinter group 中点的距离不大于到 old party 中最近点的距离的点，将该点放入 splinter group 中，该点是 2。

第 3 步　重复第 2 步的工作，在 splinter group 中放入点 3。

第 4 步　重复第 2 步的工作，在 splinter group 中放入点 4。

第 5 步　没有新的 old party 中的点放入到 splinter group 中，此时分裂的簇数为 2，达到终止条件　算法结束。如果没有到终止条件，下一阶段还会从分裂好的簇中选一个直径最大的簇继续分裂。

上述步骤对应的执行过程如表 10.4 所示，最终的聚类结果为{1,2,3,4}和{5,6,7,8}两个簇。

表 10.4　DIANA 算法的执行过程

步　骤	具有最大直径的簇	splinter group	old party
1	{1,2,3,4,5,6,7,8}	{1}	{2,3,4,5,6,7,8}
2	{1,2,3,4,5,6,7,8}	{1,2}	{3,4,5,6,7,8}
3	{1,2,3,4,5,6,7,8}	{1,2,3}	{4,5,6,7,8}
4	{1,2,3,4,5,6,7,8}	{1,2,3,4}	{5,6,7,8}
5	{1,2,3,4,5,6,7,8}	{1,2,3,4}	{5,6,7,8}，终止

2．AGNES 算法

AGNES（AGglomerative NESting）算法最初将每个对象作为一个簇，然后这些簇根据某些准则被一步步地合并。两个簇间的相似度由这两个不同簇中距离最近的数据点对的相似度来确定。聚类的合并过程反复进行直到所有的对象最终满足簇数目。

自底向上凝聚的 AGNES 算法如下。

输入：包含 n 个点（对象）的数据集，簇的数目 k。

输出：*k* 个簇，达到终止条件规定簇数目。

方法：其过程描述如下。

将每个点当成一个初始簇。

do

{ 根据两个簇中最近的数据点找到最近的两个簇；

合并两个簇，生成新的簇的集合；

} until (达到定义的簇的数目)；

【**例 10.7**】 对于表 10.3 所示的样本数据集，假设终止条件为 *k*=2，采用 AGNES 算法进行层次聚类的过程如下。

第 1 步 根据初始簇计算每个簇之间的距离，随机找出距离最小的两个簇，进行合并，最小距离为 1，合并后 1、2 点合并为一个簇。

第 2 步 对上一次合并后的簇计算簇间距离，找出距离最近的两个簇进行合并，合并后 3、4 点成为一簇。

第 3 步 重复第 2 步的工作，5、6 点成为一簇。

第 4 步 重复第 2 步的工作，7、8 点成为一簇。

第 5 步 合并{1,2}，{3,4}成为一个包含 4 个点的簇。

第 6 步 合并{5,6}，{7,8}，由于合并后簇的数目已经达到了用户输入的终止条件，算法结束。

上述步骤对应的执行过程如表 10.5 所示，最终的聚类结果为{1,2,3,4}和{5,6,7,8}两个簇。

表 10.5 AGNES 算法的执行过程

步　　骤	最近的簇距离	最近的两个簇	合并后的新簇
1	1	{1}，{2}	{1,2}，{3}，{4}，{5}，{6}，{7}，{8}
2	1	{3}，{4}	{1,2}，{3,4}，{5}，{6}，{7}，{8}
3	1	{5}，{6}	{1,2}，{3,4}，{5,6}，{7}，{8}
4	1	{7}，{8}	{1,2}，{3,4}，{5,6}，{7,8}
5	1	{1,2}，{3,4}	{1,2,3,4}，{5,6}，{7,8}
6	1	{5,6}，{7,8}	{1,2,3,4}，{5,6,7,8}，算法结束

上面介绍的两个算法都比较简单，但经常会遇到合并或分裂点选择的困难。假如一旦一组对象被合并或分裂，下一步的处理将在新生成的簇上进行。已做的处理不能撤销，聚类之间也不能交换对象。如果在某一步没有很好地选择合并或分裂的决定，可能会导致低质量的聚类结果。另外，它们的时间复杂度均为 $O(n^2)$，对于 *n* 很大的情况是不适用的。

10.3.3 BIRCH 算法

BIRCH（Balanced Iterative Reducing and Clustering using Hierarchies）是一个综合的层次聚类算法，是 T.Zhang 等人于 1996 年针对海量数据的聚类问题而提出的，它用于欧几里得向量空间数据或平均值有意义的数据，通过单遍扫描数据集就可以生成较好的聚类。

1. 聚类特征（CF）

定义 10.2 如果某个簇包含 *N* 个 *d* 维的数据对象{$o_1,o_2,\cdots,o_N$}，则聚类特征定义为一个三元组 CF=(*N*,LS,SS)。其中 LS 是 *N* 个对象的线性和，SS 是 *N* 个对象的平方和，即：

$$LS = \sum_{i=1}^{N} o_i, \quad SS = \sum_{i=1}^{N} o_i^2$$

聚类特征概括了对象簇的信息，在 BIRCH 算法中做出聚类决策所需要的度量值，如簇的质心、半径、直径、簇间质心距离和平均簇间距离等都可以 CF 计算出来。例如，给定一个簇的聚类特征 $CF=(N,LS,SS)$，可以用以下公式计算簇的质心 o_m 和半径 R。

$$o_m = \frac{\sum_{i=1}^{N} o_i}{N} = \frac{LS}{N}$$

$$R = \sqrt{\frac{\sum_{i=1}^{N}(o_i - o_m)^2}{N}} = \sqrt{\frac{\sum_{i=1}^{N} o_i^2 - 2o_m \sum_{i=1}^{N} o_i + N \times o_m^2}{N}} = \sqrt{\frac{SS - 2o_m \times LS + N \times o_m^2}{N}}$$

同样直径 $D = \sqrt{\dfrac{\sum_{i=1}^{N}\sum_{j=1}^{N}(o_i - o_j)^2}{N(N-1)}}$ 也可以由 o_m、LS 和 SS 求出来。

归纳这些重要度量值的计算过程，可以得出聚类特征具有可加性的结果。例如，假定在簇 C_1 中有两个点(1,2)和(2,1)，簇 C_2 中有两个点(7,8)和(8,9)，簇 C_{21} 由 C_1 和 C_2 合并而成。则：

$CF_1=(2,(1+2,2+1),(1^2+2^2,2^2+1^2))=(2,(3,3),(5,5))$

$CF_2=(2,(7+8,8+9),(7^2+8^2,8^2+9^2))=(2,(15,17),(113,145))$

$CF_{21}=(2+2,(3+15,3+17),(5+113,5+145))=(4,(18,20),(118,150))$

从而利用上述公式可以通过 CF_{21} 直接求出簇 C_{21} 的质心和半径等。

这样 BIRCH 算法只需要存储 CF 而不需要存储所有对象，从而有效地利用了存储空间，在资源有限的情况下得到最佳的聚类结果。

2. 聚类特征树（CF 树）

CF 树是一棵高度平衡的树，它有两个参数：分支因子 B 和阈值 T。

每个非叶结点最多包含 B 个条目 L_i（$i=1,2,\cdots,B$），L_i 形如[CF_i,child$_i$]，child$_i$ 是指向第 i 个孩子的指针，CF_i 是由这个孩子所代表的子簇的聚类特征，如图 10.25（a）所示。一个非叶结点代表了一个簇，这个簇由该结点的条目所代表的所有子簇构成。

一个叶结点最多包含 L 个形如[CF_i]（$i=1,2,\cdots,L$）的条目。每个叶结点也代表了一个簇，这个簇由该叶结点的条目所代表的所有子簇构成，这些子簇的直径必须小于阈值 T。如图 10.25（b）所示，所有叶结点通过 prev 和 next 指针连起来构成一个双链表，便于前面查找。

通过调整 B 和阈值参数 T，可以控制树的高度。T 控制聚类的粒度，即原数据集中的数据被压缩的程度。

归纳起来，CF 树概括了聚类的有用信息，并且其占用空间较元数据集合小得多，可以存放在内存中，从而可以提高算法在大型数据集合上的聚类速度及可伸缩性。

3. CF 树的构造

CF 树的构造过程与 B-树的构造过程相似，就是对象不断插入的过程，因此 BIRCH 算法支持增量聚类。

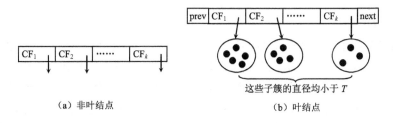

（a）非叶结点　　　　　　　　　　　（b）叶结点

图 10.25　非叶结点和叶结点

在 CF 树中插入 Ent 对象的过程如下。

（1）识别合适的叶结点。从根结点开始逐层下降，计算当前条目与要插入数据点之间的距离，寻找距离最小的那个路径，直到找到与该数据点最接近的叶结点中的条目。

（2）修改叶结点。假设叶结点中与 Ent 对象最近的条目是 L_i，检测 L_i 与 Ent 对象合并的簇直径是否小于阈值 T，若小于，则更新 L_i 的 CF；否则为 Ent 对象创建一个新条目。如果叶结点有空间存放这个新条目，则存储，否则分裂该叶结点。分裂时选择相距最远的条目作为种子，其余条目按最近距离分配到两个新的叶结点中。

（3）修改到叶结点的路径。将 Ent 对象插入一个叶结点后，更新每一个非叶结点的 CF 信息。如果不存在分裂，只需要进行加法运算；如果发生分裂，则在其父结点上要插入一个非叶结点来描述新创造的叶结点。修改过程重复进行，直至根结点。

（4）在每次分裂之后跟随一个合并步。如果一个叶结点发生分裂，并且分裂过程持续到非叶结点 N_j，扫描 N_j，找出两个最近的条目。如果不对应于刚分裂产生的条目，则试图合并这些条目及其对应的孩子结点。如果两个孩子结点中的条目多于一页所能容纳的条目，则将合并结果再次分裂。

如图 10.26 所示是一棵 B=6、L=5 的 CF 树，树高为 3，每个叶结点的指针指向一个子簇，该子簇的直径小于或等于 T。当插入一个点 p 时，从根结点 root 开始比较，找其中最近的某个条目（通过条目 CF_i 可以找出 p 到该条目对应子簇的距离），假设最近是 root 结点的 CF_1，沿其指针找到 N_1 结点；再在 N_1 结点中找最近的条目，假设找到 N_1 结点中的 CF_8，沿其指针找到 N_2 叶结点；再在 N_2 结点中找最近的条目，假设找到 N_2 结点中的 CF_{48}；在 CF_{48} 所指子簇 C 中插入 p 点，若插入后该子簇的直径不超过 T，则插入成功，需依 CF_{48}→CF_8→CF_2 次序修改 CF 值；否则需将子簇 C 分裂成两个子簇，在 N_2 中增加一个条目，这样导致 N_2 结点分裂成 2 个结点，同样 N_1 结点也分裂成 2 个结点，直到 root 根结点分裂成 2 个结点，整个树高增加一层，并计算相应更新后的 CF 值。

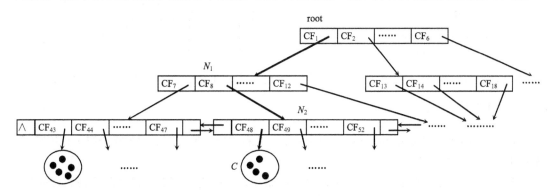

图 10.26　一棵 B=6、L=5 的 CF 树

4. BIRCH 算法

BIRCH 算法采用了一种多阶段聚类技术，数据集合的单遍扫描产生一个基本的好聚类，一或多遍历的额外扫描可以用来进一步（优化）改进聚类质量。它主要包括两个阶段。

阶段一　BIRCH 扫描数据库，将一个个对象插入到最近的叶结点中，最后构造一棵能够存放于内存中的初始 CF 树，它可以看作数据的多层压缩，试图保留数据内在的聚类结构。

阶段二　BIRCH 选用某个聚类算法对 CF 树的叶结点进行聚类，把稀疏的簇当作离群点删除，把稠密的簇合并为更大的簇。

BIRCH 算法的最大优点是试图利用可用的内存资源来生成好的聚类结果。通过一次扫描就可以进行较好的聚类，算法的时间复杂度为 $O(n)$，所以该算法具有较好的伸缩性。

【例 10.8】　如表 10.6 所示是一份申请出国留学的 TOEFT 和 GMAT 成绩表，对其进行聚类分析。表中成绩对应的二维空间位置如图 10.27 所示。若采用欧几里得距离作为衡量学生聚类分析的相似度度量，如有：$\text{dist}_{2,10} = \sqrt{(530-540)^2 + (550-570)^2} = 22.36$，显然距离越小，相似度越高。

表 10.6　申请出国留学的 TOEFT 和 GMAT 成绩表

学生编号	1	2	3	4	5	6	7	8	9	10	11	12	13	14	15
TOEFT	580	530	570	600	630	590	570	540	570	540	570	550	550	580	550
GMAT	550	550	570	580	600	620	540	540	560	570	570	520	530	640	540

采用 BIRCH 算法得到层次聚类 CF 树如图 10.28 所示。其中可以将 5、6、14 看作离群点，在这里他们属于优秀的学生。

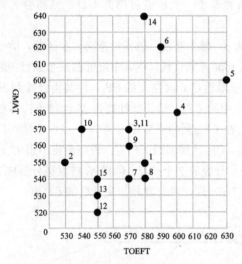

图 10.27　成绩表对应的二维空间分布　　　图 10.28　使用 TOEFT 和 GMAT 对申请人层次聚类结果

10.3.4　CURE 算法

CURE（Clustering Using REpresentatives）是一个新的层次聚类算法，该算法属于自顶向下和自底向上方法的中间方法。

很多聚类算法只擅长处理球形或相似大小的聚类，另外有些聚类算法对孤立点比较敏感。CURE 算法解决了上述两方面的问题，它采用了基于质心和基于中心点方法之间的中间策略，即选择空间中固定数目具有代表性的多个点来表示一个聚类，这些点称为代表点，而不是仅用单个质心或中心点来代表一个簇。

一般地，第一个代表点选择离簇质心最远的点，其余代表点选择离所有已经选取的点最远的点，这样，代表点相对分散，从而捕获了簇的几何形状。选取的代表点个数是一个参数，研究表明，代表点个数大于或等于 10 时效果好。

CURE 算法一旦选定代表点，便以一个特定的收缩因子 α 将它们向簇中心"收缩"。假设 C 是一个簇，用 C_m 表示其质心，p 是它的一个代表点，其收缩操作是 $p+\alpha\times(C_m-p)$。通过收缩操作使得到的簇更紧凑，有助于减轻离群点的影响（离群点一般远离中心，因此收缩更多）。例如，若 $\alpha=0.7$，一个到质心的距离为 10 个单位的代表点将移动 3 个单位，而到质心距离为 1 个单位的代表点仅移动 0.3 个单位。

CURE 在凝聚过程中，所选两个簇之间的距离是任意两个代表点之间的最短距离，每次选择两个最近的子簇合并。尽管这种方法与其他层次聚类方法不完全一样，但当 $\alpha=0$ 时，它等价于基于质心的层次聚类；当 $\alpha=1$ 时，它与单链层次聚类大致相同。注意，尽管使用层次聚类方法，但 CURE 的目标是发现用户指定个数的簇。

CURE 利用层次聚类过程的特性，在聚类过程的两个不同阶段删除离群点。如果一个簇增长缓慢，则意味它主要是由离群点组成的，因为通常离群点远离其他点，并且不会经常与其他点合并。在 CURE 中，第一个离群点删除阶段一般出现在簇的个数是原来点数的 1/3 时。第二个离群点删除阶段出现在簇的个数达到 k（期望的簇个数）的量级点，小簇又被删除。

CURE 算法如下。

输入：簇的数目 k；数据集 D；划分的个数 p，期望压缩 q，代表点个数 c，收缩因子 α。

输出：k 个簇。

方法：其过程描述如下。

① 从数据集 D 中抽取一个随机样本。样本中包含点的数目 s 可以由经验公式得到。

② 把样本划分成 p 份，每份大小相等，即为 $\dfrac{s}{p}$ 个点。

③ 对每个划分进行局部聚类，将每个划分中的点聚类成 $\dfrac{s}{pq}$ 个子簇，共得到 $\dfrac{s}{q}$ 个子簇。

④ 对局部簇进一步合并聚类，对落在每个新形成的簇中的代表点（个数为 c）根据收缩因子 α 收缩或向簇中心移动，直到只剩下 k 个簇。在此过程中若一个子簇增长得太慢，就去掉它，另外在聚类结束的时候，删除非常小子簇。

⑤ 用相应的簇标签来标记数据点。

【例 10.9】 有一个数据集根据经验公式随机抽取 $s=12$ 个样本，如图 10.29 所示。设 k、p 均为 2，、$q=1$，$c=1$，$\alpha=0.5$，CURE 算法的过程如下。

（1）$s=12$，这些点被划分为 p 个划分，每个划分包含 $s/p=6$ 个点，假设划分如图 10.29 所示的虚线。

（2）对每个划分进行局部聚类，共产生 $s/(pq)=6$ 个子簇，并计算这些子簇的 c 个代表点，如图 10.30 所示，每个子簇用虚线圆圈标出，实心圆点表示该簇的代表点。

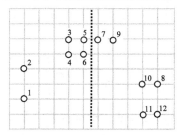

图 10.29　抽取的 12 个样本

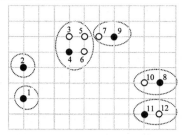

图 10.30　共聚类为 6 个子簇

（3）合并聚类，先由子簇的代表点计算出两个子簇的最小距离，将最近的两个子簇合并，计算新的质心，将原来的代表点根据 α 向新的质心收缩。其结果如图 10.31 所示，注意图中进行两个子簇合并时，将原来两个子簇的代表点进行了收缩，这只是为表述更清楚，实际上，每个子簇对应一个代表点集合，当两个子簇合并时，重新计算新的质心和代表点（保证合并新产生的子簇有固定个数的代表点），然后将这些代表点收缩，也就是说，不是对子簇中的实际点进行收缩，而是对子簇代表点集合中的代表点进行收缩。

（4）删除增长最慢的子簇，这里删除最左边的一个子簇，仅剩下 2 个子簇，即为所求。最后产生的聚类结果如图 10.32 所示。

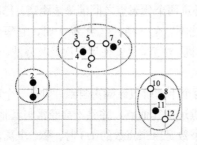
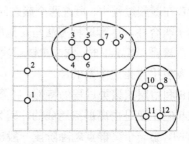

图 10.31　进一步聚类　　　　　　　　　　图 10.32　最终聚类结果

CURE 算法由于回避了用所有点或单个质心来表示一个簇的传统方法，将一个簇用多个代表点来表示，使之适应非球形的几何形状。另外，收缩因子降低了噪声对聚类的影响，从而对离群点的处理更加健壮，而且能识别非球形和大小变化比较大的簇。CURE 算法的复杂度是 $O(n)$，具有较好的伸缩性。

10.3.5　ROCK 算法

ROCK（RObust Clustering using linKs，使用链的鲁棒聚类）算法也是一个凝聚层次聚类算法。

大多数聚类算法在进行聚类时只估计点与点之间的相似度，即在每一步中那些最相似的几个点合并到一个簇中。这种"局部"方法很容易导致错误。例如，两个完全不同的簇可能有少数几个点的距离较近，仅仅依据点与点之间的相似度来做出聚类决定就会导致这两个簇合并。ROCK 采用一种比较全局的观点，通过考虑成对点的邻域情况进行聚类。

定义 10.3　数据集中两个点 p_i 和 p_j 是近邻，如果 $\text{sim}(p_i, p_j) \geqslant \varepsilon$，其中 sim 是相似度函数，$\varepsilon$ 是指定的阈值。两个点 p_i 和 p_j 的链接数定义为这两个点的共同近邻个数。

数据点对之间的链接数越多，它们越有可能属于同一个簇。

由于在确定点对之间的关系时考虑邻近的数据点，因此比只关注相似度的聚类方法更加鲁棒。而且对数值型数据和字符型数据都可以得到不错的聚类结果。

例如，购物篮数据集包含关于商品 $a \sim g$ 的事务记录。簇 C_1 涉及商品 $\{a,b,c,d,e\}$，簇 C_2 涉及商品 $\{a,b,f,g\}$，它们包含的事务如表 10.7 所示。

事务之间的相似度采用 Jaccard 系数表示，A、B 两个集合的 Jaccard 系数等于 A、B 交集的元素个数与 A、B 并集的元素个数之间的比值，即 A、B 集合的 Jaccard 系数 $= \dfrac{|A \cap B|}{|A \cup B|}$。

如果只考虑相似度而忽略邻域信息。C_1 中 $\{a,b,c\}$ 和 $\{b,d,e\}$ 之间的 Jaccard 系数等于 1/5=0.2，而 C_1 中的 $\{a,b,c\}$ 和 C_2 中的 $\{a,b,f\}$ 的 Jaccard 系数等于 2/4=0.5。这说明仅根据 Jaccard 系数，很容易导致聚类错误。

如果考虑链接数，可以成功地把这些事务划分到恰当的簇中。

例如，令 $\varepsilon=0.5$，则 C_2 中的事务 $\{a,b,f\}$ 与 $\{a,b,g\}$ 的链接数是 5，它们的共同近邻是 $\{a,b,c\}$、$\{a,b,d\}$、$\{a,b,e\}$、$\{a,f,g\}$、$\{b,f,g\}$；而 C_2 中的事务 $\{a,b,f\}$ 与 C_1 中的事务 $\{a,b,c\}$ 之间的链接数是 3，它们的共同近邻是 $\{a,b,d\}$、$\{a,b,e\}$、$\{a,b,g\}$。因此，ROCK 能够正确地区分出两个不同的事务簇。

表 10.7 簇 C_1、C_2 包含的事务

C_1	C_2
$\{a,b,c\}$	$\{a,b,f\}$
$\{a,b,d\}$	$\{a,b,g\}$
$\{a,b,e\}$	$\{a,f,g\}$
$\{a,c,d\}$	$\{b,f,g\}$
$\{a,c,e\}$	
$\{a,d,e\}$	
$\{b,c,d\}$	
$\{b,c,e\}$	
$\{b,d,e\}$	
$\{c,d,e\}$	

ROCK 算法首先根据所给数据集的相似矩阵（由所有两个点的相似度构成的矩阵）和相似度阈值，构造出一个松散图，然后在这一松散图上应用一个层次聚类算法产生最终聚类结果。

10.3.6 Chameleon 算法

Chameleon（Hierarchical Clustering Using Dynamic Modeling，一个利用动态模型的层次聚类算法，俗称变色龙算法）也是一种凝聚层次聚类算法。其关键思想是：依据簇中对象的相对互连度和簇的相对接近度来定义簇之间的相似度，即如果两个簇的互连性都很高且它们又靠得很近则将其合并。

1. 相关定义

定义 10.4 两个簇 C_i 和 C_j 的相对互连度 $\text{RI}(C_i,C_j)$ 定义为它们之间绝对互连度除以这两个簇内的连接，也就是用这两个簇内部互连度规范化它们的绝对互连度，即：

$$\text{RI}(C_i,C_j) = \frac{\text{EC}(C_i,C_j)}{(\text{EC}(C_i)+\text{EC}(C_j))/2}$$

两个簇 C_i 和 C_j 的绝对互连度 $\text{EC}(C_i,C_j)$ 是指连接 C_i 和 C_j 之间的边之和。簇 C_i 的内部互连度 $\text{EC}(C_i)$ 是将 C_i 划分成大致相等两部分割边的最小和。

割边的定义是这样的，假设有连通图 G，e 是其中一条边，如果从 G 中删除边 e 就变成不连通，则边 e 是图 G 的一条割边。

定义 10.5 两个簇 C_i 和 C_j 的相对接近度 $\text{RC}(C_i,C_j)$ 定义如下：

$$\text{RC}(C_i,C_j) = \frac{\overline{S}_{\text{EC}}(C_i,C_j)}{\dfrac{n_i}{n_i+n_j}\overline{S}_{\text{EC}}(C_i)+\dfrac{n_j}{n_i+n_j}\overline{S}_{\text{EC}}(C_j)}$$

其中，n_i 和 n_j 分别表示簇 C_i、C_j 的大小；$\overline{S}_{\text{EC}}(C_i,C_j)$ 是连接簇 C_i、C_j 的（k-最近邻图的）边的平均

权值，即 $\overline{S}_{\mathrm{EC}}(C_i,C_j)=\dfrac{\mathrm{EC}(C_i,C_j)}{n_i\times n_j}$。

$\overline{S}_{\mathrm{EC}}(C_i)$ 是最小二分簇 C_i 的边的平均值，即 $\overline{S}_{\mathrm{EC}}(C_i)=\dfrac{\mathrm{EC}(C_i)}{n_i^2}$；$\overline{S}_{\mathrm{EC}}(C_j)$ 是最小二分簇 C_j 的边的平均值；EC 表示割边。

$\mathrm{RC}(C_i,C_j)$ 就是用 C_i、C_j 的内部接近度来规范化它们的绝对接近度。仅当 C_i、C_j 两个簇合并后的簇中点之间的接近程度几乎与原来的每个簇一样时，这两个簇才合并。

2. k-最近邻图

k-最近邻图 G_k 中的每个点表示数据集中的一个数据点；若数据点 p_i 到另一个数据点 p_j 的距离值是所有数据点到数据点 p_j 的距离值中 k 个最小值之一，则称数据点 p_i 是数据点 p_j 的 k-最近邻点，在这两个点之间加一条带权边，边的权重表示这两个数据点之间的相似度，即它们之间的距离越大，则它们之间的相似度越小，它们之间的边的权重也越小。

k-最近邻图是原完全近邻图的稀疏化，通过稀疏化可以显著地降低噪声和离群点的影响，提高计算的有效性。

3. Chameleon 算法

Chameleon 算法根据每对簇 C_i 和 C_j 的相对互连度 $\mathrm{RI}(C_i,C_j)$ 和相对接近度 $\mathrm{RC}(C_i,C_j)$ 来决定它们之间的相似度。首先由数据集构造成一个 k-最近邻图 G_k，再通过一个多层图划分算法将图 G_k 划分成大量的子图，每个子图代表一个初始子簇，最后用一个凝聚的层次聚类算法反复合并子簇，找到真正的结果簇。

在 k-最近邻图 G_k 中，结点表示数据点，边表示数据点间的相似度，结点 u、v 之间的边表示结点 u 在结点 v 的 k 个最相似点中，或者结点 v 在结点 u 的 k 个最相似点中。k-最近邻图 G_k 可以看成是原完全图的稀疏图。

多层图划分算法的过程是：从图 G_k 开始，二分当前最大的子簇，直到没有一个簇多于 MIN_SIZE 个点，其中 MIN_SIZE 是用户指定的参数。这一过程导致大量大小大致相等、良连接点（高度相似的数据点）的集合。其目的是确保每个划分包含的对象大部分都来自一个真正的簇。

最后使用的凝聚层次聚类算法是合并子簇，两个子簇 C_i、C_j 之间的相似度函数采用 $(\mathrm{RI}(C_i,C_j)\times\mathrm{RC}(C_i,C_j))^\alpha$ 表示，即取相对互连性和相对接近度之积最大的一对子簇合并，其中 α 是用户指定的参数，通常大于 1。

Chameleon 算法由三个关键步骤组成，即稀疏化、图划分和层次聚类。例如，如图 10.33 所示一个数据集采用 Chameleon 算法进行聚类的过程，这里 $m=3$，即最终产生 3 个簇。

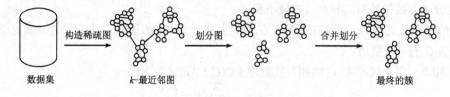

图 10.33　Chameleon 算法的聚类过程

Chameleon 算法如下。

输入：簇的数目 m，数据集 D 和相关参数。

输出：m 个簇。

方法：其过程描述如下。

从数据集 D 构造 k-最近邻图；
使用多层图划分算法划分图；
do
{
　　　根据$(RI(C_i,C_j) \times RC(C_i,C_j))^\alpha$的最大化来合并 C_i、C_j 簇对；
} until (只剩下 m 个簇)；

该算法在最坏情况下时间复杂度为 $O(n^2)$。对于低维数据，通过建立索引可以使算法时间复杂度降为 $O(n\log_2 n)$。

【**例 10.10**】　如表 10.8 所示的数据集，在二维空间中的分布如图 10.34 所示。假设点之间的距离函数 $\mathrm{dist}(p_i, p_j)$ 用欧几里得距离，设相似度函数为 $\mathrm{sim}(p_i, p_j) = \dfrac{1}{1 + \mathrm{dist}(p_i, p_j)}$。$\alpha = 1$，$m = 2$，$k = 2$。

采用 Chameleon 算法进行聚类的过程如下。

（1）由所有点的位置信息计算出相似度矩阵，如表 10.9 所示。

（2）根据相似度矩阵构造 k-最近邻图 G_k，结果如图 10.35 所示。

（3）采用多层图划分方法得到细粒度的子簇。其结果如下：

表 10.8　一个数据集

编号	1	2	3	4	5	6	7	8	9	10	11	12	13	14
x	2	3	3	5	9	9	10	11	1	2	1	12	11	13
y	2	1	4	3	8	7	10	8	6	7	7	5	4	4

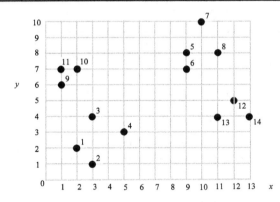

图 10.34　数据集在二维空间中的分布

表 10.9　相似度矩阵

点	1	2	3	4	5	6	7	8	9	10	11	12	13	14
1	1.00	0.41	0.31	0.24	0.10	0.10	0.08	0.08	0.20	0.17	0.16	0.09	0.10	0.08
2	0.41	1.00	0.25	0.26	0.10	0.11	0.08	0.09	0.16	0.14	0.14	0.09	0.10	0.09
3	0.31	0.25	1.00	0.31	0.12	0.13	0.10	0.10	0.26	0.24	0.22	0.10	0.11	0.09
4	0.24	0.26	0.31	1.00	0.14	0.15	0.10	0.11	0.17	0.17	0.15	0.12	0.14	0.11
5	0.10	0.10	0.12	0.14	1.00	0.50	0.31	0.33	0.11	0.12	0.11	0.19	0.18	0.15
6	0.10	0.11	0.13	0.15	0.50	1.00	0.24	0.31	0.11	0.13	0.11	0.22	0.22	0.17
7	0.08	0.08	0.10	0.10	0.31	0.24	1.00	0.31	0.09	0.10	0.10	0.16	0.14	0.13
8	0.08	0.09	0.10	0.11	0.33	0.31	0.31	1.00	0.09	0.10	0.09	0.24	0.20	0.18

续表

点	1	2	3	4	5	6	7	8	9	10	11	12	13	14
9	0.20	0.16	0.26	0.17	0.11	0.11	0.09	0.09	1.00	0.41	0.50	0.08	0.09	0.08
10	0.17	0.14	0.24	0.17	0.12	0.13	0.10	0.10	0.41	1.00	0.50	0.09	0.10	0.08
11	0.16	0.14	0.22	0.15	0.11	0.11	0.10	0.09	0.50	0.50	1.00	0.08	0.09	0.07
12	0.09	0.09	0.10	0.12	0.19	0.22	0.16	0.24	0.08	0.09	0.08	1.00	0.41	0.41
13	0.10	0.10	0.11	0.14	0.18	0.22	0.14	0.20	0.09	0.10	0.09	0.41	1.00	0.33
14	0.08	0.09	0.09	0.11	0.15	0.17	0.13	0.18	0.08	0.08	0.07	0.41	0.33	1.00

簇 $C_1=\{1,2,3,4\}$，这里采用点的编号表示。

簇 $C_2=\{5,6,7,8\}$。

簇 $C_3=\{9,10,13\}$。

簇 $C_4=\{11,12,14\}$。

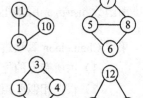

图 10.35 k-最近邻图 G_k

（4）子簇合并。对于得到的 4 个子簇，计算出簇对的互连度和簇内部互连度如表 10.10 所示。例如，$EC(C_2)$ 为表 10.9 中双线单元的所有元素之和，$EC(C_1,C_2)$ 为表 10.9 中虚线单元的所有元素之和。

表 10.10 簇对的互连度（非对角线）和簇内部互连度（对角线）

簇	C_1	C_2	C_3	C_4
C_1	7.56	1.69	2.18	1.22
C_2	1.69	8.00	1.26	2.18
C_3	2.18	1.26	5.82	0.76
C_4	1.22	2.18	0.76	5.30

由相对互连度的定义求出簇对的 $RI(C_i,C_j)$ 如表 10.11 所示。由相对接近度的定义求出簇对的 $RC(C_i,C_j)$ 如表 10.12 所示。由此求出 $RI(C_i,C_j) \times RC(C_i,C_j)$ 如表 10.13 所示。

表 10.11 簇对的相对互连度 $RI(C_i,C_j)$

簇	C_1	C_2	C_3	C_4
C_1	—	0.22	0.32	0.19
C_2	0.22	—	0.18	0.33
C_3	0.32	0.18	—	0.14
C_4	0.19	0.33	0.14	—

表 10.12 簇对的相对接近度 $RC(C_i,C_j)$

簇	C_1	C_2	C_3	C_4
C_1	—	0.22	0.33	0.19
C_2	0.22	—	0.19	0.34
C_3	0.33	0.19	—	0.14
C_4	0.19	0.34	0.14	—

表 10.13 簇对的 RI(C_i,C_j)×RC(C_i,C_j)

簇	C_1	C_2	C_3	C_4
C_1	–	0.05	0.11	0.04
C_2	0.05	–	0.03	0.11
C_3	0.11	0.03	–	0.02
C_4	0.04	0.11	0.02	–

从表 10.13 中发现，簇对（C_1,C_3）和（C_2,C_4）使 RI×RC 最大化，因此合并相应的簇得到 C_{13}={1,2,3,4,9,10,13}，C_{24}={5,6,7,8,11,12,14}，此时只剩下两个簇，这两个簇即为所求，算法结束。

Chameleon 算法将互连度和接近度都大的簇合并，其优点是可以发现高质量的任意形状的簇，对噪声和离群点具有很好的鲁棒性。存在的问题是，k-最近邻图中 k 值的选取，最小二等分的选取，用户指定方式中阈值的选取。

10.4 基于密度的聚类算法

很多算法都使用距离来描述数据之间的相似性，但对于非凸数据集，只用距离来描述是不够的。此时可用密度来取代距离描述相似性，即基于密度的聚类算法。它不是基于各种各样的距离，所以能克服基于距离的算法只能发现"类圆形"聚类的缺点。其指导思想是：只要一个区域中的点的密度（对象或数据点的数目）大过某个阈值，就把它加到与之相近的聚类中去。该算法从数据对象的分布密度出发，把密度足够大的区域连接起来，从而可发现任意形状的簇，并可用来过滤"噪声"数据。常见的基于密度的聚类算法有 DBSCAN 和 OPTICS 等。

10.4.1 DBSCAN 算法

DBSCAN（Density-Based Spatial Clustering of Applications with Noise）算法是一种性能优越的基于密度的空间聚类算法。它的基本思想是，如果一个点 p 和另一个点 q 是密度相连的，则 p 和 q 属于同一个簇。

1. 相关概念

定义 10.6 以数据集 D 中一个点 p 为圆心，以 ε 为半径的圆形区域内的数据点的集合称为 p 的 ε-邻域，用 $N_\varepsilon(p)$ 表示，即：

$$N_\varepsilon(p)=\{q \mid q\in D \wedge \text{dist}(p,q)\leqslant\varepsilon\}$$

其中，D 是数据点集合，$\text{dist}(p,q)$ 是点 p 与点 q 间的距离，通常采用欧几里得距离。点 p 的 ε-邻域如图 10.36 所示。

显然，如果 $q\in N_\varepsilon(p)$，则 $p\in N_\varepsilon(q)$。

定义 10.7 给定一个参数 MinPts，如果数据集 D 中的一个点 p 的 ε-邻域至少包含 MinPts 个点（含点 p 自身），则称 p 为核心点。在图 10.36 中，如果 MinPts=7，则 p 为核心点（核心点用实心圆点表示）。

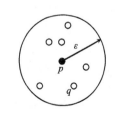

图 10.36 点 p 的 ε-邻域

定义 10.8 给定数据集 D 中的两个点 p、q，如果 q 在 p 的 ε-邻域内，而 p 是一个核心点，则称点 q 是从 p 出发直接密度可达的。在图 10.36 中，$q\in N_\varepsilon(p)$，如果 p 是一个核心点，则 q 是从 p 出发直接密度可达的。

直接密度可达关系不一定是对称的，即如果 p 是从 q 出发直接密度可达的，那么 q 是核心点，但是 p 可能不是核心点。通常在图示中用从 q 到 p 的有向箭头表示 p 是从 q 出发直接密度可达关系。显然两个核心点的直接密度可达关系是对称的。

定义 10.9 对于给定的 ε 和 MinPts，如果数据集 D 中存在一个点链 p_1、p_2、$\cdots$、p_n，$p_1=q$，$p_n=p$，对于 $p_i \in D$（$1 \leqslant i < n$），p_{i+1} 是从 p_i 出发直接密度可达的，则点 p 是从点 q 出发密度可达的。

显然 p_i（$1 \leqslant i < n$）都是核心点，p 从点 q 出发密度可达如图 10.37 所示，在图中用 q 到 p 的有向箭头表示 p 是从 q 出发密度可达的。

定义 10.10 对于给定的 ε 和 MinPts，如果数据集 D 中存在点 $o \in D$，使点 p 和 q 都是从 o 出发密度可达的，那么点 p 到 q 是密度相连的。

密度相连关系是对称的。如图 10.38 所示，p 到 q 是密度相连的，则 q 到 p 是密度相连的。

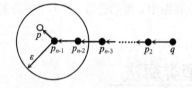

图 10.37 点 p 是从点 q 密度可达的

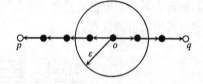

图 10.38 p 到 q 是密度相连的

定义 10.11 对于给定的 ε 和 MinPts，数据集 D 中基于密度可达性的最大密度相连点的集合称为基于密度的簇。基于密度的簇 C 是满足如下条件 D 的非空子集。

（1）连通性：对于 D 中任意的点 p、$q \in C$，有 p 与 q 是密度相连的。

（2）极大性：对于 D 中任意的点 p、q，如果 $p \in C$，并且 q 是从 p 密度可达的，则 $q \in C$。

定义 10.12 数据集 D 中不是核心点，但落在某个核心点的邻域内的点称为边界点。边界点可能落在多个核心点的邻域内，边界点为稠密区域边缘上的点。数据集 D 中不是核心点也不是边界点的点称为噪声点，噪声点不属于任何簇，它属于稀疏区域中的点。

例如，如图 10.39 所示，MinPts=4，用实心圆点表示核心点，用空心圆点表示边界点，用方形点表示噪声点。

2. DBSCAN 算法

DBSCAN 算法的基本思想是：首先选取一个未标记类别的核心点，并创建一个新簇；然后寻找所有从该核心点出发关于 ε 和 MinPts 密度可达的点，并标记为该簇。重复这个过程，直至处理完所有点，即没有未标记簇的核心点。

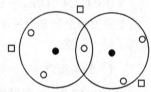

图 10.39 核心点、边界点和噪声点

DBSCAN 算法如下。

输入：数据集 D，邻域半径 ε，最小点数 MinPts。

输出：关于 $(\varepsilon, \text{MinPts})$ 的所有簇的集合。

方法：其过程描述如下。

```
do
{    从数据集 D 中抽取一个未处理过的点 p；
     if (p 是核心点)
             找出所有从 p 出发关于 (ε,MinPts) 密度可达的点，形成一个簇；
     else
             p 是边界点或噪声点(非核心点)，跳出本次循环，寻找下一点；
} until (所有点都被处理)；
```

若数据集 D 中有 n 个点，算法中循环 n 次。每找到一个核心点 p，求以它为中心的簇（含所有到点 p 密度可达的点），所花时间为 $O(n)$，所以整个算法的时间复杂度为 $O(n^2)$。

【**例 10.11**】 如表 10.14 所示的数据集，其在二维空间中的分布情况如图 10.40 所示。用户输入 $\varepsilon=1$，MinPts=4，采用 DBSCAN 算法进行聚类的过程如下。

表 10.14 一个数据集

序　号	属 性 1	属 性 2	序　号	属 性 1	属 性 2
1	1	0	7	4	1
2	4	0	8	5	1
3	0	1	9	0	2
4	1	1	10	1	2
5	2	1	11	4	2
6	3	1	12	1	3

第 1 步　在数据集中选择一个点 1，由于在以它为圆心，以 1 为半径的圆内包含 2 个点（小于 4），因此它不是核心点，选择下一个点。

第 2 步　在数据集中选择一个点 2，由于在以它为圆心，以 1 为半径的圆内包含 2 个点，因此它不是核心点，选择下一个点。

第 3 步　在数据集中选择一个点 3，由于在以它为圆心，以 1 为半径的圆内包含 3 个点，因此它不是核心点，选择下一个点。

第 4 步　在数据集中选择一个点 4，由于在以它为圆心，以 1 为半径的圆内包含 5 个点，因此它是核心点，寻找从它出发密度可达的点（直接密度可达 4 个，间接密度可达 3 个），产生簇 1，包含点 $\{1,3,4,5,9,10,12\}$，选择下一个点。

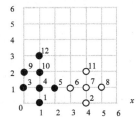

图 10.40 数据点的二维空间
分布情况

第 5 步　在数据集中选择一个点 5，已经在簇 1 中，选择下一个点。

第 6 步　在数据集中选择一个点 6，由于在以它为圆心，以 1 为半径的圆内包含 3 个点，因此它不是核心点，选择下一个点。

第 7 步　在数据集中选择一个点 7，由于在以它为圆心，以 1 为半径的圆内包含 5 个点，因此它是核心点，寻找从它出发可达的点，产生簇 2，包含点 $\{2,6,7,8,11\}$，选择下一个点。

第 8 步　在数据集中选择一个点 8，已经在簇 2 中，选择下一个点。

第 9 步　在数据集中选择一个点 9，已经在簇 1 中，选择下一个点。

第 10 步　在数据集中选择一个点 10，已经在簇 1 中，选择下一个点。

第 11 步　在数据集中选择一个点 11，已经在簇 2 中，选择下一个点。

第 12 步　选择 12 点，已经在簇 1 中，由于这已经是最后一个点，所有点都已处理，程序终止。

上述过程如表 10.15 所示，最后产生两个簇，$C_1=\{1,3,4,5,9,10,12\}$，$C_2=\{2,6,7,8,11\}$。

表 10.15 DBSCAN 算法的执行过程

步　骤	选择的点	在 ε 邻域中点的个数	通过计算可达点而找到的新簇
1	1	2	无
2	2	2	无
3	3	3	无

步　　骤	选择的点	在 ε 邻域中点的个数	通过计算可达点而找到的新簇
4	4	5	簇 C_1：{1,3,4,5,9,10,12}
5	5	3	已在一个簇 C_1 中
6	6	3	无
7	7	5	簇 C_2：{2,6,7,8,11}
8	8	2	已在一个簇 C_2 中
9	9	3	已在一个簇 C_1 中
10	10	4	已在一个簇 C_1 中
11	11	2	已在一个簇 C_2 中
12	12	2	已在一个簇 C_1 中

　　DBSCAN 算法的优点是基于密度定义，相对抗噪声，能处理任意形状和大小的簇。其缺点是对参数(ε,MinPts)敏感，当簇的密度变化太大时，会产生较大误差。

10.4.2　OPTICS 算法

　　在前面介绍的 DBSCAN 算法中，有两个初始参数 ε 和 MinPts 需要用户手动设置输入，并且聚类的簇结果对这两个参数的取值非常敏感，不同的取值将产生不同的聚类结果。为了克服 DBSCAN 算法这一缺点，M.Ankerst 等人于 1999 年提出了 OPTICS（Ordering Points To Identify the Clustering Structure，通过点排序识别聚类结构）算法。

　　OPTICS 并不显示产生的结果簇，而是为聚类分析生成一个增广的簇排序（如以可达距离为纵轴，样本点输出次序为横轴的坐标图），这个排序代表了各样本点基于密度的聚类结构。它包含的信息等价于从一个广泛的参数设置所获得的基于密度的聚类，换句话说，从这个排序中可以得到基于任何参数 ε 和 MinPts 的 DBSCAN 算法的聚类结果。

　　OPTICS 引入了核心距离和可达距离两个概念。

　　定义 10.13　设 o 是数据集 D 中一个点，ε 为距离，MinPts 是一个自然数，MinPts_dist(o)是 o 到其最邻近的 MinPts 个邻接点的最大距离，则 o 的核心距离为：

$$o\text{的核心距离}=\begin{cases} \text{无定义} & \text{若 }o\text{ 不是核心点} \\ \text{MinPts\_dist}(o) & \text{若 }o\text{ 是核心点} \end{cases}$$

　　也就是说，对于点 o，它的核心距离为使 o 成为核心点的最小 ε'。如果 o 不是核心对象，则 o 的核心距离没有定义。

　　定义 10.14　设点 p、o 为数据集 D 中的点，ε 为距离，MinPts 是一个自然数，点 p 关于点 o 的可达距离定义为：

$$p\text{ 关于 }o\text{ 的可达距离}=\begin{cases} \text{无定义} & \text{若 }o\text{ 不是核心点} \\ \text{MAX}\{o\text{ 的核心距离，dist}(o,\ p)\} & \text{若 }o\text{ 是核心点} \end{cases}$$

　　也就是说，点 p 关于点 o 的可达距离是指 o 的核心距离和 o 与 p 之间欧几里得距离之间的较大值。如果 o 不是核心对象，o 和 p 之间的可达距离没有意义。

　　例如，如图 10.41 所示，设 ε=6，MinPts=5。显然 o 为核心点，点 o 到最邻近的 5 个点（含自身）的最大距离为 ε'=3，所以核心点 o 的核心距离为 3。点 p 关于 o 的可达距离=MAX{3, dist(o, p)}=3（点 p 属于 o 的最邻近的 MinPts 个点之一），点 q 关于 o 的可达距离=MAX{3, dist(o, q)}=dist(o,

q)（点 q 属于 o 的邻域内的点，但不属于最邻近的 MinPts 个点之一）。

　　直观上讲，点 p 关于点 o 的可达距离是最小距离，即 o 是核心点，则 p 到 o 是直接密度可达的。在这种情况下，因为不存在更小距离的点从 o 直接密度可达，p 到 o 的可达距离不能比 o 的核心距离小。否则，如果 o 不是核心点，p 关于 o 的可达距离变得没有意义。

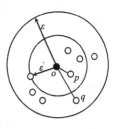

图 10.41　核心距离
和可达距离

　　OPTICS 算法产生了数据集的排序，并为每个点存储了核心距离和相应的可达距离。也就是说，OPTICS 的结果是将所有点按照其直接密度可达的最近核心点的可达距离进行排序，称为簇排序。然后可以基于 OPTICS 产生的排序信息来提取簇，对于从该排序中提取小于 ε 的每个距离值 ε' 的聚类已经足够。

　　基于数据集的簇排序可以图形化的描述，有助于理解。例如，如图 10.42 所示是一个简单的二维数据集的可达性图，它给出了如何对数据结构化和聚类的一般观察。数据点连同它们各自的可达距离按簇顺序绘出。从中看到，核心距离 ε' 比 ε 会生成更好的聚类结果。

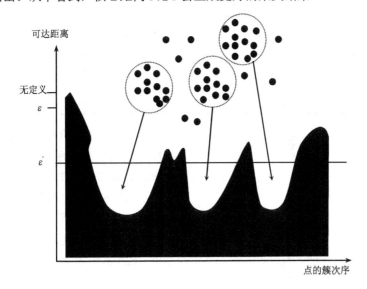

图 10.42　OPTICS 中的簇次序

OPTICS 算法的结构与 DBSCAN 相似，算法描述如下。

　　输入：数据集 D，邻域半径 ε 和 MinPts。

　　输出：按可达距离排序的数据集。

　　方法：其过程描述如下。

　　（1）创建两个队列，有序队列 SQu 和结果队列 CQu，其中 SQu 用来存储核心点及其该核心点的直接可达点，并按可达距离升序排列，CQu 用来存储点的输出次序。

　　（2）如果所有数据集 D 中所有点都处理完毕，则算法结束。否则，选择一个未处理（即不在结果队列中）且为核心点的点 p，找到 p 的所有直接密度可达的点，如果 p 点不存在于结果队列 CQu 中，则将其放入有序队列 SQu 中，并按可达距离排序。

　　（3）如果有序队列 SQu 为空，则跳至步骤（2），否则，从有序队列 SQu 中取出第一个点 q（即可达距离最小的点）进行拓展，如果 q 点不存在结果队列 CQu 中，将 q 点保存至结果队列 CQu 中。

　　① 判断 q 点是否是核心点，如果不是，回到步骤（3），否则找到 q 点所有的直接密度可达点。

　　② 判断该直接密度可达点是否已经存在结果队列，若是则不处理，否则进行下一步。

　　③ 如果有序队列 SQu 中已经存在该直接密度可达点，且此时新的可达距离小于先前的可达距离，则用

新的可达距离取代先前的可达距离，有序队列 SQu 重新排序。

　　④ 如果有序队列 SQu 中不存在该直接密度可达的点，则插入该点，并对有序队列 SQu 重新排序。

　　（4）算法结束，输出结果队列 CQu 中的有序点。

　　尽管该算法中也要输入参数 ε 和 MinPts，但和 DBSCAN 算法不同，这里的 ε 和 MinPts 只是起到辅助作用，也就是说，ε 和 MinPts 的细微变化并不会影响到样本点的相对顺序，对分析聚类结果没有任何影响。

　　【例 10.12】如表 10.16 所示的数据集，在二维空间中的分布情况如图 10.43 所示。当设置 $\varepsilon=2$、MinPts=4 时，采用 OPTICS 算法进行聚类的过程如下。

表 10.16　一个数据集

点 名 称	属 性 1	属 性 2	点 名 称	属 性 1	属 性 2
a	2	3	j	7	6
b	2	4	k	8	5
c	1	4	l	100	2
d	1	3	m	8	20
e	2	2	n	8	19
f	3	2	o	7	18
g	8	7	p	7	17
h	8	6	q	8	21
i	7	7			

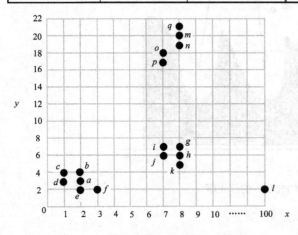

图 10.43　数据点的二维空间分布情况

　　（1）求各个点的可达距离，其结果如表 10.17 所示，表中序号指出输出次序，对于未输出的点，表示该点的可达距离没有定义，用 OPTICS 簇次序图表示，其结果如图 10.44 所示，其中横坐标对应点的簇次序，纵坐标对应点的可达距离。

　　（2）从图 10.44 中看到，根据可达距离的大小可以分成 3 个簇，即 {a,e,b,d,c,f}、{g,j,k,I,h}、{n,q,o,m}。这和 DBSCAN 算法设置 $\varepsilon=1.0$、MinPts=4 时的聚类结果是相同的。

　　（3）通过分析簇次序图还能直接得到这样的结果：当参数 $\varepsilon=1.5$、MinPts=4 时的聚类结果只有两个簇，即 {a,e,b,d,c,f}、{g,j,k,I,h}，也就是说，在 OPTICS 簇次序图中所有可达距离 Y 值小于 1.5 的样本点都不加区分地划入一个簇中，这和 DBSCAN 算法设置 $\varepsilon=1.5$、MinPts=4 时的聚类结果是相同的。不在这两个簇中的其他点被认为是离群点。

表 10.17　各个点的可达距离

序 号	点 名 称	可达距离	序 号	点 名 称	可达距离
1	a	1.0	9	k	1.41
2	e	1.0	10	i	1.41
3	b	1.0	11	h	1.41

续表

序　号	点 名 称	可达距离	序　号	点 名 称	可达距离
4	*d*	1.0	12	*n*	2.0
5	*c*	1.0	13	*q*	2.0
6	*f*	1.0	14	*o*	2.0
7	*g*	1.41	15	*m*	2.0
8	*j*	1.41			

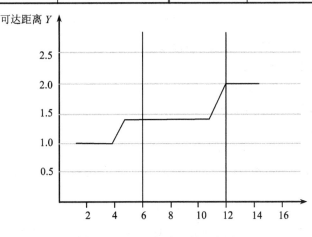

图 10.44　OPTICS 中的簇次序图

OPTICS 算法的特点如下。

（1）对于真实的、高维的数据集合而言，绝大多数算法对参数值是非常敏感的，参数的设置通常是依靠经验，难以确定。而 OPTICS 算法可以帮助找出合适的参数。

（2）OPTICS 算法通过对象排序识别聚类结构。

（3）OPTICS 算法没有显式地产生一个数据类簇，它为自动和交互的聚类分析计算一个簇排序。这个次序代表了数据基于密度的聚类结构。

10.5　基于网格的聚类算法

基于网格的聚类方法使用一种多分辨率的网格数据结构，将对象空间量化为有限数目的单元，形成网格结构，所有的聚类操作都在网格上进行。其处理速度独立于数据对象的个数，仅依赖于量化空间中每一维的单元个数，因此处理速度快。常用的基于网格的聚类算法有 STING、WaveCluster 和 CLIQUE 等。

10.5.1　STING 算法

STING（Statistaical INformation Grid）算法是基于空间数据挖掘的算法。它将数据空间区域划分为矩形单元，并且对应于不同级别的分辨率，存在着不同层次的矩形单元，高层的每个单元被分为多个低一层的单元，每个网络单元的统计信息被预先计算和存储，供处理和查询使用。

STING 算法可以看作一种层次聚类方法。它的基础工作是建立一个分层表示，把空间分割成区域。层级顶层的组成就是整个空间，最底层是代表每个最小单元的叶结点。如果使用一个单元在下一层中有 4 个子单元（网格），单元的分割与四叉树相同。如图 10.45 所示说明了构造的树中前三层的结点。一般而言，层次越高，对应的分辨率越低。

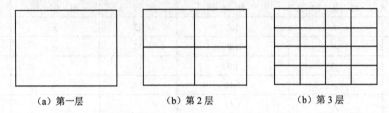

（a）第一层　　　　　　　（b）第 2 层　　　　　　　（b）第 3 层

图 10.45　STING 结构中的结点

通常每个单元具有以下统计信息方面的参数：

- 单元内的对象数目 count；
- 单元内所有对象的均值 mean；
- 单元内对象属性的标准差 stdev；
- 单元内对象属性的最小值 min；
- 单元内对象属性的最大值 max；
- 单元内对象属性值遵循的分布类型 distr，可以是正态的、均匀的、指数的或 NONE（分布未知）。

在这些参数中，count 与属性无关，其余参数都与属性有关。

最底层单元的参数 count、mean、stdev、min 和 max 直接由数据计算。如果分布的类型事先知道，distr 的值可以由用户指定，也可以通过假设检验（如 χ^2 检验）来获得。

较高层单元的参数可以很容易地从低层单元的参数计算得到。设 count、mean、stdev、min、max 和 distr 分别表示当前单元的参数，与该单元相对应的低层单元的参数分别用 count_i、mean_i、stdev_i、min_i、max_i 和 distr_i 表示，则 count、mean、stdev、min、max 和 distr 可以按如下方式计算。

$$\text{count} = \sum_i \text{count}_i$$

$$\text{mean} = \frac{\sum_i \text{mean}_i \times \text{count}_i}{\text{count}}$$

$$\text{stdev} = \sqrt{\frac{\sum_i (\text{stdev}_i^2 + \text{mean}_i^2) \times \text{count}_i}{\text{count}} - \text{mean}^2}$$

$$\text{min} = \underset{i}{\text{MIN}}\{\text{min}_i\}$$

$$\text{max} = \underset{i}{\text{MAX}}\{\text{max}_i\}$$

distr 可以基于它对应的低层单元多数的分布类型 distr_i，用一个阈值过滤过程的合取来计算。如果低层单元的分布彼此不同，阈值检验失败，distr 置为 NONE。

在完成一个有关空间信息的查询时，先将查询转化为统计信息，然后使用 STING 算法在层次结构中查找相关的统计参数。STING 算法如下。

输入：层次网格结构 T，查询要求 Q。

输出：满足查询要求的相关单元的区域。

方法：其过程描述如下。

（1）从层次结构 T 的一个层次开始。

（2）对于这一层次的每个单元，计算查询 Q 相关的属性值。

（3）从计算的属性值及其约束条件中，将每一个单元标注成相关或者不相关。

（4）如果这一层是底层，则转到（6），否则转到（5）。

（5）由层次结构转到下一层依照（2）进行计算。

（6）若查询结果满足，转到（8），否则转到（7）。

（7）恢复数据到相关的单元格进一步处理以得到满意结果，转到（8）。

（8）算法结束。

【例 10.13】 如图 10.46 所示的层次网格结构，共 3 层，第 3 层中每个单元的面积为 10m^2，第 2 层和第 3 层中每个单元的 count=4。采用 STING 算法查询某个房屋占地面积的过程如下。

从第 1 层开始，假设找到该房屋的相关单元有 3 个，所有相关单元用阴影表示，再在第 2 层中找到相关单元共 10 个，继续在第 3 层中找到相关单元共 28 个，最后求出面积为 28×10 共 280m^2。

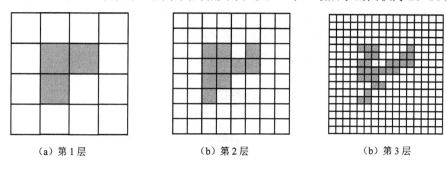

（a）第 1 层 　　　　　　　　（b）第 2 层 　　　　　　　　（b）第 3 层

图 10.46 一个层次网格结构

STING 算法具有如下优点。

（1）存储在每个单元的统计信息是不依赖于具体的查询的，所以基于网格的计算独立于查询。

（2）网格层次结构有利于增量更新和并行处理。

（3）执行效率高，扫描一遍数据集计算出每个单元的统计信息，产生聚类的时间复杂度是 $O(n)$，n 是数据集中对象的个数。层次结构建成后，查询处理时间是 $O(k)$，k 是最低层网格单元的数目，通常 $k \ll n$。

STING 算法的缺点如下。

（1）如果粒度比较细，处理的代价会显著增加；但是，如果网格结构最底层的粒度太粗，将会降低聚类分析的质量。

（2）在构建一个父单元时没有考虑孩子单元和其相邻单元之间的关系，因此，结果簇的边界或者是水平的，或者是竖直的，没有斜的分界线。

（3）尽管该技术有快速的处理速度，但可能降低簇的质量和精确性。

10.5.2 WaveCluster 算法

WaveCluster 算法利用小波变换聚类，既是基于网格的，也是基于密度的。其主要思想是：首先量化特征空间，形成一个多维网格结构，然后用小波变换来变换原特征空间，在小波变换中，用一个合适的内核函数进行旋转，产生一个变形后的空间，使数据中的簇易于区分。在变换后的空间中发现密集区域。可以在不同分辨率下产生基于用户需求的聚类。

在多维网格结构中，每个网格单元汇总一组映射到该单元对象的信息。这种汇总信息可以用于基于内存的多分辨率小波变换以及随后的聚类分析。

小波变换是一种信号处理技术，它将一个信号分解为不同频率的子波段。通过应用一维小波变换 d 次，小波模型可以应用于 d 维信号，信号的高频部分对应特征空间中对象分布有急剧变化的区域，也就是类簇边界；而低频中高振幅部分则对应于对象分布比较集中的区域，也就是簇的内部。

通过信号处理中的小波变换技术把信号分解成不同的频率段，找出 d 维信号的高频部分和低频部分，也就找出了簇。其中的噪声可以自动地被消除。

小波变换是一种有效的数学分析方法，广泛应用于边界的处理与滤波、时频分析、信噪分离与提取弱信号以及多尺度边缘侦测等。就聚类而言，小波变换具有提供无监督聚类、有效地消除离群点、有利于在不同精度（分辨率）上发现簇和高效率的优点。

例如，图 10.47（a）所示是二维特征空间的一个简单实例，图中每个点代表空间数据集上一个对象的属性或特征值。图 10.47（b）、图 10.47（c）、图 10.47（d）所示是该实例在三个尺度（不同分辨率）的小波变换结果，在每个尺度上均对原始数据分解得到 4 个子波段，左上象限是子波段 LL（原始图像的小波近似），强调数据点周围的平均邻域；右上象限是子波段 LH，强调水平边；左下象限是子波段 HL，强调垂直边；右下象限是子波段 HH，强调转角。

通过小波变换，使用户所需要的数据集特征更加突出，更有利于数据聚类。

（a）二维特征空间的样例

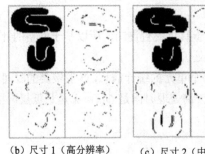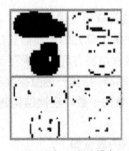

（b）尺寸 1（高分辨率）　　　（c）尺寸 2（中分辨率）　　　（d）尺寸 3（低分辨率）

图 10.47　样例及其多种分辨率结果

WaveCluster 算法如下。

输入：多维数据集的特征向量。

输出：聚类对象。

方法：其过程描述如下。

（1）对特征空间进行量化，把每个维度分成若干段，这样，整个空间分成单元，然后把对象分配到相应的单元。

（2）对量化后的特征空间进行离散小波变换。

（3）在变化后的特征空间的子波段中找出相连的部分，即簇。

（4）为每个簇所包含的单元分配相应的标记。

（5）建立查找表，用于把变换后特征空间中的单元映射到原特征空间中的单元。

（6）把每个单元的标记分配给该单元内的所有对象，将对象映射成簇。

例如，对于图 10.47，可以在高分辨率的子波段 HL 上进行聚类，远比原二维特征空间中聚类数据量小得多，而且聚类效果是相似的。

WaveCluster 算法的优点如下。

（1）它提供无监督聚类；采用了加强点簇区域，而抵制簇边界之外的较弱信息的帽形

（Hat-Shape）过滤器。这样在原特征空间中的密集区域成为附近点的吸引点（Attractor）和较远点的抵制点（Inhibitor）。这意味着数据的聚类自动地突显出来，并"清洗"周围的区域。这样小波变换的另一个优点是能够自动地排除离群点。

（2）小波变换的多分辨率特征有助于发现不同精度的聚类。

（3）基于小波的聚类速度很快。

（4）对输入顺序不敏感，不需要事先知道簇的数目，并且能够快速处理大型数据集，能够发现任意复杂形状的聚类。

WaveCluster 算法的不足是：在量化特征空间形成多维网格结构时，需要消耗较大的存储空间，仅适用于特征空间可以明显量化的数据集进行聚类。所以 WaveCluster 算法主要用于空间数据聚类。

10.5.3 CLIQUE 算法

CLIQUE（CLustering In QUEst）算法是基于网格和密度的空间聚类算法。该算法的基本思想是：给定一个多维数据点的数据空间，数据点在数据空间中通常是分布不平衡的。该算法区分空间中稀疏的和"拥挤的"区域，找出数据集合的全局分布模式。

在 CLIQUE 算法中，由若干相邻的密集单元合并构成密集。所谓密集单元，是指包含的数据点数超过了某个输入阈值 α 的单元。最后把相连的密集区域的最大集合成为簇。

CLIQUE 通过以下两个步骤进行多维聚类。

第一步　将 n 维空间划分为互不相交的矩形单元，识别其中的密集单元。在识别密集单元时该算法采用如下 Apriori 性质：如果一个 k 维单元是密集的，那么它在 $k-1$ 维空间的投影也是密集的。因此，可以从 $k-1$ 维空间中发现的密集单元来推断 k 维空间中潜在的或候选的密集单元。代表密集单元的子空间取交集形成了一个候选搜索空间，这样的候选搜索空间比初始空间要小很多，最后依次检查密集单元确定最终的聚类。

第二步　CLIQUE 为每个簇生成最小的描述。对每个簇，它确定覆盖相连的密集单元的最大区域，然后再为每一个簇确定最小的覆盖。

CLIQUE 算法如下。

输入：数据集的网络结构，密集单元阈值 α。

输出：聚类对象。

方法：其过程描述如下。

```
找出对应于每个属性的一维空间中的所有密集区域，它是由一维密集单元构成的;
k=2;
do
{    由密集的 k-1 维单元产生所有的密集 k 维单元;
     删除点数少于 α 的单元;
     k++;
} until (不存在候选的密集 k 维单元);
通过取所有邻接的密集单元来发现簇;
使用一组描述簇中单元的属性值域的不等式概括每一个簇;
```

例如，有一个三维数据集（Salary，Vacation，age），用于表示职工信息，其中 Salary 为工资，Vacation 为度假周数，age 为年龄。采用 CLIQUE 算法找出 age 的密度描述。

首先产生 Salary 和 Vacation 维的一维密集区域；再由它们构造二维的密集区域，如图 10.48（a）所示阴影区域是 Salary 和 age 维的密集区域，如图 10.48（b）所示是 Vacation 和 age 维的密集区域，将两者的密集区域合并（求交集），结果如图 10.48（c）所示，由此得到 age 的密度描述：age≥30 and age≤50。

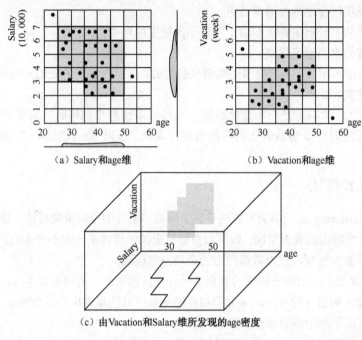

（a）Salary和age维　　　　　　　　　（b）Vacation和age维

（c）由Vacation和Salary维所发现的age密度

图 10.48　一个发现密集的示例

CLIQUE 算法的优点是，对高维数据有良好的伸缩性，对数据输入顺序不敏感，具有处理噪声的能力。但它也存在局限性，若允许簇重叠会大大增加簇的个数，使解释变得困难，由于基于 Apriori 性质，和 Apriori 算法一样具有指数复杂度。

10.6　基于模型的聚类算法

基于模型的聚类算法假设数据集是由一系列的概率分布所决定的，给每一个聚簇假定了一个模型，然后在数据集中寻找能够很好满足这个模型的簇。这个模型可以是数据点在空间中的密度分布函数，它由一系列的概率分布决定，也可以是通过基于标准的统计来自动求出聚类的数目。本节介绍常用的 EM 和 COBWEB 两种基于模型的聚类算法。

10.6.1　EM 算法

EM（Expectation-Maximization，期望最大化）算法属 k-均值算法的一种扩展。与 k-均值算法将每个对象指派到一个簇中不同，在 EM 算法中，每个对象按照代表对象隶属概率的权重指派到每个簇中，新的均值基于加权的度量来计算。在 EM 算法中，簇间没有严格的边界。

1.　期望最大化方法

每个簇都可以用参数概率分布，即高斯分布进行数学描述，元素 x 属于第 i 个簇 C_i 的概率表示为：

$$p(x) = \frac{1}{\sqrt{2\pi}\sigma_i} e^{-\frac{(x-\mu_i)^2}{2\sigma_i^2}} \;,\; 记为 N(\mu_i, \; \sigma_i^2)$$

其中，μ_k、σ_k 分别为均值和协方差。$\mu_i = \frac{1}{N_i} \sum\limits_{x_j \in C_i} x_j$，$\sigma_i^2 = \frac{1}{N_i} \sum\limits_{x_j \in C_i} (x_j - \mu_i)(x_j - \mu_i)^{\mathrm{T}}$，$N_i$ 为簇 C_i 的元素个数，T 表示向量转置。

如果已知一个数据集 D 分为 k 个簇，每个簇的分布都求出了，问题就得到了解决，可以将 D 中每个元素根据概率最大化分配到相应簇中。

如果知道 k（簇的个数），同时还知道观察到的元素 x 属于 k 中哪一个分布，则求各个参数并不是件难事。现在的问题是不知道元素 x 属于 k 中哪一个分布。

下面使用 k 个概率分布的有限混合密度模型，即混合高斯分布函数来表示元素的概率。所谓混合高斯分布，可以通过一个简单的示例来说明，例如，假设有两个簇 C_1、C_2，它们的分布分别为 $N(10,4)$ 和 $N(30,7)$，如图 10.49 所示，这两个分布涵盖了大部分点（实心圆点），但有一些点（空心圆点）没有被涵盖，但可以使用 $0.2N(10,4)+0.8N(30,7)$ 来涵盖所有的点，这就是一个混合高斯分布。

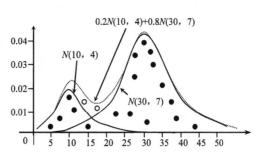

图 10.49　高斯分布概率示意图

一般地，k 个概率分布的混合高斯分布函数如下：

$$p(x) = \sum_{i=1}^{k} \pi_i N(x \mid \mu_i, \; \sigma_i^2)$$

其中，$\pi_i \geq 0$，$\sum\limits_{i=1}^{k} \pi_i = 1$。

采用期望最大化的 EM 过程如下。

（1）用随机函数初始化 k 个高斯分布的参数，同时保证 $\sum\limits_{i=1}^{k} \pi_i = 1$。

（2）E 步：依次取观察数据 x，比较 x 在 k 个高斯函数中概率的大小，把 x 归类到 k 个高斯中概率最大的一个，即第 i 个类中。

（3）M 步：用最大似然估计，使观察数据是 x 的概率最大，因为已经在第（2）步中分好类了，所以只需重新执行以下各式。

$$\mu_i = \frac{1}{N_i} \sum_{x_j \in C_i} x_j \;,\; \sigma_i^2 = \frac{1}{N_i} \sum_{x_j \in C_i} (x_j - \mu_i)(x_j - \mu_i)^{\mathrm{T}} \;,\; \pi_i = \frac{N_i}{N}$$

其中，N 表示总元素个数，N_i 表示第 i 个类的元素个数。

（4）返回第（2）步用第（3）步新得到的参数来对观察数据 x 重新分类。直到 $\prod\limits_{i=1}^{k} \pi_i N(x \mid \mu_i, \; \sigma_i^2)$ 概率（最大似然函数）达到最大。

上述 E 步称为期望步，M 步称为最大化步，EM 算法就是使期望最大化的算法。

2．EM 算法

可以利用 k-均值算法的思想来求 EM 过程中的参数估计值，它是一个迭代求精的过程，首先对混合模型的参数进行初始估计，然后重复执行 E 步和 M 步，直至收敛。它可以看成是前面介绍的 EM 过程的具体实现。和 k-均值算法相结合的 EM 算法如下。

输入：数据集 $D=\{o_1,o_2,\cdots,o_n\}$，簇数目 k。

输出：k 个簇的参数。

方法：其过程描述如下。

对混合模型的参数作初始估计：从 D 中随机选取 k 个不同的数据对象作为 k 个簇 C_1、C_2、$\cdots$、C_k 的中心 μ_1、μ_2、$\cdots$、μ_k，估计 k 个簇的方差 σ_1、σ_2、$\cdots$、σ_k；

do

{　　E 步：计算 $p(o_i \in C_j)$，根据 $j = \underset{j}{\arg\max}\{p(o_i \in C_j)\}$ 将对象 o_i 指派到簇 C_j。其中：

$$p(o_i \in C_j) = p(C_j\,|\,o_i) = \frac{p(C_j)p(o_i\,|\,C_j)}{p(o_i)} = \frac{p(C_j)p(o_i\,|\,C_j)}{\sum\limits_{l=1}^{k} p(C_l)p(o_i\,|\,C_l)}, \quad p(o_i\,|\,C_j) = \frac{1}{\sqrt{2\pi}\sigma_j} e^{-\frac{(o_i-\mu_j)^2}{2\sigma_j^2}}$$

$p(C_j)$ 为先验概率。在无先验知识时，通常取所有 $p(C_j)$ 相同，在这种情况下，只需求 $j = \underset{j}{\arg\max}\{p(o_i\,|\,C_j)\}$。

M 步：利用 E 步计算的概率重新估计 μ_j 和 σ_j，其中 $\mu_j = \frac{1}{N_j}\sum\limits_{x_i \in C_j} x_i$，$\sigma_j^2 = \frac{1}{N_j}\sum\limits_{o_i \in C_j}(o_i-\mu_j)(o_i-\mu_j)^{\mathrm{T}}$；

} until (参数如 μ 或 σ 不再发生变化或变化小于指定的阈值)；

上述 EM 算法的计算复杂度为 $O(ndt)$，n 是数据集 D 中对象的数目，d 是对象的属性数目，t 是迭代次数。EM 算法简单，容易实现，收敛也快，但是可能达不到全局最优。

【例 10.14】 随机产生 20 个 1～100 的整数（数据对象），采用上述 EM 算法将其分为 3 个簇。

假设随机生成的 20 个整数为{62，98，91，6，30，72，22，4，22，80，99，9，87，44，4，76，38，58，21，95}，编号分别为 0～19。设定迭代结束的条件是两次迭代之间的均值小于或等于 0.1。

（1）先取前 3 个整数放入 3 个簇 C_0、C_1 和 C_2 中。求出所有簇的均值和方差如下。

C_0 的均值=62，方差=2.0（此时每个簇中只有一个对象，方差应为 0，为了便于下一次迭代，将所有簇的方差随机地取为 2）；C_1 的均值=98，方差=2.0；C_2 的均值=91，方差=2.0。

（2）第 1 次迭代，其过程如表 10.18 所示，迭代完毕的分配结果如下：

C_0（对象个数 15）：62，62，6，30，72，22，4，22，9，44，4，76，38，58，21

C_1（对象个数 4）：98，98，99，95

C_2（对象个数 4）：91，91，80，87

重新计算均值和方差如下：

C_0 的均值=35.3，方差=24.662

C_1 的均值=97.5，方差=1.500

C_2 的均值=87.3，方差=4.493

表 10.18　第 1 次迭代过程

当前处理的对象	计算分到各簇的概率	操　　作
对象 0（62）	p_0=0.1995，p_1=0.0000，p_2=0.0000	将对象 0 分配到 C_0 中
对象 1（98）	p_0=0.0000，p_1=0.1995，p_2=0.0004	将对象 1 分配到 C_1 中
对象 2（91）	p_0=0.0000，p_1=0.0004，p_2=0.1995	将对象 2 分配到 C_2 中
对象 3（6）	p_0=0.0000，p_1=0.0000，p_2=0.0000	将对象 3 分配到 C_0 中
对象 4（30）	p_0=0.0000，p_1=0.0000，p_2=0.0000	将对象 4 分配到 C_0 中

当前处理的对象	计算分到各簇的概率	操　作
对象 5（72）	$p_0=0.0000$, $p_1=0.0000$, $p_2=0.0000$	将对象 5 分配到 C_0 中
对象 6（22）	$p_0=0.0000$, $p_1=0.0000$, $p_2=0.0000$	将对象 6 分配到 C_0 中
对象 7（4）	$p_0=0.0000$, $p_1=0.0000$, $p_2=0.0000$	将对象 7 分配到 C_0 中
对象 8（22）	$p_0=0.0000$, $p_1=0.0000$, $p_2=0.0000$	将对象 8 分配到 C_0 中
对象 9（80）	$p_0=0.0000$, $p_1=0.0000$, $p_2=0.0001$	将对象 9 分配到 C_2 中
对象 10（99）	$p_0=0.0000$, $p_1=0.1760$, $p_2=0.0001$	将对象 10 分配到 C_1 中
对象 11（9）	$p_0=0.0000$, $p_1=0.0000$, $p_2=0.0000$	将对象 11 分配到 C_0 中
对象 12（87）	$p_0=0.0000$, $p_1=0.0000$, $p_2=0.0270$	将对象 12 分配到 C_2 中
对象 13（44）	$p_0=0.0000$, $p_1=0.0000$, $p_2=0.0000$	将对象 13 分配到 C_0 中
对象 14（4）	$p_0=0.0000$, $p_1=0.0000$, $p_2=0.0000$	将对象 14 分配到 C_0 中
对象 15（76）	$p_0=0.0000$, $p_1=0.0000$, $p_2=0.0000$	将对象 15 分配到 C_0 中
对象 16（38）	$p_0=0.0000$, $p_1=0.0000$, $p_2=0.0000$	将对象 16 分配到 C_0 中
对象 17（58）	$p_0=0.0270$, $p_1=0.0000$, $p_2=0.0000$	将对象 17 分配到 C_0 中
对象 18（21）	$p_0=0.0000$, $p_1=0.0000$, $p_2=0.0000$	将对象 18 分配到 C_0 中
对象 19（95）	$p_0=0.0000$, $p_1=0.0648$, $p_2=0.0270$	将对象 19 分配到 C_1 中

（3）迭代结束条件不满足，继续第 2 次迭代，其过程与第 1 次迭代相似，迭代完毕的分配结果如下：

C_0（对象个数=14）：62，6，30，72，22，4，22，9，44，4，76，38，58，21

C_1（对象个数=3）：98，99，95

C_2（对象个数=3）：91，80，87

重新计算均值和方差如下：

C_0 的均值=33.4，方差=24.439

C_1 的均值=97.3，方差=1.700

C_2 的均值=86.0，方差=4.546

（4）迭代结束条件不满足，继续第 3 次迭代，其过程与第 1 次迭代相似，迭代完毕的分配结果如下：

C_0（对象个数=13）：62，6，30，72，22，4，22，9，44，4，38，58，21

C_1（对象个数=3）：98，99，95

C_2（对象个数=4）：91，80，87，76

重新计算均值和方差如下：

C_0 的均值=30.2，方差=22.205

C_1 的均值=97.3，方差=1.700

C_2 的均值=83.5，方差=5.852

（5）迭代结束条件不满足，继续第 4 次迭代，其过程与第 1 次迭代相似，迭代完毕的分配结果如下：

C_0（对象个数=12）：62，6，30，22，4，22，9，44，4，38，58，21

C_1（对象个数=3）：98，99，95

C_2（对象个数=5）：91，72，80，87，76

重新计算均值和方差如下：

C_0 的均值=26.7，方差=19.392

C_1 的均值=97.3，方差=1.700

C_2 的均值=81.2，方差=6.969

（6）迭代结束条件不满足，继续第 5 次迭代，其过程与第 1 次迭代相似，迭代完毕的分配结果如下：

C_0（对象个数=12）：62，6，30，22，4，22，9，44，4，38，58，21

C_1（对象个数=3）：98，99，95

C_2（对象个数=5）：91，72，80，87，76

重新计算均值和方差如下：

C_0 的均值=26.7，方差=19.392

C_1 的均值=97.3，方差=1.700

C_2 的均值=81.2，方差=6.969

此时迭代条件满足，算法结束，共进行 5 次迭代。显然聚类结果是合理的。

3. SQL Server 中 EM 算法聚类示例

对于表 10.1 的学生成绩数据集，本示例介绍采用 SQL Server 提供的 EM 算法进行聚类分析的过程。

在 10.2.1 节中建立的 Student.dmm 数据挖掘结构上直接完成本示例的工作。其步骤如下。

（1）打开 Student.dmm 数据挖掘结构，重新设置算法的参数如图 10.50 所示，表示采用可伸缩的 EM 算法（即 CLUSTERING_METHOD 为 1），其他不变。

（2）在解决方案资源管理器中单击"DM"，在出现的下拉菜单中选择"部署"命令，系统开始执行部署，完成后出现部署成功的提示信息。

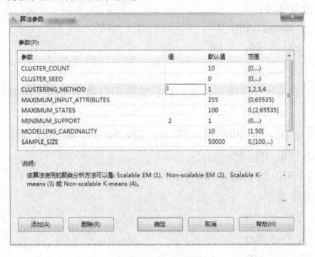

图 10.50 设置算法参数

（3）单击"挖掘结构"下的"Student.dmm"，在出现的下拉菜单中选择"浏览"命令，聚类的分类关系图如图 10.51 所示，表示产生 4 个簇。

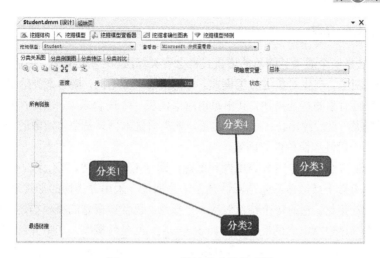

图 10.51 EM 算法的分类关系图

通过从查看器选择"Microsoft 一般内容树查看器"命令可以看出 4 个类的条件如下：

分类 1 含 3 个对象，该类条件是：

语文=58 ,英语=50 ,语文=60 ,英语=60 ,综合=42 ,数学=46,语文=68,英语=70,综合=52,
语文=72,英语=78,数学=60,综合=72,综合=78,数学=67,数学=79,综合=80,数学=82

分类 2 含 4 个对象，该类条件是：

综合=85,数学=87,语文=78,综合=82,综合=86,数学=88,数学=86,语文=80,英语=81,
英语=82,英语=80,英语=85,语文=72,语文=88,综合=80,英语=78,数学=82

分类 3 含 3 个对象，该类条件是：

语文=95,英语=90,综合=92,综合=89,数学=92,数学=95,英语=89,语文=92,数学=90

分类 4 含 2 个对象，该类条件是：

语文=88,语文=80,数学=79,英语=82,英语=81,综合=78,数学=67,综合=72,数学=82,英语=85,
综合=80,英语=80,数学=60,综合=52

图 10.51 中各类之间的连线反映类之间的关联强度，这里说明分类 1 和分类 2 及分类 2 和分类 4 的关联度较高，而分类 3 相对独立。

（4）设置和 k-均值算法相同的预测结构，其预测结果如图 10.52 所示。从中可以看出 k-均值算法和 EM 算法对同一数据集的聚类结果的差别。

学号	数学	语文	英语	综合	$CLUSTER
1	48	68	70	80	分类 1
2	95	92	90	89	分类 3
3	79	80	80	78	分类 4
4	82	72	80	82	分类 2
5	46	60	60	52	分类 1
6	67	88	82	72	分类 4
7	87	78	85	80	分类 2
8	90	95	90	89	分类 3
9	88	78	80	65	分类 2
10	60	58	50	42	分类 1
11	92	95	89	92	分类 3
12	86	88	78	86	分类 2

图 10.52 EM 算法的预测结果

10.6.2　COBWEB 算法

COBWEB 算法是一个通用且简单的增量式概念聚类算法。概念聚类是一种机器学习聚类方法，给定一组未标记的对象，产生对象的分类模式。与传统的聚类不同，概念聚类除了确定相似的对象分组外，还找出每组对象的特征描述，其中每组对象代表一个概念或类。因此，概念聚类通常分为两步，首先进行聚类，然后给出特征描述。这里，聚类质量不再只是个体对象的函数，而且加入了如导出概念描述的一般性和简单性等因素。

COBWEB 算法的输入对象用分类属性和值对，即（A_i,v_{ij}）描述，$\{A_1,A_2,\cdots,A_m\}$ 是一组分类属性，每个属性可以有若干离散值，v_{ij} 是属性 A_i 的一个取值。采用分类树的形式来表现层次聚类。

分类树不同于决策树。它的每个结点对应一个概念，包含该概念的概率描述，汇总分类在该结点下的对象。概率描述包括概念的概率和形如 $p(A_i=v_{ij}|C_k)$ 的条件概率，其中 $A_i=v_{ij}$ 是一个属性-值对（即第 i 个属性取它的第 j 个可能值），C_k 是概念类，计数累积和存储在每个结点中，用于概率计算。

如图 10.53 所示是一棵关于花类植物的分类树，共有 3 个二元属性，即 male（是否有雄蕊）、wings（是否有翼瓣）和 nocturnal（是否夜间开花）。每个对象用二元属性值列表来表示，每个概念（结点）表示一个对象集，每个结点旁的虚线方框表示各属性的计数。例如，计数为[1，3，3]的结点表示该概念中有 1 个对象是雄蕊，3 个对象有翼瓣，3 个对象是夜间开花的。概念描述就是对应结点的分类条件概率，例如，若一个对象属于结点 C_1，它有雄蕊的可能性是 1/4 即 0.25，它有翼瓣和夜间开花的可能性都是 3/4=0.75，因此，结点 C_1 的概念描述简写成[0.25,0.75,0.75]，对应 C_1 的条件特征的可能性，即 $p(x|C_1)$=[0.25,0.75,0.75]。

图 10.53 正好对应 5 个概念，C_0 是根概念，它包含数据集中所有对象。C_1 和 C_2 是 C_0 的孩子结点，前者含有 4 个对象，后者含有余下的 6 个对象。C_2 又是 C_3、C_4、C_5 的父结点，每个父结点包含其所有孩子结点的所有对象。

可以增加一些约束条件，如指定一个阈值 α，规定每个结点中至少有一对概率之间相差 α 或更多，在这种情况下有些结点就不会构建，从而减少分类的结点个数。

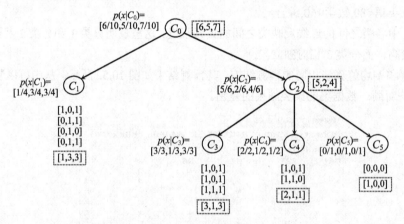

图 10.53　一棵分类树

为了利用分类树来对一个对象进行分类，需要利用一个匹配函数来寻找"最佳的路径"，COBWEB 算法使用了一种启发式的评估衡量标准。

类内的相似性用 $p(A_i=v_{ij}|C_k)$ 来衡量，它表示 C_k 类内 A_i 属性为 v_{ij} 的条件概率，该条件概率越大，同一类中具有相同属性值对（A_i,v_{ij}）的对象就越多。因此，该（A_i,v_{ij}）对 C_k 类的内部对象的预测

能力就越强。

类间的相异性用 $p(C_k|A_i=v_{ij})$ 来衡量，它表示（A_i, v_{ij}）对象属于 C_k 类的条件概率，该概率越大，在其他类中同样具有该属性值对（A_i, v_{ij}）的对象就越少。因此，该（A_i, v_{ij}）对 C_k 类的预测能力就越强。

定义划分效用（Partition Utility，PU）如下：

$$PU(C_1, C_2, \cdots, C_n) = \sum_{k=1}^{n} \sum_i \sum_j p(A_i = v_{ij}) \times p(C_k \mid A_i = v_{ij}) \times p(A_i = v_{ij} \mid C_k)$$

PU 表示了给定的划分能够正确猜测出属性值的期望数目。

而 $p(A_i = v_{ij}) \times p(C_k \mid A_i = v_{ij}) = p(A_i = v_{ij}) \times \dfrac{p(C_k, A_i = v_{ij})}{p(A_i = v_{ij})} = p(C_k, A_i = v_{ij}) = p(C_k) \times p(A_i = v_{ij} \mid C_k)$

所以，$PU(C_1, C_2, \cdots, C_n) = \sum_{k=1}^{n} p(C_k) \sum_i \sum_j p(A_i = v_{ij} \mid C_k)^2$

COBWEB 采用以下启发式估算度量即分类效用（Category Utility，CU）来指导树的建立过程。

$$CU = \frac{\sum_{k=1}^{n} p(C_k) \sum_i \sum_j p(A_i = v_{ij} \mid C_k)^2 - \sum_{k=1}^{n} p(C_k) \sum_i \sum_j p(C_k \mid A_i = v_{ij})^2}{n}$$

其中，n 是树的某个层次上形成一个划分 $\{C_1, C_2, \cdots, C_n\}$ 的结点、概念或"种类"的数目。换句话说，分类效用是指 PU 相对于未知划分情况下正确猜测的期望数目（对应上式中分子的第二项）的增量。分类效用表达了簇内的相似性和簇间的相异性。

COBWEB 算法 Cobweb(N,I) 如下。

输入：在概念层次（分类树）中当前结点 N，一个未知对象 I。

输出：包含该对象 I 的概念层次。

方法：其过程描述如下。

```
if(N 是叶结点)
{    Create-new-terminals(N,I);
     Incorporate(N,I);
}
else
{    Incorporate(N,I);
     for (N 的每个孩子结点 C)
     {    计算 I 放在 C 下的 CU 值;
          设 P 是具有最高 CU 值 W 的结点;
          Q 是具有次高 CU 值的结点;
          X 是 I 放在一个新结点 R 中的 CU 值;
          Y 是将 P 和 Q 合并成一个结点的 CU 值;
          Z 是将 P 分裂成两个孩子结点的 CU 值;
          if(W 最大)
               Cobweb(P,I);          //将 I 放到 P 结点
          else if(X 最大)
               将 I 放在一个新结点 R 中，用 I 的值初始化 R 的概率;
          else if(Y 是最大的)
          {    调用 O=Merge(P,R,N)，即合并成 O 结点;
               Cobweb(O,I);
          }
          else if(Z 最大)
```

```
            {        Split(P,N);
                     Cobweb(N,I);
            }
        }
}
```

其中的相关函数如下：

```
Incorporate(N,I)
{       更新结点 N 的概率；
        for (对象 I 的每个属性 A)
                for (属性 A 的每个取值 v)
                        更新结点 N 中 A=v 的概率；
Create-new-terminals(N,I)
{       建新 N 结点的一个孩子结点 M；
        初始化 M 的概率为 N 的概率；
        新建结点 N 的一个孩子结点 O；
        用 I 的值初始化结点 O 的概率；

}
Merge(P，R，N)
{       让结点 O 成为结点 N 的一个新孩子结点；
        设置结点 O 的概率为 P 和 R 的平均值；
        删除 P 和 R 与结点 N 之间的父子关系；
        增加 P 和 R 结点作为 O 结点的孩子结点；
        返回 O 结点；

}
Split(P，N)
{       删除结点 N 的孩子结点 P;
        提升 P 的所有孩子结点作为 N 的孩子结点；

}
```

A、B 两个结点合并和分裂的过程如图 10.54 所示。

COBWEB 算法的优点是：可以自动修正划分中类的数目；不需要用户提供输入参数。其缺点是，COBWEB 基于这样一个假设：在每个属性上的概率分布是彼此独立的。但这个假设并不总是成立的，且对于偏斜的输入数据不是高度平衡的，它可能导致时间和空间复杂性的剧烈变化，不适用于聚类大型数据库的数据。

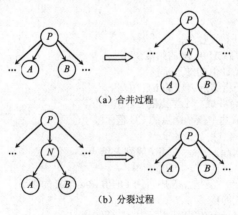

（a）合并过程

（b）分裂过程

图 10.54　结点的合并和分裂过程

下面通过一个示例说明由于没有考虑属性的相关性，其聚类结果是不正确的。

【例 10.15】 如表 10.19 所示的数据集，不考虑 Play 属性部分，采用 COBWEB 算法建立分类树的过程如下。

（1）插入对象 a，将对象 a 放在一个新类（结点）中，如图 10.55（a）所示。

（2）插入对象 b，将对象 b 放在一个新类中，如图 10.55（b）所示。

表 10.19　一个数据集

对象编号	Outlook（天气）	Temp（温度）	Humidity（湿度）	Windy（是否有大风）	Play（是否出去玩）
a	Sunny	Hot	High	FALSE	No
b	Sunny	Hot	High	TRUE	No
c	Overcast	Hot	High	FALSE	Yes
d	Rainy	Mild	High	FALSE	Yes
e	Rainy	Cool	Normal	FALSE	Yes
f	Rainy	Cool	Normal	TRUE	No
g	Overcast	Cool	Normal	TRUE	Yes
h	Sunny	Mild	High	FALSE	No
i	Sunny	Cool	Normal	FALSE	Yes
j	Rainy	Mild	Normal	FALSE	Yes
k	Sunny	Mild	Normal	TRUE	Yes
l	Overcast	Mild	High	TRUE	Yes
m	Overcast	Hot	Normal	FALSE	Yes
n	Rainy	Mild	High	TRUE	No

（3）插入对象 c，有 3 种情况，如图 10.56 所示，其中第 3 种情况 CU 值最高，则插入对象 c 作为根结点的孩子结点。

（4）插入对象 d、e，其结果是建立 d、e 的结点并均作为根结点的孩子结点。

（5）插入对象 f，由于对象 f 与对象 e 很相似（前 3 个属性值相同），求 CU 值后将对象 f 和对象 e 放在相同的类下，如图 10.57 所示。

（6）依次插入所有余下的对象，得到最终的分类树如图 10.58 所示。

将分类树的聚类结果与表中 Play 属性值进行对比，发现很多分类错误，如将对象 b、k 划在同一类中，而它们的 Play 属性值正好相反。这是因为 COBWEB 算法基于 Outlook、Temp、Humidity 和 Windy 各属性相互独立来进行聚类的，而表 10.19 中列出的经验知识中各属性之间是有关联关系的，如天气的好坏肯定影响温度和湿度。这就是为什么本例的聚类结果出现错误的原因。

（a）插入对象 a　（b）插入对象 b

图 10.55　插入对象 a 和 b

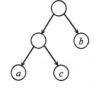

图 10.56　插入对象 c 的 3 种情况

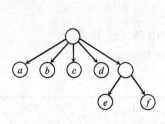

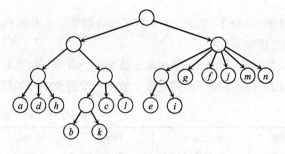

图 10.57　插入对象 f　　　　　　　　　　　　图 10.58　最终的分类树

10.7　离群点分析

10.7.1　离群点概述

1．什么是离群点

离群点是指那些与数据的一般行为或模型不一致的数据对象，它们与数据的其他部分非常不同或不一致。

离群点挖掘可以描述为，给定 n 个数据点或对象的集合，以及预期的离群点数目 k，发现与剩余的数据相比显著相异、异常或不一致的头 k 个对象。

离群点挖掘问题可以看作两个子问题。

（1）定义在给定数据集中什么样的数据认为是不一致的。

（2）找到一个有效的方法挖掘这样的离群点。

2．离群点产生的原因

产生离群点的原因多种多样，主要原因如下。

（1）计算的误差或者操作的错误所致，例如，某人的年龄-999 岁，这就是明显由误操作所导致的离群点。

（2）数据本身的可变性或弹性所致，例如，一个公司中 CEO 的工资肯定明显高于其他普通员工的工资，于是 CEO 变成为了由于数据本身可变性所导致的离群点。

3．为什么要对离群点进行检测

一方面，离群点作为噪声会影响数据挖掘的有效性和可靠性。另一方面，这些离群点也许正是用户感兴趣的，如在欺诈检测领域，那些与正常数据行为不一致的离群点，往往预示着欺诈行为，因此被执法者所关注。

4．离群点检测遇到的困难

在检测离群点时，遇到的常见问题如下。

（1）在时序样本中发现离群点一般比较困难，因为这些离群点可能会隐藏在趋势、季节性或者其他变化中。

（2）对于属性为非数值型的样本，如何表现出异常，一般难以准确量化。

（3）针对高维数据，离群点的异常特征可能是多维度的组合，而不是单一维度就能体现的。

10.7.2 常见的离群点检测方法

目前的离群点检测一般都是基于数据挖掘方法的，这些方法可以分为统计学方法、基于距离的方法和基于偏差的方法等。

1. 基于统计分布的离群点检测方法

基于统计分布的离群点检测方法是对给定的数据集假设了一个分布或概率模型（如正态分布），然后根据模型采用不和谐检验识别离群点。应用该检验需要数据集参数知识，分布参数知识和期望的离群点数目。

例如，设属性 x 取自标准正态分布 $N(0,1)$，如果属性值 x 满足 $p(|x| \geq c) = \alpha$，其中 c 是给定的常量，则 x 以概率 $1 - \alpha$ 为离群点。

对于离群点检测，统计学方法的一个主要缺点是绝大多数检验是针对单个属性的，而许多数据挖掘问题要求在多维空间中发现离群点。此外，统计学方法要求关于数据集的参数知识，如数据分布。然而，在许多情况下，数据分布可能是未知的。当特效的检验尚未开发，或者观察到的分布不能恰当地用任何标准的分布建模时，统计学方法不能确保所有的离群点被发现。

2. 基于距离的离群点检测方法

为了解决统计学方法带来的限制，引入了基于距离的离群点的概念。

如果数据集合 D 中对象至少有 pct 部分与对象 o 的距离大于 $d_{\min}$，则称对象 o 是以 pct 和 $d_{\min}$ 为参数基于距离的离群点，记为 DB(pct,$d_{\min}$)。其中，$d_{\min}$ 是邻域半径，pct 是一个异常的 $d_{\min}$ 邻域外的最少对象比例。

换句话说，不依赖于统计检验，可以将基于距离的离群点看作没有"足够多"紧邻的对象，其中紧邻基于到给定对象的距离定义。基于距离的离群点检测避免了与观测分布拟合到某个标准分布和选择不和谐检验相关联的过多计算。

挖掘基于距离的离群点高效算法有基于索引的算法、嵌套–循环算法和基于单元的算法等。

3. 基于密度的离群点检测方法

前面介绍的基于统计学和基于距离的离群点检测都依赖于给定数据集的"全局"分布，对整个数据集带有一个"全局"观点，因此产生的离群点也是"全局"离群点。然而，数据通常并非是均匀分布的。当分析分布密度相差很大的数据时基于统计学和基于距离的离群点识别方法都将遇到困难。

基于密度的离群点概念由 Breunig 等人提出，引入局部离群点这一新的概念，一个对象如果是局部离群点，那么相对于它的局部邻域是远离的。通过比较每个点与附近邻域点的密度来考察它们的离群程度，用局部离群因子（LOF）表示。

在基于密度的离群点检测中，借用了 DBSCAN 算法的一些概念。

对象 p 的 k 距离 k-dist(p) 是指对象 p 到它的 k 最邻近点的最大距离。对象 p 的 k 距离邻域 $N_{k\text{-dist}(p)}(p)$ 是指与对象 p 之间距离小于或等于 k-dist(p) 的对象集合，该邻域其实是以 p 为中心，k-dist(p) 为半径的区域内所有对象的集合。

可以想象，对于离群点 p，其 $N_{k\text{-dist}(p)}(p)$ 范围往往比较大，对于非离群点 p，其 $N_{k\text{-dist}(p)}(p)$ 范围往往比较小。对于同一个类簇中的对象来说，它们涵盖的区域面积大致相当。

对象 p 关于对象 o（其中 o 在 p 的 k 最近邻中）的可达距离定义为 reachdist$_k(p,o)$=MAX{k-dist(o), dist(p,o)}，即 k-dist(o) 和 dist(p, o) 值较大的那个。

对象 p 的局部可达密度 $\text{lrd}_k(p)$ 是基于 p 的 k 最近邻点的平均可达密度的倒数，即：

$$\text{lrd}_k = \frac{|N_k(p)|}{\displaystyle\sum_{o \in N_k(p)} \text{reachdist}_k(p,o)}$$

对象 p 的局部离群点因子（LOF）定义如下：

$$\text{LOF}_k(p) = \frac{\displaystyle\sum_{o \in N_k(p)} \text{lrd}_k(o)/\text{lrd}_k(p)}{|N_k(p)|}$$

它是 p 和它的 k 最近邻的局部可达密度比率的平均值，用来表示对象 p 为离群点的程度。如果对象 p 不是局部离群点，则 $\text{LOF}(p)$ 接近 1。对象 p 是局部离群点的程度越大，其 $\text{LOF}(p)$ 越高。

可以通过 $\text{LOF}(p)$ 来判断对象 p 是否为局部离群点。

4．基于偏差的离群点检测方法

基于偏差的离群点不采用统计检验或基于距离的度量值来确定异常对象。相反，它通过检查一组对象的主要特征来识别离群点。与给出描述偏离的对象被认为是离群点。

基于偏差的离群点检测技术主要有如下两种。

（1）顺序异常技术。模仿人类从一系列推测类似的对象中识别异常对象的方式。

（2）OLAP 数据立方体方法。在大规模的多维数据中采用数据立方体来确定异常区域。如果一个立方体的单元值明显不同于根据统计模型得到的期望值，则该单元值被认为是一个异常，并用可视化技术表示。

练 习 题 10

1．聚类和分类的区别是什么？它们之间有什么联系？

2．对象 $o_1 = (1,8,5,10)$，$o_2 = (3,18,15,30)$，计算两个对象的曼哈坦距离、欧几里得距离和闵可夫斯基距离（$q=4$）。

3．简述一个好的聚类算法应具有哪些特征。

4．简述 k-均值算法和 k-中心点算法的异同。

5．简述划分聚类算法的主要思想。

6．有两个簇 $C_1 = \{p_1, p_2, p_3\}$ 和 $C_2 = \{p_4, p_5, p_6\}$，其中 $p_1 = (1,1)$, $p_2 = (2,2)$, $p_3 = (3,3)$, $p_4 = (7,7)$, $p_5 = (8,8)$, $p_6 = (9,9)$。计算这两个簇间的最小距离、最大距离和组平均距离。

7．有一个如表 10.20 所示的数据集，采用 $k=3$ 的 k-均值算法进行聚类，说明聚类结果和聚类过程。

8．对于表 10.20 所示的数据集，采用 $k=3$ 的 k-中心点算法进行聚类，说明聚类结果和聚类过程。

表 10.20　一个数据集

序　号	x 属性	y 属性	序号	x 属性	y 属性
1	2	10	5	7	5
2	2	3	6	6	4
3	8	4	7	1	2
4	5	8	8	4	9

9．对于表 10.20 所示的数据集，设 $k=3$，采用欧几里得距离函数，用 DIANA 算法和 AGNES 算法进行层次聚类，说明聚类结果和聚类过程。

10．简述 BIRCH 算法中的聚类特征，为什么采用这样的聚类特征？

11．简述 Chameleon 算法的主要思想。

12．OPTICS 算法和 DBSCAN 算法相比有什么特点？

13．简述基于网格的聚类算法的应用场合。

14．简述 EM 算法的主要思想。

15．对表 10.20 所示的数据集，设 $k=3$，给出采用 EM 算法进行聚类的结果和过程。

16．离群点检测有什么作用？

17．关于 k-均值算法和 DBSCAN 算法的比较，以下说法哪些是错误的。

（1）k-均值算法会丢弃被它识别为噪声的对象，而 DBSCAN 算法一般聚类所有对象。

（2）k-均值算法使用簇的基于距离的概念，而 DBSCAN 算法使用基于密度的概念。

（3）k-均值算法很难处理非球形的簇和不同大小的簇，DBSCAN 算法可以处理不同大小和不同形状的簇。

（4）k-均值算法可以发现不是明显分离的簇，即便簇有重叠也可以发现，但是 DBSCAN 算法会合并有重叠的簇。

18．判断以下叙述的正确性。

（1）在聚类分析当中，簇内的相似性越大，簇间的差别越大，聚类的效果就越差。

（2）聚类分析可以看作是一种非监督的分类。

（3）k-均值算法是一种产生划分聚类的基于密度的聚类算法，簇的个数由算法自动地确定。

（4）给定由两次运行 k-均值算法产生的两个不同的簇集，误差的平方和最大的那个应该被视为较优。

（5）从点作为个体簇开始，每一步合并两个最接近的簇，这是一种分裂的层次聚类方法。

（6）DBSCAN 算法是相对抗噪声的，并且能够处理任意形状和大小的簇。

思 考 题 10

1．从算法基于的方法、时间复杂度、支持数据集的大小、用户输入参数和是否检测离群点等方面总结各种聚类算法的特点。

2．参阅相关文献，学习 DBNCLUE 算法，比较它与 DBSCAN 算法的异同。

3．参阅相关文献，以某种类型的聚类算法（如基于划分的聚类算法）为主题，讨论最近人们提出的各种新算法。

4．聚类算法研究已经有几十年的历史，为什么说"聚类问题仍然存在着巨大的挑战"？

5．结合大数据时代的特点，讨论聚类算法的应用前景。

第11章

其他挖掘方法

数据挖掘的研究范围十分广泛，除了前面几章介绍的基本数据挖掘方法外，数据挖掘方法应用到不同的领域形成了与相关领域相结合的各种数据挖掘技术，本章主要介绍文本挖掘、Web 挖掘和空间数据挖掘方法。

11.1　文本挖掘

文本挖掘是数据挖掘的一个研究分支，用于基于文本信息的知识发现。本节简要介绍文本挖掘的相关概念和技术。

11.1.1　文本挖掘概述

1．什么是文本挖掘

文本挖掘处理的是非结构化的文本信息，文本挖掘的主要任务是分析文本的内容特征，发现文本中的概念、文本之间的相互作用，为用户提供相关知识和信息。由于非结构化数据的特点，文本挖掘和数据库挖掘在目标上具有相似性，在技术实现上具有一定的差异。

2．文本挖掘过程

文本挖掘是指从大量文本的集合 C 中发现隐含的模式 p。如果将 C 看作输入，将 p 看作输出，那么文本挖掘的过程就是从输入到输出的一个映射 $\xi : C \rightarrow p$。文本挖掘的一般过程如图 11.1 所示。

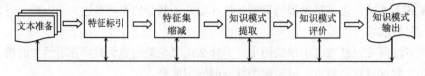

图 11.1　文本挖掘的一般过程

各阶段的说明如下。

（1）文本准备阶段的任务是对文本进行选择和净化等，用来确定文本信息源中用于进一步分析的文本。具体任务包括分词、句子和段落划分、信息过滤等。

（2）特征标引阶段的任务是给出文本内容特征，通常由计算机系统自动选择一组主题词或关键词来作为文本的特征表示。

（3）特征缩减阶段的任务是从原始特征集中提取部分特征。

（4）知识模式提取阶段的任务是发现文本中的不同实体、实体间概念关系以及文本中其他类型隐含知识的过程。

（5）知识模式评价阶段的任务是从提取的知识模式集中筛选出用户感兴趣、有意义的知识模式。

（6）知识模式输出阶段的任务是将挖掘出来的知识模式以多种方式提交给用户。

3．文本挖掘和数据挖掘的区别

文本挖掘作为数据挖掘的一个分支，可以采用数据挖掘的许多相同方法。但两者之间也存在差别，文本挖掘和数据挖掘的区别可以从研究对象、对象结构、目标和方法几个方面进行比较，如表11.1 所示，从而看出，尽管文本挖掘是从数据挖掘发展而来的，但它并不意味着简单地将数据挖掘技术运用到大量文本集上就可以实现文本挖掘，还需要做很多准备工作。

表 11.1　文本挖掘和数据挖掘的区别

区　别　项	数　据　挖　掘	文　本　挖　掘
研究对象	用数字表示的、结构化的数据	无结构或者半结构化的文本
对象结构	关系数据库	自由开放的文本
目标	获取知识，预测以后的状态	提取概念和知识
方法	关联分析、k-最近邻、决策树、贝叶斯分类、神经网络、支持向量机、粗糙集、聚类算法等	提取短语、形成概念、关联分析、文本分类、文本聚类等

11.1.2　数据预处理技术

中文的预处理技术主要包括分词、特征表示和特征提取。与数据库中的结构化数据相比，文本具有有限的结构，或者根本就没有结构。此外，文档的内容是人类所使用的自然语言，计算机很难处理其语义。文本信息源的这些特殊性使得数据预处理技术在文本挖掘中更加重要。

1．分词技术

在对文档进行特征提取前，需要先进行文本信息的预处理，由于中文词与词之间没有像英文那样固有的间隔符（空格），需要进行分词处理。目前主要有基于词库的分词方法和无词典的分词方法两种。

1）基于词库的分词方法

基于词库的分词方法是按照一定的策略,将文本中的一部分可能被切成一个词的小段与一个词典（词库）里面的词进行比较，若存在，则划分为一个词。根据采用的策略不同又分为正向最大匹配和逆向最大匹配等。

例如，一个句子为 S＝"我们是学生"，长度 n＝5。采用正向最大匹配的过程是：取 S_1＝"我们是学生"，在词典中未找到，去掉 S_1 最后一个字得到 S_1＝"我们是学"，仍未找到，再去掉 S_1 最后一个字得到 S_1＝"我们是"，仍未找到，去掉 S_1 最后一个字得到 S_1＝"我们"，此时找到了；取 S_2＝"是学生"，在词典中未找到，去掉 S_2 最后一个字得到 S_2＝"是学"，仍未找到，去掉 S_2 最后一个字得到 S_2＝"是"，此时找到了；取 S_3＝"学生"，在词典中找到了。所以 S 的分词结果是"我们/是/学生"。

采用反向最大匹配的过程是：取 S_1＝"我们是学生"，在词典中未找到，去掉 S_1 第一个字得到

S_1="们是学生"，仍未找到，再去掉 S_1 第一个字得到 S_1="是学生"，仍未找到，去掉 S_1 第一个字得到 S_1="学生"，此时找到了；取 S_2="我们是"，在词典中未找到，去掉 S_2 第一个字得到 S_2="们是"，仍未找到，去掉 S_2 第一个字得到 S_2="是"，此时找到了；取 S_3="学生"，在词典中找到了。所以 S 的分词结果同样是"我们/是/学生"。

基于词库的分词方法的特点是易于实现，设计简单，但分词的正确性很大程度上取决于所建的词库，对于歧义和未登录词的切分具有很大的困难。

2）基于无词典的分词方法

这种方法是基于词频的统计，将原文中任意前后紧邻的两个字作为一个词进行出现频率的统计，出现的次数越高，成为一个词的可能性也就越大，在频率超过某个预先设定的阈值时，就将其作为一个词进行索引。

这种方法能够有效地抽取出未登录词。然而它也有一定的局限性，会经常抽出一些共现频率高但并不是词的常用字组，如"有的"，"许多的"等。

有的分词方法在分词之前先做一些预处理，如过滤掉一些平凡词如"在"、"了"、"的"等、过滤掉一些相对低频词、仅保留相对高频词等，从而提高分词速度。

2. 特征表示

文本特征是指关于文本的元数据，分为描述性特征（如文本的名称、日期、大小、类型等）和语义性特征（如文本的作者、机构、标题、内容等）。特征表示是指以一定特征项（如词或描述）来代表文档，在文本挖掘时只需对这些特征项进行处理，从而实现对非结构化的文本处理。这是一个非结构化向结构化转换的处理步骤。

特征表示的构造过程就是挖掘模型的构造过程。特征表示模型有多种，常用的有向量空间模型（Vector Space Model，VSM）、布尔逻辑型、概率型以及混合型等。

在向量空间模型中，一个文本集由若干文本组成，每个文本被表示为在一个高维词空间中的一个特征向量 $d_i=(t_{i,1}, w_{i,1}, t_{i,2}, w_{i,2}, \cdots, t_{i,m}, w_{i,m})$，其中 d_i 为文本，$t_{i,j}$ 表示第 i 个文本 d_i 中的第 j 个词，$w_{i,j}$ 表示词 $t_{i,j}$ 在文本 d_i 中的权重。词的权重一般采用 $w_{i,j}=tf \times idf$ 方法计算得到。

定义 11.1 词频 TF（Term Frequency）是指一个词在一个文本中出现的频数，其定义为 $\mathrm{TF}_{t_{i,j}} = \dfrac{n_{t_{i,j}}}{N_i}$，其中，$n_{t_{i,j}}$ 是词 $t_{i,j}$ 在文本 d_i 中出现的次数，N_i 是文本 d_i 中所有词出现的总数。显然，一个词的 TF 值越大，则对文本的贡献度越大。

一个包含多个文本的文本集中，由词的词频可以组成一个词频矩阵，如表 11.2 所示是一个 4 个词和 6 个文本的词频矩阵。

定义 11.2 逆文本频度 IDF（Inverse Document Frequency）表示一个词在整个文本集中的分布情况，其定义为 $\mathrm{IDF}_{t_{i,j}} = \log_2 \dfrac{N}{m_{t_{i,j}}}$，其中，$N$ 是文本集中包含的文本总数，$m_{t_{i,j}}$ 是包含词 $t_{i,j}$ 的文本个数。

TF×IDF 是一种常用的词权重计算方法，有多种形式。如果一个词或短语在一篇文章中出现的词频 TF 高，并且在其他文章中很少出现，则认为该词或短语具有较好的类别区分能力，适合用来分类。TF×IDF 结合了两者，从词出现在文本中的频率和在文本集中的分布情况两方面来衡量词的重要性。

表 11.2　表示文本集词频的词频矩阵

词＼文本	d_1	d_2	d_3	d_4	d_5	d_6
t_1	322/10000	85/8300	35/2300	69/2850	15/950	320/1920
t_2	361/10000	90/8300	76/2300	57/2850	13/950	370/1920
t_3	25/10000	33/8300	160/2300	48/2850	221/950	26/1920
t_4	30/10000	140/8300	70/2300	201/2850	16/950	35/1920

3．特征提取

用向量空间模型得到的特征向量的维数往往会达到数十万维，如此高维的特征对即将进行的分类学习未必全是重要、有益的（一般只选择 2%～5%的最佳特征作为分类依据），而且高维的特征会大大增加机器的学习时间，这便是特征提取所要完成的工作。

特征提取算法一般是构造一个评价函数，对每个特征进行评估，然后把特征按分值高低排队，预定数目分数最高的特征被选取。在文本处理中，常用的评估函数有信息增益、期望交叉熵（Expected Cross Entropy）、互信息（Mutual Information）、文本证据权（The Weight of Evidence for Text）和词频等。

例如，词 t_i 的信息增益定义如下：

$$IG(t_i) = H(C) - H(C \mid t_i)$$

$$= -\sum_{j=1}^{n} p(C_j) \log_2 p(C_j) - \left(p(t_i) \times \left[-\sum_{j=1}^{n} p(C_j \mid t_i) \log_2 p(C_j \mid t_i) \right] + p(\overline{t_i}) \times \left[-\sum_{j=1}^{n} p(C_j \mid \overline{t_i}) \log_2 p(C_j \mid \overline{t_i}) \right] \right)$$

其中，$p(C_j)$ 是指类别 C_j 中文本在语料库中出现的概率，$p(t_i)$ 表示语料库中特征词 t_i 出现的概率，$p(C_j|t_i)$ 表示特征词 t_i 在类别 C_j 中出现的概率，$p(\overline{t_i})$ 表示语料库中特征词 t_i 不出现的概率，$p(C_j \mid \overline{t_i})$ 表示特征词 t_i 不在类别 C_j 中出现的概率，n 表示语料库中包含的文本类别数。

信息增益是一种全局特征选择方法，它考虑特征词对整个分类的区分能力。

通过将文本转换为特征向量形式并经特征提取以后，便可以进行挖掘分析了。常用的文本挖掘分析技术有文本结构分析、文本分类、文本聚类、文本摘要、文本关联分析、分布分析和趋势预测等。

11.1.3　文本结构分析

文本结构分析的目的是为了更好地理解文本的主题思想，了解文本所表达的内容以及采用的方式。最终结果是建立文本的逻辑结构，即文本结构树。如图 11.2 所示是文章的形式结构图，根结点是文章层，依次为节层、段落层、句子层和词层。

可以看出，文章形式结构单元包括文章、节、段落、句子、词。它们按照文本的内在逻辑结构安排各个组成单元构成层次关系，由词构成句子，由句子构成段落，由段落构成节，由节构成文章。

对于一个文本集，每个文本都采用这种文本形式结构表示，构成了整个文本集的文本结构表示，它是语义划分和更深层次文本挖掘的基础。

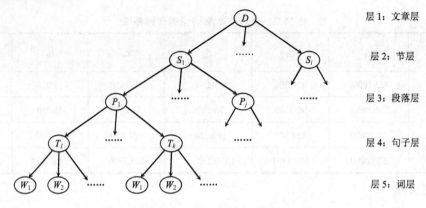

层1：文章层

层2：节层

层3：段落层

层4：句子层

层5：词层

图 11.2　文章形式结构图

11.1.4　文本分类

文本分类的目的是让计算机学会一个分类函数或分类模型,该模型能把文本映射到已存在的多个类别中的某一类,使检索或查询的速度更快,准确率更高。训练方法和分类算法是分类系统的核心部分。下面介绍基本的文本分类方法。

1. 朴素贝叶斯分类算法

其基本思路是计算文本 d_i 属于某一类别 C_j 的概率 $p(C_j|d_i)$,该类别概率等于文本中每一个特征词属于这个类别的概率的综合表达式,而每个词属于该类别的概率又在一定程度上可以用这个词在该类别训练文本中出现的次数来粗略估计。

假设文本集中每个样本用 m 维特征向量 $d_i=(t_{i,1},t_{i,2},\cdots,t_{i,m})$ 来表示,基于贝叶斯定理,计算待定文本 d_i 的后验概率用 $p(C_j|d_i)$ 表示,则:

$$p(C_j \mid d_i) = \frac{p(C_j)p(d_i \mid C_j)}{p(d_i)}$$

其中,$p(d_i)$ 对计算结果没有影响,因此可以不计算。朴素贝叶斯分类算法假设词与词之间是独立的,于是:

$$p(d_i \mid C_j) = p(t_{i,1},t_{i,2},\cdots,t_{j,m} \mid C_j) = \prod_{k=1}^{m} p(t_{i,k} \mid C_j)$$

类别的先验概率 $p(C_j)$ 和条件概率 $p(t_{j,k}|C_j)$ 在文本训练集中用下面的公式来估算:

$$p(C_j) = \frac{n_j}{N}, \quad p(t_{i,k} \mid C_j) = \frac{n_{j,k}+1}{n_j+r}$$

其中,n_j 表示样本集中属于类 C_j 的训练文本数目,N 表示样本集中总的训练样本数。$n_{j,k}$ 表示类别 C_j 中出现特征词 t_k 的文本数目。r 表示固定参数,作为输入参数。

将文本 d_i 分配到类别 C_j 中,有 $j = \arg\max_{j}\{p(C_j \mid d_i)\}$。

朴素贝叶斯分类算法的优点是逻辑简单、易于实现,文本分类过程时空开销小,算法稳定。但基于文本中各个特征词之间相互独立,其中一个词的出现不受另一个词的影响,这显然不符合实际情况。

2. 类中心最近距离分类算法

该方法又称为 Rocchio 算法,最早由 Hull 在 1994 年引入文本分类,它是基于最小距离的算法。

其基本思想是用简单的算术平均为每个类中的训练集生成一个代表该类别向量的中心向量,然后计算测试向量与每类别中心向量之间的相似度,最后判断文本属于与它最相似的类别。

特征向量表示为 $d_i=(t_{i,1},w_{i,1},t_{i,2},w_{i,2},\cdots,t_{i,m},w_{i,m})$,向量相似性的度量一般采用以下几种形式。

1)夹角余弦

采用的相似度公式为:

$$\mathrm{sim}(d_i,d_j)=\cos(\theta)=\frac{\sum\limits_{k=1}^{n}w_{i,k}\times w_{j,k}}{\sqrt{\sum\limits_{k=1}^{n}w_{i,k}^2\times\sum\limits_{k=1}^{n}w_{j,k}^2}}$$

夹角余弦表示一个文本相对于另一个文本的相似度。相似度越大,说明两个文本相关程度越高,反之,相关程度越低。

2)向量内积

采用的相似度公式为:

$$\mathrm{sim}(d_i,d_j)=d_i\bullet d_j=\sum_{k=1}^{n}w_{i,k}\times w_{j,k}$$

3)欧几里得距离

采用的距离公式为:

$$\mathrm{dist}(d_i,d_j)=\sqrt{\frac{1}{N}\sum_{k=1}^{n}(w_{i,k}-w_{j,k})^2}$$

两个文本的欧几里得距离越小,它们的相关程度越高,反之,它们的相关程度越低。

在 Rocchio 算法中,训练过程是为了生成所有类别的中心向量,在分类阶段中,采用最近距离判别法把文本分配到与其最相似的类别中。因此,如果类间距离比较大而类内距离比较小的类别分布情况,该方法能达到较好的分类效果,反之,效果比较差。

该算法简单、易于实现,通常用来实现衡量文本分类系统性能的基准系统,而很少单独解决分类问题。

3.k-最近邻分类算法

k-最近邻分类算法(kNN)是一种基于实例的文本分类方法,将文本转化为向量空间模型。其基本思想是,对于待分类的文本,计算出训练文本集中与它距离最近的 k 个文本,依据这 k 个文本所属的类别来判断它所属的类别。

可以用夹角余弦、向量内积或欧几里得距离计算出 k 个最相似的文本。基本的决策规则是统计这 k 个文本中属于每一个类别的文本数,最多文本数的类别即为待分类文本的类别。

在考虑到样本平衡问题时,目前应用较广的是 SWF 决策规则,它根据 k 个近邻与待分类文本的相似度之和来加权每个近邻文本对分类的贡献,这样可以减少分布不均匀对分类的影响。

定义 11.3 SWF 决策规则的描述如下:

$$\mathrm{SCORE}(d,C_j)=\sum\mathrm{sim}(d,d_i)\times y(d_i,C_j)-b_j$$

其中,$\mathrm{SCORE}(d,C_j)$ 表示文本 d 属于类 C_j 的分值,$\mathrm{sim}(d,d_i)$ 表示文本 d 与 d_i 之间的相似度。当 d_i 属于类别 C_j 时,$y(d_i,C_j)=1$,否则 $y(d_i,C_j)=0$,b_j 是一个阈值,通过训练得到。

kNN 算法的不足之处是判断一个新文本的类别时,需要把它与现存所有训练文本都比较一遍。

另外，当样本不平衡时，即如果一个类别的样本容量很大而其他类别很小时，可能导致输入一个新样本时，该样本的 k 个近邻中大容量样本占多数。

4．决策树分类算法

决策树的基本思想是建立一棵树，每个结点表示特征，从结点引出的每个分支为该特征上的测试输出，而每个叶结点表示类别。

决策树算法的核心是选取测试属性和决策树的剪枝。除了常用的信息增益法外，选择测试属性的依据还有熵、距离度量和相关度等度量方法。从决策树的根结点到每个叶结点的每一条路径形成类别归属初步规则。

决策树算法实际上是一种基于规则的分类器，其含义明确，容易理解，因此适合采用二值形式的文本描述方法。但当文本集较大时，规则库会变得非常大，以及数据敏感性增强会造成过分拟合问题。另外，在文本分类中，与其他方法相比，基于规则的分类器性能相对较弱。

5．神经网络

在文本分类中，神经网络是一组连接的输入输出神经元，输入神经元代表词，输出神经元代表文本的类别，神经元之间的连接都有相应的权值。在训练阶段，通过某种算法，如正向传播算法或反向修正算法，调整权值，使得测试文本能够根据调整后的权值正确地学习。从而得到多个不同的神经网络模型，然后令一个未知类别的文本依次经过这些神经网络模型，得到不同的输出值，通过比较这些输出值，最终确定文本的类别。

6．分类性能评估

文本分类器性能评估通常采用评估指标来衡量。常用的评估指标有查全率（又称召回率）、查准率（又称准确率）和 F1 标准等。

查全率是衡量所有实际属于某个类别的文本被划分到该类别中的比率。查全率越高表明分类器在该类上可能漏掉的分类越少，它体现了分类的完备性，其公式如下：

$$查全率=\frac{正确分类的样本数}{应有的样本数}$$

查准率是衡量所有被划分到该类别的文本中正确文本的比率。查准率越高表明在该类别上出错的概率越小，它体现了分类的准确程度，其公式如下：

$$查准率=\frac{正确分类的样本数}{实际分类的样本数}$$

F1 指标既考虑了查全率又考虑了查准率，将两者看作同等重要。其公式如下：

$$F1=\frac{查准率\times查全率\times2}{查准率+查全率}$$

11.1.5　文本聚类

文本分类是将文档归入到已经存在的类中，文本聚类的目标和文本分类是一样的，只是实现的方法不同。文本聚类是根据文本数据的不同特征，按照事物间的相似性，将其划分为不同数据类的过程。其目的是使同一类别的文本间相似度尽可能大，而不同类别的文本间相似度尽可能小。目前文本聚类大部分采用数据挖掘的各类聚类算法，只是将聚类对象变为文本的特征向量。

1．基于划分

基于划分的聚类算法是文本聚类应用中最为普遍的算法。它将文本集分成若干个子集，根据设定的划分数目 k 选出 k 个初始簇，得到一个初始划分，然后采用迭代方式，反复在 k 个簇之间重新计算每个簇的聚类中心，并重新分配每个簇中的对象，以改进划分的质量。

典型的划分聚类方法有 k–均值算法和 k–中心点算法，两者的区别在于簇代表点的计算方法不同。前者使用所有点的均值来代表簇，后者则采用簇中某个文本来代表簇。簇的代表点用特征向量表示，相似度计算公式可以采用夹角余弦、向量内积或欧几里得距离等。

基于划分方法的优点是执行速度快，但该方法必须事先确定 k 的取值。算法容易局部收敛，且不同的初始簇选取对聚类结果影响较大。为此，应用最广泛的 k-均值算法有很多变种，在初始 k 个聚类中心的选择、相似度的计算和计算聚类中心等策略上有所不同，最终实现聚类结果改进的目标。

2．基于层次

基于层次的聚类算法是通过分解给定的文本集来创建一个层次。这种聚类算法有两种基本的技术途径：一是先把每个文本看作一个簇，然后逐步对簇进行合并，直到所有文本合为一个簇，或满足一定条件为止；二是把文本集中所有文本看成一个簇，根据一些规则不断选择一个簇进行分解，直到满足一些预定的条件，如簇数目达到了预定值或两个最近簇的距离达到阈值等。前者称为自下而上的凝聚式聚类，后者称为自上而下的分裂式聚类。

在文本聚类中，最常见的是凝聚的层次聚类算法。使用该算法可以得到较好的聚类结果，而且该算法无须用户输入参数；但是层次聚类算法的时间复杂度比较高，达到了 $O(n^2)$，对于大规模的文本集不适用。此外，在层次聚类算法中，一旦两个簇在凝聚和分裂后，这个过程将不能被撤销，簇之间也不能交换对象。如果某一步没有很好地选择要凝聚或者分裂的簇，将会导致低质量的聚类结果。

3．基于密度

绝大多数划分算法都是基于对象之间的距离进行聚类的，这类算法能发现圆形或球状的簇，较难发现任意形状的簇。为此，提出了基于密度的聚类算法，其主要思想是：只要邻近区域的对象数目超过某个阈值，就继续聚类。即对给定类别中的每个对象，在一个给定范围的区域中至少包含某个数目的对象，这样就能很好地过滤掉"噪声"数据，发现任意形状的簇。

基于密度的聚类算法在当前的文献中较少被用于文本聚类中。这是由于文本间的相似度不稳定，同属一簇的文本，有些文本间的相似度较高，所以密度高；有些相似度较低，所以密度低。如果根据全局的密度参数进行判断，显然是不适合的。并且密度单元的计算复杂度大，需要建立空间索引来降低计算量，且对数据维数的伸缩性较差。

4．基于网格

基于网格的算法把对象空间量化为有限数目的单元，形成了一个网络结构。所用的聚类操作都在整个网络结构，即量化的空间上进行。这种算法的一个突出优点就是处理速度很快，其处理时间独立于数据对象的数目，只与量化空间中的每一维的单元数目有关。此外，它还可以处理高维数据。

其代表算法有统计信息网格法 STING 算法、聚类高维空间法 CLIQUE 算法、基于小波变换的聚类法 WaveCluster 算法。

5．基于模型

基于模型的算法试图优化给定的数据和某些数学模型之间的适应性。这种算法经常是基于这样的假设，数据是根据潜在的概率分布生成的。它通过为每个聚类假设一个模型来发现符合相应模型的数据对象。根据标准统计方法并综合考虑"噪声"或异常数据，该方法可以自动确定聚类个数，从而得到鲁棒性较好的聚类方法。

基于模型的算法主要有 EM 和 COBWEB 等。

11.1.6 文本摘要

文本摘要是指从文档中抽取关键信息，用简洁的形式对文档内容进行解释和概括。这样，用户不需要浏览全文就可以了解文档或文档集合的总体内容。

根据摘要所覆盖的文档数量，文本摘要可以分为单文档摘要与多文档摘要。单文档摘要技术为单个文档生成摘要，而多文档摘要技术则为多个主题类似的文档产生摘要。

1. 单文档摘要

单文档自动摘要针对单个文档，对其中的内容进行抽取，并针对用户或者应用需求，将文中最重要的内容以压缩的形式呈现给用户。常见的单文档摘要技术包括基于特征的方法、基于词汇链的方法和基于图排序的方法。

1）基于特征的方法

任何一篇文章总有一些文章特征，如词频、特定段落（如首末段）、段落的特定句子（如首末句）等。通常频繁出现的词与文章主题有比较大的关联，因此可以根据各词出现的频率给文中的句子打分，以得分最高的几个句子组成文章的摘要。

还有假设文章中用于摘要抽取的各种特征是相互关联的，使用决策树而不是贝叶斯分类模型对句子打分，抽取得分最高的部分句子作为文章摘要。

2）基于词汇链的方法

基于词汇链的方法主要通过对文章内容进行自然语言分析生成摘要。典型的方法是通过分析生成词汇链来做摘要提取，其基本过程是选择候选词的集合，根据与词汇链里成员的相关程度为每个候选词选择词汇链，如果发现候选词与某词汇链相关度高，则把候选词加入词汇链内。最后根据长度与一致性给每个链打分，并使用一些启发式方法挑选部分词汇链生成摘要。

3）基于图排序的方法

基于图排序的文本摘要方法的一般思想是把文章分解为若干个单元（句子或段落等），每个单元对应一个图的顶点，单元间的关系作为边，最后通过图排序的算法得出各顶点的得分，并在此基础上生成文本摘要。

2. 多文档摘要

多文档摘要的目的是为包含多份文档的文档集合生成一份能概括这些文档主要内容的摘要。相对于单文档摘要，多文档摘要除了要剔除多份文档中的冗余内容外，还要能够识别不同文档中的独特内容，使得生成的摘要能够尽量的简洁完整。

11.1.7 文本关联分析

文本关联分析是指从文档集合中找出不同词语之间的关系。目前主要是采用基于关键字的关联分析。

采用基于关键字的关联分析是从文本集中收集词或者关键字的集合，将问题转化为事务数据库中事务项的关联挖掘。其基本过程是：调用关联挖掘算法发现频繁出现的词或关键字，即频繁项集，然后根据频繁项集生成词或关键字的关联规则。例如，产生这样的关联规则，{数据挖掘,密度}→{DBSCAN,OPTICS}（支持度=30%，置信度=50%）。

在文本关联分析中，支持度和置信度的合理选取是一个关键因素。

11.2 Web 挖掘

Web 挖掘是数据挖掘技术在 Web 环境下的应用，是涉及 Web 技术、数据挖掘、计算机技术、信息科学等多个领域的一项技术。本节简要介绍 Web 挖掘的相关概念和技术。

11.2.1 Web 挖掘概述

1. 什么是 Web 挖掘

Web 挖掘是指从大量的 Web 文档集合中发现蕴涵、未知、有潜在应用价值、非平凡的模式。它所处理的对象包括静态网页、Web 数据库、Web 结构、用户使用记录等信息。

通过 Web 挖掘可以将 Web 文档分类、抽取主题、分析用户浏览站点的行为特点，以帮助用户获取、归纳信息，改进站点结构，为用户提供个性化服务等。

2. Web 挖掘与数据挖掘的区别

Web 挖掘与数据挖掘有着不同的含义。Web 挖掘的研究对象是以半结构化和无结构文档为中心的 Web 网页，这些数据没有统一的模式，数据的内容和表示互相交织，数据内容基本上没有语义信息进行描述，仅仅依靠 HTML 语法对数据进行结构上的描述，可以说 Web 网页的复杂性远比任何传统的文本文档大。

为了对这种半结构化数据进行分析和处理，Web 挖掘必须和其他研究手段结合起来。由于涉及很多知识领域，Web 挖掘是数据库、信息获取、人工智能、机器学习、模式识别、统计学、自然语言处理等多个研究方向的交汇点。

3. Web 挖掘的基本步骤

Web 挖掘的基本步骤如下。

（1）查找资源：从目标 Web 文档中得到数据。

（2）信息选择和预处理：从取得的 Web 资源中剔除无用信息和将信息进行必要的整理。

（3）模式发现：在同一个站点内部或在多个站点之间自动进行模式发现。

（4）模式分析：验证、解释所发现的模式。

4. Web 挖掘的分类

Web 上信息的多样性决定了 Web 挖掘任务的多样性。Web 挖掘的分类方法也有很多，如按 Web 文本的语言分类、按挖掘站点的属性分类等。根据挖掘对象的不同，可以分为 Web 内容挖掘、Web 结构挖掘和 Web 使用挖掘三类，如图 11.3 所示。

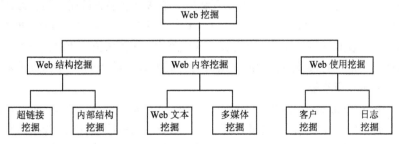

图 11.3 Web 挖掘的分类

5．Web 挖掘的主要应用

Web 挖掘的应用领域十分广泛，以下介绍几个常见领域的应用。

1）Web 挖掘在搜索引擎中的应用

Web 挖掘在搜索引擎中的主要应用有：网页文本自动分类、权威网页的发现、用户兴趣偏好挖掘等。

2）Web 挖掘在电子商务中的应用

Web 挖掘在电子商务中的主要应用有：用户的分类与聚类、网站内容的重组、网络流量分配情况、用户访问随时间变化情况分析、用户来源分析等。

3）Web 挖掘在知识服务中的应用

Web 挖掘在知识服务中的主要应用有：知识建构、网站广告点击率、访问站点用户的浏览器和平台分析、用户的个性和兴趣挖掘、预测用户可能访问的网页、用户行为趋势分析和用户分类等。

11.2.2　Web 结构挖掘

Web 结构包括不同网页之间的超链接和一个网页内部的超链接，以及文档 URL 中的目录路径结构等。Web 结构挖掘通常用于挖掘 Web 网页上的超链接结构，即 Web 超链接结构分析，从而发现那些包含于超文本结构之中的信息，帮助自动推断出那些权威网页，揭示出蕴含于文档结构中的个性化信息。

Web 结构挖掘常见的算法有 PageRank 和 HITS，下面重点介绍这两个算法。

1．PageRank 算法

PageRank 算法是 Web 超链接结构分析中最成功的代表之一。该算法由 Stanford 大学的 Brin 和 Page 提出，是评价网页权威性的一种重要工具。搜索引擎 Google 就是利用该算法和 anchor text 标记、词频统计等因素相结合的方法对检索出的大量结果进行相关度排序，将最权威的网页尽量排在前面，网页的权威性就是通过 PageRank 值来度量的。

如图 11.4 所示是 Google 中按"数据挖掘"关键字搜索的结果，Google 先按关键字查找到众多满足要求的网页，根据超链接的结构，计算出网页的 PageRank 值，然后依其大小列出相关的网页。

PageRank 算法的理论基础是：忽略 Web 网页上的文本和其他内容，只考虑网页间的超链接，把 Web 看成是一个巨大的有向图 $G=(V,E)$，结点 $v \in V$ 代表一个 Web 网页，有向边 $<p,q> \in E$ 代表从结点 p 指向结点 q 的超链接，结点 p 的出度（链出数）是指从网页 p 出发的超链接的总数，而入度（链入数）是指所有指向结点 p 的超链接的总数。

PageRank 算法的假设是：若一个网页 a 有到另一个网页 b 的超链接，则认为此超链接是网页 a 的作者对网页 b 的推荐，且两个网页的内容具有相似的主题。如果大量的网页推荐同一个网页，则后者被认为是一个权威网页。所以一个网页的入度越大，其权威值就越高。一个拥有高权威值的网页指向的网页比一个拥有低权威值的网页指向的网页更加重要。如果一个网页被其他重要的网页所指向，那么该网页也很重要。

定义 11.4　PageRank 值的具体定义如下。将 Web 对应成有向图，令 u、v 为网页，记 F_u 为 u 所指向的网页集合（即若 $v \in F_u$，则网页 u 含有指向网页 v 的链接），记 B_u 为指向网页 u 的网页集合。令 $N_u=|F_u|$，即 N_u 为网页 u 上的链接数，则网页 u 的 PageRank 值（u 的重要程度）PR(u) 可以

图 11.4　Google 中按"数据挖掘"关键字搜索的结果

简单地定义为：

$$\mathrm{PR}(u) = c \sum_{v \in B_u} \frac{\mathrm{PR}(v)}{N_v}$$

其中，c 为常量，是为了使 PageRank 值规范化的因子，它的选取不影响 PageRank 值计算结果的相对大小。

该式的含义是：网页 u 的 PageRank 值等于所有指向它的网页为它传入的 PageRank 值。如果网页 u 上有 N_u 个链接，那么它会把自身的 PageRank 值 $\mathrm{PR}(u)$ 平均地传出，即每一个链接传出 $\mathrm{PR}(u)/N_u$。

例如，假设一个由只有 4 个网页组成的集合：A、B、C 和 D。如果所有网页都链向 A，其链接结构如图 11.5（a）所示，那么 A 的 PR 值将是 B、C 和 D 的 PR 值和，即：

$$\mathrm{PR}(A) = \mathrm{PR}(B) + \mathrm{PR}(C) + \mathrm{PR}(D)$$

假设 4 个网页的链接结构如图 11.5（b）所示，则：

$$\mathrm{PR}(A) = \frac{\mathrm{PR}(B)}{2} + \frac{\mathrm{PR}(C)}{1} + \frac{\mathrm{PR}(D)}{3}$$

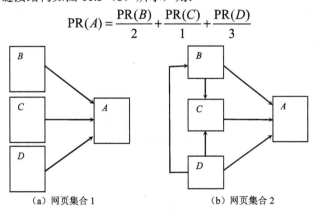

（a）网页集合 1　　　　　　　（b）网页集合 2

图 11.5　两个网页链接关系图

【例11.1】 假设 a、b、c 是 3 个网页，其链接结构如图 11.6 所示。在开始计算之前先要赋给每个网页一个初始 PageRank 值（初始值的选取不会影响 PageRank 值计算的结果），假设为(0,2.5,2.5)。计算的过程如下。

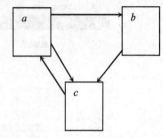

（1）第 1 次迭代，PR(a)=PR(c)/1=2.5；PR(b)=PR(a)/2=0（其中 PR(a)为本次迭代前的值即 0）；PR(c)=PR(a)/2+PR(b)/1=2.5（其中 PR(a)为本次迭代前的值即 0，PR(b)为本次迭代前的值即 2.5），如图 11.7（a）所示。

（2）第 2 次迭代，PR(a)=PR(c)/1=2.5/1=2.5；PR(b)=PR(a)/2=2.5/2=1.25；PR(c)=PR(a)/2+PR(b)/1=1.25+0=1.25，如图 11.7（b）所示。

图 11.6　网页间的链接结构图

（3）如此迭代下去，直到收敛（通常收敛条件为两次迭代之间的 PageRank 值小于某个阈值）。

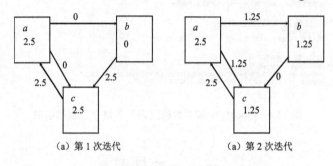

（a）第 1 次迭代　　　　　　　　（a）第 2 次迭代

图 11.7　PageRank 值计算过程

在上述 PageRank 值简单的计算过程中，若某个网页的链出数为零（也称为孤立网页），计算过程就无法进行下去。为此修改 PageRank 值的计算公式如下：

$$PR(p_i) = (1-q)\frac{E(p_i)}{N} + q\sum_{p_j}\frac{PR(p_j)}{L(p_j)}$$

其中，p_1、p_2、…、p_N 是 N 个被研究的网页，$L(p_j)$是网页 p_j 链出的数目。

其基本思想是：浏览者在一组无限周期性循环链接中浏览某个网页时，一段时间后会感觉到厌倦，然后随机地跳转到任何网页。用 q 表示停留在当前网页的概率，$1-q$ 表示随机地跳转到任何网页的概率，q 也称为阻尼系数。当浏览到一个孤立网页时，可以理解为可以随机地跳转到任何网页，所以可用链出数为 N。q 一般取值为 0.85。

$E(p_i)$为网页 p_i 的原始 rank 值，给不同的网页赋予不同的值可以使搜索结果不同，可以用于提供个性化的搜索，一般地，置每个网页的值为 1，即：

$$E = \begin{bmatrix} 1 & 1 & \cdots & 1 \\ 1 & 1 & \cdots & 1 \\ \cdots & \cdots & \cdots & \cdots \\ 1 & 1 & \cdots & 1 \end{bmatrix}$$

N 个网页的 PageRank 值是一个特殊矩阵中的特征向量，这个特征向量为：

$$R = \begin{bmatrix} PR(p_1) \\ PR(p_2) \\ \vdots \\ PR(p_N) \end{bmatrix}$$

R 是如下等式的一个解：

$$R = \begin{bmatrix} (1-q)/N \\ (1-q)/N \\ \vdots \\ (1-q)/N \end{bmatrix} + q \begin{bmatrix} l(p_1,p_1) & l(p_1,p_2) & \cdots & l(p_1,p_N) \\ l(p_2,p_1) & l(p_2,p_2) & \cdots & l(p_2,p_N) \\ \vdots & \vdots & \vdots & \vdots \\ l(p_N,p_1) & l(p_N,p_2) & \cdots & l(p_N,p_N) \end{bmatrix} R$$

如果网页 p_i 有指向网页 p_j 的一个链接，则 $l(p_i,p_j)=1$；否则 $l(p_i,p_j)=0$。

可以使用幂法求解 PageRank 值，即转换为求解 $\lim\limits_{n\to\infty} A^n X$ 的值，其中矩阵为 $A=q \times P+(1-q) \times E/N$，

P 为概率转移矩阵。

幂法计算 PageRank 值的算法如下。

输入：矩阵 A，阈值 ε。

输出：PageRank 矩阵 R（表示 N 个网页的 PageRank 值）。

方法：其过程描述如下。

```
X 为任意一个初始向量，用以设置每个网页的初始 PageRank 值，一般均为 1;
R=AX;
while (true)          //迭代
{    if (|X-R|<ε)     //如果最后两次的结果近似或者相同，返回 R
          return R;
     else
     {    X=R;
          R=AX;
     }
}
```

【**例 11.2**】 假设网页链接结构图如图 11.6 所示，即 $N=3$。设阈值 ε 的各元素值为 0.01，采用 PageRank 算法求各网页 PageRank 值的过程如下。

（1）求 A 矩阵。

① 求网页链接矩阵、概率矩阵和概率转移矩阵。

由图 11.6 所示直接得到网页链接矩阵 P。图中网页 a 链向网页 b 和 c，所以一个用户从网页 a 跳转到网页 b 或 c 的概率各为 1/2。因此，由 P 根据每个网页的链出数求出概率矩阵 P'。再将 P' 转置，得到相应的概率转移矩阵 P'^{T}，如图 11.8 所示。

$$P= \begin{array}{c} \\ a \\ b \\ c \end{array} \begin{array}{ccc} a & b & c \\ \end{array} \begin{bmatrix} 0 & 1 & 1 \\ 0 & 0 & 1 \\ 1 & 0 & 0 \end{bmatrix} \Longrightarrow P'= \begin{array}{c} \\ a \\ b \\ c \end{array} \begin{array}{ccc} a & b & c \\ \end{array} \begin{bmatrix} 0 & 1/2 & 1/2 \\ 0 & 0 & 1 \\ 1 & 0 & 0 \end{bmatrix} \Longrightarrow P'^{\mathrm{T}}= \begin{bmatrix} 0 & 0 & 1 \\ 1/2 & 0 & 0 \\ 1/2 & 1 & 0 \end{bmatrix}$$

图 11.8 网页链接矩阵 P、概率矩阵 P' 和概率转移矩阵 P'^{T}

② 求 E/N。

求 E/N 的结果如下：

$$E= \begin{array}{c} \\ a \\ b \\ c \end{array} \begin{array}{ccc} a & b & c \\ \end{array} \begin{bmatrix} 1 & 1 & 1 \\ 1 & 1 & 1 \\ 1 & 1 & 1 \end{bmatrix} \Longrightarrow E/N= \begin{array}{c} \\ a \\ b \\ c \end{array} \begin{array}{ccc} a & b & c \\ \end{array} \begin{bmatrix} 1/3 & 1/3 & 1/3 \\ 1/3 & 1/3 & 1/3 \\ 1/3 & 1/3 & 1/3 \end{bmatrix}$$

③ 求 A 矩阵。

$A=q×P+(1-q)×E/N=0.85×P+0.15×E/N$，其结果如下：

$$A = 0.85 \times \begin{bmatrix} 0 & 0 & 1 \\ 1/2 & 0 & 0 \\ 1/2 & 1 & 0 \end{bmatrix} + 0.15 \times \begin{bmatrix} 1/3 & 1/3 & 1/3 \\ 1/3 & 1/3 & 1/3 \\ 1/3 & 1/3 & 1/3 \end{bmatrix} = \begin{bmatrix} 0.05 & 0.05 & 0.9 \\ 0.475 & 0.05 & 0.05 \\ 0.475 & 0.9 & 0.05 \end{bmatrix}$$

初始每个网页的 PageRank 值均为 1，即 $X = \begin{bmatrix} 1 \\ 1 \\ 1 \end{bmatrix}$。

（2）循环迭代计算 PageRank 值。

① 第 1 次迭代。

$$R = AX = \begin{bmatrix} 0.05 & 0.05 & 0.9 \\ 0.475 & 0.05 & 0.05 \\ 0.475 & 0.9 & 0.05 \end{bmatrix} \begin{bmatrix} 1 \\ 1 \\ 1 \end{bmatrix} = \begin{bmatrix} 1 \\ 0.575 \\ 1.425 \end{bmatrix}$$

② 因为 X 与 R 的差别较大，第 2 次迭代。

$$R = AX = \begin{bmatrix} 0.05 & 0.05 & 0.9 \\ 0.475 & 0.05 & 0.05 \\ 0.475 & 0.9 & 0.05 \end{bmatrix} \times \begin{bmatrix} 1 \\ 0.575 \\ 1.425 \end{bmatrix} = \begin{bmatrix} 1.36 \\ 0.575 \\ 1.06 \end{bmatrix}$$

③ 因为 X 与 R 的差别较大，继续迭代，到第 8 次迭代。

$$R = AX = \begin{bmatrix} 0.05 & 0.05 & 0.9 \\ 0.475 & 0.05 & 0.05 \\ 0.475 & 0.9 & 0.05 \end{bmatrix} \times \begin{bmatrix} 1.18 \\ 0.63 \\ 1.19 \end{bmatrix} = \begin{bmatrix} 1.16 \\ 0.65 \\ 1.19 \end{bmatrix}$$

④ 第 9 次迭代。

$$R = AX = \begin{bmatrix} 0.05 & 0.05 & 0.9 \\ 0.475 & 0.05 & 0.05 \\ 0.475 & 0.9 & 0.05 \end{bmatrix} \times \begin{bmatrix} 1.16 \\ 0.65 \\ 1.19 \end{bmatrix} = \begin{bmatrix} 1.16 \\ 0.64 \\ 1.20 \end{bmatrix}$$

此时收敛条件成立（两次迭代之间的 PageRank 值小于或等于 0.01），所以最终结果为（1.16，0.64，1.20），这样 c 网页最权威。

PageRank 算法的优点是：它是一个与查询无关的静态算法，所有网页的 PageRank 值通过离线计算获得；有效减少在线查询时的计算量，极大地降低了查询响应时间。

其缺点是：人们的查询具有主题特征，PageRank 忽略了主题相关性，导致结果的相关性和主题性降低，例如，许多链接只是导航和广告，PageRank 可能错误地计算其重要性；另外，这样计算的结果是旧网页等级总会比新网页高，因为即使是非常好的新网页也不会有很多上游链接，除非它是某个站点的子站点。

2. HITS 算法

HITS（Hyperlink-Induced Topic Search）是 1998 年由 Kleinberg 提出的，它是基于链接的主题提取算法。它所依赖的是超链接环境下链接结构的分析。在 PageRank 算法中，向外链接的权值是平均的，没有考虑不同链接的不同重要性。事实上，不同链接的重要程度是有很大差异的。

HITS 算法认为网页的重要性应该依赖于用户提出的查询请求。而且对每一个网页应该将其 Authority 权重（由网页的链出数决定）和 Hub 权重（由网页的链入数决定）分开来考虑，通过分析网页之间的超链接结构，可以发现以下两种类型的网页。

定义 11.5 中心网页（Hub）是指一个指向权威网页的超链接集合的 Web 网页。也就是说，中心网页是指那些本身的内容虽然未必具有权威性，但包含了多个指向权威网页的超链接的网页。

定义 11.6 权威网页（Authority）是指一个被多个 Hub 页指向权威的 Web 网页。也就是说，权威网页是指那些与查询主题的上下文最为相关并且具有权威性的网页，是人们对于主题查询最关心的网页。

HITS 算法发现，在很多情况下，同一主题下的权威网页，如新浪和网易之间并不存在或很少存在相互的链接，所以权威网页通常都是通过中心网页发生关联的。HITS 算法就是通过挖掘 Web 链接结构，找出 Web 集合中的权威网页和中心网页。

HITS 算法描述了权威网页和中心网页之间的一种依赖关系：一个好的中心网页应该指向很多好的权威网页，而一个好的权威网页应该被很多好的中心网页所指向。

HITS 算法首先利用一个传统的文本搜索引擎（如 AltaVista）获取一个与主题相关的网页根集合（Root Set），然后向根集合中扩充那些指向根集合中网页的网页和根集合中网页所指向的网页，这样就获得了一个更大的基础集合（Base Set）。假设最终基础集合中包含 N 个网页，那么对于 HITS 算法来说，输入数据就是一个 $N \times N$ 的相邻矩阵 A，其中如果网页 p_i 存在一个链接到网页 p_j，则 $A_{ij}=1$，否则 $A_{ij}=0$。

HITS 算法为每个网页 p_i 分配两个度量值：中心度 h_i 和权威度 a_i。设向量 $a=(a_1,a_2,\cdots,a_N)$ 代表所有基础集合中网页的权威度，而向量 $h=(h_1,h_2,\cdots,h_N)$ 代表所有的中心度。最初，将这两个向量均置为 $(1,1,\cdots,1)^T$。

对于任何一个网页 p_i，其权威值 a_i 通过指向它的所有网页的中心度求和得到，其中心度 h_i 可以通过它所指向网页的权威值求和得到。

为此定义两个操作：操作 In(a) 使向量 $a=A^Th$，而操作 Out(h) 使向量 $h=Aa$。例如，如图 11.8 所示，有 3 个网页 p_1、p_2 和 p_3 链入到 p_4 网页，则 In(a_4)=$h_1+h_2+h_3$；网页 p_4 链出到 p_1、p_2、p_3 网页，则 Out(h_4)=$a_1+a_2+a_3$。

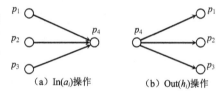

（a）In(a_i)操作   （b）Out(h_i)操作

图 11.8 In(a_i)和 Out(h_i)操作

反复迭代上述两个操作，每次迭代后对向量 a 和 h 规范化，以保证其数值不会使计算溢出。例如：

$$a \overset{\text{In}(a)}{=} A^Th \overset{\text{Out}(h)}{=} A^TAa = (A^TA)a$$

$$h \overset{\text{Out}(h)}{=} Aa \overset{\text{In}(a)}{=} AA^Th = (AA^T)h$$

HITS 算法如下。

输入：矩阵 A，自然数 k。

输出：a 和 h 向量（表示 N 个网页的权威度和中心度）。

方法：其过程描述如下。

```
z=(1,1,…m1)^T          //N个1
初始化向量 a 和 h 为 z；
for (i=1; i<=k; i++)
{    计算 a=A^Th；          //执行 In(a)操作
     计算 h=Aa；           //执行 Out(h)操作
     对向量 a 和 h 进行规范化；
}
将 a 向量中最大的前 c 个值作为权威网页输出，将 h 向量中最大值作为中心网页输出；
```

可以证明经过足够多的迭代次数，向量 a 和 h 将分别收敛于矩阵 A^TA 和 AA^T 的主特征向量。通过以上过程可以看出，基础集合中网页的中心度和权威度从根本上是由基础集合中的链接关系所决定的，更具体地说，是由矩阵 A^TA 和 AA^T 所决定的。算法最后得到的 a 和 h 向量，其中 a_i 表示网页 p_i 的权威度，h_i 表示网页 p_i 的中心度。

【**例 11.3**】 假设有如图 11.6 所示的网页链接结构图，$N=3$。设 $k=6$（迭代 6 次），采用 HITS 算法求 a、h 向量的过程如下（这里不进行规范化处理）。

（1）初始化 a、h 并计算 A 和 A^T 如下：

$$a = \begin{bmatrix} 1 \\ 1 \\ 1 \end{bmatrix}, \quad h = \begin{bmatrix} 1 \\ 1 \\ 1 \end{bmatrix}, \quad A = \begin{bmatrix} 0 & 1 & 1 \\ 0 & 0 & 1 \\ 1 & 0 & 0 \end{bmatrix}, \quad A^T = \begin{bmatrix} 0 & 0 & 1 \\ 1 & 0 & 0 \\ 1 & 1 & 0 \end{bmatrix}$$

（2）第 1 次迭代。

$$a = A^T h = \begin{bmatrix} 0 & 0 & 1 \\ 1 & 0 & 0 \\ 1 & 1 & 0 \end{bmatrix} \times \begin{bmatrix} 1 \\ 1 \\ 1 \end{bmatrix} = \begin{bmatrix} 1 \\ 1 \\ 2 \end{bmatrix}, \quad h = Aa = \begin{bmatrix} 0 & 1 & 1 \\ 0 & 0 & 1 \\ 1 & 0 & 0 \end{bmatrix} \times \begin{bmatrix} 1 \\ 1 \\ 2 \end{bmatrix} = \begin{bmatrix} 3 \\ 2 \\ 1 \end{bmatrix}$$

（3）第 2 次迭代。

$$a = A^T h = \begin{bmatrix} 0 & 0 & 1 \\ 1 & 0 & 0 \\ 1 & 1 & 0 \end{bmatrix} \times \begin{bmatrix} 3 \\ 2 \\ 1 \end{bmatrix} = \begin{bmatrix} 1 \\ 3 \\ 5 \end{bmatrix}, \quad h = Aa = \begin{bmatrix} 0 & 1 & 1 \\ 0 & 0 & 1 \\ 1 & 0 & 0 \end{bmatrix} \times \begin{bmatrix} 1 \\ 3 \\ 5 \end{bmatrix} = \begin{bmatrix} 8 \\ 5 \\ 1 \end{bmatrix}$$

（4）第 3 次迭代。

$$a = A^T h = \begin{bmatrix} 0 & 0 & 1 \\ 1 & 0 & 0 \\ 1 & 1 & 0 \end{bmatrix} \times \begin{bmatrix} 8 \\ 5 \\ 1 \end{bmatrix} = \begin{bmatrix} 1 \\ 8 \\ 13 \end{bmatrix}, \quad h = Aa = \begin{bmatrix} 0 & 1 & 1 \\ 0 & 0 & 1 \\ 1 & 0 & 0 \end{bmatrix} \times \begin{bmatrix} 1 \\ 8 \\ 13 \end{bmatrix} = \begin{bmatrix} 21 \\ 13 \\ 1 \end{bmatrix}$$

（5）第 4 次迭代。

$$a = A^T h = \begin{bmatrix} 0 & 0 & 1 \\ 1 & 0 & 0 \\ 1 & 1 & 0 \end{bmatrix} \times \begin{bmatrix} 21 \\ 13 \\ 1 \end{bmatrix} = \begin{bmatrix} 1 \\ 21 \\ 34 \end{bmatrix}, \quad h = Aa = \begin{bmatrix} 0 & 1 & 1 \\ 0 & 0 & 1 \\ 1 & 0 & 0 \end{bmatrix} \times \begin{bmatrix} 1 \\ 21 \\ 34 \end{bmatrix} = \begin{bmatrix} 55 \\ 34 \\ 1 \end{bmatrix}$$

（6）第 5 次迭代。

$$a = A^T h = \begin{bmatrix} 0 & 0 & 1 \\ 1 & 0 & 0 \\ 1 & 1 & 0 \end{bmatrix} \times \begin{bmatrix} 55 \\ 34 \\ 1 \end{bmatrix} = \begin{bmatrix} 1 \\ 55 \\ 89 \end{bmatrix}, \quad h = Aa = \begin{bmatrix} 0 & 1 & 1 \\ 0 & 0 & 1 \\ 1 & 0 & 0 \end{bmatrix} \times \begin{bmatrix} 1 \\ 55 \\ 89 \end{bmatrix} = \begin{bmatrix} 144 \\ 89 \\ 1 \end{bmatrix}$$

（7）第 6 次迭代。

$$a = A^T h = \begin{bmatrix} 0 & 0 & 1 \\ 1 & 0 & 0 \\ 1 & 1 & 0 \end{bmatrix} \times \begin{bmatrix} 144 \\ 89 \\ 1 \end{bmatrix} = \begin{bmatrix} 1 \\ 144 \\ 233 \end{bmatrix}, \quad h = Aa = \begin{bmatrix} 0 & 1 & 1 \\ 0 & 0 & 1 \\ 1 & 0 & 0 \end{bmatrix} \times \begin{bmatrix} 1 \\ 144 \\ 233 \end{bmatrix} = \begin{bmatrix} 377 \\ 233 \\ 1 \end{bmatrix}$$

最终得到 a 向量为 $(1,144,233)^T$，h 向量为 $(377,233,1)^T$。与 PageRank 算法一样，得出 c 网页是最权威的。

HITS 算法的优点是收敛速度快，可以找到一些不包含关键字但与主题高度相关的网页，因此可以获得比较好的查全率，且具有很高的稳定性。其缺点是可能出现主题漂移和不合理的相互加强关系，因为在迭代过程中，权威网页和中心网页交互传播，两者之间总是相互加强的。

11.2.3　Web 内容挖掘

Web 内容挖掘可以看作是 Web 信息检索和信息抽取的结合。Web 内容挖掘是指对 Web 上大量文档集合的"内容"进行总结、分类、聚类、关联分析以及利用 Web 文档进行趋势预测等，是从 Web 文档内容或其描述中抽取知识的过程。

Web 内容挖掘可分为 Web 文本挖掘和 Web 多媒体挖掘，针对的对象分别是 Web 文本信息和 Web 多媒体信息。

1．Web 文本挖掘

Web 文本挖掘和前面介绍的文本挖掘方法相似，包括 Web 文本的特征表示、文本的分类和聚类等，最后将挖掘结果用可视化的方式进行显示，同时对用户提供信息导航功能，以方便用户浏览和获取信息。

2．Web 多媒体挖掘

Web 多媒体挖掘与 Web 文本挖掘的不同点在于需要提取的特征不同。Web 多媒体挖掘需要提取的特征一般包括图像或视频的文件名、URL、类型、键值表和颜色向量等，然后可以对这些特征进行挖掘操作。

多媒体数据挖掘的方法主要有：多媒体数据中的相似搜索，主要有两种多媒体标引和检索技术；多媒体数据的多维分析，可以按传统的从关系数据中构造数据立方体的方法，设计和构造多媒体数据立方体；多媒体数据的分类和预测分析，主要应用于天文学、地震学和地理科学的研究；多媒体数据的关联规则挖掘，包括图像内容和非图像内容之间的关联、与空间关系无关的图像内容关联、与空间关系有关的图像内容关联等。

11.2.4　Web 使用挖掘

Web 使用挖掘是指从服务器端记录的客户访问日志或从客户的浏览信息中抽取感兴趣的模式。归纳起来，它主要包括 Web 客户挖掘和 Web 日志挖掘等。

1．Web 客户挖掘

如今，Web 客户挖掘已经成为站点个性化推荐的主流方法，将 Web 客户挖掘技术应用于电子商务网站，可以发现许多有用的信息。其主要的应用如下。

（1）客户发现。发现潜在客户群体。用户在网站上的浏览行为反映了用户的兴趣和购买意向，对于一个购物网站而言，如果能从众多的访问者中发现潜在客户群体，就可以对这类客户实施一定的策略，使其尽快成为在册客户群体。

（2）发现重要页面。通过 Web 数据挖掘工具，可发现电子购物网站内所有页面中的重要页面（用户访问次数比较多的页面），这样就可将重要的分类信息及促销信息放在这些页面上，从而达到吸引客户、由潜在客户群体转变成在册客户群体的目的。

（3）客户细分。按照客户的特征或共性，把一个整体的客户群以相应的变量划分为不同的等级或子群体，以便从中寻找共同的要素，分门别类地研究客户的心理与需求，并进行有效的客户评估，合理分配服务资源，成功实施客户策略，从而为企业充分获取客户价值提供理论和方法指导。

（4）客户保持。客户保持的任务是留住可能流失的客户。首先要找出哪些客户可能流失，这就是 Web 数据挖掘要解决的问题。Web 站点的设计一般遵循一种分类结构，即一个页面下的子页面的组织是根据其子页面的类别来安排的。用户对 Web 站点访问，反映了用户的兴趣爱好。通常用户浏览某 Web 页面所用的时间与该 Web 页中字符数目的比值能有效地揭示用户兴趣。用户在不感兴趣的页面访问时间较短，在感兴趣的页面停留时间较长。可以利用用户浏览路径信息和时间信息挖掘用户对页面或商品的感兴趣程度。

（5）防范客户的欺诈行为。防止客户的欺诈行为，可以使企业避免意外风险，保持业务的正常化。利用 Web 数据挖掘技术中的神经网络算法模型，分析有欺诈行为的客户群数据，建立欺诈模型，然后测试现有的客户行为数据，找出那些具有欺诈行为的客户。也可以利用 Web 数据挖掘技术中的孤立点分析模型，找出现有客户行为数据中那些不同的客户数据来进行防范。但是应该注意到，客户的欺诈行为发生的概率很低，在利用 Web 数据挖掘技术分析时结果要有很高的可信度。

（6）客户升级。运用聚类功能可按照不同的标准，如客户的消费心理、消费习惯、购买频率、对产品的需求或对产品获利的贡献来划分不同的用户群体，以实现对客户的针对性服务及开发针对性的产品，以提高客户的满意度。

2．Web 日志挖掘

Web 服务器上的日志数据是 Web 使用挖掘最重要的数据。它明确地记录了站点访问者的浏览行为。Web 日志挖掘就是通过对 Web 日志记录的挖掘，发现用户访问 Web 页面的浏览模式，从而进一步分析和研究 Web 日志记录中的规律，以期改进 Web 站点的性能和组织结构，提高用户查找信息的质量和效率，并通过统计和关联分析找出特定用户与特定地域、特定时间、特定页面等要素之间的内在联系。

Web 日志挖掘过程一般分为预处理阶段、挖掘算法实施阶段和模式分析阶段。

1）预处理阶段

Web 服务器日志记录了用户访问本站点的信息，其中包括 IP 地址、请求时间、方法、被请求文件的 URL、返回码、传输字节数、引用页的 URL 和代理等信息。这些信息中有的对 Web 挖掘并没有作用，因此要进行数据预处理。

预处理包括数据净化、用户识别、会话识别、补全路径和事务识别等过程。数据净化的主要任务是清理服务器日志中同数据挖掘任务不相关的日志项，如删除具有 gif、jpeg 等后缀的文件记录。用户识别是从日志文件中找出哪些日志记录是同一个人的信息。用户会话是一个用户一次访问一个 Web 网站时所浏览的所有网页的集合，会话识别是指在一段较长时间内的日志记录中识别一个用户对某一 Web 网站的访问序列。短时间内用户对同一网页的再次访问，一般都是从本地或代理服务器缓存中读取，这使得用户的访问行为没有完全记录在相应的访问日志中，补全路径就是在访问日志中的补全此类路径信息。事务识别就是将网页访问序列归类为同一个事务的过程。

2）挖掘算法实施阶段

通过对 Web 日志预处理后，即可根据具体的分析需求选择访问模式发现的技术，常用的挖掘算法如下。

（1）统计分析。它是指通过分析服务器日志文件，获取不同种类的统计分析结果，如用户在某个网页上驻留时间、用户浏览路径长度等。许多 Web 跟踪分析工具可以定期报告一些统计分析结果，如最频繁访问页，网页的平均驻留时间、浏览某个网站的平均路径长度等。

（2）关联分析。用于发现网页之间的依赖关系，如找到这样的关联规则：70%访问羽毛球网页的人也访问了乒乓球网页。通过关联分析可以用来改进网站的设计结构，为用户推荐相关网页。

（3）时序模式发现。主要找出网页（组）依照时间顺序出现的内在模式。例如，9.81%的访问者在浏览了 Atlanta 主页后紧接着浏览了 Sneakpeek 主页。通过发现时序模式，能够预测用户的将来访问模式，有助于开展有针对性的广告服务等。

（4）分类和聚类。分类是指将一个对象分到事先定义好的类中，在 Web 日志挖掘中，分类可用于为一类特定用户建立用户档案，通常使用的监督学习算法有决策树、贝叶斯分类器、kNN 分类器和支持向量机等。聚类将具有相似特征的对象聚在一起形成一个簇，在 Web 日志挖掘中，有两种聚类，即用户聚类和网页聚类，前者用于向用户提供个性化服务等，后者用于发现具有相关内容的网页组等。

（5）导航模式发现。Web 服务器中的每个会话记录了一个用户浏览网站的"踪迹"，每条"踪迹"是一个按照用户访问时间排序的网页序列。导航模式发现就是寻找在一个 Web 网站中被最频繁访问的路径，如某网站发现这样的导航模式：70%访问/company/product2 的用户是从 company 开始，然后沿/company/new 到达该网页的。

3）模式分析阶段

模式分析是整个 Web 日志挖掘过程中的最后一个阶段，其目的是根据具体的实际应用，过滤在挖掘算法实施阶段得到的那些没有用的规则或模式，把有用的规则或模式转换为知识，使之得到很好的利用。

11.2.5 Web 挖掘的发展方向

目前，在国内外 Web 挖掘的研究尚处于初级阶段，是前沿性的研究领域。未来 Web 挖掘的几个非常有用的研究方向如下。

（1）Web 数据挖掘中内在机理的研究。

（2）Web 知识库（模式库）的动态维护、更新，各种知识和模式的融合、提升，以及知识的综合评价方法。

（3）半结构、非结构化的文本数据、图形图像数据、多媒体数据的高效挖掘算法。

（4）Web 数据挖掘算法在海量数据挖掘时的适应性和时效性。

（5）基于 Web 挖掘的智能搜索引擎的研究。

（6）智能站点服务个性化和性能最优化的研究。

（7）关联规则和序列模式在构造自组织站点的研究。

（8）分类在电子商务市场智能提取中的研究。

11.3 空间数据挖掘

作为数据挖掘重要分支的空间数据挖掘是指从空间数据库中抽取未显示的、为人们感兴趣的空间模式和特征、空间和非空间数据之间的概要关系以及其他概要数据特征。空间数据挖掘与一般数据挖掘的区别在于：空间数据挖掘的研究对象主要是空间数据库，它不仅存储了空间对象的属性数据和几何属性，而且存储了空间对象之间的空间关系（拓扑关系、度量关系、方位关系等）。因此，其存储结构、访问方式、数据分析和操作等都有别于常规的事物处理型数据库模式。本节简要介绍空间数据挖掘的概念和相关技术。

11.3.1 空间数据概述

1. 空间数据的基本类型

空间对象特征主要包含空间特征和属性特征，所以空间数据通常分为空间数据和属性数据。

空间数据通常来源于航空图片或地图，用于表示空间对象的几何特征，如某个房屋的坐标位置就是其几何特征。常用的数据模型有矢量和栅格数据模型。

属性数据用于表示空间对象的类别特征和说明信息，如某个房屋所在的街道和编号等就是其属性信息。

2. 矢量数据模型

矢量数据利用了几何图形，如点、线和面来表现空间对象。例如，在住房细分中以多边形来代表物产边界，以点来精确表示位置。矢量同样可以用来表示具有连续变化性的领域。

以二维空间为例，点对象的表示为[地物编号;(x,y)]。例如，如图11.9所示，共有11个点，它们分别表示为[1;(2,2)]、[2;(3,1)]、…、[11;(9,5)]。

线对象的表示为 [地物编号;点序列]。例如，由点 2、1、8、7 构成的线对象表示为 [L_1;2,1,8,7]。

面（多边形）对象的表示为：[地物编号；点序列]。例如，面 A 的表示为[A;6,10,9,8,7,6]。

矢量数据模型的特点：最适应空间对象的计算机表示，便于空间运算和分析，严密的数据结构，数据量小，表示地理数据精度高，但数据结构相对复杂。

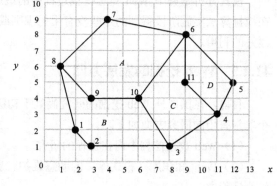

图 11.9 一个矢量地图

3. 栅格数据模型

栅格数据模型将空间划分为规则的网格，在各个网格上给出相应的属性值来表示地理对象的一种数据组织形式。栅格数据模型对二维地理要素的属性进行离散化，每个网格对应一个属性值，其空间位置用行和列标识，空间关系就隐含在行和列中。如图11.10所示，左边是一幅地图，由3个区域组成，它们的属性编号分别是2、5、7，右边是对应的栅格数据表示。

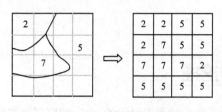

图 11.10 一个栅格地图

在栅格数据模型中，点实体由一个栅格像元来表示；线实体由一定方向上连接成串的相邻栅格像元表示；面实体（区域）由具有相同属性的相邻栅格像元的块集合来表示。一幅地图可以用一个栅格树来表示。

栅格数据模型的特点：数据直接记录属性的指针或属性本身，而其所在位置则根据行列号转换成相应的坐标给出，也就是说，定位是根据数据在数据集合中的位置得到的，因此数据结构简单，但图形数据量大，精度较低。

利用栅格或矢量数据模型来表示空间对象既有优点，也有缺点。栅格数据设置在面内所有的点上都记录同一个值，而矢量格式只在需要的地方存储数据，这就使得前者所需的存储空间大于后者。对于栅格数据可以很轻易地实现覆盖操作，而对于矢量数据来说要困难得多。矢量数据可以像在传统地图上的矢量图形一样被显示出来，而栅格数据在以图像显示时显示对象的边界将呈现模糊状。

4．空间数据的复杂性

由于空间数据具有空间实体的位置、大小、形状、方位及几何拓扑关系等信息，使得空间数据的存储结构和表现形式比传统事务型数据更为复杂，空间数据的复杂特性表现如下。

- 空间属性间的非线性关系。由于空间数据中蕴含着复杂的拓扑关系，因此，空间属性间呈现出一种非线性关系。这种非线性关系是空间数据挖掘中需要进一步研究的问题。
- 空间数据的尺度特征。空间数据的尺度特征是指在不同的层次上，空间数据所表现出来的特征和规律都不尽相同。
- 空间信息的模糊性。空间信息的模糊性是指在各种类型的空间信息中，包含大量的模糊信息，如空间位置、空间关系的模糊性等。

正是由于空间数据的复杂性，导致空间数据挖掘的技术难度更大，涉及的技术问题更多。

5．GIS 和 SDBMS

GIS（地理信息系统）提供了便于分析地理数据和将地理数据可视化的机制。地理数据就是以地球表面作为基本参照框架的空间数据。GIS 提供了一套丰富的分析功能，可以对地理数据进行相应的变换。

SDBMS（空间数据库管理系统）是进行空间数据管理和操作的软件，使用专门的索引和查询处理技术完成任务，它继承了传统 DBMS 所提供的并发控制机制，让多个用户同时访问共享空间数据，并保持数据一致性。

利用 GIS 可以对某些空间对象和图层进行多种操作。利用 SDBMS 则可以对更多空间对象集和图层集进行更为简单的操作。例如，给出了一个国家的行政边界后，利用 GIS 可以查出该国家的所有邻国。

通常 GIS 可以作为 SDBMS 的前端，在 GIS 对空间数据进行分析之前，先通过 SDBMS 访问这些数据。因此，利用一个高效的 SDBMS 可以大大提高 GIS 的效率和生产率。

11.3.2 空间数据立方体和空间 OLAP

1．空间数据立方体

空间数据像关系数据一样，可以集成空间数据集，构建有利于空间数据挖掘的数据仓库。空间数据仓库是一个面向主题、集成、以时间为变量、持续采集空间与非空间数据的多维数据集合，组织和汇总成一个由一组维度和度量值定义的多维结构，即空间数据立方体，用以支持地理空间数据挖掘技术和决策支持过程。

在空间数据立方体中，维度是数据立方体的一种结构特性，是描述事实数据表中数据级别有组织的层次结构，包括非空间维度、空间－非空间维度、空间－空间维度。度量值是在数据立方体内基于该数据立方体的事实数据表中某列的一组值，它们通常是数字，包括数值度量、空间度量。成员属性是维度表的一个可选特性，为最终用户提供成员的其他信息，仅从属于级别。

2．空间 OLAP

空间 OLAP 是共享多维信息、针对特定问题的联机数据访问和分析的软件技术，具有汇总、合并、聚集以及从不同角度观察空间信息的能力。

空间 OLAP 可以跨越空间数据库模式的多个版本，处理来自不同组织的信息和由多个数据存储集成的信息。对空间数据立方体进行的多维数据分析主要有切块、切片、旋转、钻取等分析动作，其目的是进行跨维、跨层次的计算与建模。

有了空间数据立方体和空间 OLAP 的有效实现，基于泛化的描述性空间挖掘，如空间特化和区分，可以有效地进行。

11.3.3　空间数据挖掘方法

1．空间分析方法

利用 GIS 的各种空间分析模型和空间操作对 GIS 数据库中的数据进行深加工，从而产生新的信息和知识。常用的空间分析方法有综合属性数据分析、拓扑分析、缓冲区分析、距离分析、叠置分析、地形分析、趋势面分析、预测分析等，可发现目标在空间上的相连、相邻和共生等关联规则，或发现目标之间的最短路径、最优路径等辅助决策知识。

2．空间统计分析方法

统计分析一直是分析空间数据的常用方法，着重于空间物体和现象的非空间特性分析。统计方法有较强的理论基础，拥有大量成熟的算法。目前地理空间统计模型大致可分为以下三类。

（1）地统计。以区域化变量理论为基础，以变差函数为主要工具，研究空间分布上既具有随机性，又具有结构性的自然现象的科学。

（2）网格空间模型。用以描述分布于有限（或无穷离散）空间点（或区域）上数据的空间关系。

（3）空间点分布形态。在自然科学研究中，许多资料是由点（或小区域）所构成的集合，比如，地震发生地点分布、树木在森林中的分布、某种鸟类鸟巢的分布、太空中星球的分布等，称之为空间点分布形态。

需要指出的是，统计分析方法往往假设在空间中分布的数据具有统计独立性，而在现实中，空间物体相关性很大。此外，绝大多数统计模型需要在有丰富领域知识和统计专门技术的专家协助下才能实现。而且，统计模型不能很好地处理字符值、不完整或非确定性数据。

3．空间关联分析

空间关联分析用于发现空间实体间的相互作用、空间依存、因果或共生的模式，主要包括目标之间相离、相邻、相连、共生、包含、被包含、覆盖、被覆盖、交叠等规则，也称之为空间相关关系。

空间关联规则的表达形式为 $X \rightarrow Y$（sup_min,conf_min）。

其中，X 和 Y 是谓词集合，可以是空间谓词或非空间谓词，但至少包含一个空间谓词。非空间谓词是指一般的逻辑谓词；空间谓词是指包含空间关系和空间信息的逻辑谓词。sup_min 是指规则的最小支持度阈值，conf_min 是指规则的最小置信度阈值。

例如，关联规则 is-a(x,house) and close-to(x,beach)→is-expensive(x)（70%,90%）表示 90%靠近海滩的房子价格都高，其支持度为 70%。其中 close-to 是一个空间谓词。

空间关联分析主要采用改进的 Apriori 算法，使得它适合于挖掘空间数据中的相关性，从而可以根据一个空间实体而确定另一个空间实体的地理位置，有利于进行空间位置查询和重建空间实体等。

空间关联分析的基本过程如下。

（1）根据查询要求查找相关的空间数据。

（2）利用临近等原则描述空间属性和特定属性。

（3）根据最小支持度原则过滤不重要的数据。

（4）采用 Apriori 算法产生频繁项集并生成关联规则。

由于空间关联规则的挖掘需要在大量的空间对象中计算多种空间关系，因此其代价是很高的，通常需要对空间数据和空间关系进行优化处理。

4．空间分类方法

空间分类的目的是在空间数据库对象的空间属性和非空间属性之间发现分类规则。与基于关系数据库的分类之间最大区别在于分析空间对象时不仅要考虑目标对象的非空间属性，而且还要考虑其邻接对象的非空间属性对其类别的影响。

常用的空间分类方法有：统计方法（如贝叶斯法）、决策树法和规则归纳法、神经网络方法（如BP算法）等。

以决策树为例，在空间分类中，根据不同的属性，以树形结构表示分类或决策集合，进而产生规则和发现规律的方法。采用决策树方法进行空间数据挖掘的基本步骤如下：首先利用训练空间实体集生成测试函数；然后根据不同取值建立决策树的分支，并在每个分支子集中重复建立下层结点和分支，形成决策树；最后对决策树进行剪枝处理，把决策树转化为据以对新实体进行分类的规则，在得到决策树分类结果后，对分类结果进行后处理，包括类别合并、筛选等，得到分类结果图。

例如，在某地区湿地识别的应用中，根据该地区的影像数据产生的决策树如图 11.11 所示。其中，属性 A、B、C 和 D 是从影像空间数据中提取的属性，如 B 属性是归一化水指数，对原影像数据应用该属性分类的结果如图 11.12（a）所示，应用最终分类规则得到的分类的结果如图 11.12（b）所示，在此基础上提取的湿地结果如图 11.12（c）所示。

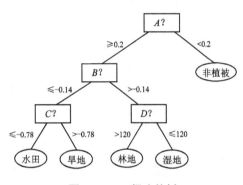

图 11.11　一棵决策树

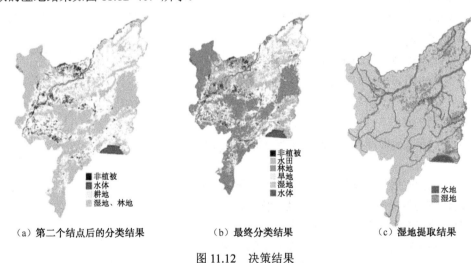

（a）第二个结点后的分类结果　　　（b）最终分类结果　　　（c）湿地提取结果

图 11.12　决策结果

5．粗集分类方法

空间数据和一般数据一样具有不确定性特征，如边界的模糊性等。粗集理论为空间数据的属性分析和知识发现开辟了一条新途径，可用于 GIS 数据库属性表的一致性分析、属性的重要性、属性依赖、属性表简化、最小决策和分类算法生成等。

将粗集理论和空间数据相结合构成地学粗空间的概念，包括粗关系、粗空间对象、粗算子等。总之，粗集理论与其他知识发现算法相结合可以在 GIS 数据库中数据不确定的情况下获取多种知识。

6. 空间聚类方法

空间聚类是指将空间数据集中的对象分成由相似对象组成的类，同类中的对象间具有较高的相似度，而不同类中的对象间差异较大。通过空间聚类可以发现数据集合的整个分布模式。作为一种无监督的学习方法，空间聚类不需要任何先验知识，例如，预先定义的类或带类的标号等。空间聚类方法广泛应用于城市规划、环境监测、地震预报等领域。

第 10 章介绍的聚类方法中，很多都是以空间数据为背景的聚类方法，如 DBSCAN、STING 算法等。根据空间聚类采用的不同思想，空间聚类算法同样可归纳为基于划分的聚类算法、基于层次的聚类算法、基于密度的聚类算法、基于网格的聚类算法、基于模型的聚类算法等。

随着 GIS 与数据挖掘及相关领域科学研究的不断发展，空间数据挖掘技术在广度和深度上的不断深入，在不久的将来，一个集成了挖掘技术的 3S（GIS、GPS 和 RS）集成系统必将朝着智能化、网络化、全球化与大众化的方向发展。

练 习 题 11

1. 简述文本挖掘的基本过程。
2. 结合一篇文章，分析其文本结构。
3. 简述决策树分类算法在文本挖掘中的应用。
4. Web 挖掘有哪些用途？
5. 根据 Web 数据类型，Web 挖掘分为哪三个大类，它们的主要研究内容是什么？
6. 有 3 个网页，其超链接结构如图 11.13 所示，设阈值 ε 的各元素值为 0.05，采用 PageRank 算法求各网页的 PageRank 值。
7. 比较 PageRank 和 HITS 算法的异同。
8. 简述 Web 日志挖掘的过程。
9. 如果要判断两个 Web 网页是否相似，网页特征如何表示？给出一种求解该问题的算法。
10. Web 日志具有时序性，如何发现网页依照时间顺序出现的内在模式？

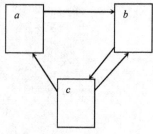

图 11.13 一个超链接结构

11. 简述空间关联规则挖掘有哪些应用，并举例说明。
12. 简述空间聚类挖掘的常用算法及其特点。
13. 简述空间分类挖掘的常用算法及其特点。
14. 举例说明粗集理论在空间对象表示上的应用。
15. 简述基于密度的空间离群点挖掘方法。

思 考 题 11

1. 有一个 1GB 大小的一个文件，里面每一行是一个词，词的大小不超过 16B，内存限制大小是 1MB。设计一个高效的算法求频数最高的 100 个词。

2．对于一个海量日志数据，设计一个算法提取出某日访问百度次数最多的那个 IP。

3．搜索引擎会通过日志文件把用户每次检索使用的所有检索串都记录下来，每个查询串的长度为 1～255B。假设目前有一千万个记录，这些查询串的重复读比较高，虽然总数是 1 千万，但是如果去除重复，不超过 3 百万个。一个查询串的重复度越高，说明查询它的用户越多，也就越热门。设计一个算法统计最热门的 10 个查询串，要求使用的内存不能超过 1GB。

4．查阅相关文献，总结人们最新提出的空间挖掘算法及其特点。

常用的优化方法

1. 无约束的优化

假设 $f(x)$ 是一元函数，具有连续一阶导数和二阶导数。在无约束的优化问题中，任务是找出最小化或最大化 $f(x)$ 的解 x^*，而不对 x^* 施加任何约束。解 x^* 称为平稳点，可以通过取 f 的一阶导数，并令它等于零找到：

$$\frac{\mathrm{d}f(x)}{\mathrm{d}x}\bigg|_{x=x^*}=0$$

$f(x^*)$ 可以取极大值或极小值，取决于该函数的二阶导数：

● 如果在 $x=x^*$ 处，有 $\dfrac{\mathrm{d}^2 f(x)}{\mathrm{d}x^2}<0$，则 x^* 是极大平稳点。

● 如果在 $x=x^*$ 处，有 $\dfrac{\mathrm{d}^2 f(x)}{\mathrm{d}x^2}>0$，则 x^* 是极小平稳点。

● 如果在 $x=x^*$ 处，有 $\dfrac{\mathrm{d}^2 f(x)}{\mathrm{d}x^2}=0$，则 x^* 是拐点。

如图 F1 所示，表示了函数的极大、极小和拐点。

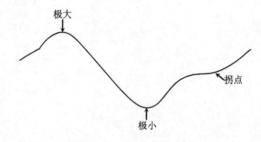

图 F1　函数的平稳点

这个方法可推广到多元函数 $f(x_1,x_2,\cdots,x_n)$。其平稳点 $x^*=[x_1^*,x_2^*,\cdots,x_n^*]^{\mathrm{T}}$ 满足的条件是：

$$\frac{\partial f(x_1,x_2,\cdots,x_n)}{\partial x_i}\bigg|_{x_i=x_i^*}=0\quad i=0,\ 1,\ \cdots,\ n$$

2. 最小二乘法

最小二乘法（又称最小平方法）是一种数学优化技术。它通过最小化误差的平方和寻找数据的最佳函数匹配。利用最小二乘法可以简便地求得未知的数据，并使得这些求得的数据与实际数据之间误差的平方和为最小。最小二乘法还可用于曲线拟合。其他一些优化问题也可通过最小化能量或最大化熵用最小二乘法来表达。

基本最小二乘法的统计学原理是，设物理量 y 与 l 个变量 x_1、x_2、$\cdots$、x_l 间的依赖关系式为：

$$y=f(x_1,x_2,\cdots,x_l,a_0,a_1,\cdots,a_n)$$

其中，$a_0,a_1,\cdots,a_n$ 是方程中需要确定的 $n+1$ 个参数。

通过 m（$m>n+1$）个实验点 $(x_{i1},x_{i2},\cdots,x_{il},y_i)$（$i=1,2,\cdots,m$），确定一组参数值 $(a_0,a_1,\cdots,a_n)$。

使由这组参数得出的函数值 y 与实验值 y_i 间的偏差平方和 $D(a_0,a_1,\cdots,a_n) = \sum_{i=1}^{m}(y_i-y)^2$ 取得极小值。

如果偏差改为 $D(a_0,a_1,\cdots,a_n) = \sum_{i=1}^{m}|y_i-y|$，则称为最小一乘法。

在进行拟合时，假设 $D(a_0,a_1,\cdots,a_n)$ 是可导的，采用微分学的求极值方法可知 $(a_0,a_1,\cdots,a_n)$ 应满足下列方程组：

$$\frac{\partial D(a_0,a_1,\cdots,a_n)}{\partial a_i}=0 \qquad i=0,\ 1,\ \cdots,\ n$$

通过求解该方程组得到 $(a_0,a_1,\cdots,a_n)$。

在设计实验时，为了减小随机误差，一般进行多点测量，使方程式个数大于待求参数的个数，即 $m>n+1$。这时构成的方程组叫做矛盾方程组。通过用最小二乘法进行统计处理，将矛盾方程组转换成未知数个数和方程个数相等的正规方程组，再进行求解得出 $(a_0,\ a_1,\ \cdots,\ a_n)$。

3. 似然函数与极大似然估计

1）离散分布场合

设总体 X 是离散型随机变量，其概率函数为 $p(x,\theta)$，其中 θ 是未知参数，设 X_1、X_2、$\ldots$、X_n 为取自总体 X 的样本。X_1、X_2、$\ldots$、X_n 的联合概率函数为 $\prod_{i=1}^{n}p(X_i;\theta)$，这里，$\theta$ 是常量，X_1、X_2、$\cdots$、X_n 是变量。

若我们已知样本取的值是 x_1、x_2、$\cdots$、x_n，则事件 $\{X_1=x_1,X_2=x_2,\cdots,X_n=x_n\}$ 发生的概率为 $\prod_{i=1}^{n}p(X_i;\theta)$。这一概率随 θ 的值而变化。从直观上来看，既然样本值 x_1、x_2、$\cdots$、x_n 出现了，它们出现的概率相对来说应比较大，应使 $\prod_{i=1}^{n}p(X_i;\theta)$ 取比较大的值。换句话说，θ 应使样本值 x_1、x_2、$\cdots$、x_n 的出现具有最大的概率．将上式看作 θ 的函数，并用 $L(\theta)$ 表示，就有：

$$L(\theta) = L(x_1,x_2,\cdots,x_n;\theta) = \prod_{i=1}^{n}p(x_i;\theta) \tag{1}$$

称 $L(\theta)$ 为似然函数．极大似然估计法就是在参数 θ 的可能取值范围内，选取使 $L(\theta)$ 达到最大的参数值 $\hat{\theta}$，作为参数 θ 的估计值。即取 $\hat{\theta}$，使得：

$$L(\theta) = L(x_1,x_2,\cdots,x_n;\hat{\theta}) = \max_{\theta} L(x_1,x_2,\cdots,x_n;\theta) \tag{2}$$

因此，求总体参数 θ 的极大似然估计值的问题就是求似然函数 $L(\theta)$ 的最大值问题．这可通过解下面的方程来解决：

$$\frac{\partial L(\theta)}{\partial \theta} = 0 \qquad\qquad (3)$$

因为 $\ln L(\theta)$ 是 L 的增函数，所以 $\ln L(\theta)$ 与 $L(\theta)$ 在 θ 的同一值处取得最大值。称 $l(\theta)=\ln L(\theta)$ 为对数似然函数。因此，常将方程（3）写成：

$$\frac{\partial \ln L(\theta)}{\partial \theta} = 0 \qquad\qquad (4)$$

方程（4）称为似然方程。解方程（3）或（4）得到的 $\hat{\theta}$ 就是参数 θ 的极大似然估计值。

如果方程（4）有唯一解，又能验证它是一个极大值点，则它必是所求的极大似然估计值。有时，直接用方程（4）式行不通，这时必须回到原始定义方程（2）进行求解。

2）连续分布场合

设总体 X 是连续离散型随机变量，其概率密度函数为 $f(x;\theta)$，若取得样本观察值为 x_1、x_2、$\cdots$、x_n，则因为随机点$(X_1$、X_2、$\cdots$、$X_n)$取值为$(x_2$、$\cdots$、$x_n)$时联合密度函数值为 $\prod\limits_{i=1}^{n} f(X_i;\theta)$。所以按极大似然法，应选择 θ 的值使此概率达到最大。取似然函数为 $L(\theta) = L(x_1, x_2, \cdots, x_n; \theta) = \prod\limits_{i=1}^{n} f(x_i;\theta)$，再按前述方法求参数 θ 的极大似然估计值。

例如，设某机床加工的轴的直径与图纸规定的中心尺寸的偏差服从正态分布 $N(\mu, \sigma^2)$，其中 μ 和 σ^2 未知。为估计 μ 和 σ^2，从中随机抽取 $n=100$ 根轴，测得其偏差为 x_1、x_2、$\cdots$、x_{100}。试求 μ 和 σ^2 的极大似然估计的过程如下。

（1）写出似然函数为：

$$L(\mu, \sigma^2) = \prod_{i=1}^{n} \frac{1}{\sqrt{2\pi}\sigma} e^{-\frac{(x_i-\mu)^2}{2\sigma^2}} = (2\pi\sigma^2)^{-\frac{n}{2}} e^{-\frac{\sum\limits_{i=1}^{n}(x_i-\mu)^2}{2\sigma^2}}$$

（2）写出对数似然函数为：

$$l(\mu, \sigma^2) = -\frac{n}{2}\ln(2\pi\sigma^2) - \frac{1}{2\sigma^2}\sum_{i=1}^{n}(x_i-\mu)^2$$

（3）将 $l(\mu, \sigma^2)$ 分别对 μ 和 σ^2 求偏导，并令它们都为 0，得似然方程组为：

$$\begin{cases} \dfrac{\partial l(\mu, \sigma^2)}{\partial \mu} = \dfrac{1}{\sigma^2}\sum\limits_{i=1}^{n}(x_i-\mu)^2 = 0 \\ \dfrac{\partial l(\mu, \sigma^2)}{\partial \sigma^2} = -\dfrac{n}{2\sigma^2} + \dfrac{1}{2\sigma^4}\sum\limits_{i=1}^{n}(x_i-\mu)^2 = 0 \end{cases}$$

（4）解似然方程组得：

$$\hat{\mu} = \overline{x}, \quad \hat{\sigma}^2 = \frac{1}{n}\sum_{i=1}^{n}(x_i-\overline{x})^2$$

（5）经验证 $\hat{\mu}$ 和 $\hat{\sigma}^2$ 使 $l(\mu, \sigma^2)$ 达到极大。

（6）上述过程对一切样本观察值成立，故用样本代替观察值，便得 μ 和 σ^2 的极大似然估计分别为：

$$\hat{\mu} = \overline{X}, \quad \hat{\sigma}^2 = \frac{1}{n}\sum_{i=1}^{n}(X_i-\overline{X})^2 = S_n^2$$

4．拉格朗日乘数法

要求在某些约束条件下，使函数 $f(x)$ 取到极值的自变量 x_0 的值。根据约束条件的不同，可以分为下列几种情况：一个等式的约束方程的情况；多个等式的约束方程的情况；多个不等式的约束方程的情况（KTT 条件）。这里仅介绍第一种情况。

如果约束条件可以表示为 $g(x)=0$ 的形式，那么可以用如下方法求得 $f(x)$ 的极值。

首先定义拉格朗日函数：

$$L(x,\lambda)=f(x)+\underbrace{\lambda g(x)}_{=0}$$

其中，λ 称为拉格朗日待定乘数，也称为拉格朗日乘子。对拉格朗日函数关于 x 求偏导数，并令其值为零：

$$\frac{\partial L(x,\lambda)}{\partial x}=\frac{\partial f(x)}{\partial x}+\lambda\frac{\partial g(x)}{\partial x}=0$$

这样把约束条件下的最优化问题转化为无约束的方程求解问题。

通过求解该方程就能够得到 λ 的值及相应的极值点 x_0（通常情况下，$\lambda\frac{\partial g(x)}{\partial x}\neq 0$）。然后把 x_0 代入这个函数 $f(x)$，就能够得到约束条件下 f 函数的极值。

例如，$f(x,y)=x+2y$，约束条件为 $x^2+y^2-4=0$，希望极小化函数 $f(x,y)$。采用拉格朗日乘数法求解如下。

首先引入拉格朗日函数 $L(x,y,\lambda)=x+2y+\lambda(x^2+y^2-4)$。

对其各参数求导并令其为零，得到以下方程组：

$$\frac{\partial L}{\partial x}=1+2\lambda x=0$$

$$\frac{\partial L}{\partial y}=2+2\lambda y=0$$

$$\frac{\partial L}{\partial \lambda}=x^2+y^2-4=0$$

解上述方程组，得到 $\lambda=\pm\frac{\sqrt{5}}{4}$，$x=\mp\frac{2}{\sqrt{5}}$，$y=\mp\frac{4}{\sqrt{5}}$。当 $\lambda=\frac{\sqrt{5}}{4}$ 时，求得函数值为 $-\frac{10}{\sqrt{5}}$，当 $\lambda=-\frac{\sqrt{5}}{4}$ 时，求得函数值为 $\frac{10}{\sqrt{5}}$。所以 $f(x,y)$ 在 $x=-\frac{2}{\sqrt{5}}$，$y=-\frac{4}{\sqrt{5}}$ 时取极小值。

5．梯度下降法

设 $f(x)$ 函数是一阶可导和二阶可导的，牛顿迭代法的迭代公式是：

$$x=x_0-\frac{f'(x_0)}{f''(x_0)}$$

其中，$f'(x)$ 为一阶导数，$f''(x)$ 为二阶导数。

梯度下降法假设 $f(x)$ 函数是一阶可导的，按以下公式计算平稳点：

$$x=x-\lambda\Delta f(x)$$

其中，λ 是步长，$\Delta f(x)$ 是梯度（通常取为 $f'(x)$），其方向是 $f(x)$ 增长最快的方向。显然，负梯度方向是 $f(x)$ 减少最快的方向。在梯度下降法中，求某函数极大值时，沿着梯度方向走，可以最快地达到极大点；反之，沿着负梯度方向走，则最快地达到极小点。

参考文献

[1] Jiawei Han，Micheling Kamber. 数据挖掘概念与技术（第2版）. 范明，孟小峰译. 北京：机械工业出版社，2007.

[2] Pang-Ning Tan，Michael Steinbach，Vipin Kumber. 数据挖掘导论. 范明，范宏建等译. 北京：人民邮电出版社，2011.

[3] Richard O. Duda，Peter E. Hart，David G. Stock. 模式分类. 李宏东，姚天翔译. 北京：机械工业出版社，中信出版社，2003.

[4] W.H.Inmon. 数据仓库. 王志海译. 北京：机械工业出版社，2000.

[5] 邵峰晶，于忠清，王金龙，孙仁诚. 数据挖掘原理与算法（第二版）. 北京：科学出版社，2009.

[6] 王丽珍，周丽华，陈红梅，肖清. 数据仓库与数据挖掘原理及应用（第二版）. 北京：科学出版社，2009.

[7] 李爱国，库向阳. 数据挖掘原理、算法及应用. 西安：西安电子科技大学出版社，2012.

[8] 蒋盛益，李霞，郑琪. 数据挖掘原理与实践. 北京：电子工业出版社，2011.

[9] 毛国君，段立娟，王实，石云. 数据挖掘原理与算法（第二版）. 北京：清华大学出版社，2007.

[10] 王珊，李翠平，李盛恩. 数据仓库与数据分析教程. 北京：高等教育出版社，2012.

[11] 苗夺谦，李道国. 粗糙集理论、算法与应用. 北京：清华大学出版社，2008.

[12] 刘清. Rough 集及 Rough 推理. 北京：科学出版社，2001.

[13] 张文修，吴伟志，梁吉业，李德玉. 粗糙集理论与方法. 北京：科学出版社，2001.

[14] 王国胤. Rough 集及其应用. 西安：西安交通大学出版社，2001.

[15] 陈志泊主编. 数据仓库与数据挖掘. 北京：清华大学出版社，2009.

[16] 朱明. 数据挖掘导论. 合肥：中国科学技术大学出版社，2012.

[17] 李雄飞，董元方，李军. 数据挖掘与知识发现（第2版）. 北京：高等教育出版社，2010.

[18] 周根贵主编. 数据仓库与数据挖掘（第二版）. 杭州：浙江大学出版社，2011.

[19] 郑庆华，刘均，田锋，孙霞.Web 知识挖掘：理论、方法与应用. 北京：科学出版社，2010.

[20] 李志刚，马刚. 数据仓库与数据挖掘的原理及应用. 北京：高等教育出版社，2008.

[21] 夏火松. 数据仓库与数据挖掘技术（第二版）. 北京：科学出版社，2011.

[22] 谢邦昌. 数据挖掘基础与应用（SQL Server 2008）. 北京：机械工业出版社，2012.

[23] 谢邦昌，郑宇庭，苏志雄.SQL Server 2008 R2 数据挖掘与商业智能基础及高级案例实战. 北京：中国水利水电出版社，2011.

[24] 何书元. 应用时间序列分析. 北京：北京大学出版社，2003.

[25] Shashi Shekhar，Sanjay Chawla. 空间数据库. 谢昆青，马修军，杨冬青译. 北京：机械工业出版社，2004.

[26] Rakesh Agrawal，Ramakrishnan Srikant.Mining Sequential Patterns. In Proc. 1995 Int. Conf. Data Engineering，p3-14，Taipei，Taiwan，1995.

[27] Jiawei Han，Jian Pei，Xi-Feng Yan. From Sequential Pattern Mining to Structured Pattern Mining：A Pattern-Growth Approach. J.Comput. Sci. & Technol. 2004，Vol，No.3 p257-279.

[28] Jiawei Han，Jian Pei，Yiwen Yin. Mining frequent patterns without candidate generation. In Proc. 2000 ACM-SIGMOD Int. Conf. Mamagerment of Data p1-12，Dallas，TX，2000.

[29] J. Pei，J. Han，B. Mortazavi-Asl，J. Wang，H. Pinto，Q. Chen，U. Dayal，and M.-C. Hsu.Mining Sequential Patterns by Pattern-Growth：The PrefixSpan Approach. IEEE Transactions on Knowledge and Data Engineering，16(11):1424-1440，2004.

[30] J. Pei，G. Dong，W. Zou，and J. Han. Mining Condensed Frequent Pattern Bases. Knowledge and Information Systems，2004.

[31] J. Han，J. Pei，Y. Yin and R. Mao. Mining Frequent Patterns without Candidate Generation: A Frequent-Pattern Tree Approach. Data Mining and Knowledge Discovery，8(1):53-87，2004.

[32] X. Yan and J. Han. GSpan：Graph-Based Substructure Pattern Mining. Proc. 2002 Int. Conf. on Data Mining，Maebashi，Japan，2002，p721-724.

[33] MOHAMMED J. ZAKI. SPADE：An Efficient Algorithm for Mining Frequent Sequences. Machine Learning，42，p31–60, 2001.

[34] Gholamhosein Sheikholeslami，Surojit Chatterjee，Aidong Zhang. WaveCluster: A Multi-Resolution Clustering Approach for Very Large Spatial Databases. Proceedings of the 24th VLDB Conference New York，USA，1998.

[35] Z.Pawlak.Rough sets：Theoretical Aspects of Reasoning about Data. Kluwer Academic Publishers，Boston，1991.